软件开发
百家讲坛

U0396808

C语言
从入门到项目实战
全程视频版

王一萍　梁　伟　李长荣◎编著

★**174集同步视频讲解（共33学时）** ★**220个各类型实例案例分析**

全程视频+基础知识+进阶逻辑+算法训练+项目案例

中国水利水电出版社
www.waterpub.com.cn
·北京·

内 容 提 要

《C语言从入门到项目实战（全程视频版）》是一本C语言从入门、进阶到项目实战的计算机语言编程类图书，详细介绍了C语言程序设计中的核心技术和编程技巧。全书分3篇共24章，其中第一篇为基础篇，详细介绍了C语言程序设计概述，数据存储与运算，简单程序的设计，循环结构程序的设计，函数，数组，指针，结构、联合与位字段，文件；第二篇为进阶篇，主要介绍了内存问题、简单计算问题、数制转换问题、日期相关问题、数组进阶、字符串处理、高精度计算问题、位运算问题、递推与递归、链表；第三篇为项目篇，介绍了有声有色文本库、开源图形库EGE、编程访问网络、编程访问数据库、综合实践应用。在知识点的介绍过程配以大量的示例案例代码及注释解析，在"提示""注意"等模块中融入了各种实战经验小技巧，可让读者在学习过程中少走弯路，并快速掌握C语言技术精髓，快速提升C语言程序开发技能。

《C语言从入门到项目实战（全程视频版）》还是一本视频教材，全书共配备了174集同步视频讲解，跟着视频学C语言，高效、快捷。另外，本书还配套了丰富的教学资源，如实例源代码、PPT教学课件，方便教师教学和读者自学。

《C语言从入门到项目实战（全程视频版）》适合C语言从入门到精通层次的读者参考学习。所有C语言初学者、C语言编程爱好者、C语言工程师等均可选择本书作为软件开发的实战指南和参考工具书，应用型高校计算机相关专业、培训机构也可选择本书作为C语言算法、C语言程序设计和面向过程编程的教材或参考书。

图书在版编目（CIP）数据

C语言从入门到项目实战：全程视频版 / 王一萍，梁伟，李长荣编著. -- 北京：中国水利水电出版社，2019.9（2020.10重印）

ISBN 978-7-5170-7825-8

Ⅰ. ①C… Ⅱ. ①王… ②梁… ③李… Ⅲ. ①C语言－程序设计

Ⅳ. ①TP312.8

中国版本图书馆CIP数据核字（2019）第142267号

书　　名	C语言从入门到项目实战（全程视频版） C YUYAN CONG RUMEN DAO XIANGMU SHIZHAN (QUANCHENG SHIPIN BAN)
作　　者	王一萍　梁伟　李长荣　编著
出版发行	中国水利水电出版社 （北京市海淀区玉渊潭南路1号D座　100038） 网址：www.waterpub.com.cn E-mail：zhiboshangshu@163.com 电话：（010）62572966-2205/2266/2201（营销中心）
经　　售	北京科水图书销售中心（零售） 电话：（010）88383994、63202643、68545874 全国各地新华书店和相关出版物销售网点
排　　版	北京智博尚书文化传媒有限公司
印　　刷	三河市龙大印装有限公司
规　　格	203mm×260mm　16开本　36印张　988千字　2插页
版　　次	2019年9月第1版　2020年10月第5次印刷
印　　数	34001—40000册
定　　价	99.80元

凡购买我社图书，如有缺页、倒页、脱页的，本社营销中心负责调换

版权所有·侵权必究

图 20-1　HelloWorld 程序运行效果

图 20-2　超级赌马大赛游戏的运行效果

图 20-3　弹小球游戏的运行效果

图 20-4　打飞机游戏的运行效果

图 20-5　贪吃蛇游戏的运行效果

图 20-6　推箱子游戏的主菜单

图 20-7　推箱子游戏的主界面

图 21-1　Hello, EGE！程序运行效果

图 21-2　输入待查看点阵汉字的运行效果

图 21-3　图形方式显示汉字点阵的运行效果

图 21-5　环形跑马灯广告牌的运行效果

图 21-4　水平跑马灯广告牌的运行效果

图 21-6　七段数码管日期时间的运行效果

图 21-7　EGE 版推箱子游戏的运行效果

图 21-8　扑克牌 21 点游戏的运行效果

图 24-16　24 位 BMP 位图示例图片

图 24-19　正常显示
图 24-20　上下镜像显示

图 24-21　左右镜像显示
图 24-22　黑白照片方式显示

图 24-23　水粉画效果方式显示
图 24-24　白底黑色轮廓效果方式显示

图 24-25　照片冲洗底片效果方式显示
图 24-26　顺时针旋转 90 度方式显示

图 24-27　逆时针旋转 90 度方式显示
图 24-29　启动贪吃蛇游戏

图 24-33　正常的贪吃蛇游戏初启时玩
家具有 3 条生命
图 24-35　修改后的贪吃蛇游戏玩家具
有 1000 条生命

前　言

C 语言是世界上最为重要、影响最为深远的程序设计语言,没有之一!在 C 语言的基础上诞生了 C++、C#、Java 等各种极具生产力的语言。C 语言映射了底层计算机体系结构,只要现今的计算机体系结构没有革命性的变革,C 语言就不会过时和被淘汰。C 语言简洁明了,非常适合描述算法;C 语言贴近硬件,能开发高效率、高性能运行的程序。重要的操作系统的实现和提供的编程接口,大多数使用的是 C 语言。C 语言的适用领域极其广泛,覆盖了从底层操作系统内核、各种运行时库、各种开发环境与工具、各种游戏引擎、各种高性能服务器、各种嵌入式应用到上层各种行业应用等。根据世界编程语言排行榜,C 语言近二三十年来一直排在编程语言的第一位或第二位。只有真正掌握了 C 语言,才能深入理解当今计算机系统的工作原理;反过来也成立,即只有深入理解了计算机系统的工作原理,才能真正掌握 C 语言。

市面上关于 C 语言编程的图书众多,但严重缺乏真正的好书,因为它们大都存在如下致命问题。

(1)案例简陋,不具实用性、趣味性和挑战性。读者学完这些书,根本做不出什么有趣的、具有挑战性的实用程序,从而从根本上抑制了读者的学习兴趣和学习动力,封闭了读者的学习视野。很多的读者学完 C 语言,甚至认为,C 语言啥也不能干,只能局限在小黑框中编写简单的程序。

(2)案例覆盖面窄,缺少各种基本的软件开发要素(字符或图形界面、网络通信、文件与数据库持久存储、多线程并发、内存数据组织与处理),与实际的软件开发脱节,导致读者并不能很好地被引导进入相应的实践开发领域,进行相应的实用性软件分析、设计、编码实现和测试训练。一旦进入企业,就暴露出明显缺乏真实的软件开发实践经验和能力。编码是次要的,一本好的程序设计的书籍,必须给读者提供能直面实践、进行真实软件开发场景训练的真实案例,且案例应符合学习曲线,具备逐级的挑战性。

(3)普遍缺少编程方法、编程思想、编程风格、编程实践的心得体会等,字里行间流露出来的不经意间的潜移默化,暴露出大多数的 C 语言图书作者并不具备丰富的 C 语言程序实践开发经验。

相对于市面上的绝大多数 C 语言书籍,本书又有什么不同和闪光之处,从而值得读者花费时间、精力和金钱去阅读和购买呢?

首先,本书最大的创新之处在于:设计和实现了一个控制台文本界面操作函数库 mycon。它提供了在字符界面下设置窗体长和宽、设置窗口标题、定位光标、显示光标、隐藏光标、设置字符的前景色和背景色、延时、清屏、键盘接收、播放声音共 10 个函数,从而为 C 语言学习者提供了一个简单易学易用的平台。在该平台上,学习者不用花费过多的精力,可以在专注深入学习 C 语言本身的前提下,轻松愉快地开发有声有色的字符界面游戏、动画和实用的小软件(作为抛砖引玉,本书已经实现了字符跑马灯、贪吃蛇游戏、空战游戏、赌马游戏、推箱子游戏,读者在此基础上可以设计实现更多的字符界面游戏,如俄罗斯方块、走迷宫、打字练习、各种字符动画广告等)。它是一个平台,可以极大地激发初学者对编程的兴趣和信心，让学习者乐学好学。仅此一点，就已经超越了无数的 C 语言教材，超越了原来单纯的黑框白字的无声世界，为读者开启了一个有声有色的奇幻空间，你可以在该空间中担当造物主的角色，边学边创造出一个全新的世界！因此，建议读者从学习的一开始就学会配置和使用 mycon 库，在该平台的支撑下可视化地学习 C 语言的每一个知识点，并将每一个知识点学以致用，逐渐创造出新的世界，享受编程的巨大乐趣。

其次，C 语言程序由一个或多个函数构成，因此 C 语言程序员主要做的事有两件：写自己的函数；使用别人的函数。作为一名合格的 C 语言程序员，你必须学会如何熟练地使用标准函数库（这个是跨越 Windows 和 UNIX/Linux 等操作系统平台的），并根据开发需要，学会下载安装配置并使用第三方函数库，如图形库、网络库、多线程库等，来提高自己的开发效率，进行各种企业级的实用化开发。因此，一本合格的 C 语言教材，必须引导学习者学习和掌握这方面的技能。本书在教会学习者配置和使用 mycon 库之后，更是介绍了开源图形库 EGE 的配置和使用，引导读者进入一个全新的图形世界，在该世界中以图形的方式进行全新的创造活动（本书设计实现了图形版的推箱子游戏、利用鼠标操作的图形版的扑克牌 21 点游戏、汉字点阵显示与镜像变换、各种图形动画广告效果等多个案例）。在图形库之后，为了使读者能够根据本书用 C 语言开发出更为实用的程序，更是介绍了如何利用 C 语言编程进行网络数据传递、进行简单的多线程并发处理、编程访问 MySQL 数据库（本书设计实现了双人点对点聊天系统、具有公聊、私聊、在线用户列表、上线离线自动通知的聊天室系统、远程文件传递系统，通过对数据库的增删改查实现了标准化考试系统、同学通讯录系统，综合实践应用实现了英语单词测试系统、软件产权保护系统，利用输入输出重定向实现了计算用户的月通信费用，通过对命令行参数的解析实现了类似 Linux 操作系统下的 wc 单词统计程序、24 位 BMP 位图图像变换、贪吃蛇游戏外挂基本原理）。真正掌握了这些内容，读者就具备了对数据的持久化存储的能力（文件和数据库）、跨地域通信的能力（网络）和并发执行业务逻辑处理的能力（多线程），加上前面的字符界面文本库和开源图形库（用户界面），再配合数组、指针、单链表等较为复杂的内存数据的组织与处理手段（数据结构与算法），就能构建出具有字符或图形界面的真正能够实用的软件项目，而不是传统教材上的玩具程序、单纯的教学程序。当然，真正深入掌握这些内容非常不容易，因为它们每一部分甚至都涉及计算机专业的一门核心课，如计算机组成与体系结构、操作系统原理、计算机网络、数据库理论及应用、数据结构与算法。在这方面，本书的目的是抛砖引玉，为读者打开一扇窗，引领读者及早地去接触、了解和深入学习这些领域知识。只有真正扎实地具备了这五大领域的知识，你才能真正理解和领悟 C 语言的无所不能！

另外，作为一本引导初学者从入门到项目实践的教材，本书在引导读者学习和关注各种函数库的同时，更是精心设计了由浅入深的学习曲线和众多的程序案例和习题，帮助学习者真正系统而深入地掌握和领悟语言知识点。本书在系统讲解 C 语言语法知识的前提下，花费了绝大多数的篇幅侧重进行算法和逻辑训练，帮助学习者快速提升逻辑思维能力和水平，为深入学习数据结构与算法等核心课程、为参加各类程序设计竞赛、为读研读博深造或日后从事科学研究奠定较为扎实的基础，也为以后就业实现校企之间的无缝衔接。为了达成这一目标，本书精心设计了众多具有挑战性、趣味性的小程序小案例（例如 IPv6 地址分配、四则运算、表达式求值、多项式求值、数制转换、日期时间相关问题、数组进阶（反质数、机器翻译、约瑟夫环问题、排序与查找（冒泡、插入、快速排序，对结构体、字符串排序，升序降序排序，折半查找）、二维数组（鞍点问题、成绩处理）、字符串处理（统计字符数、字符串加密，字符串移位包含、过滤多余的空格、提取数字等）、高精度计算问题（高精度加法、高精度乘法、高精度阶乘、高精度除法）、位运算问题（位运算应用、集合子集问题）、递推与递归（阶乘、青蛙过河、汉诺塔问题、分解因数、整数划分问题、括号匹配问题、分书问题、红与黑）、链表（生日相同、分数线划定、子串计算、约瑟夫环问题），引导读者置身于真实的企业开发场景和环境中，进行真正的软件开发各方面的思维和实践训练。

本书是否值得你花费时间、精力和金钱去阅读和购买，请读者认真思考如下问题：什么是一本优秀的程序设计类教材？作者认为，衡量一本程序设计类教材是否优秀要看它是否具备如下特质。

（1）学完一本书后，我们能做出些什么样的程序？这些程序是否能够实用？是否有意义？是否有意思？有无数的教材，学完后只是了解点基本的语法知识，根本不能做出什么像样的程序，"贫穷"（实用案例的贫乏）限制了我们的想象力，也深深地打击了我们学习编程的兴趣和信心，让我们找不到前行的方向和动力！这一点是致命的，也是我们选择一本优秀的程序设计类教材的根本关注点所在！

（2）知识讲解是否系统全面深入，不遗漏任何知识点？是否符合学习者的学习曲线？

（3）是否具备编程方法、编程思想、编程风格、编程实践的心得体会等字里行间流露出来的不经意间的潜移默化？

（4）课后习题设计是否经典而丰富，能否引导学习者良好地沟通所学所用，而不是粗制滥造？

（5）是否具有思想？是否具有灵魂？是否具有教育理论指导？

（6）是否能够系统化地讲解语言的基本概念和要素，引导学生超越一门语言和语法？

（7）目标读者定位是否清晰？目标内容定位是否准确（讲语言还是讲程序设计）？教材定位是教或学，还是教与学相结合？能否引导学生课外自学、注重对学生兴趣的引导？

本书根据以上几点，进行了针对性的设计和实现，希望能让读者在学习和阅读本书的过程中能够掌握程序设计的核心思想和语言精髓，从而收获满满，物超所值！

本书资源获取方式

（1）读者可以扫描下面的二维码或在微信公众号中搜索"人人都是程序猿"，关注后输入"C实战"发送到公众号后台，获取本书资源下载链接（注意，本书提供百度网盘和360云盘两种下载方式，资源相同，选择其中一种方式下载即可）。

（2）将该链接复制到电脑浏览器的地址栏中，按Enter键进入网盘资源界面（一定要复制到电脑浏览器地址栏，通过电脑下载，手机不能下载，也不能在线解压，没有解压密码）。

➥ 　如果用百度网盘下载，建议先选中资源前面的复选框，然后单击"保存到我的百度网盘"按钮，弹出百度网盘账号密码登录对话框，登录后，将资源保存到自己账号的合适位置。启动百度网盘客户端，选择存储在自己账号下的资源，单击"下载"按钮即可开始下载（注意，不能在网盘内在线解压。另外，下载速度受网速和网盘规则所限，请耐心等待）。

如果用 360 云盘下载，进入云盘后不要直接下载整个文件夹，需打开文件夹，将其中的压缩包及文件一个一个单独下载（不要全选下载），否则容易下载出错！

本书在线交流方式

（1）学习过程中，为方便读者间的交流，本书特创建 QQ 群：730302846（若群满，会建新群，请注意加群时的提示，并根据提示加入对应的群号），供广大 C 语言爱好者在线交流学习。

（2）如果对图书内容有什么意见或建议，请发邮件到 2096558364@QQ.com。

本书由王一萍主编，梁伟和李长荣副主编，其中王一萍编写了第 3、4、6、9、10、11、12、13、14、16、17、24 章，梁伟编写了第 20、21、22、23 章，李长荣编写了第 1、2、5、7、8、15、18、19 章。其他参与编写的人员还有于宝泉、李延春、王文礼、杜鹃、梁华芮、于子涵、刘杨、王若曦、李瑾、李长华、梁容培、蒋鑫、曾志高、夏冰、范金玉、何晓晴、肖江、吴周磊、肖雄亓、孙玺雯、于洋洋、席晓雪、曾桂莉，对他们的付出一并表示感谢！

特别感谢出版社负责本书的刘利民编辑和其他为本书的出版而辛勤工作的编辑和编审们，谢谢！

由于编者水平有限，书中难免存在疏漏和不当之处，敬请广大读者批评指正。

作者

目　　录

第一篇　基　础　篇

C

第一篇
基 础 篇

第1章 C语言程序设计概述

学习目标

（1）掌握 C 语言的相关背景知识。
（2）掌握 HelloWorld 程序的开发过程。
（3）掌握 C 语言中基本的输入/输出手段。
（4）掌握 C 程序的基本结构。

1.1 C 语言相关知识概述

1.1.1 C 语言的历史沿革

C 语言于 20 世纪 70 年代初问世。它源于 UNIX 操作系统，最初只是用于改写用汇编语言编写的 UNIX 操作系统。为了将 UNIX 操作系统更大范围地进行推广，1977 年 Dennis M. Ritchie 发表了不依赖于具体机器系统的 C 语言编译文本——《可移植的 C 语言编译程序》，这标志着 C 语言的正式诞生。

1978 年 Brian W. Kernighan 和 Dennis M. Ritchie 出版了经典的 C 语言教材《The C Programming Language》，有人称之为《K&R》标准，从而使 C 语言逐渐成为目前世界上流行最广泛的高级程序设计语言。后来美国国家标准学会（American National Standards Institute, ANSI）在此基础上制定了一个 C 语言标准，于 1983 年发表，通常称之为 ANSI C 或标准 C。

1988 年，随着微型计算机的日益普及，出现了许多 C 语言版本。由于没有统一的标准，使得这些 C 语言之间出现了一些不一致的地方。为了改变这种情况，ANSI C 语言制定了一套 ANSI 标准，并于 1989 年通过，1990 年正式颁布，称为 C89 或 C90 标准。

1999 年，新的 C 语言标准颁布，称为 C99 标准。它是对 C89/C90 标准的进一步完善和发展，但到目前为止，很多 C 语言编译器并不完全支持 C99 标准的全部特性。

2007 年，C 语言标准委员会又重新开始修订 C 语言，到了 2011 年正式发布了 ISO/IEC 9899: 2011，简称为 C11 标准。

2018 年 6 月，C 语言的最新标准 C18 正式发布，它是在 C11 的基础上做了一些技术修正，并没有引入新的语言特性。

目前用得最广泛的 C 语言标准还是 C90 和 C99 标准，而绝大多数的编译器对 C11 和 C18 的支持程度还有待进一步的完善。

1.1.2 C 语言的重要性

从诞生到现在，四十多年过去了，但 C 语言的影响却越来越深远。例如，当前处于统治地位的三大操作系统——Windows、Linux 和 UNIX 的绝大多数代码都是用 C/C++开发的；C 语言的应用领域极广，从上层应用程序到底层操作系统，再到各种嵌入式应用等，几乎无处不在；以 C 语言为基础，相继诞生了 C++、Java 和 C#语言，这三种语言都逐渐成为应用最多的前几种语言之一。这种趋势还在不断地演化中，从在业界影响较大的 TIOBE 编程语言排行榜中就可以窥见一斑。TIOBE 编程语言排行榜是根据互联网上有经验的程序员、课程和第三方厂商的数量，并使用搜索引擎（如 Google、Bing、Yahoo、百度等）以及 Wikipedia、Amazon、YouTube 统计排名数据。虽不能完全据此说明某一种编程语言的好坏，但也能从相当程度上反映某种编程语言的热门程度。该排行榜每月更新一次，列出了每月各种编程语言的受欢迎程度。

如图 1-1 所示为 2019 年 5 月 TIOBE 编程语言排行榜 TOP10。

图 1-2 所示为前十名编程语言 2002—2018 年长期走势图。

图 1-3 所示为各种流行语言 1989—2019 年长期走势图。

May 2019	May 2018	Change	Programming Language	Ratings	Change
1	1		Java	16.005%	-0.38%
2	2		C	14.243%	+0.24%
3	3		C++	8.095%	+0.43%
4	4		Python	7.830%	+2.64%
5	6	^	Visual Basic .NET	5.193%	+1.07%
6	5	v	C#	3.984%	-0.42%
7	8	^	JavaScript	2.690%	-0.23%
8	9	^	SQL	2.555%	+0.57%
9	7	v	PHP	2.489%	-0.83%
10	13	^	Assembly language	1.816%	+0.82%

图 1-1　2019 年 5 月 TIOBE 编程语言排行榜 Top10

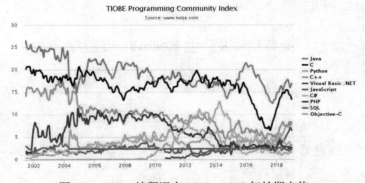

图 1-2　Top10 编程语言 2002—2018 年长期走势

Programming Language	2019	2014	2009	2004	1999	1994	1989
Java	1	2	1	1	14	-	-
C	2	1	2	2	1	1	1
C++	3	4	3	3	2	2	3
Python	4	7	5	10	20	21	-
Visual Basic .NET	5	11	-	-	-	-	-
C#	6	5	7	8	30	-	-
PHP	7	6	4	5	-	-	-
JavaScript	8	8	8	7	19	-	-
SQL	9	-	-	6	-	-	-
Ruby	10	10	10	22	-	-	-
Objective-C	11	3	40	45	-	-	-

图 1-3　各种流行编程语言排行榜更长期走势

1.1.3　C语言的特点

C语言具有如下特点。

（1）语言简洁、灵活。

（2）运算符类别丰富。

（3）数据类型丰富，能够支持各种复杂的数据结构。

（4）具有结构化的流程控制语句，支持模块化的分析设计，适合编写各种不同层次的程序系统，如各种应用程序、各种操作系统、数据库管理系统等。

（5）语法限制不太严格，程序书写灵活方便。

（6）允许直接访问物理地址，能进行位操作，可直接对硬件进行操作，从而可实现汇编语言的大部分功能，兼有高级和低级语言的特点。

（7）目标代码质量高，程序执行效率高。经过编译器优化后生成的代码效率接近汇编语言代码。

（8）与汇编语言相比，程序可移植性好。

1.2　C语言程序设计入门三要素

程序设计入门三要素：

（1）安装软件并开发 HelloWorld 程序。

（2）掌握基本的输入输出手段。

（3）理解该种语言中程序的基本结构。

扫码拓展学习

1.2.1　安装软件并开发 HelloWorld 程序

学习任何程序设计语言，入门的第一要素就是安装软件，开发出简单的 HelloWorld 程序。

下面是 C 语言版本的 HelloWorld 程序。

【例 1-1】第一个简单的 C 程序。

```c
/*
 * 我们的第一个 C 语言程序，为了纪念 C 语言的发明人 Dennis M.Ritchie。
 */
#include <stdio.h>

int main(void)
{
    printf("Hello,world!\n");//调用 printf 库函数输出一个字符串并换行，\n 为换行符

    return 0;
}
```

对于初学者来说，现在无须深入理解上面的代码，只要利用相应的开发工具软件将该程序输入到计算机中并调试运行出来即可。

学习程序设计时最有效的方法不是对什么都刨根问底，把遇到的每一点都弄明白，而是应该先不求甚解，努力实践，把它做出来，然后琢磨为什么这么做。这样的迭代过程可能充满疑惑，甚至可以说是跌跌撞撞的，但这非常重要！正是在跌跌撞撞的过程中，你才能体会更深，发现更多疑问，激发你主动分析问题和解决问题的热情，从而能主动地自主学习，收获更多、更大。学习应该讲究水到渠成，而不要做崂山道士，费力不讨好，因为崂山道士式的学习会打击你学习的兴趣和积极性，导致你坚持不了多久，最终以失败收场。严格来说，程序设计并不完全是科学，它更应该是工程。工程最大的特点就是重复性，只要你积累足够的实践经验，就能掌握并且可以达到熟能生巧的境界。所以，学习程序设计一定要大量地实践。记住，程序设计"无他，惟手熟尔"！

万事开头难，初学者如何安装和配置好相应的开发环境，是学习程序设计的首要问题。本教材中选用了开源的 Dev-C++作为开发环境。它对 C99 标准的支持较为全面，同时支持中英文界面的选择，支持图形化菜单方式的开发调试；另外，它还可以外挂各种工具程序，便于命令行编译、链接和运行。

Dev-C++的安装、配置非常简单，具体步骤如下。

（1）首先在 Dev-C++官网下载 Dev-C++安装文件。Dev-C++非常短小精悍，只有大约 10~50MB（不同版本）。

（2）直接双击 Dev-C++安装文件，开始安装，然后逐步往下即可，直至安装完毕。

（3）将 Dev-C++的安装目录下的 bin 目录加入到环境变量 path 中，这样在命令行窗口的任何目录下都可以执行 gcc 编译链接命令。

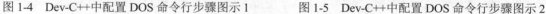

`C:\Dev-Cpp\bin;path` 原来的字符串

（4）配置简单的外挂程序。为了在后面的学习开发中便于使用命令行的编译、运行命令，此处在"工具"菜单中添加了一个名为"DOS 窗口"的外挂工具选项。配置步骤如下：

①启动 Dev-C++，选择"工具"→"配置工具"命令，如图 1-4 所示。

②在弹出的"工具配置"对话框中单击"添加"按钮，如图 1-5 所示。

③按照图 1-6 所示输入如下内容：

标题：直接输入"DOS 窗口"。

程序：单击右侧的"浏览"按钮，在弹出的对话框中选择 C:\Windows\system32 目录下的 cmd.exe 文件，单击"确定"按钮；也可在文本框中直接输入 C:\Windows\ system32\cmd.exe。

图 1-4　Dev-C++中配置 DOS 命令行步骤图示 1

图 1-5　Dev-C++中配置 DOS 命令行步骤图示 2

工作路径：首先将光标定位在"工作路径"文本框中（如果有内容则先直接清除），然后在左下角的"可用的宏"列表框中选择 <PROJECTPATH>选项，单击"插入宏"按钮即可；也可直接输入"<PROJECTPATH>"。

提示

　　工作路径配置为<PROJECTPATH>，可以保证 DOS 命令行窗口在启动时自行进入到源程序文件所在的目录。

　　④单击"确定"按钮，即可完成配置，如图 1-6 所示。

　　以后如果需要用到 DOS 命令行，直接在 Dev-C++窗口中选择"工具"→"DOS 窗口"命令即可。

　　有了相应的开发环境后，就可以进入正式的程序开发阶段。一般来说，程序编写好后，需要执行以下几步才能得到输出结果。

　　（1）输入源程序，保存为.c 的源程序文件。

　　（2）编译。

　　（3）链接。

 提示

　　步骤（2）和（3）在集成开发环境下通常自动合成一步完成。

　　（4）运行程序。

　　具体操作步骤如下：

　　①启动 Dev-C++，选择"文件"→"新建"→"工程"命令，如图 1-7 所示。

图 1-6　在 Dev-C++中配置 DOS 命令行步骤图示 3　　　　图 1-7　在 Dev-C++环境下启动新建工程示意图 1

　　②在弹出的"新工程"对话框中选中"C 工程"单选按钮，工程类型选择为 Console Application（控制台应用程序，即命令行字符界面程序），并输入工程名称 firstp（工程名称一般为小写，可以自己命名，也可为汉字），然后单击"确定"按钮，如图 1-8 所示。

　　③弹出 Create new project 对话框，从中选择适当的保存位置（对于初学者，一般推荐保存在桌面上，这样容易查找），然后单击"保存"按钮，如图 1-9 所示。

　　④此时在 Dev-C++窗口中可以看到，系统自动生成了一个名为 firstp 的工程。单击工程名 firstp 前面的"+"图标，在展开的工程文件中双击 main.c，即可在右边的代码窗口中输入程序源码（Dev-C++自动帮助用户生成了程序源码框架，可以在此基础上改写代码，也可以将它们全部删除后再从零写起），如图 1-10 所示。

　　⑤输入完程序代码后，选择"运行"→"编译"命令，如图 1-11 所示。

　　⑥由于源程序文件 main.c 未保存，所以弹出"保存文件"对话框。在该对话框中将文件名改为

HelloWorld.c，然后单击"保存"按钮，如图 1-12 所示。

　　⑦编译成功后，单击"关闭"按钮返回，如图 1-13 所示。如果输入的代码有误，则会提示相应的出错信息。此时应该返回重新修改代码，然后再次编译，直到编译无误时为止。

图 1-8　在 Dev-C++环境下启动新建工程示意图 2

图 1-9　在 Dev-C++环境下保存工程示意图

图 1-10　在工程中新建一个 main.c 文件示意图

图 1-11　在 Dev-C++环境下编译源程序示意图

图 1-12　在工程中保存一个源文件示意图

图 1-13　在 Dev-C++环境下编译成功的示意图

　　⑧选择"运行"→"运行"命令，如图 1-14 所示。

　　⑨此时开始运行程序，输出结果并暂停，等待看清结果后按任意键返回，如图 1-15 所示。

至此，利用 Dev-C++开发第一个 C 语言程序 HelloWorld 完成。

对于初学者来说，学习任何一门程序设计语言都必须首先掌握如何利用特定的开发环境（如 Dev-C++。通常，这样的开发环境可以有多个，初学者可选择学习最简单、最容易入门的，等学到一定程度后再去掌握比较复杂、高级的开发环境和工具）来开发该语言的 HelloWorld 程序，这是学习任何程序设计语言的入门三要素的第一要素。

图 1-14　在工程中运行一个源程序的示意图 1

图 1-15　在工程中运行一个源程序的示意图 2

1.2.2　掌握基本的输入/输出手段

程序就是对输入的数据进行处理，得到我们感兴趣的输出。如果没有输入、输出，这样的程序是没有任何意义的。学习任何程序设计语言入门的第二要素，就是掌握在该语言中如何进行最基本的输入/输出——如何输入/输出一个整数？如何输入/输出一个实数？如何输入/输出一个字符数据或字符串等……有了它们，就可以进行最基本的程序设计。例如输入一个整数，可以编如下程序。

（1）判断它是否为偶数。

（2）计算它的绝对值。

（3）判断它是否为一个质数。

（4）判断它有几位等。

这些程序设计任务有简单的，也有复杂的，但都遵循输入、处理、输出三步骤。

在 C 语言中如何进行基本的输入/输出呢？C 语言本身并没有提供输入/输出语句，它是通过相应的库函数来实现输入/输出的。最常用的输入库函数为 scanf，输出库函数为 printf。两个函数中的 f 都代表的是格式化（format），即进行格式化的输入和输出。在此初学者只需掌握它们最常用和最基本的用法即可，复杂的用法留待以后逐步深入学习。

1. 输入库函数 scanf

调用 scanf 函数的语法格式如下：

```
scanf("格式控制字符串", 接收输入的地址列表);
```

- � 接收输入的地址列表指定了接收输入的若干个变量的地址，即从键盘输入格式控制符指定的数据，送到地址列表指定的内存位置存储。

- ➤ 格式控制字符串中有两类字符：普通字符，在输入时必须输入对应的字符；格式控制符，由"%"开头的若干个字符组成，用于指示输入数据的格式控制。常用的格式控制符有：

> ➤ %d：十进制带符号整数。
> ➤ %lf：双精度浮点数（注意：f 前面是小写的 L 字母，不是数字 1）。
> ➤ %c：单个字符。
> ➤ %s：字符串。

初学者现在只需了解即可，有关其具体用法将在后续的程序示例中逐步学习。

基本输入任务的解决步骤如下。

（1）定义一个特定类型的变量，用于存储输入的某种类型的数据。如何定义一个特定类型的变量？什么是变量？在后面的章节中将系统而详细地讲解，现在不用过于追求对它们的理解。

（2）利用 scanf 库函数进行输入。如何输入？现在是宏观地讲解一下输入的步骤，学习程序设计最好的方式就是在实际的代码中学习，下面的代码进行了具体的演示。

在进入代码之前，先来粗略地了解一下必需的基本知识——如何定义一个变量？

变量定义的语法格式如下。

```
变量的类型  变量名;
```

> ➥ 变量的类型有整型 int、双精度浮点型 double、字符型 char 等。在后面的章节中将详细讲解类型的含义以及 C 语言提供了哪些数据类型。
> ➥ "变量名"由程序员自己定义。其相应的语法规则为：变量名必须是以字母或下划线"_"开头的，后面可是字母、数字、下划线。数字包含 0~9；字母大小写均可，即'A'~'Z'或'a'~'z'（一般推荐用小写）；下划线也可以看成是一个字母。需要特别提醒的是，为了使程序更易读，在给变量取名时最好见名知义。例如，商品价格取名为 price，商品数量取名为 num 等。如果是整型简单变量，一般可命名为 i、j、k、m、n 等；如果是浮点型简单变量，则一般命名为 x、y、z 等；如果是字符型简单变量，则一般命名为 ch 等。

利用 scanf 输入的示例代码如下。

（1）输入一个整数。

```
int n;               //第一步：定义一个整型变量 n
scanf("%d", &n);     //第二步：从键盘读入一个整数，送到变量 n 中
```

（2）输入一个浮点数。

```
double x;            //第一步：定义一个双精度浮点型变量 x
scanf("%lf", &x)     //第二步：从键盘读入一个浮点数，送到变量 x 中
```

（3）输入一个字符。

```
char ch;             //第一步：定义一个字符型变量 ch
scanf("%c", &ch);    //第二步：从键盘读入一个单独的字符，送到变量 ch 中
```

scanf 库函数要求从键盘输入数据到特定的内存单元（变量就是内存单元的抽象）中，"&"为取变量的地址。如果现在还理解不了什么是地址，不用管它，可把该句代码理解为"你好，请把我买的家具送到 XXX 路 YYY 号楼的 ZZZ 房间，谢谢"。

2．输出库函数 printf

调用 printf 函数的语法格式如下：

```
printf("格式控制字符串", 输出项列表);
```

> ➥ "格式控制字符串"和 scanf 的格式控制字符串大同小异，在此不再赘述。

➥ "输出项列表"包含要输出的零个或多个表达式（注意：一个格式控制符对应一个输出表达式，故有多少个输出表达式就应该有多少个格式控制符）。

基本输出任务的解决：直接用 printf 库函数输出相应的表达式的值。

有关基本输入/输出的用法，完整的示例程序如下（读代码、理解代码、写代码，这是学习程序设计的唯一手段）。

【例 1-2】一个完整的输入/输出示例。

```
#include <stdio.h>

int main(void)
{
    int n;                                  //定义了一个整型变量 n

    printf("请输入一个整数：");             //任何输入之前请给出输入提示信息
    scanf("%d", &n);                        //利用 scanf 格式输入库函数接收一个整数到变量 n 中
    printf("你输入的整数为%d\n", n);        //输出上面输入的整数 n
    printf("该整数后面的整数为%d\n", n + 1); //输出表达式 n+1 的值

    return 0;
}
```

> **注意**
>
> 在上面的代码中，以 "//" 开头的到本行结束的所有字符，称为单行注释。另外，C 语言还支持以 "/*" 开头、以 "*/" 结尾的多行注释。编译器在编译时会忽略所有的注释。注释只是给人看的，可以帮助我们更容易地理解程序设计的思路，使程序更易读、更易于修改和维护。因此，初学者在初学编程时就应该养成良好的编程习惯，适当地加上一些注释。

初步理解了上面的程序后，接下来就可以照猫画虎，编写各种程序。例如，输入一个整数，然后输出其平方、立方等的简单程序。大家完全可以充分发挥自己的想象力，借鉴上面这个完整的输入、处理、输出程序，看看还可以设计出什么样的程序。

> **注意**
>
> 程序设计的核心是设计，既然是设计，就有创造的成分，所以学习者应该让自己的思维海阔天空，但又立足于刚学过的代码，举一反三，这样才能获得最大程度的进步。
>
> 特别要提醒初学者注意的是，在学习程序设计时绝对不能只是"纸上谈兵"，而必须及早动手，上机实践。学习程序设计就像学习游泳，如果不实际下水去练习、实践，光看别人游，是永远也学不会游泳的。

上面的程序演示了输入一个整数，进行最简单的处理（如加 1 等）后输出。很多读者肯定会想：既然能输入一个整数，那当然也能照葫芦画瓢，输入两个、三个甚至更多个整数，然后进行各式各样的处理后输出。如果你这样思考了，说明你的学习是很有效率的；如果你没有这样思考过，也不要紧，慢慢学着这样做，这样你能进步更快！

【例 1-3】计算输入的两个整数的和的程序。

```
#include <stdio.h>

int main(void)
```

```
{
    int n1;                                    //定义第一个整型变量 n1
    int n2;                                    //定义第二个整型变量 n2

    printf("请输入第一个整数：");               //务必养成好习惯：任何输入前先给出输入提示！
    scanf("%d", &n1);                          //接收第一个整数 n1

    printf("请输入第二个整数：");               //务必养成好习惯：任何输入前先给出输入提示！
    scanf("%d", &n2);                          //接收第二个整数 n2

    printf("%d + %d = %d\n", n1, n2, n1 + n2);
    /* 每一个格式控制符%d 控制后面的一项，第一个%d 控制 n1，第二个%d 控制 n2
       第三个%d 控制 n1+n2。%d 用于控制输出项以十进制有符号整数的形式输出，
       其他的格式控制字符串中的字符，如+、=等原样输出，\n 为换行符 */

    return 0;
}
```

上述程序中介于"/*"和"*/"之间的多行字符，就是多行注释，程序编译时会将其自动忽略。程序编译运行后的结果如图 1-16 所示。

图 1-16　例 1-3 程序运行结果

是不是很棒？不要满足，想想你现在是不是已经能够编程完成任意两个整数的和、差、积、商的运算了。只不过初学者会遇到新的问题：键盘上只有加号"+"、减号"-"，没有乘号"×"和除号"÷"啊？的确如此，不过在 C 语言计算机程序设计中，用"*"号表示乘积符号，用"/"号表示除法符号。掌握了这个技术要点，初学者就可以实现两个或多个整数的和、差、积、商运算了。赶紧动手实践吧！

有的初学者想得更多，如何能进行更为复杂的其他运算呢？C 语言支持哪些运算呢？在后面的章节中将系统而详细地讲解。

接下来再接再厉，让我们完成计算输入的两个浮点数的乘积。什么是浮点数？其实就是日常生活中的实数，只不过在计算机中存储时，采用了统一的国际标准 IEEE754（国际电子与电气工程师协会第 754 号标准）来存储表示实数。它将实数分为：单精度浮点数（float 型），用 32 位二进制表示；双精度浮点数（double 型），用 64 位二进制表示；临时浮点数，用 80 位二进制表示，只不过临时浮点数用于计算机 CPU 内部的计算，程序员编程一般用不上。当然，在计算机中为什么取名为浮点数而不叫实数，大家在以后的《计算机组成原理》课程中会弄明白，现在只需了解而不用深究。

【例 1-4】计算两个浮点数的乘积。

```
#include <stdio.h>

int main(void)
{
    double x1;                                 //定义了一个 double 型的浮点数 x1
    double x2;                                 //定义了一个 double 型的浮点数 x2

    printf("请输入第一个数：");                 //务必养成好习惯：任何输入前先给出输入提示！
    scanf("%lf", &x1);                         //接收第一个浮点数 x1，%lf 用于接收 double 型
```

```
        printf("请输入第二个数：");        //务必养成好习惯：任何输入前先给出输入提示！
        scanf("%lf", &x2);              //接收第一个浮点数x2，%lf用于接收double型

        printf("%f * %f = %f\n", x1, x2, x1 * x2);
        /* 每一个格式控制符%f控制后面的一项，第一个%f控制x1，第二个%f控制x2
           第三个%f控制x1*x2，%f用于控制输出项以十进制有符号实数的形式输出，
           其他的格式控制字符串中的字符，如*、=等原样输出，\n为换行符 */

        return 0;
    }
```

编译、链接、运行程序后，结果如图1-17所示。

图1-17　例1-4程序运行结果

看看输出结果，是不是还有点不太满意？怎么后面那么多0啊？能不能省略掉或者只保留小数点后面2位？如果你已经这样想了，恭喜你，你正在不断的进步中且进步神速！如果你没有这样想过，推荐以后逐渐学会这样学习。

要完成这样的功能很简单，只需把输出的格式控制符由%f改为%.2f即可（其含义为小数点后只保留2位。注意，一定要是英文的小圆点）。修改的程序如下。

【例1-5】改进例1-4中的输出格式。

```
#include <stdio.h>
int main(void)
{
    double x1;                    //定义了一个double型的浮点数x1
    double x2;                    //定义了一个double型的浮点数x2

    printf("请输入第一个数：");    //务必养成好习惯：任何输入前先给出输入提示！
    scanf("%lf", &x1);            //接收第一个浮点数x1，%lf用于接收double型

    printf("请输入第二个数：");    //务必养成好习惯：任何输入前先给出输入提示！
    scanf("%lf", &x2);            //接收第一个浮点数x2，%lf用于接收double型

    printf("%.2f * %.2f = %.2f\n", x1, x2, x1 * x2);
    /* 每一个格式控制符%f控制后面的一项，第一个%.2f控制x1，第二个%.2f控
       制x2，第三个%.2f控制x1*x2，%.2f用于控制输出项以十进制有符号实数的
       形式输出，小数点后保留两位小数，其他的格式控制字符串中的字符，如*、
       =等原样输出，\n为换行符 */

    return 0;
}
```

 注意

一旦修改了源程序的代码，哪怕只是一个符号，都必须重新编译，然后再运行。

修改后的程序运行结果如图1-18所示（为了对比，在此特意输入了同样的数据）。

图 1-18　例 1-5 程序运行结果

是不是漂亮多了？嗯，我们正在不断的进步中！看来学习也不是特别难啊。华山虽高虽险，但只要你一步一个台阶地上，你总能成功的！贵在坚持，学习程序设计也是这个道理。

本节学习了程序设计入门的第二个要素：掌握基本的输入/输出手段。下面将学习程序设计快速入门的第三个要素：掌握某种语言下程序的基本结构。

1.2.3　理解 C 语言程序的基本结构

在初学任何程序设计语言时，一旦掌握了如何利用基本的开发环境开发出 HelloWorld 程序，以及如何利用该种语言提供的各种基本输入/输出手段，即说明已经能够编写各种各样的小程序了。此时，如果想要进步得更快、站得更高、看得更远，接下来就必须掌握和理解该种语言书写的程序的基本结构，理解其蕴涵的程序设计思想和理念。关于这一点，初学者只需了解即可，要想掌握和领悟，则必须积累大量程序设计的经验。

计算机和程序的本质都是要模拟客观世界。客观世界是由众多的对象相互联系和相互作用而形成的一个巨复杂系统。由于人类认知能力的局限性，人们不可能用一个程序来模拟整个客观世界（那是人类的终极理想），而是根据需要模拟客观世界的某个局部或方面。根据认识的层次，也可以把这个局部或方面认为是一个小的客观世界。

各种程序设计语言提供了众多的手段和机制来模拟客观世界的对象及其间的相互联系和作用。根据对这个世界的认识理念的不同，程序设计语言主要分为两大类。

- ➥ 以 C 语言为代表的面向过程的程序设计语言：它们利用函数、过程或者子程序（对数据进行部分处理的代码模块）来模拟某个参与协作的客观世界的对象，利用函数、过程或子程序之间的相互调用来模拟对象间的相互联系和相互作用，最后形成整个程序。这类语言书写的程序基本就是由一个或多个函数、过程或子程序构成。用此类程序设计语言开发程序，基本要点就是需要确定整个程序需要哪些函数、过程或子程序以及确定它们之间如何相互调用协作。简而言之，就是函数及函数间的相互作用。

- ➥ 以 Java、C#等为代表的面向对象的程序设计语言：它们利用对象（一种封装了数据和数据处理的代码模块）来模拟客观世界的对象，利用对象间的相互联系和相互作用来模拟客观世界对象间的相互联系和作用。这类语言后面蕴涵的理念更贴近于现实世界，理解起来也更为自然。用此类程序设计语言开发程序，基本要点就是需要确定整个程序需要哪些对象以及确定它们之间如何相互联系和相互作用。简而言之，就是对象及对象间的相互作用。

上述两类语言之间并不是"井水不犯河水"，实际上，面向对象的程序设计语言恰恰是在面向过程的程序设计语言的基础上发展而来的，它体现了人类对这个客观世界更进一步的认识。它们的区别仅仅是认识和模拟客观世界的角度和层次不同而已。落实到具体的代码编写上，后者的对象中包含的数据和数据处理的模块本质上就是前者的函数、过程或子程序，只不过作了相应的封装和使用上的某些限制而已。

为什么讲这些？目的是让程序设计的初学者明白，C 语言是学习程序设计非常重要的基础，现在所学的内容在以后学习 Java 或 C#时都能用得上。初学者现在也只需对上面的思想有所了解，不用深究。推荐在积累一定的程序设计经验后再深入领悟这些思想。

接下来，就来看看使用 C 语言书写的程序的基本结构。

C 程序的基本结构如下。

（1）由一个或多个函数构成。

（2）这些函数分布在一个或多个文件中。

（3）每个文件称为一个可编译单元。

（4）每个 C 程序都有且仅有一个 main 函数。

（5）main 函数是程序的入口，它直接或间接地调用其他函数来完成功能。

（6）函数的基本结构如下：

```
返回值类型    函数名(形式参数列表)
{
    数据定义;
    数据加工处理;

    return 返回值;
}
```

（7）C 程序结构中的其他成分：注释、头文件、编译预处理等。

需要补充说明的是，组成 C 语言程序的若干个函数的代码在整个程序中的位置十分灵活，谁在前、谁在后均可以。C 程序的基本结构如图 1-19 所示。

图 1-19   C 程序的基本结构

再来看看函数的分类。

（1）库函数：

➥   由系统提供，经过精心编写和反复测试及使用，可靠而安全，推荐多使用。

➥   使用时必须包含所需的头文件。

（2）用户自定义函数：用户自己编写的函数。

（3）main 函数：每个 C 程序都有且仅有一个 main 函数。该函数是程序的组织者，它直接或间接地调用其他函数来辅助完成整个程序的功能，其他函数一般不直接调用 main 函数，它由操作系统自动调用。

在 C99 标准中，main 函数只有两种规范的写法：

```
int main(void) {…}
int main(int argc, char *argv[]) {…}
```

其中，第一种写法 main 函数不带参数（参数为空，即 void）；第二种写法 main 函数带有两个参数，第一个参数为命令行参数的个数，第二个参数为命令行参数对应的字符串指针数组，后面的章节将详细介绍命令行参数及其用法。无论哪种写法，main 函数都有一个整型返回值，该值用于编写操作系统的 shell 脚本程序。各种编译器一般也支持 main 函数的如下写法，但不推荐 C 语言学习者这样做，在此列出，只是为了方便学习者在阅读一些遗留的老旧不规范的 C 代码时不至于茫然不知所措。

```
int main(){…}                    //虽然与标准不符但也还较为规范的 main 函数写法
void main() {…}                  //不推荐的 main 函数写法
main() {…}                       //不推荐的 main 函数写法
```

注意

C 语言严格区分大小写，所以 Main 函数并不等同于 main 函数。

了解了 C 程序的基本结构，我们的学习方向和目标就非常明确了。C 程序员主要做以下两件事：

（1）写自己的函数。

（2）使用别人的函数，特别是库函数。

函数里有什么？有数据组织（涉及常量、变量、数据类型、数据结构，如数组、结构体、指针、文件等概念）和数据处理（涉及运算符、表达式、语句与流程控制、函数、算法、系统架构等概念），特别重要的是数据处理逻辑的封装，即算法。函数间如何相互作用，从而构成整个程序，这涉及程序或软件的系统架构。

前面讲解了 C 程序的基本组成结构，初学者要想真正掌握和理解它们，需要积累相应的实践经验。建议初学者在阅读大量的 C 程序代码后再来理解和领悟它们，学习需要温故而知新，但现在只需了解它们，有个初步印象即可。

【例 1-6】两个函数构成的 C 程序示例。

前面的第一个 C 语言程序 HelloWorld 由一个函数（main 函数）组成，在 main 函数中调用了库函数 printf 来输出"Hello，world！"这个向世界问好的字符串。下面改造该程序如下：

```
//本程序由 main 函数和 sayHello 函数构成，它们在同一个文件 HelloWorld2.c 中
#include <stdio.h>

void sayHello(void)
{
    printf("Hello, world!\n");
}

int main(void)
{
    sayHello();

    return 0;
}
```

改造后的程序由 main 函数和 sayHello 函数构成。main 函数调用 sayHello 函数来完成问候的输出，而 sayHello 函数又调用 printf 库函数来完成真正的"Hello，world！"字符串的输出。为什么要这样分解？这正好体现了现实社会中的分工协作。前面讲过，程序的本质就是模拟客观世界，而客观世界中的人们总是相互分工协作的。在编写 C 程序的过程中，推荐大量使用 C 函数库中的函数来完成需要的功能，而不必从头做起，这样能大大提高开发效率，降低开发的时间和成本；同时，由于库函数大都由专业高手开发并经过反复的测试和大量的实践考验，可靠性和运行效率方面都非常有保障。

本例中，将 HelloWorld 程序分解成了由两个函数构成，实现了某种程度的分工协作，但它们仍然在

同一个文件中，在代码编写时还是非常不方便。试想每个函数由一个程序员来完成，他们独立写好后还得把相应的函数代码复制到一个文件中再编译运行，这是多么的不方便。

接下来再次改造该程序，将构成该程序的两个函数，即 main 函数和 sayHello 函数分别放到两个不同的文件中。文件名自定义，但最好见名知义。例如，把 main 函数的代码放到文件 HelloWorld3.c 中，而把 sayHello 函数的代码放到 sayHello.c 中。这时，这两个文件合起来才构成一个完整的 C 程序。这样，每个程序员可以单独完成自己的源程序文件。但现在另一个问题产生了：如何才能运行由这两个文件构成的程序呢？答案是分别编译，然后再链接。在诸如 Dev-C++之类的提供了集成开发环境的工具中，只需创建一个项目，然后在该项目下新建两个.c 源文件，输入代码，最后编译、运行该项目即可；也可以自己用命令行分别编译、链接，然后再运行该程序。用命令行分别编译、链接，然后再运行该程序的过程如下。

（1）编译 HelloWorld3.c 文件，命令为 gcc -c HelloWorld3.c -o HelloWorld3.o。

（2）编译 sayHello.c 文件，命令为 gcc -c sayHello.c -o sayHello.o。

（3）链接两个.o 文件，命令为 gcc HelloWorld3.o sayHello.o -o HelloWorld3.exe。

（4）在命令行下输入 HelloWorld3，然后按 Enter 键即可运行。

在上述命令中，gcc 是编译器，对应的可执行文件为 gcc.exe（可以在 Dev-C++的安装目录的 bin 目录下找到它）；-c 选项表示只编译而不链接；-o 选项指定输出的文件名。

> **注意**
>
> 如何获取一个 DOS 命令行窗口？前面已经在 Dev-C++中配置好，只需选择"工具"→"DOS 窗口"命令即可。
> 在打开的 DOS 命令行窗口中，在命令行提示符下输入上述的编译、链接和运行命令，如图 1-20 所示。

当程序由简单的 HelloWorld 程序演变到复杂的实际系统时，一个完整的程序可能由数十个甚至数百个源程序文件构成。另外，由于它们之间存在相互的某种调用或依赖关系，编译时，必须遵循一定的先后顺序，这显然会非常复杂且不方便。为了提高开发效率，现代的集成开发环境都为用户提供了对程序项目进行管理的工具，只需简单地单击几个按钮即可编译、运行整个复杂的项目，这大大提高了程序员开发复杂程序的能力。当然，在早期没有集成开发工具时，人们普遍使用 makefile 文件及自己开发的 make 工具来管理和编译复杂的软件项目。这有一定的难度，不过目前仍有一些程序员使用这种命令行的开发方式。

在 Dev-C++集成开发环境下开发多文件项目步骤如下。

（1）新建一个 C 工程（工程就是上面所说的项目，其英文名为 project。对这两个词本书不加区分），选择 Console Application（控制台应用程序，即命令行字符界面程序），选中"C 工程"单选按钮，命名为 secondp，然后单击"确定"按钮，如图 1-21 所示。

（2）输入 main 函数的代码，如图 1-22 所示。

图 1-20　在 DOS 命令行窗口中编译运行 C 程序示意图　　图 1-21　在 Dev-C++环境下开发多文件项目示意图 1

> ### 注意
>
> 在 Dev-C++环境下，系统自动生成 main 函数的代码框架，并且自动加上#include <stdlib.h>和 system("PAUSE ");这两条语句。其中 system("PAUSE ");是调用在头文件 stdlib.h 中声明的系统库函数 system。system 函数用于执行一个 DOS 命令行的命令。pause 是一个 DOS 命令，用于暂停屏幕，这样就可以看清运行结果，然后按任意键返回。如果没有这条语句，则程序执行后立刻返回，我们只是感觉屏幕闪了一下，根本看不清运行结果。当然，如果程序最后编译、链接成.exe 的可执行文件后再在命令行下运行，就可以把这条语句删掉后重新编译、链接。它本身不是程序的一部分，只是在 Dev-C++集成环境下直接运行所需要的辅助功能——暂停，让我们看清运行结果。有兴趣的读者可以在 Dev-C++环境下将这两行删除，然后再编译、链接、运行，看看是什么效果。

（3）输入 main 函数的代码后，选择"文件"→"保存"命令，弹出如图 1-23 所示的对话框，更改源文件文件名为 HelloWorld3.c，然后单击"保存"按钮。

图 1-22　在 Dev-C++环境下开发多文件项目示意图 2

图 1-23　在 Dev-C++环境下开发多文件项目示意图 3

（4）选择"文件"→"新建"→"源代码"命令，在弹出的 Confirm 对话框中单击 Yes 按钮，如图 1-24 所示。

图 1-24　在 Dev-C++环境下开发多文件项目示意图 4

（5）输入 sayHello 函数的代码，如图 1-25 所示。

（6）选择"文件"→"保存"命令，在弹出的对话框中将文件改名为 sayHello，然后单击"保存"按钮，如图 1-26 所示。

如果工程中有多个源程序文件，则重复步骤（4）、（5）、（6）多次，即可输入各个源程序文件的代码并将它们加入到工程中。

（7）单击工程名 secondp，选中该工程，然后选择"运行"→"编译运行"命令，即可完成整个工程的编译运行，如图 1-27 所示。

（8）工程运行结果如图 1-28 所示。

图1-25　在Dev-C++环境下开发多文件项目示意图5

图1-26　在Dev-C++环境下开发多文件项目示意图6

图1-27　在Dev-C++环境下开发多文件项目示意图7

图1-28　在Dev-C++环境下开发多文件项目示意图8

1.2.4　C语言程序的简单调试

　　程序在计算机上编译运行时，可能会出现各种各样的问题。

　　（1）编译出错，不能被运行。

　　（2）虽然能够运行，但结果不正确。

　　（3）能够运行，结果也正确，但在某些特定的情况下会出现问题。

　　上述第一种错误称为语法错误，初学者常犯此类错误。一般编译器都能检查出相应的语法错误并给出较为准确的错误定位和定性，所以修正此类错误较为简单。

　　第二种错误称为语义错误或逻辑错误，此时程序能够运行，但运行结果不是设计者希望达到的结果。要想找出此类错误比较困难，需要相应的程序调试手段和工具。

　　第三种错误称为运行时异常，它们并不是经常发生，而是在特定的情况下发生，例如，内存耗尽、缓冲区溢出、相应的数据文件不存在、网络连接断开等，所以很难捕获，从而导致程序蕴涵了隐藏很深的错误，要想修复它们需耗费更多的资源（如人、财、物、时间等）。

　　下面演示如何利用Dev-C++调试程序。所谓调试程序，就是让程序在受控条件下运行，在运行过程中可根据各种条件暂停程序的运行，然后查看程序中各种对象的即时值或状态，从而更快和更容易地定位错误和纠正错误的过程。在Dev-C++集成开发环境中可以设置断点，当程序运行到该处代码时就会暂停。此时可以查看程序中各种变量的值，然后选中某种方式（如单步运行、运行到光标处等）继续受控运行和观察程序中变量值的变化。

【例 1-7】 利用 Dev-C++进行程序的调试。

```c
#include <stdio.h>

int main(void)
{
    int i, sum;

    i = 1;
    sum = 0;                //将此处的等号去掉，演示程序出现逻辑错误从而进行调试的过程
    while (i <= 10)         //while 循环语句：当 i 小于等于 10 时，一直执行下面的两条语句
    {
        sum = sum + i;
        i++;                //将变量 i 的值取出加 1，然后存放回 i 中
    }
    printf("1+2+...+10=%d", sum);

    return 0;
}
```

（1）新建一个 C 工程，并输入上述的利用循环语句求 1+2+…+10 的和的程序，如图 1-29 所示。

（2）选择"运行"→"编译"命令，编译该程序，如图 1-30 所示。

图 1-29 Dev-C++调试程序示意图 1

图 1-30 Dev-C++调试程序示意图 2

（3）在 i=1;这一行左侧的黑色框处单击鼠标，设置断点，该行整体变成了深色显示，如图 1-31 所示。

（4）选择"调试"→"调试"命令，如图 1-32 所示。

图 1-31 Dev-C++调试程序示意图 3

图 1-32 Dev-C++调试程序示意图 4

此时刚才设置的断点处变成深色显示（注意，此时该行代码并未被执行），如图1-33所示。

（5）单击右下角的"添加查看"按钮，为调试添加要查看的变量。在弹出的"新变量"对话框中输入要查看的变量的名称（如此处想查看变量i的值，则输入"i"），然后单击OK按钮，如图1-34所示。

此时在Dev-C++左侧窗口中显示出i=2008544178字样（因为只定义了i这个变量，并未为它赋初始值，所以其初始值是随机的，和变量i代表的内存单元的当时的值有关。注意，深色显示的i=1;这条赋值语句现在还并未执行），如图1-35所示。

图1-33　Dev-C++调试程序示意图5

图1-34　Dev-C++调试程序示意图6

（6）单击"下一步"按钮，往下运行一条语句。此时可以看到深色光栅条已经往下移动，并且前面添加的想要查看的变量i的值已经变为1（因为已经执行了i=1;这条赋值语句，所以已将1赋值给了变量i），如图1-36所示。

图1-35　Dev-C++调试程序示意图7

图1-36　Dev-C++调试程序示意图8

（7）按照步骤（5）的方法再次添加一个欲查看的变量sum，如图1-37和图1-38所示。

图1-37　Dev-C++调试程序示意图9

图1-38　Dev-C++调试程序示意图10

同理，由于 sum 并未初始化，所以此时其值也是随机的。

（8）再次单击"下一步"按钮，注意到深色光栅条又再次下移一条语句，同时 sum 的值已经发生了变化（已经执行了 sum = 0;这条赋值语句），如图 1-39 所示。

重复步骤（8）多次，每一次重复都可以查看变量的值发生了什么样的变化，如图 1-40 所示。

图 1-39　Dev-C++调试程序示意图 11

图 1-40　Dev-C++调试程序示意图 12

当多次单击"下一步"按钮，程序执行到 printf 输出语句时，循环已经执行完毕。此时的 i 变为了 11，sum 的值已经为 1+2+…+10 的和 55，如图 1-41 所示。

再次单步执行，即单击"下一步"按钮，即可执行 printf 输出语句，得到屏幕上的输出，如图 1-42 所示。

图 1-41　Dev-C++调试程序示意图 13

图 1-42　Dev-C++调试程序示意图 14

至此，就完成了简单的调试过程演示。

在学习程序设计时，及早地掌握简单的调试手段能够有效地帮助初学者理解程序中出现的各种概念和程序的执行逻辑。现在应该掌握这样的基本调试手段：设置断点、查看变量的值、单步执行等。建议初学者在后面的学习中，要经常利用该手段来帮助自己理解整个程序的执行过程，逐渐地培养、提高调试程序的能力，这是每一个从事软件开发的程序员必备的基本功。

1.3　案　例　分　析

1.3.1　动画效果的 HelloWorld 程序

能不能让 HelloWorld 程序的输出具有像打字机一样的动画效果呢？初学者肯定会觉得非常困难，不知从何下手。但有一条原则建议大家从初学时就一定要牢记：

作为中国人，我们最为熟悉的编程语言永远是汉语！

因此，对于任何一个编程任务，我们总是应该先用汉语编程，即把一个编程任务用汉语来分析设计，把它分解为一个个更小更容易实现的小任务，然后再用某种语言来实现每一个小任务。

要实现具有打字机动画效果的 HelloWorld 程序，用汉语来设计就非常简单：

输出字符 H，延时一段时间；输出字符 e，延时一段时间；输出字符 l，延时一段时间；…；输出字符 d，延时一段时间；输出字符!。

显然，输出某个字符的任务我们已经能完成，关键是如何实现延迟一段时间的任务呢？

这个延迟任务，对于初学者来说显然是非常困难的，甚至可以说是不可能完成的任务。作为程序员，那该怎么办呢？这就要用到 C 语言入门三要素的第三要素：C 程序总是由一个或多个函数构成。C 程序员的基本任务就是：①写自己的函数；②使用别人的函数。好了，既然自己现在写不出来，那就想办法用别人写的函数吧。此时你可以有如下几种策略来查找别人是如何完成这个任务的：①百度搜索；②请教高手；③看看手头的书或代码库里有没有类似的示例代码。你可以用任何一种手段来完成这个任务。记住，这并不丢人。虽说"天下文章一大抄"并不好，但在软件开发领域，我们遵循的原则却是"不要重复造车轮"，并且一个重要的软件开发原则就是软件重用。能重用，就重用。重用能极大地提高开发效率。另外，初学者一定要牢记一点：一般来说，你在学习和软件开发中遇到的任何问题，通过百度等搜索引擎都能解决，因为世界上有无数的人已经遇到过类似的问题。

那就直接百度吧，搜索关键字：C 语言 延时（注意中间有个空格）。就能轻而易举地得到答案：Sleep 函数，语法格式为 Sleep(延时的毫秒数)。要用这个函数，一定要包含相应的头文件：#include <windows.h>。下面就可以直接完成打字机效果的 HelloWorld 程序（代码看起来很长，但其实非常简单，难道不是吗？!）。

【例 1-8】 动画效果的 HelloWorld 程序 1。

```c
#include <stdio.h>
#include <windows.h>

int main(void)
{
    printf("H");
    Sleep(500);

    printf("e");
    Sleep(500);

    printf("l");
    Sleep(500);

    printf("l");
    Sleep(500);

    printf("o");
    Sleep(500);

    printf(",");
    Sleep(500);

    printf("w");
```

```
    Sleep(500);

    printf("o");
    Sleep(500);

    printf("r");
    Sleep(500);

    printf("l");
    Sleep(500);

    printf("d");
    Sleep(500);

    printf("!");
    Sleep(500);

    return 0;
}
```

　　编译运行，欣赏一下我们开发的第一个动画程序吧。有没有很激动，其实编程真的不难，难的是编出好的程序。什么是好的程序？算法精良，架构合理，运行的时空效率高、可维护性可移植性好等，这些只是一方面，也不全对，其实真正的好程序是你在给定的资源限制（如时间、空间、金钱、人力等）条件下，能做出正确的抉择，能按时按要求完成需要功能的程序。

　　再次深入一点，能不能对上面的打字机动画效果改进一下。刚才的效果是从左到右一个字符一个字符地延时出现，当出现完全后，能不能再从右到左，一个字符一个字符地消失掉（即先消失!，再消失 d，再消失 l，……，最后第一个字母 H 也消失掉）？

　　嗯，这？让一个字符消失其实很简单，就是用一个空格替换掉它就好。关键是怎么才能在特定的位置输出空格符呢？如果你在前面的上机调试运行中稍微细心点就会发现，一旦程序输出某个字符串，光标就会自动在最后一个字符的后面闪烁，如果再输出另外一个字符串，它就必然从刚才闪烁的位置开始输出。那如何让光标回到前面的某个位置呢？这是问题的关键。显然自己是不会的，那就赶紧去百度吧，但我估计即使是百度，你可能也会感觉比较头疼，百度的结果一般都是什么控制台光标定位等一大堆对于你现在来说很头疼的问题（这个控制台光标控制，后面会大量用到，现在不用管这个东西）。

　　其实很简单，有一个字符——'\b'，叫作退格键（有的读者肯定会嘀咕，明明是\和 b 两个字符，怎么是一个字符呢？老师是不是书中写错了？其实没有错，键盘上有这个字符对应的键，叫作 Backspace，但写在代码中怎么写呢，总不能写成字符 b 吧，所以就在前面加了个斜杠\，告诉编译程序，我这个\b 可是一个特殊的字符，而不是斜杠本身或字符 b 本身，这个概念叫作转义字符，后续的章节会详细讲解到，咱们在这儿先用。其实前面已经接触到两种转义字符：\n 换行符和\t 制表符）。输出这个字符，会让光标回到前一个字符位置，输出两个这种字符，就会让光标回到本行当前位置的前两个字符位置处，如果此时用 printf 函数输出一个字符串，那么新的字符串的起始输出位置就是刚才重新定位的光标位置。OK 了，赶紧写出程序吧。

　　【例 1-9】动画效果的 HelloWorld 程序 2。

```
#include <stdio.h>
#include <windows.h>
```

```
int main(void)
{
    printf("H");
    Sleep(500);

    printf("e");
    Sleep(500);

    printf("l");
    Sleep(500);

    printf("l");
    Sleep(500);

    printf("o");
    Sleep(500);

    printf(",");
    Sleep(500);

    printf("w");
    Sleep(500);

    printf("o");
    Sleep(500);

    printf("r");
    Sleep(500);

    printf("l");
    Sleep(500);

    printf("d");
    Sleep(500);

    printf("!");
    Sleep(500);

    printf("\b ");                  //注意，此处有一个\b 和一个空格，缺一不可，想想为什么
    Sleep(500);

    printf("\b\b ");                //注意，此处有两个\b 和一个空格，缺一不可，想想为什么
    Sleep(500);

    printf("\b\b ");
    Sleep(500);

    printf("\b\b ");
    Sleep(500);

    printf("\b\b ");
```

```
        Sleep(500);

        printf("\b\b ");
        Sleep(500);

        printf("\b\b ");
        Sleep(500);

        printf("\b\b ");
        Sleep(500);

        printf("\b\b ");
        Sleep(500);

        printf("\b\b ");
        Sleep(500);

        printf("\b\b ");

        Sleep(500);
        printf("\b\b \b");          //注意，此处有两个\b 和一个空格再跟一个\b，想想为什
        Sleep(500);

        return 0;
    }
```

1.3.2　带声音的 HelloWorld 程序

一看本节标题，大家立马就会想到，赶紧去百度吧，看看怎么利用 C 语言代码播放声音。结果一看，果然很简单，Windows 下有 PlaySound 函数。该函数的语法格式如下：

```
    PlaySound(声音文件名, NULL, 播放控制);
```

常用的播放控制有 SND_FILENAME（播放指定文件的声音）、SND_ASYNC（异步播放声音，即声音没播完，函数就可以返回程序继续执行后面的代码，不用等声音播完再返回）、SND_LOOP（返回循环播放声音）。

例如：PlaySound("Boing.wav", NULL, SND_FILENAME | SND_ASYNC | SND_LOOP);这句是什么意思呢？就是异步、重复地播放声音文件 Boing.wav 对应的声音。那根竖线是什么意思？这个符号是一种运算符，叫作"或"，就是这几种控制可以同时起作用，后面的章节会详细讲解各种运算符的含义。其中的 NULL，表示空，具体什么意思，现在不用管它，随着学习的深入，自然清楚明白。

那还等什么，赶紧百度下载一个声音文件，编写代码播放吧。注意，PlaySound 播放的声音必须是wav 格式的，并且声音文件要和程序同在一个文件夹（也叫目录）中。要播放别的格式，如MP3 格式的音乐，那就要用另外的方法，感兴趣的读者可以自行百度一下。

【例 1-10】带声音的 HelloWorld 程序 1。

```
    #include <stdio.h>
    #include <windows.h>
```

```
int main(void)
{
    printf("Hello, world!\n");
    printf("接下来请欣赏 BoBo 的声音，哈哈！");
    PlaySound("Boing.wav", NULL, SND_FILENAME | SND_ASYNC | SND_LOOP);

    return 0;
}
```

编译运行吧。哎，怎么编译链接通不过呢？！出来什么"undefined reference to 'PlaySoundA@12'"之类的令人不愉快的错误信息。怎么办？其实是播放声音用到了 Windows 的多媒体函数库 winmm，在链接时需要链接这个库的代码。方法很简单，对应的编译链接命令行如下（假设上面的程序存为 HelloSound.c）：

```
gcc HelloSound.c -o hs.exe -lwinmm
```

注意，-o 选项表明生成的 exe 文件名为 hs.exe（这个文件名可以自己随便取，但最好取短点，这样运行时输入文件名方便；另外，取名最好要见名知义，方便自己，不然过一段时间一看，这个程序是什么意思呢？！），-l（不是数字 1，而是字母 L 的小写）表明要链接对应的库代码（这个 L 的小写代表的是 library 库这个单词）。

用上面的命令行编译链接，再运行吧（直接在命令行提示符下输入 hs 后按 Enter 键即可）。

```
hs
```

成功了，终于看到了 Hello,World！字符串的输出了，但，哎，怎么没有声音呢？！其实很简单，PlaySound 函数采用异步播放，刚要播放，结果程序就已经结束了（执行 return 0;语句返回，退出程序了，自然就会终止声音播放）。怎么办呢？很简单，在 return 0;这条语句前加上一句：getch();，等着用户输入任意一个字符后再退出程序，程序正好在这段等待的时间内播放声音。刚加的这个字符输入函数在后面的游戏编写中大量用于键盘的输入，如贪吃蛇游戏中用来接收上下左右光标键等，它在头文件 conio.h 中声明，所以先包含这个头文件：#include <conio.h>。试试吧。最终的程序如下。

【例 1-11】 带声音的 HelloWorld 程序 2。

```
#include <stdio.h>
#include <conio.h>
#include <windows.h>

int main(void)
{
    printf("Hello, world!\n");
    printf("接下来请欣赏 BoBo 的声音，哈哈！");
    PlaySound("Boing.wav", NULL, SND_FILENAME | SND_ASYNC | SND_LOOP);
    getch();

    return 0;
}
```

恭喜你，终于能在你自己的程序中播放 wav 格式的声音文件了。

1.3.3 　 功能强大的 system 库函数

在头文件 stdlib.h 中声明的库函数 system 功能强大，理论上能够执行操作系统的任何可执行程序。用法非常简单，语法格式如下：

```
system("可执行的程序命令");
```

例如，下面的程序会在 5s 后强制关闭计算机。

【例 1-12】利用 system 库函数实现关机。

```c
#include <stdio.h>
#include <stdlib.h>

int main(void)
{
    printf("5s 后关闭当前计算机！\n");

    system("shutdown -s -t 5 -f");

    return 0;
}
```

其中 shutdown 是系统的关机命令，具体的各个参数的含义可以在命令行下用 shutdown/?查看该命令的帮助信息，Windows 下一般的命令的具体用法都可以用类似的方法查看帮助信息，如查看显示或修改系统日期的命令 date 的帮助信息可以用：date/?。

上面的程序是定时 5s 后强制关机，通过查对应的命令帮助信息，你弄明白了-s、-t 5 和-f 的具体含义了吗？如果会查帮助信息了，请改写上面的程序，让计算机在 5s 后重新启动，而不是关机。

还可以修改上面的程序，分别加入下面的一条或多条语句，看看能完成什么功能（具体的功能看//后面当行注释里的内容。但不能光看书，再简单，都一定要亲自动手输入代码到程序中编译运行出来，这样慢慢会培养起你和计算机之间的感情！）。

```c
system("date/T");                    //查看系统日期，查查/T 是什么意思
system("notepad.exe");               //启动 Windows 自带的记事本程序
system("calc.exe");                  //启动 Windows 自带的计算器程序
system("gcc hi.c -o hi.exe & hi.exe"); //编译运行 C 程序，前提是当前目录下有 hi.c 这个 C 程序。&是系
```
统支持的一种运行逻辑：命令 1&命令 2。即先执行命令 1，然后再执行命令 2（上面的命令是先执行编译命令 gcc hi.c -o hi.exe，然后再执行运行命令 hi.exe）
```c
system("start http://www.qqhru.edu.cn/"); //启动浏览器，打开指定的某个网页
system("winmine.exe");               //启动 Windows 系统自带的扫雷游戏
system("mspaint.exe");               //启动 Windows 系统自带的画图程序
system("del hi.exe");                //删除当前目录下的文件 hi.exe
system("ipconfig | find \"IPv4\""); //显示当前机器 IP 地址，ipconfig 命令是查看当前机器的网络地址设
```
置，|是管道命令，用法：命令 a ｜ 命令 b，含义是将命令 a 的输出作为命令 b 的输入；find 命令是在字符串行中查找具有 IP Address 这个子串的行输出。另外在字符串（"和"间的若干字符）中如果要使用"字符本身，则必须使用转义字符\"（斜杠加上一个"）来表示双引号本身。
```c
system("pause>nul");                 //暂停等待，pause 命令暂停，>是输出重定向，将 pause 命令输出的信息送到 nul
```
空设备中（顾名思义，空设备如同黑洞，对送入的任何信息一点都不显示，仿佛进入黑洞中消失得无影无踪了，如果没有进行输出重定向，则 pause 命令的输出会默认输出到屏幕上）

更多的系统命令及组合用法（如输入/输出重定向、管道等），请利用百度搜索关键字：批处理。

现在已经将所学的知识用来解决较为实用的问题，这种感觉真的很棒！程序设计的初学者应该从一开始就理论联系实际，将所学的知识用来解决实际的问题，这才是学习程序设计的根本目的和不竭的源动力所在。

小　结

本章首先介绍了 C 语言的历史沿革、重要性及语言特点；然后用大量的篇幅重点讲解了学习一门新的程序设计语言时如何快速入门的三要素：一是安装软件，开发出 HelloWorld 程序；二是掌握该种语言中如何进行基本的输入/输出；三是掌握该种语言程序的基本结构；最后给出了数个小案例分析：动画效果的 HelloWorld 程序、带声音的 HelloWorld 程序、强大的 system 库函数应用编程。

另外，在本章中还针对程序设计初学者给出了学习方法方面的若干建议。

习题与实践

1．充分发挥你的想象，利用 printf 库函数设计各种有趣而实用的字符界面，并比比谁设计的字符界面更漂亮，更有创意！

2．试着使用数学函数库编程完成各种数学公式的数值计算。

3．伴随初学者成长的一条很有效的途径便是挫折训练，在学习 C 语言程序设计时也一样。试着改动你的第一个 C 程序——HelloWorld 程序，使它出现各种各样的编译错误，并记录错误信息。比比看谁能改出的错误最多（每改一次，保存后重新编译）。

下面是一些初学者常犯的错误再现：

（1）将 printf("Hello,world!\n");语句后的英文分号改为中文分号。

（2）将 printf("Hello,world!\n");语句中的英文双引号改为中文双引号。

（3）将 printf("Hello,world!\n");语句中的英文括号改为中文括号。

（4）将 printf("Hello,world!\n");语句中的英文双引号改为英文单引号。

（5）将 main 函数改为 Main 函数。

（6）为#include <stdio.h>后面加上分号。

（7）将#include <stdio.h>中英文的"<"或">"符号改为对应的中文的符号＜或＞。

（8）将标识 main 函数开始的"{"去掉。

（9）将最后的标识 main 函数结束的"}"去掉。

（10）将 printf 改为 Printf 或 print。

4．利用百度（www.baidu.com）等搜索引擎搜索一切和 C 语言有关的资料，如网址、技术论坛、文档、源码、教学 PPT、学习视频、各种试题、面试题、习题集、学习方法、函数库手册或使用说明等，并思考如何在网络环境下有效地提高自己的学习效率。

5．利用网络搜索库函数 printf 和 scanf 更为详细的用法及示例程序。

6．利用百度搜索 TIOBE，访问 TIOBE 编程语言排行榜网站，体会 C 语言的强大和流行程度，从而为自己的学习增添更多的自信心（学了就能用，而不是白学！）。

7．编写程序，让一只小鸟煽动翅膀从左到右飞过（小鸟可以交替用字符 V 或^表示，即可呈现小鸟翅膀煽动的效果）。

8．编写程序，实现两种不同风格的安装进度指示：一种是百分比进度指示（从 10%到 100%，每次增加 10%，如果每次增加 1%，则代码太长了）；一种是温度计字符进度指示（■■■■）。

9．编写程序，实现 10s 倒计时。

10．编写一个程序，查看当前计算机是否打开了 135 端口（请查询 netstat 命令和 find 命令的帮助，理解 netstat –an| find "135"的含义，并且要特别注意：在字符串，即"和"间的若干字符中如果要使用"字符本身，则必须使用转义字符\"（斜杠加上一个"）来表示双引号本身。所谓的端口就是 0~65535 之间的一个整数，其实代表的是内存中某个网络程序的收发网络数据包的队列，也就是间接地代表了某个网络程序是否打开）。

第2章 数据存储与运算

 学习目标

（1）理解数据的二进制存储。

（2）掌握C语言的基本数据类型。

（3）掌握变量与常量。

（4）掌握C语言的运算符及表达式。

计算机能且只能做两种事情：执行计算与保存计算结果。C语言提供了大量的运算符，用于各种计算，参与计算的是数据，数据需要保存在计算机内存中。数据是分类型的，如整数、实数、字符、字符串等。不同类型的数据需要的存储空间大小不同，支持的运算也不同。运算主要涉及算术运算、关系运算和逻辑运算等，通过这些运算可以解决很多实际问题。

把数字、字符、字符串等输入计算机，就是希望程序利用这些数据完成某些任务，例如输入整数100，通过计算输出100以内的所有质数。

无论是程序代码还是数据，计算机中存储的都是 0/1 串。虽然需要了解数据在计算机内部的二进制存储形式，但编程时我们一般会使用十进制表示数据。

本章主要内容是定义变量使用内存，使用运算符进行计算。

2.1 示 例 程 序

 本章从一个简单程序开始，通过这个示例程序，让大家对后面要讲到的变量、常量、运算符、表达式、数据类型等有一个初步认识。试着编译运行该程序，看自己能理解多少。

【例2-1】计算圆的面积。

```c
#include <stdio.h>

int main(void)
{
    double radius, area;                      //定义变量
    printf("请输入一个圆的半径: \n");
    scanf("%lf", &radius) ;

    area = 3.14159 * radius * radius;          //计算圆的面积

    printf("半径为%.2f的圆的面积是: %.2f\n", radius, area);

    return 0;
}
```

本程序可以通过键盘输入圆的半径，之后计算并输出圆的面积。

程序运行结果如图 2-1 所示。

请输入一个圆的半径：
4
半径为4.00的圆的面积是：50.27

图 2-1　例 2-1 运行结果截图

下面对例 2-1 代码做简单的解析：

```
double radius,area;
```

这条语句定义 radius 和 area 是变量，并且是双精度的浮点类型，告诉计算机 radius 和 area 可以存储带小数的数字。一般情况下，一个 double 类型的变量占 8 个字节内存空间。

```
scanf("%lf", &radius);
```

scanf()函数用于读取来自键盘的输入。%lf 说明 scanf 要读取用户从键盘输入的双精度浮点数，&radius 告诉 scanf()，把输入的浮点数放到变量 radius 中，radius 前面的 "&" 符号是取地址运算符。相当于快递员通过邮寄地址找到你家，把快递送到你手里。每个内存单元都是有地址的。

```
area = 3.14159 * radius * radius;
```

赋值运算符（=）右侧是算术表达式，计算圆的面积，之后把值放到赋值运算符（=）左侧的变量 area 中。3.14159 则是字面常量，常量也是有类型的，后面详细介绍。

```
printf("半径为%.2f 的圆的面积是：%.2f\n", radius, area);
```

printf()函数把变量 radius 和 area 的值输出到屏幕上，其中%.2f 说明输出的浮点数小数点后面有两位数字。

通过这个简单实例希望你已经对变量、运算符和表达式等有了初步认识，接下来详细学习变量、数据类型、常量、运算符与表达式等相关知识。

2.2　数据类型与变量

2.2.1　数据类型

C 语言可以处理多种类型的数据，如整数、字符和浮点数。把变量定义为整型或字符类型或浮点类型，计算机才能正确地存储、读取和解析数据。

计算机内部对数据采用二进制数进行存储、传输和计算。而程序员在编程时，对不同的数据进行分类，符合人们对数据的理解，用户输入的各种信息则由计算机软件和硬件自动转换为二进制数，在数据处理完成后，再由计算机转换为用户熟悉的十进制数或其他信息。

对于 C 程序员来说，要熟悉各种数据类型及其相应的内部存储原理，这样才能更好地写出高质量的代码来，避免数据溢出等问题。

程序必须使用不同的方式来存储和处理不同类型的数据，如整数类型、浮点类型。为了达到这个目的，编译器需要知道某个特定值属于哪种数据类型。

C 语言数据类型的分类方式如下。

（1）基本类型

➥　标准整数类型，以及扩充的整数类型。

➥ 实数浮点类型，以及复数浮点类型。

（2）枚举类型

（3）void 类型

（4）派生类型

➥ 指针类型。

➥ 数组类型。

➥ 结构类型。

➥ 联合类型。

（5）函数类型

函数类型描述了函数接口。这指的是，该类型既指定了函数返回值的类型，又指定了在调用该函数时，传递给函数的所有参数的类型。

本章只介绍基本类型、枚举类型和 void 类型。

数据在计算机内存中是以二进制的形式存储的，1 个二进制数称为 1 位（bit），它是计算机存储中最小的单位。由于使用位做单位太小，所以计算机大多采用字节（byte）作为计算机存储单位， 对于几乎所有的机器，1 个字节由 8 个二进制位组成。字（word）是设计计算机时给定的自然存储单位。对于 8 位的微型计算机，1 个字长只有 8 位。从那以后，个人计算机字长增至 16 位、32 位，直到目前的 64 位。计算机的字长越长，其数据处理的速度越快，允许的内存访问也更多。

计算机中的数值计算基本上分为两类：整数和浮点数。例如，16 个二进制位如果用来表示非负整数，可表示的范围是 0~65535，在这个范围内共有 2^{16} 个整数。采用 32 位表示非负整数则可以表示的最大整数达到大约 40 亿（$2^{32}-1=4294967295$），这个数虽然很大，但还是有限的。数学中的数有无限个，而计算机中通常用固定长度（二进制位数）的二进制数来表示，所以计算机内所能表示的数的范围是有限的，它们只是数学中所有实数的一个子集。任何数值计算，都必须把计算机仅有的固定数值表示范围这一个重要事实考虑在内。

除了非负整数，还要考虑负数在计算机内部的表示。计算机经常用一种具有符号位的"补码"表示。如果用 16 位二进制表示带符号的整数，若采用补码表示方法，则其表示范围是-32768~32767；32 位二进制表示带符号的整数，可以表示的范围是-2^{31}~2^{31}-1。

数据类型可以让程序员清楚每种类型数据的数值表示范围。

2.2.2 常量

在 C 语言源代码中，有些类型的数据在程序运行前已经预先设定好了。在整个程序的运行过程中没有变化，这些称为常量。常量是一种标记，用来描述一个固定的值，可能是整数、浮点数、字符或者字符串。一个常量的类型由它的值和记数法（notation）决定，例如，例 2-1 中的 3.14159 就是一个双精度类型的字面常量，也可以使用关键字 const 定义一个符号常量。例如：

```
const double PI = 3.14159;
```

PI 就是一个符号常量，它在整个程序运行过程中值是不能改变的。

也可以使用预编译指令定义符号常量，例如：

```
#define PI 3.14159
```

关于预编译指令，第 5 章有详细介绍。

本书推荐使用 const 定义符号常量，因为 const 定义的常量是有类型的，编译时可以进行类型检查。

2.2.3 变量

程序处理的数据一般先放入内存，内存的值是可以变化的。编程的本质就是对内存中数据的访问和修改。程序员通过变量访问或修改内存中的数据，每一个变量都代表了一小块内存，而变量是有名字的，程序对变量赋值，其实就是把数据装入该变量所代表的内存区的过程，同样道理，程序读取变量的值，实际上就是从该变量所代表的内存区取值的过程。（对于变量可以理解为有名称的容器，该容器用于装载不同类型的数据）

一个数据的类型决定了这个数据在内存中所占用空间的大小，以及它的值所采用的编码方式。例如，同样组合的二进制位可能代表完全不同的整数值，它取决于该数据对象是被解释成带符号（signed）的或者无符号（unsinged）的。

先看一个实例来理解什么是变量。

编程计算 1 到 n 的和。可以用数学求和公式 $s=\dfrac{(n+1)\times n}{2}$，计算指定 n 值的 1 到 n 的和。n 是一个变量，给 n 赋不同的值，求和结果就不同。

【例 2-2】计算 1~n 的和。

```c
#include <stdio.h>

int main(void)
{
    int s, n;                    //定义变量

    n = 10;                      //给整型变量 n 赋整数 10
    s = (n + 1) * n / 2;         //利用求和公式计算 1~10 的和

    printf("s = %d\n", s);       //输出求和结果

    n = 100;                     //给整型变量 n 赋整数 100
    s = (n + 1) * n / 2;         //利用求和公式计算 1~100 的和
    printf("s = %d\n", s);       //输出求和结果

    return 0;
}
```

变量是内存的一个区域，类型不同，分配的字节数不同。后面会对各种数据类型所占字节数及数的范围做详细分析。

下面对例 2-2 代码进行解析。

```c
int s, n;
```

这条语句定义了两个整型变量，变量都是有类型的。int 为整型数据类型标识符，整型变量一般占 4 个字节。

```c
n = 10;
s = (n + 1) * n / 2;
```

这两条语句是通过赋值运算符"="在 n 表示的内存中存入整数 10，再用这个 n 值求出 1~10 的和，通过赋值运算符把结果存入整型变量 s 中。

```
n = 100;
```

n 被重新赋值为 100，说明变量值是可改变的，这也是把值可以改变的内存区域称为变量的原因。

给变量命名时最好使用有意义的标识符，例如一个程序中需要计数，那么该变量名最好是 count，而不是 a。如果变量名无法清楚地表达自身的用途，可在注释中进一步说明。这是良好的编程习惯和编程技巧。

2.2.4　标识符

在程序中使用的变量名、函数名、标号等统称为标识符。除库函数的函数名由系统定义外，其余都由用户自定义。命名必须遵循以下基本规则。

（1）标识符只能是由英文字母"A~Z,a~z"、数字"0~9"和下划线"_"组成的字符串，并且其第一个字符必须是字母或下划线，如 count、PI、Max_length、_min、a1 等。

（2）标识符不能是 C 语言的关键字和保留标识符（关键字是 C 语言的词汇）。它们对 C 语言而言比较特殊，许多关键字用于指定数据类型，如 int；还有一些关键字（如 if）用于控制程序中语句的执行顺序。表 2-1 中列出了 C 语言关键字。

表 2-1　ISO C 关键字

auto	extern	short	while
break	float	singed	_Alignas
case	for	sizeof	_Alignof
char	goto	static	_Atomic
const	if	struct	_Bool
continue	inline	switch	_Complex
default	int	typedef	_Generic
do	long	union	_Imaginary
double	register	unsigned	_Noreturn
else	restrict	void	_Static_asert
enum	return	volatile	_Thread_local

其中 C99 标准新增了 5 个关键字：inline、restrict、_Bool、_Complex 和_Imaginary。C11 标准新增了 7 个关键字：_Alignas、_Alignof、_Atomic、_Static_asert、_Noreturn、_Thread_local 和_Generic。

还有一些保留标识符，C 语言已经指定了它们的用途或保留它们的使用权，如果使用这些保留标识符来表示其他意思会导致一些问题。因此，尽管它们也是有效的名称，不会引起语法错误，也不能随便使用。保留标识符包括那些以下划线字符开始的标识符和标准库函数名，如 scanf。

（3）C 语言对大小写是敏感的，程序中不要出现仅靠大小写区分的标识符。例如：

```
int x,X;
```

（4）标识符应当直观且可以拼读，让别人看了就能了解其用途。标识符最好采用英文单词或其组合，不要太复杂，且用词要准确，便于记忆和阅读。切忌使用汉语拼音来命名。

（5）标识符的长度应当符合最短的长度表达最多信息的原则。

注意

（1）在标识符中，大小写是有区别的。例如，BOOK 和 book 是两个不同的标识符。

（2）标识符虽然可由程序员随意定义，但标识符是用于标识某个量的符号。因此，命名应尽量有相应的意义，以便阅读理解，做到见名知义。

2.3　整 数 类 型

2.3.1　基本整数类型 int

和数学的概念一样，在 C 语言中，整数是没有小数部分的数。例如，2、-3 都是整数。而 3.14159、0.12 则不是整数。用于存储整数数据的变量称为整型变量。整数类型简称整型，用于声明和定义整型变量，基本整数类型标识符是 int。

整型数据在内存中以二进制形式存储。按照存储的格式不同，整型可分为有符号整型和无符号整型，分别在 int 前加 signed（可缺省）和 unsigned 来修饰。有符号整型数据在内存中以补码的形式存储。

【例 2-3】定义 int 变量。

```
#include <stdio.h>

int main(void)
{
    int x = 5;                                      //定义整型变量并赋初值
    int y;
    y = 6;
    int z = x + y;
    printf("z = %d\n", z);
    printf("int 类型数据占的字节数：%d", sizeof(int));    //输出 int 类型占的字节数

    return 0;
}
```

例 2-3 中定义了 3 个 int 类型变量，int 类型是有符号整型，即 int 类型变量的值必须是整数，可以是正整数、负整数或零。取值范围因计算机系统而异。一般而言，存储一个 int 类型变量占 4 个字节。可以用 sizeof 运算符测试一下 int 数据占几个字节。printf()函数中%d 指定了 int 型变量值以十进制形式输出。程序运行结果如图 2-2 所示。

```
z = 11
int类型数据占的字节数：4
```

图 2-2　例 2-3 程序运行结果截图

许多程序员很喜欢使用八进制和十六进制数。在 C 程序中，既可以使用也可以显示不同进制的数。不同的进制要使用不同的转换说明。以十进制输出整数，使用%d；以八进制输出整数，使用%o；以十六进制输出整数，使用%x 或%X（两者的区别是字母前者小写，后者大写）；如果要显示各进制数的前缀，必须使用%#o、%#x、%#X。例 2-4 程序演示了十进制整数 1000 的三种进制输出，运算结果如图 2-3 所示。

【例2-4】以十进制、八进制、十六进制打印十进制数 1000。

```c
#include <stdio.h>

int main(void)
{
    int x = 1000;

    printf("dec = %d;octal = %o;hex = %x;hex = %X\n", x, x, x, x);
    printf("dec = %d;octal = %#o;hex = %#x;hex = %#X\n", x, x, x, x);

    return 0;
}
```

程序运行结果如图 2-3 所示。

```
dec = 1000;octal = 1750;hex = 3e8;hex = 3E8
dec = 1000;octal = 01750;hex = 0x3e8;hex = 0X3E8
```

图 2-3　例 2-4 程序运行结果截图

整数类型可以使用一个或多个类型修饰符进行修饰。

- signed。
- unsigned。
- short。
- long。

2.3.2　有符号整数类型

C 语言支持 5 种有符号整数类型，其中大多数整数类型具有多个同义词。表 2-2 列出了有符号的标准整数类型。

表 2-2　有符号的标准整数类型

类　型	同　义　词
signed char	
int	signed, signed int
short	short int, signed short,　signed short int
long	long int, signed long,　signed long int
long long(C99)	long long int, signed long long,　signed long long int

short 占用的存储空间可能比 int 类型少，常用于较小数值的场合以节省空间。long 占用的存储空间可能比 int 多，适用于较大数值的场合。long long（C99 标准加入）占用的存储空间可能比 long 多，适用于更大数值的场合。该类型至少占 64 位。

【例2-5】5 种有符号整数类型所占字节数及数据范围。

```c
#include <stdio.h>
#include <limits.h>  //该文件包含了 CHAR_MIN、INT_MIN 等宏
```

```
int main(void)
{
    printf("signed char 所占字节数: %d,数据范围: [%d,%d]\n"
               ,sizeof(signed char), SCHAR_MIN, SCHAR_MAX);
    printf("      short 所占字节数: %d,数据范围: [%d,%d]\n"
               ,sizeof(short), SHRT_MIN, SHRT_MAX);
    printf("        int 所占字节数: %d,数据范围: [%d,%d]\n"
               ,sizeof(int),INT_MIN,INT_MAX);
    printf("       long 所占字节数: %d,数据范围: [%ld,%ld]\n"
               ,sizeof(long), LONG_MIN, LONG_MAX);
    printf("  long long 所占字节数: %d,数据范围: [%lld,%lld]\n"
               ,sizeof(long long), LLONG_MIN, LLONG_MAX);


    return 0;
}
```

可以用例 2-5 所示代码,测试一下自己的 C 语言编译系统每种带符号整数所占空间大小及数据范围。图 2-4 所示是例 2-5 的一种运行结果。建议在自己的编程环境下运行该程序,看看结果是否与图 2-4 不同。

```
signed char所占字节数: 1, 数据范围: [-128, 127]
      short所占字节数: 2, 数据范围: [-32768, 32767]
        int所占字节数: 4, 数据范围: [-2147483648, 2147483647]
       long所占字节数: 4, 数据范围: [-2147483648, 2147483647]
  long long所占字节数: 8, 数据范围: [-9223372036854775808, 9223372036854775807]
```

图 2-4　例 2-5 运行结果截图

在 C 语言标准中只定义了整数类型最小的存储空间: short 类型至少占 2 个字节, long 类型至少占 4 个字节, 而 long long 类型至少占 8 个字节。虽然整数类型实际占用的空间可能大于它们的最小空间, 但是不同类型的空间大小一定遵循以下次序:

$$\text{sizeof(short)} \leq \text{sizeof(int)} \leq \text{sizeof(long)} \leq \text{sizeof(long long)}$$

int 类型是最适应计算机系统架构的整数类型, 它具有和 CPU 寄存器相对应的空间大小和位格式。

现在计算机普遍使用 64 位处理器, 为了储存 64 位的整数, 才引入了 long long 类型。

现在, 个人计算机上最常见的设置, long long 类型占 64 位, long 类型占 32 位, short 类型占 16 位, int 类型占 32 位。

输出 long 型整数, 使用%ld, 对于 long long 型整数, 使用%lld。

2.3.3　无符号整数类型

表 2-3 列出了无符号的标准整数类型。

表 2-3　无符号的标准整数类型

类　　型	同　义　词
_Bool	bool(在 stdbool.h 头文件中定义)
unsigned char	
unsigned int	unsigned
unsigned short	unsigned short int
unsigned long	unsigned long int
unsigned long long (C99)	unsigned long long int

可以自己编写一个程序测试一下每个无符号的标准整数类型所占字节数，我们会发现，无符号的整数类型与对应的有符号整数类型所占字节数相同。

C99 引入了无符号整数类型 _Bool 用来表示布尔值。

如果程序中包含 stdbool.h 头文件，也可以使用标识符 bool、true 和 false，这是 C++程序员熟悉的三个关键字。宏 bool 是 _Bool 类型的同义词，但 true 和 false 是符号常量，它们的值分别是 1 和 0。

2.3.4 char 类型

char 类型用于存储字符（如字母或标点符号），但从技术层面看，char 类型也是一个标准的整数类型。因为 char 类型实际上存储的是整数而不是字符。计算机使用数字编码来处理字符。常用的是 ASCII 编码。ASCII（American Standard Code for Information Interchange，美国标准信息交换代码）是基于拉丁字母的一套计算机编码系统，主要用于显示现代英语和其他西欧语言，它是现今最通用的单字节编码系统，并等同于国际标准 ISO/IEC 646。

本书的字符编码使用 ASCII 编码系统。因此，存储字母 A 实际上存储的是整数 65。

但是，仅有一个单词的类型名称 char 是 signed char 还是 unsigned char，是由编译器决定的。有时把 char 类型也称为字符型。

标准 ASCII 码的范围是 1~127，只需要 7 位二进制位数即可表示。通过 char 类型被定义为 8 位的存储单元。

可以对字符变量做算术运算。由程序自身决定是否将 char 变量的值解释为字符码或整数。下面的两行代码将字符变量 ch 既看作一个整数又看作一个字符。

```c
char ch = 'A';
printf("字母 %c 的整数编码是：%d\n", ch, ch);
```

如果 char 类型以字符形式输出，在 printf()函数中使用%c 进行格式控制。

在 printf()函数中，ch 先被视为一个字符，然后被视为该字符的整数编码。基本字符集中的每个字符都可以作为一个正整数以 char 对象表示。

在 C 语言中，用单引号括起来的单个字符或多个字符被称为字符常量，如'a'、'AB'、'0'等。

对于不是宽字符的字符常量，其类型为 int。如果一个字符常量由一个可以在运行字符集中的用单字节表示的字符组成，其值就是该字符的字符码。例如，在 ASCII 码中，常量'a'的编码是十进制值 97。在其他情况下，特别要注意，如果一个字符常量包括了超过一个以上的字符，该字符常量的值在不同的编译器中可能会不同。

【例 2-6】字符变量定义并用字符常量赋值。

```c
#include <stdio.h>

int main(void)
{
    char grade = 'A';
    char level = 'FATE';
    int x = 'FATE';
    char ch = 97;
    printf("grade = %c level = %c ch = %c x = %x\n", grade, level, ch, x);
```

```
    return 0;
}
```

运行上面的程序代码，结果如图 2-5 所示。

grade = A level = E ch = a x = 46415445

图 2-5 例 2-6 运行结果截图

运行例 2-6 并分析运行结果会发现，level 的值是'E'，也就是如果字符常量里有多个字符，只有最后 8 位有效。当然，我们很少这样给字符变量赋值，一般情况下，一对单引号里面只有一个字符常量。

而 ch 变量的值是'a'，因为 97 是字母'a'对应的 ASCII 码，但不建议这么赋值，用'a'代替 97 更为妥当。

整型变量 x 的值是十六进制的 46415445，即把 4 个独立的 8 位 ASCII 码存储在一个 32 位的整型变量中。字符常量类型为 int 型。

单引号只适用于字符、数字和标点符号，ASCII 码表中的很多字符输出不出来，例如，一些表示行为的字符（如退格、换行），可以使用转义序列表示这些特殊字符。

转义序列以反斜杠（\）开头。转义序列允许在字符常量和字符串字面量中表示任何字符，包括不可打印字符和具有特殊含义的字符，如单引号（'）和双引号（"）。表 2-4 列出了 C 语言识别的转义序列。

表 2-4 转义序列

转 义 字 符	含 义	ASCII 码（十六/十进制）
\0	空字符（NULL）	00H/0
\n	换行符（LF）	0AH/10
\r	回车符（CR）	0DH/13
\t	水平制表符（HT）	09H/9
\v	垂直制表（VT）	0B/11
\a	响铃（BEL）	07/7
\b	退格符（BS）	08H/8
\f	换页符（FF）	0CH/12
\'	单引号	27H/39
\"	双引号	22H/34
\\	反斜杠	5CH/92
\?	问号字符	3F/63
\ddd	任意字符	三位八进制
\xh[h…]	任意字符	二位十六进制

2.3.5 整型变量的溢出

在整数的算术运算中，可能会发生溢出（overflow）。当运算的结果不在数据类型所能表示的取值范围时，就会发生溢出。

由于每种数据类型所占的字节可能不同，那么当一个取值范围较大的数据类型转换为一个取值范围较小的数据类型时，可能就会出现数据溢出的情况。例 2-7 定义了两个 int 型变量 a 和 b，a 赋值为 INT_MAX，对于 4 字节有符号整数来说，这个值是 2147483647，计算 a+1 的值，将结果赋给 b， 输出 b 的值。

【例 2-7】数据溢出示例。

```c
#include <stdio.h>
#include <limits.h>

int main(void)
{
    int a, b;                       //定义变量

    a = INT_MAX ;                   //给整型变量 a 赋一个最大值（INT_MAX）
    b = a + 1;                      //最大值加上 1 后的结果赋给整型变量 b

    printf("a = %d\nb = %d\n", a, b);

    return 0;
}
```

运行上述程序，结果如图 2-6 所示。

```
a = 2147483647
b = -2147483648
```

图 2-6 例 2-7 运行结果截图

如运行结果所示，b 的值并不是 2147483648。所以在写程序处理数据时，要避免数据溢出问题。主要原因是每种数据类型表示的数据范围都是有限的。

溢出行为是未定义的行为，C 语言标准并未定义有符号类型的溢出规则。在编程时必须自己注意这类问题。

2.3.6 整数常量

整数常量（integer constant）可表示为常见的十进制数字、八进制或十六进制记数法的数字。

十进制常量（decimal constant）起始数字不能为 0。255 表示一个基数为 10 的十进制常量，其值为 255。以 0 开始的数字为八进制常量（octal constant），047 就是一个八进制常量，等价的十进制常量是 39。十六进制常量（hexadecimal constant）以 0x 或 0X 作为前缀，十六进制数字 A 到 F 可以是大写或小写。0xff、0xFF、0Xff、0XFF 都表示同一个十六进制常量，它们都等价于十进制常量 255。

由于所定义的整数常量最终将用于表达式与声明中，因此它们的类型非常重要。当常量的值被确定时，常量的类型也会被同时定义。整数常量通常是 int 类型的，但是，如果常量值在 int 表示的范围之外，编译器会按照类型层次自动选择第一个范围足够表示该值的类型。十进制常量的类型层次为 int、long、long long，对于八进制和十六进制常量，类型层次为 int、unsigned int、long、unsigned long、long long、unsigned long long。

也可以利用后缀显式定义常量的类型，具有后缀的常量示例可参看表 2-5。

表 2-5　具有后缀的常量示例

整 数 常 量	类 型
0x100	int
128U	unsigned int
0L	long
0xf0fUL	unsigned long
0555LL	long long
0777llu	unsigned long long

2.4　浮 点 类 型

2.4.1　定义浮点型变量

浮点类型是用于实数计算的标准浮点类型，包括 float（用于定义单精度的变量）、double（用于定义双精度的变量）、long double（用于定义扩展精度的变量）。

浮点数表示类似于科学记数法（即用小数乘以 10 的幂来表示数字）。该记数系统常用于表示非常大或非常小的数。

浮点数值只能以有限的精度被存储，这取决于该数值的二进制表示方式以及用于存储该数值的内存空间大小。C 语言标准只定义了浮点类型的最小存储空间要求与二进制格式。

表 2-6 采用十进制表示 IEC 60559 标准所规定的浮点类型的取值范围及其精度。

表 2-6　实数浮点类型

类　　型	存储空间大小	取 值 范 围	最小正数值	精　　度
float	4 个字节	±3.4E+38	1.2E-38	6 位
double	8 个字节	±1.7E+308	2.3E-308	15 位
long double	10 个字节	±1.1E+4932	3.4E-4932	19 位

float 类型 6 位精度是指能够表示 33.3333333 的前 6 位数字，而不是精确到小数点后 6 位。

在 C 语言中，对浮点数据进行算术运算，通常需要采用 double 或者更高精度的类型。

浮点型变量的定义和初始化方式与整型变量相同，例如：

```
float width, high;
double trouble = 6.63e-34;
long double gdp;
```

long double 是 C99 标准引入的，但对 long double 的处理，取决于编译器。ANSI C 标准规定了 double 变量存储为 IEEE 64 位（8 个字节）浮点数值，但并未规定 long double 的确切精度。所以对于不同平台可能有不同的实现。有的是 8 字节，有的是 10 字节，有的是 12 字节或 16 字节。关于具体的编译器的情况，可以用 sizeof(long double) 测试。

2.4.2 浮点常量

浮点常量可采用十进制或者十六进制记数法（C99 标准引入的），这里只介绍十进制浮点常量。

十进制浮点常量包含一个十进制数字序列和一个小数点。也可以用科学记数法表示：指数符号为 e 或 E。表 2-7 所示是一些十进制浮点常量的示例。

表 2-7　十进制浮点常量示例

浮 点 常 量	值
10.0	10
2.34E5	2.34×10^5
67e-12	67.0×10^{-12}

小数点可以是第一个字符，也可以是最后一个字符。因此 10.和.234E6 都是合法的浮点数。浮点常量的默认类型是 double。也可以用后缀 f 或 F 来注明该常量是 float 类型，或者用后缀 L 或 l 来注明此常量是 long double 类型。建议使用 L 后缀，因为字母 l 和数字 1 很容易混淆。

2.4.3 输出浮点值

printf()函数使用%f 转换说明输出十进制记数法的 float 和 double 类型浮点数，用%e 输出指数记数法的浮点数。输出 long double 类型要使用%Lf、%Le 转换说明。例 2-8 演示这些特性。

【例 2-8】浮点类型定义、初始化及输出。

```
#include <stdio.h>

int main(void)
{
    float x = 320.0f;
    double y = 2.14e9;
    long double z = 8.8L;

    printf("%f 也可以写成%e\n", x, x);
    printf("y 的值是 %e\n", y);
    printf("z 的值是 %Lf\n", z);

    return 0;
}
```

2.5　枚 举 类 型

现实生活中，人们常常会遇到这样的数据：只有有限的几种可能性，只能选择其中之一。例如，一道选择题的答案只有 A、B、C、D 四个选项；一周只有周一、周二、……、周日七天；一个人的性别只有男、女两个选项。

为了定义这类数据，C 语言提供了枚举类型。枚举（enumeration）是一种由用户在程序中定义的整数类型。使用枚举类型可以定义一种新的数据类型，并列举所有的可能值。当使用这种新的数据类型定义一个变量时，该变量的取值也就限定在了列举出的选项之中。定义枚举时使用关键字 enum，后面通常跟着枚举的标识符和该枚举值的列表，每个值都有一个名字。

```
enum [标识符] {枚举值列表};
```

例如，可以将描述一周中 7 天的枚举类型声明如下：

```
enum Weekday { Monday, Tuesday, Wednesday, Thursday, Friday, Saturday, Sunday };
```

这样，就可以用 enum Weekday 这种自定义类型来表示一周中的 7 天了，且其取值只能是 Monday~Sunday 中的一个。这些枚举类型的所有可能值实际上都是整型常量。当定义枚举类型时，数值 0、1 等会自动赋值，这些值是默认的。一般来说，第一个枚举常量的值是整数 0，之后每个成员的值都是在左边常量值的基础上加上 1。所以，Monday 的值是 0，Saturday 的值是 5。定义枚举类型时，也可以使用任意整数作为初始值初始化枚举常量。例如：

```
enum ages { John=20, Alice=19, Max=Alice+2, Robin };
```

注意，在没有指定显式初始值时，使用默认规则初始化常量。因此，在上面的例子中，Max 的值是 21，Robin 的值是 22。

一个枚举中的不同常量可以具有相同的值，枚举类型的定义也不一定包含标识符。例如：

```
enum {OFF, ON, STOP = 0, GO = 1, CLOSED = 0, OPEN = 1};
```

如果只想定义常量，而不想声明属于该枚举类型的任何变量，则可以省略标识符。用这种方式定义整数常量比使用一长串的#define 命令要好，因为枚举的同时还提供编译器常量的名称及其数值。

2.6　void 类型

void 类型表示"没有值可以获得"，因此，不可以采用这个类型定义常量或变量。有关 void 的使用会在第 5 章及第 7 章讲解。

2.7　运算符和表达式

C 语言中提供了丰富的运算符，如算术运算符、关系运算符、赋值运算符、逻辑运算符、位运算符等。而表达式由一系列的常量、标识符和运算符组成。运算符和表达式是实现数据操作的重要组成部分。每个表达式都有一个类型。表达式的类型是表达式计算后所得到结果的类型。如果表达式没有产生任何值，其类型就是 void。

一个表达式中可以有多个、多种运算符。不同的运算符优先级不同，优先级决定了表达式先算哪部分、后算哪部分。

【例 2-9】运算符优先级示例。

```
#include <stdio.h>

int main(void)
{
```

```
    printf("%d\n", 4 & 2 + 5 );              //因为运算符+优先级高于运算符&
    printf("%d\n", (4 & 2) + 5 );            //用括号改变计算顺序

    return 0;
}
```

代码中的"&"是位运算符，表示按位进行与运算。在后面的进阶篇会学到位运算，本章暂时不讲解位运算。表达式 4 & 2 + 5 的结果是 4，而(4 & 2) + 5 的计算结果是 5。

如果一个表达式中的两个操作具有相同的优先级，那么结合性决定了它们的组合方式是从左到右还是从右到左。

【例 2-10】运算符的结合性示例。

```
#include <stdio.h>

int main(void)
{
    int a = 4, b = 3, c = 2;

    printf("%d\n", a / b % c);               //结合性从左到右
    printf("%u\n", a = b = c);               //结合性从右到左

    return 0;
}
```

表 2-8 所示是 C 语言运算符的优先级与结合性。表达式中的优先级可以使用括号来改变，因此程序设计过程中，如果弄不清楚优先级时，要善于使用括号，括号可以更明确表达谁先计算谁后计算。

表 2-8　运算符优先级和结合性

优 先 级	运　算　符	结 合 性
1	后缀运算符：[]、()、.、->、++、--、(类型名称){列表}	从左到右
2	一元运算符：-、+、~、!、++、--、sizeof、&、*、_Alignof	从右到左
3	类型转换运算符：(类型名称)	从右到左
4	乘除法运算符：*、/、%	从左到右
5	加减法运算符：+、-	从左到右
6	移位运算符：<<、>>	从左到右
7	关系运算符：<、<=、>、>=	从左到右
8	相等运算符：==、!=	从左到右
9	位运算符与：&	从左到右
10	位运算符异或：^	从左到右
11	位运算符或：|	从左到右
12	逻辑运算符与：&&	从左到右
13	逻辑运算符或：||	从左到右
14	条件运算符：?:	从右到左
15	赋值运算符：=、+=、-+、*=、/=、%=、&=、^=、|=、<<=、>>=	从右到左
16	逗号运算符：,	从左到右

注：运算符(类型名称){列表}是 C99 新增加的。

2.7.1 算术运算符

表 2-9 列出了算术运算符。

表 2-9 算术运算符

运 算 符	意 义	示 例	结 果
*	乘法	x * y	x 与 y 的积
/	除法	x / y	x 与 y 的商
%	模运算	x % y	x 除以 y 的余数
+	加法	x + y	x 与 y 的和
–	减法	x – y	x 与 y 的差
+（一元）	正号	+x	x 的值
–（一元）	负号	–x	x 的算术负数

其中，只有%运算符需要整数操作数，而其他算术运算符的操作数可以是任何算术类型。两个整数的除法运算结果也是整数，但如果除数和被除数中至少有一个是浮点数，那么运算结果也是浮点数。

算术表达式在计算过程中会发生隐式类型转换。假设 n 被定义为 short n = –5;：

➥ n * 2L——表达式类型为 long，因为 2L 是 long 类型的常量。

➥ 8 / n——表达式类型为 int，因为 8 是 int 类型常量。

➥ 8.0 /n——表达式类型为 double，因为 8.0 是 double 类型常量。

➥ 8.0 % n——错误的表达式，因为模运算需要整数操作数。

对于除法运算，如果除数为 0，一般会引起程序崩溃。所以写算术表达式时，不要出现除零的编程错误。下面的程序利用除法和求模运算符，完成整数每一位的分离，计算机程序的主要任务就是计算，通过计算可以完成各种各样的任务。

【例 2-11】应用整除和求模运算符输出 3 位整数的每一位。

```c
#include <stdio.h>

int main(void)
{
    int x ;
    printf("输入一个 3 位整数：");
    scanf("%d", &x);
    printf("%d 的每一位的值是：%d %d %d\n", x, x/100, x%100/10, x%10);

    return 0;
}
```

程序的运算结果如图 2-7 所示。

```
输入一个3位整数：123
123的每一位的值是：1 2 3
```

图 2-7 例 2-11 程序运行结果截图

2.7.2 自增自减运算符

C 语言提供了特有的自增（++）和自减（--）运算符，它们的操作对象只有一个且只能是简单变量。

++、--运算符作用于变量有两种方式：前缀方式和后缀方式。

前缀方式就是运算符放在变量的前面，如++n 或--n；后缀方式就是运算符放在变量的后面，如 n++或 n--。

前缀方式表示先让变量的值增 1 或减 1，再返回变量值。

后缀方式表示先返回变量值，再让变量的值增 1 或减 1。

下面通过一个具体的编程实例理解自增和自减运算符。

【例 2-12】 自增运算符编程实例。

```c
#include <stdio.h>

int main(void)
{
    int a, b, c, d;
    a = 7; b = 7;
    c = a++;          //后缀形式：先返回 a 的值，再增 1
    d = ++b;          //前缀形式：先增 1，再返回 b 值
    printf("a=%d,b=%d,c=%d,d=%d\n", a, b, c, d);

    return 0;
}
```

程序运行结果如图 2-8 所示。

a=8, b=8, c=7, d=8

图 2-8 例 2-12 程序运行结果截图

从执行结果可知，表达式 a++的值是 7，因为先返回 a 值作为表达式的值，a 值再自增 1 变成了 8。而表达式++b 的值是 8，是因为 b 先自增变为 8，返回 b 的值作为表达式的值。

> **注意**
>
> （1）虽然对于变量的递增变量进行++、--运算完全可用赋值语句代替，例如 a++可用 a+=1 或 a=a+1 代替，但使用++、--运算符可以提高程序的执行效率。这是因为++、--运算符只需要一条机器指令就可以完成，而 a=a+1 要对应三条机器指令。
>
> （2）自增、自减运算符的运算对象只能是简单变量，不能是常数或还有运算符的表达式，例如 5++、--(a + b)是错误的。
>
> （3）在程序中尽可能不要出现 "ans = num / 2 + 5 * (1 + num++)" 这样的表达式，因为编译器可能不会按预想的顺序来执行。你可能认为，先计算第 1 项 num / 2，接着计算第 2 项 5 * (1 + num++)，但是，编译器可能先计算第 2 项，递增 num，然后在 num / 2 中使用 num 递增后的新值，因此，无法保证编译器到底先计算哪一项。所以，如果一个变量多次出现在一个表达式中，不要对该变量使用自增或自减运算符。

2.7.3 赋值运算符

赋值是 C 语言的基本操作之一。
例如：

```
int num;
num = 1;
```

在执行 int num;时，编译器在计算机内存中为变量 num 预留空间，然后在执行 num = 1;时，把值存储在 num 空间，可以给 num 赋不同的值，这就是 num 被称为变量的原因。

赋值表达式形如：a = 表达式

出现在赋值运算符左边的称为左值，出现在赋值运算符右边的表达式称为右值。左值是用来指明一个数据对象的表达式。最简单的左值就是变量名称。左值（lvalue）之所以称为"左"，是因为一个左值表示一个数据对象，它可以出现在赋值运算符的左边。

赋值运算符分为简单赋值（=）、复合算术赋值（+=、−=、*=、/=、%=）和复合位运算赋值（&=、|=、^=、>>=、<<=）。

在一个简单赋值中，赋值运算将右边操作数的值存储到此对象中。

a += b 等效于 a = a + b，但是前者执行速度比后者快。−=、*=、/=、%=的用法和+=类似。阅读例 2-13，掌握各种赋值运算符的使用。

【例 2-13】赋值运算符编程实例。

```
#include <stdio.h>

int main(void)
{
    int a = 5;
    int ans = a / 2 + 5 * (1 + a);
    printf("ans=%d\n", ans);
    int b, c, d;
    b = c = d = a;                  //赋值运算符是右结合的
    printf("a=%d,b=%d,c=%d,d=%d\n", a, b, c, d);
    ans += c + d ;                  //复合赋值：右值与左值相加后赋值给左值
    printf("ans=%d\n", ans);

    return 0;
}
```

2.7.4 关系运算符

关系运算符也称为比较运算符，用来比较两个操作数，并且生成一个 int 类型的值。如果指定的关系成立，这个值为 1；如果不成立，这个值为 0。表 2-10 列出了 C 语言的关系运算符。

表 2-10　关系运算符

运 算 符	意 义	示 例	结 果
>	大于	x > y	如果 x 大于 y，值为 1，否则为 0
>=	大于等于	x >= y	如果 x 大于等于 y，值为 1，否则为 0
<	小于	x < y	如果 x 小于 y，值为 1，否则为 0
<=	小于等于	x <= y	如果 x 小于等于 y，值为 1，否则为 0
==	等于	x == y	如果 x 等于 y，值为 1，否则为 0
!=	不等于	x != y	如果 x 不等于 y，值为 1，否则为 0

【例 2-14】 关系运算符示例程序。

```c
#include <stdio.h>

int main(void)
{
    int x = 10, y = 20;
    printf("x=%d,y=%d,所以: \n", x, y);
    printf("x<y 的值是: %d\n", x < y);
    printf("x<=y 的值是: %d\n", x <= y);
    printf("x>y 的值是: %d\n", x > y);
    printf("x>=y 的值是: %d\n", x >= y);
    printf("x==y 的值是: %d\n", x == y);
    printf("x!=y 的值是: %d\n", x != y);

    return 0;
}
```

该程序的运算结果如图 2-9 所示。

图 2-9　例 2-14 程序运行结果截图

2.7.5　逻辑运算符

可以用逻辑运算符连接多个表达式，形成复合条件，它们常用在条件语句和循环语句中以控制程序流程。和关系表达式一样，逻辑表达式的类型为 int。C 语言用 0 表示逻辑假值，用非 0 表示逻辑真值。表 2-11 列出了 3 种逻辑运算符。

表 2-11 逻辑运算符

运 算 符	意 义	示 例	结 果
&&	逻辑与	x && y	如果 x 和 y 任何一个都不为 0,值为 1,否则为 0
||	逻辑或	x || y	如果 x 和 y 都为 0,值为 0,否则为 1
!	逻辑非	!x	如果 x 为 0,则值为 1,否则为 0

运算符&&和||的操作数计算次序是从左到右的,如果左操作数的值已经能决定整个计算的结果,那么右操作数就根本不会被计算,这被称作逻辑运算符的短路。分析一下例 2-15 的逻辑表达式计算,重点是逻辑运算符的短路。

【例 2-15】逻辑运算符示例程序。

```
#include <stdio.h>

int main(void)
{
    int i = 1, j = 2 ,k = 3;

    printf("%d\n", k || i++ && j - 3);          //逻辑或运算符短路
    printf("%d\n", i <= j && (k = !k));          //逻辑与运算符未短路
    printf("%d\n", i == 5 && (j = 8));           //罗辑与运算符短路
    printf("i=%d,j=%d,k=%d\n", i, j, k);

    return 0;
}
```

该程序的运算结果如图 2-10 所示。

图 2-10 例 2-15 程序运行结果截图

代码解析:

逻辑表达式 k || i++ && j - 3 按照从左到右的顺序执行,因为 k 值非 0,所以逻辑或运算符短路,因此表达式 i++未执行,而 j - 3=-1,非 0,所以整个表达式最后结果为 1。

逻辑表达式 i <= j && (k = !k)按照从左到右的顺序执行,因为 i<=j 成立,所以逻辑与运算符没有被短路,表达式(k = !k)执行计算,k 的值变为 0,所以整个表达式最后结果为 0。

逻辑表达式 i == 5 && (j = 8)按照从左到右的顺序执行,因为 i == 5 不成立,所以逻辑与运算符被短路,表达式(j = 8)未执行,所以整个表达式最后结果为 0。

根据以上三个逻辑表达式的分析,i 的值未变还是 1,j 的值未变还是 2,而 k 值变为了 0。

2.7.6 其他运算符

C 语言还有其他 7 个运算符,这里面介绍 4 个,分别是 sizeof 运算符、显式强制类型转换运算符"( )"、条件运算符 "?:"和逗号运算符 ","。

1. sizeof 运算符

sizeof 运算符以字节为单位，计算操作数的空间大小。sizeof 的结果是 size_t 类型，该类型在头文件 stddef.h 以及其他标准头文件中被定义为无符号整数类型。sizeof 运算符的操作数可以是类型标识符或变量名。例如，如果 a 是一个 int 变量，例 2-16 的三个表达式都会获取 int 空间的大小（一般情况下，在 32 位系统上，int 空间大小是 4 个字节）。

【例 2-16】sizeof 运算符获取 int 空间大小的三种方式。

```c
#include <stdio.h>

int main(void)
{
    int a;
    printf("%d\n", sizeof(int));        //第 1 种方式
    printf("%d\n", sizeof(a));          //第 2 种方式
    printf("%d\n", sizeof a);           //第 3 种方式

    return 0;
}
```

一般情况下，使用前两种方式。

2. 显式强制类型转换运算符

显式强制类型转换是在一个数值、变量或表达式前加了带括号的类型标识符。其一般形式如下：

(类型标识符) （表达式）

例如，(double) f 把 f 转换成双精度浮点型，(int)(x + y)把 x + y 的结果转换成整型。

在使用强制类型转换时，类型标识符和表达式都必须加括号（单个变量可以不加括号）。无论是强制转换还是自动转换，都只是为了本次运算的需要对变量的数据进行临时性类型转换，而不改变变量定义时的类型。例 2-17 是类型转换示例，可以通过程序代码中的注释了解表达式中的类型转换问题。

【例 2-17】显式强制类型转换与自动类型转换示例。

```c
#include <stdio.h>

int main(void)
{
    double f = 9.14;                //f 是双精度浮点类型变量
    int n = (int) f ;               //把 f 显式强制转换成整数
    f = n / 2 ;                     //整除结果是整数 4，自动转换成双精度类型赋值给 f
    printf("f = %f n = %d\n", f, n);
    f = (double) n / 2 ;            //把 n 显式强制转换成双精度类型
    printf("f = %f n = %d\n", f, n);

    return 0;
}
```

3．条件运算符

条件运算符有时也称为三元运算符，因为它是唯一需要 3 个操作数的运算符。形式如下：

表达式 1？表达式 2：表达式 3

条件运算操作会首先计算表达式 1，然后根据计算的结果，再决定要计算后面两个表达式的哪一个。

在计算完表达式 1 后，如果结果不等于 0，则表达式 2 会被计算，并且表达式 2 的值就是整个表达式的结果；如果结果为 0，那么只有表达式 3 会被计算，并且表达式 3 的值就是整个表达式的结果。

【例 2-18】条件运算符示例。

```c
#include <stdio.h>

int main(void)
{
    int x = 5, y = 7;
    int distance = x<y ? y-x : x-y;
    printf("distance = %d", distance);

    return 0;
}
```

因为 x<y 成立，所以 distance 的值是 2。

条件运算符具有比较低的优先级，只有赋值运算符和逗号运算符的优先级比它低。

条件运算符代表了在程序流中的条件跳转，因此，有时可以与 if-else 语句相互替代。

4．逗号运算符

逗号运算符是二元运算符，一般形式如下：

表达式 1，表达式 2

逗号运算符确保操作数被顺序地处理：先计算左边的操作数，再计算右边的操作数。右操作数的类型和值作为整个表达式的结果。例如：

```c
x = 2.7, sqrt(2 * x)
```

整个表达式的值是此函数的返回值。逗号运算符的优先级是所有运算符中最低的。如果希望逗号运算的结果用于另一个赋值运算中，就需要使用括号，如下：

```c
y = (x = 2.7,sqrt(2 * x ));
```

这条语句会把 5.4 的平方根赋值给 y。其实这样的语句可读性比较差，完全可以把上述语句写成如下两条语句：

```c
x = 2.7;
y = sqrt(2 * x );
```

因此，尽可能少写可读性差、容易引起误解意思的代码。

小　结

计算机能且只能做两种事情：执行计算与保存计算结果。C 语言通过表达式进行计算，表达式是用运算符将运算对象连接起来的表示一个运算过程的式子，运算对象可能是字面常量、符号常量、变量或函数调用。

C 语言可以处理多种类型的数据，如整数、字符和浮点数。把变量定义为整型、字符类型或浮点类型，计算机才能正确地存储、读取和解释数据。C 语言允许编写混合数据类型的表达式，但是会进行类型自动转换，以便在实际运算时统一使用一种类型。

习题与实践

1. 在 C 语言中为一个特定的数据分配内存时，程序员必须（　　）。
   A. 定义一个数据类型的变量
   B. 定义一个值
   C. 声明一个特定数据类型的指针
   D. 以上都不是

2. 若有以下定义：

```
char w; int x; float y;double z;
```

则表达式 w*x+z-y 结果为（　　）类型。
   A. float
   B. char
   C. int
   D. double

3. 下列变量名中，哪些是合法的？哪些是不合法的？为什么？

```
This_little_pig        2_for_1_special        latest things
The_$12_method         number                 correct?
MineMineMine           _this_is_ok            _foo
```

4. 为下面的变量指定最佳的变量类型。

（1）以米为单位的房间面积。

（2）一小时内通过学校门口的车辆数量。

5. 设 x = 3、y=4、z=6，表达式!(x>y)+(y!=z)||(x+y)&&(y-z)的结果是（　　）。
   A. 0
   B. 1
   C. -1
   D. 6

6. 若 s 是 int 型变量，且 s=6，则 s%2+(s+1)%2 表达式的值为（　　）。若 a 是 int 型变量，则"(a=4*5,a*2),a+6"表达式的值为（　　）。若 x 和 a 均是 int 型变量，则执行表达式 x = (a=4,6*2)后的 x 的值为（　　）。

7. 若已知 a=10,b=15,c=1，则表达式 a*b&&c 的运算结果是（　　）。

8. 若已定义 int a=25,b=14,c=19，则三元运算符(a>b? c:b)所构成语句的执行结果是（　　）。

9. 设 a、b、c 为整型数，且 a=2、b=3、c=4，则执行语句 a*=16+(b++)-(++c);后，a 的值是（　　）。

10. 设 a=5,b=6,c=7,d=8,m=2,n=2，执行(m=a>d) && (n=c>b)后 n 的值为（　　）。

11. 初始化值是 0.968 的双精度变量 a 的定义形式为（　　）。

12. "200<x≤800"的 C 语言表达式为（　　）。

13. 若 x 为 int 类型变量，则执行以下程序段后的 x 值是（　　）。

```
x=6; x+=x-=x*x;
```

14. 设 x 为 int 型变量，判断 x 是偶数的表达式为（   ）。

15. 读程序写运行结果。

```
#include <stdio.h>

int main(void)
{
    int i = 5,s = 10;
    s += s-i;
    printf("i=%d,s=%d\n",i,s);

    return 0;
}
```

16. 读程序写运行结果。

```
#include <stdio.h>

int main(void)
{
    int a = 4,b = 5,c = 0,d;
    d = !a&&!b--||!c;
    printf("b = %d d = %d\n",b,d);

    return 0;
}
```

17. 一年大约有 3.156×10^7 s。编写一个程序，提示用户输入年龄，然后显示该年龄对应的秒数。

18. 编程实现以下任务：

（1）定义 int 类型变量 x 和 y，并且 x 的初始值为 10，y 的初始值为 20。

（2）定义 char 类型变量 ch 并初始化为'B'。

（3）将 int 类型变量 x 的值加 5，从而更新其值。

（4）定义 double 类型变量 z 并初始化为 50.3。

（5）将 int 类型变量 x 和 y 的值互换。

（6）输出变量 x 和表达式 2*x+5-y 的值。

第 3 章　简单程序的设计

📖 学习目标

（1）了解算法的概念及算法的描述方法。

（2）掌握几种简单语句的使用。

（3）理解分支结构的含义。

（4）掌握 if 语句和 switch 语句的使用。

（5）能够灵活设计顺序结构、分支结构程序。

　　本章和下一章将要介绍 C 语言程序的三种基本结构：顺序结构、分支（选择）结构及循环结构，它们是结构化程序设计必须采用的结构。在学习程序设计的过程中，既要学习解决问题的方法，也要掌握解决问题的手段和工具。**编程语言中的语句和结构就是解决问题的工具。**方法虽然重要，但是如果没有好的工具依然无法解决问题，所以尽管语言本身有很多细枝末节的规定，该知道的还是得知道，要不然，空有做大事的思想，没有做大事的能力，还是一事无成的。本章将先介绍算法的概念及算法的描述，然后学习几个简单语句，最后介绍分支（选择）语句，用以设计顺序结构、选择结构的程序。

3.1　算 法 概 述

　　一个程序应该包括问题所涉及对象（数据）的描述和处理过程（操作）的描述。

　　（1）数据的描述。在程序中要指定所用数据的**类型**以及对数据的**组织方法**，如要设计完成"求 10 名学生成绩的平均值"的程序，就需要确定学生成绩数据是什么类型以及如何组织这些数据，这就是数据结构。数据结构是计算机学科的核心课程之一。

　　（2）操作的描述。对数据处理过程的描述，也就是算法。

　　在生活中，如果要做一道菜，首先应该有所需要的食材，然后还要有相应的操作步骤，即如何使用食材按规定的步骤加工成所要的菜肴。实际上，食材就是数据，做菜的步骤就是处理数据的过程。事实上，使用同样的食材，不同的操作步骤，做出的菜肴也不尽相同，高级厨师做的菜美味，就是他有好的操作步骤，即好的算法，所以说做每件事的操作步骤不是唯一的，也就是算法不是唯一的，通常有相对好的算法，我们追求的是这个相对好的算法，但是由于是刚刚接触程序设计，所以先不急于追求相对好的算法，而是先用一种算法解决问题，待解决后，再回头看看是否有更好的算法。

　　算法是对解决问题的方法和步骤的描述，我们编写程序来解决一个问题时，首先要想到解决这个问题的方法，然后用某种具体计算机语言描述这个方法就可以了，所以有这样的说法：**算法是程序的灵魂。**著名计算机科学家沃思（Niklaus Wirth）提出了一个道出天机的公式：**数据结构+算法=程序。**

　　实际上，一个程序还需使用一种计算机语言，并采用结构化方法来表示。因此，**数据结构、算法、程序设计方法和语言工具**这四个方面是一个程序设计人员应具备的，在设计一个程序时要综合运用这几方面的知识。在这四个方面中，算法是解决问题的精髓，即确定"做什么"与"怎么做"的问题，程序中的操作语句就是算法的体现。数据结构是程序的处理对象，程序设计方法是编程方法，语言是工具。

本书的目的是帮助学习者能够快速掌握设计 C 程序的方法，对于一些简单的问题，能用 C 语言编写相应的程序，学会使用一种语言工具描述程序。当然还有很多语言可设计实现相同问题的程序。这一章主要介绍几个简单问题的算法及描述这些算法的方法，后面的章节中，通过一些具体的实例让读者逐步培养算法的思维。建议读者去阅读一些有关算法的书，这有助于我们写出好的程序来，没有好的算法，就不可能写出好的程序来。

3.1.1　算法的概念

算法是对解决某一个或某一类问题而采取的方法及步骤的描述。生活中，做任何事都有一定的方法和步骤，即算法无处不在。如烧一壶开水，需要采用一定的算法，如：洗干净水壶→把水壶装满水→把水壶放在炉灶上，点火→等水开后，灌入暖水瓶。这些步骤都是按一定的顺序进行的，缺一不可，甚至有时顺序错了也不行，程序设计也是如此，需要有控制程序流程的语句，即**流程控制语句**。

什么是算法？从程序角度来说，算法是一个有限指令的集合，这些指令确定了解决某一特定类型问题的运算序列。

对于同一个问题可以有不同的解题方法和步骤，也就是有不同的算法。当然方法有好坏之分，即算法有优劣之分，一般而言，应当选择简单、运算步骤少、运算快和内存开销小的算法（算法的时间和空间效率）。所以，为了有效地解决问题，不但要保证算法正确，还要考虑算法的质量，选择合适的算法。本书所关注的只限于计算机算法，即计算机能执行的算法，如计算 1×2×⋯×100，或将 n 名学生的成绩进行排序等，这些都是计算机可以做到的。

通常计算机算法分为两大类：数值（整数或实数）计算算法和非数值（媒体、图片、声音、文字等）计算算法。数值计算是指对问题求数值解，如方程求解、函数求解、对高次方程求解等。非数值计算的应用更广泛，最常见的是用于事务处理领域，如大学生招生系统，铁路、航空售票，人事管理，物流配送管理等。目前，计算机在非数值计算方面的应用远远超过了在数值计算方面的应用。由于数值计算有现成的模型，可以运用数值分析方法，因此对数值计算的算法研究比较深入，算法比较成熟，许多常用算法通常还会被编写成通用函数并汇编成各种库的形式，用户需要时可直接调用，如数学函数库 math.h、数学软件包等。而非数值计算的种类繁多，要求不一，很难提供统一规范的算法。在一些关于算法分析的著作中，一般也只是对典型算法作详细讨论，其他更多的非数值计算需要用户自行设计算法。

算法就是采用人与计算机系统认可的操作方式和控制方式。程序是人们所设计的，在给定问题的基础上，用选定的某种计算机语言，把算法翻译成计算机可接受的、能读懂和执行的"计算机语言文章"。算法是学习程序设计的基础，算法是程序之母，是程序设计的入门知识，掌握算法可以帮助程序开发人员快速理清程序设计的思路，对于一个问题，可找出多种解决方法，从而选择最合适的解决方法。读者不可能通过本书学习所有的算法，本书通过介绍一些典型的算法，帮助学习者了解用程序解决问题的方法。

下面通过 3 个简单的问题说明算法的设计思想。

【例 3-1】求两个变量值交换的算法流程：有黑和蓝两个墨水瓶，但却错把黑墨水装进了蓝墨水瓶子里，而蓝墨水错装进了黑墨水瓶子里，现要求将其互换。

分析：这是一个非数值计算问题。如果直接将黑墨水倒入黑墨水瓶，会导致黑蓝墨水混合在一起，无法达到目的，所以这两个瓶子的墨水不能直接交换，为解决这一问题，关键是需要引入第三个空墨水瓶（与原来的黑和蓝墨水瓶等大小）作为中介。设第三个墨水瓶为红色，其交换算法描述如下：

（1）将黑瓶中的蓝墨水装入红瓶中。

（2）将蓝瓶中的黑墨水装入黑瓶中。

（3）将红瓶中的蓝墨水装入蓝瓶中，算法结束。

【例3-2】求分段函数值的算法流程：计算函数 f(x) 的值，函数 f(x) 如下所示，其中 a、b、c 为常数。

$$f(x)=\begin{cases} ax+b & x \geq 0 \\ ax^2-c & x<0 \end{cases}$$

分析：本题是一个数值计算问题。其中 f 代表所求得的函数值，函数有两个不同的表达式，根据 x 的取值决定执行哪个表达式，算法描述如下。

（1）将 a、b、c 和 x 的值输入到计算机。

（2）判断 x≥0 是否成立，如果成立，执行第（3）步，否则执行第（4）步。

（3）按表达式 ax+b 计算出结果存放到 f 中，然后执行第（5）步。

（4）按表达式 ax^2-c 计算出结果存放到 f 中，然后执行第（5）步。

（5）输出 f 的值，算法结束。

【例3-3】求两个数最大公约数的算法流程：给定两个正整数 m 和 n（m≥n），求它们的最大公约数。

分析：求最大公约数问题的算法有很多，是一个数值计算问题，有成熟的算法，一般用辗转相除法（也称欧几里得算法）求解，我国数学家秦九韶在《九章算术》中曾记载了此算法，读者也可考虑其他算法。

例如：设 m=18，n=12，余数用 r 表示。它们的最大公约数的求法如下。

（1）用 18 对 12 求余，r 为 6，把 n 值传给 m，把 r 值传给 n，继续相除。

（2）用 12 对 6 求余，r 为 0，当 r 为 0 时，所得 n 即为两数的最大公约数。

所以 18 和 12 两数的最大公约数为 6。

算法描述如下。

（1）将两个正整数存放到变量 m 和 n 中。

（2）求余数：用 m 对 n 求余，将所得余数存放到变量 r 中。

（3）判断余数是否为 0：若为 0，则执行第（5）步，否则执行第（4）步。

（4）更新 m 和 n：将 n 的值存放到 m 中，将 r 的值存放到 n 中，并转向第（2）步继续循环执行。

（5）输出 n 的当前值，算法结束。

由上面三个简单的例子可以看出，一个算法由若干个操作步骤构成，并且这些操作步骤是按一定控制结构执行的。例 3-1 中的三个操作步骤是顺序执行的，对应顺序结构。在例 3-2 中的五个操作步骤，不是按操作步骤的顺序执行的，而且其中的步骤也不是所有的都执行，根据判断条件是真还是假决定执行第（3）步还是第（4）步的，这种结构对应选择结构。在例 3-3 中不仅含有判断条件，也含有需要重复执行的部分。第（2）步到第（4）步之间的步骤需要根据条件判断决定是否重复执行，这种具有重复执行功能的结构对应循环结构。

算法的两要素：由上述三个例子可以看出，任何简单或复杂的算法都是由基本功能操作和控制结构两要素组成的。所有计算机的基本功能都是以下 4 个方面。

（1）算术运算：加、减、乘、除、求余。

（2）逻辑运算：与、或、非。

（3）比较运算：大于、小于、等于、不等于、大于等于、小于等于。

（4）数据传送：输入、输出、赋值。

算法的控制结构决定了算法的执行顺序。如前面的例题所示，算法的基本控制结构通常包括顺序结构、选择结构和循环结构。不论简单的还是复杂的算法，至少由这三种基本控制结构中的一种构成，通常是三种组合而成的。算法是对程序控制结构的描述，而数据结构是对程序中数据的描述。

需要强调的是，设计算法与演绎数学有明显区别，演绎数学是以公理系统为基础，通过有限次推演完成对问题的求解，每次推演都是对问题的进一步求解，如此不断推演，直到能将问题的解完全描述出来为止。而设计算法则是充分利用解题环境所提供的基本操作，对输入数据进行逐步加工、变换和处理，输出结果，从而达到解决问题的目的。

3.1.2　算法的特征

算法是一个有穷规则的集合，这些规则确定了解决某类问题的一个运算序列。对于该类问题的任何初始输入值，它都能机械地一步一步地执行计算，经过有限步骤后终止计算并产生输出结果。归纳起来，算法具有以下基本特征。

（1）**输入**：一个算法有零个或多个指定集合的输入值，以建立算法的初始状态。

（2）**有输出**：算法的目的是用来求解问题，问题的结果应以一定的方式输出。如方程的根有几种结果，即使无解也要有提示输出，最好输出要体现人性化。

（3）**有穷性**：一个算法必须在执行有限步后结束，广义地说，操作步骤的数量有限或能在合理的时间范围内完成全部操作。如果要让计算机运行几十年才能完成算法，则这个算法不是有效的，它不具有有穷性。

（4）**确定性**：每个步骤必须有确切的含义，而不是含糊的、模棱两可的。如 A/正整数，但正整数不知道具体的数是不行的。

（5）**可行性**：每一个步骤都要足够简单，是实际能做的，在短时间内可完成的。

通常算法应满足以上五个特征。其中有穷性的限制是不充分的，对于一个实用的算法，不仅要求操作步骤有穷，而且步骤应该是有限的。如求线性方程组解，理论上可用行列式方法，但我们知道，要对 n 阶方程组求解，需计算（n+1）个 n 阶行列式的值，要做的乘法运算是(n!)·(n-1)·(n+1)次。假如 n 取值为 20，用每秒千万次的计算机运算，完成这个计算需要上千万年的时间。可见，它没有实际意义。设计算法时，要对它的效率进行分析。

3.1.3　算法的表示

原则上说，算法可以用任何形式的语言和符号来描述，通常有自然语言、流程图、伪代码等。第 3.1.1 节中的三个例子就是用自然语言来表示算法，所有的程序是直接用程序设计语言表示算法。流程图是表示算法的图形工具。

1．流程图符号

流程图就是对给定算法的一种图形解法。我们知道，用图形解数学题，既快捷又便于理解，同样，流程图也是一个帮助我们理解算法的工具。流程图又称为框图，它用规定的一系列图形、流程线及文字说明来表示算法中的基本操作和控制流程，其优点是形象直观、简单易懂、便于修改和交流。美国国家标准化协会（ANSI）规定了一些常用的符号，图 3-1 中分别列出了标准的流程图符号的名称、表示和功能。这些符号已被世界各国的广大程序设计工作者普遍接受和采用。

（1）**起止框**：表示算法的开始或结束。算法流程图中有且仅有一个开始框和一个结束框，开始框只有一个出口，无入口，结束框只有一个入口，无出口，如图 3-1（a）所示。

（2）输入/输出框：表示算法的输入和输出操作。输入操作是指从输入设备上将算法所需要的数据传递给指定的内存变量；输出操作则是将常量或变量的值由内存储器传递到输出设备上。框中填写需输入或输出的各项列表，可以是一项或多项，多项之间用逗号分隔。只能有一个入口和一个出口，如图3-1（b）所示。

（3）处理框：算法中各种计算和赋值的操作均以处理框表示。处理框内填写处理说明或具体的算式。可以在一个处理框内描述多个相关的处理。一个处理框只有一个入口和一个出口，如图3-1（c）所示。

（4）判断框：表示算法中的条件判断操作。表示算法中产生了分支，需根据某个条件的成立与否确定下一步的执行路径。框内填写判断条件，通常用关系表达式或逻辑表达式来表示。判断框一般有两个出口，只能有一个入口，如图3-1（d）所示。

（5）注释框：表示对算法中的某一操作或某一部分操作所作的必要的备注。只是给用户看的。注释框没有入口和出口，一般是用简明扼要的文字注释，如图3-1（e）所示。

（6）流程线：表示算法的走向，箭头方向是算法执行的方向。流程线很灵活，可以到达流程的任意处。要尽量杜绝随意性，它使程序的可读性、可维护性降低。

（7）连接点：表示不同地方的流程线的连接。

图 3-1　流程图的用法图

2. 用流程图表示算法

下面将例 3-1~例 3-3 的解题算法用流程图表示。

在例 3-1 中，将黑、蓝、白三个墨水瓶分别用 a、b、t 三个变量表示，其算法就是用计算机进行任意两数交换的典型算法，流程图如图 3-2 所示，其控制流程是顺序结构。

对于例 3-2 和例 3-3，均使用与原题一致的变量名，图中的 Y 表示条件为真，N 表示条件为假，对应的算法流程图分别如图 3-3 和图 3-4 所示。图 3-3 中计算函数值的控制流程是选择结构，图 3-4 所示的控制流程是循环结构。

通过上面的例子看出，算法是将需要解决的问题用计算机可接受的方法表示出来。例如：2+8-7 可直接表达给计算机，而求方程的根等问题就必须找到数值解法，不能直接表达给计算机。所以算法设计是程序设计中非常重要的环节。作为一个程序设计者，在学习具体的程序设计语言之前，必须学会针对问题进行算法设计，并且能用简单方法把算法描述出来，这一点非常重要。本书将结合 C 语言的具体内容和实际应用进一步讨论算法的设计。

图 3-2　例 3-1 算法流程图　　　　图 3-3　例 3-2 算法流程图

图 3-4　例 3-3 算法流程图

3.2　顺序结构程序设计

不同语言对应的程序结构不同，但都有顺序、选择和循环这三种**流程控制结构**。结构化程序主要是由这三种流程控制结构组成的。

1．顺序结构

把大象放到冰箱里需要几个步骤呢？毋庸置疑，分三步：打开冰箱门；把大象放进去；把冰箱门关上。这是一个简单的顺序结构实例，其中的步骤顺序不能改变，如果改变，会产生不同结果。**对于顺序结构，只需按照解决问题的顺序写出相应的语句即可，执行顺序是自上而下，依次按顺序执行的。**

2．选择结构

实际生活中，仅有顺序结构是无法满足用户要求的，并不是所有的程序都是按自上而下的顺序执行的，处理事情的顺序并不都是按部就班进行的，有时会**根据某些条件进行选择**。人生常常要面临许多叉路口，不同的抉择有可能完全改变你的人生轨迹。比如在进行周末活动安排时，我们可以说："如果天气好，我们就去郊游，否则我们就去体育馆打球"。在这样安排中，可以看到，"郊游"和"打球"执行哪个动作实际依赖于"天气好"这个条件是否满足。这就是**选择（分支）结构**。

3．循环结构

这里先知道循环结构是在给定条件成立时，反复执行某一段代码，下一章再详细介绍循环结构。

流程控制就是程序代码执行顺序的控制，执行顺序在整体上一定是从上向下进行的，但并不是单纯地从上向下执行，有的代码可能不执行，有的代码可能循环执行。让计算机求解问题，程序员通过分析，必须事先写好求解顺序，然后采用对应的语言编写成程序。

用 C 语言进行程序设计，实质上就是设计由函数构成的一个或多个文件，本章所有程序都是仅由一个主函数 main 构成的 C 程序，关于多函数的程序设计将在第 5 章介绍。

对于每一个函数的设计，就是使用程序控制语句完成问题对应的算法步骤。C 语言的程序控制语句有基本语句、分支控制语句、循环控制语句，它们对应顺序结构、选择结构和循环结构。C 语言提供了许多实现这些基本结构的语句，函数所完成的功能是由这样一些语句实现的。C 程序书写自由，可在一行内书写多条语句，也可将一条语句分写在多行上，但建议最好一行写一条语句。同时注意每条语句都要以 "；" 作为结束标志，即只要是语句，其结尾必须有 "；"，分号是语句必不可少的。在 C 语言中，语句主要是用来定义变量、声明数据类型、执行基本操作及控制程序的运行。C 语言的语句可以分为赋值语句、表达式语句、函数调用语句、空语句、复合语句以及控制语句等。其中，常用的表达式语句是赋值语句及自增或自减语句，函数调用语句将在第 5 章介绍。

控制语句因其实现的功能又分为分支语句、循环控制语句以及中断处理语句。其中分支语句有 if 和 switch 两种语句格式，中断处理语句有 break 和 continue（下一章介绍）。

3.2.1　赋值语句

前面介绍了赋值表达式，它是完成将 "=" 右边表达式的值传给左边变量功能的，如 a=b+c，就是将 b+c 的值传给变量 a。在赋值表达式后加一个分号，即为赋值语句。赋值语句形式多样、用法也灵活。

 注意

（1）注意变量初始化与变量赋值语句的区别。

变量初始化是在变量定义时给其赋初值，它属于变量定义的补充，变量赋初值后一定要与其后面定义的同类型变量之间用逗号分开。

赋值语句是在变量定义以后，给变量赋值的，且其后必须用分号结尾。例如：

```
int a = 2, b = 5, c;              //a=2，b=5 均为变量初始化
    c = a - b;                    //变量赋值语句
```

（2）要区分开赋值表达式与赋值语句的不同。赋值表达式是一种表达式，它可以出现在任何允许表达式出现的地方，而赋值语句则不可以。例如：

```
if ((a = b + 2) > 0) c = a;      //这一点学完 if 后再回来理解
```

语句的功能是先把 b+2 的值赋给变量 a，然后再判断 a 的值是否大于 0。然而下面的语句是非法的 C 语言语句。
if((a = b + 2;) > 0)　c = a;
C 语法规定 if 后面括号中只能是一个表达式，而 a＝b＋2;是一条语句。

3.2.2　表达式语句

在表达式后面加上一个分号 ";" 便构成了一个表达式语句。其一般格式如下：

表达式；

功能：计算表达式的值。例如：

```
x = 2 * y;                       //计算 2*y 的值并赋给 x，表达式的值就是 x 的值
m = 6, n = m++;                  //逗号表达式语句，此表达式的值就是 n 的值
```

因为 C 程序中大多数语句是表达式语句（含函数调用语句），所以也将 C 语言作为 "表达式语言"。表达式语句和表达式的区别在于，表达式代表的是一个数值，而表达式语句代表的是一种动作特征。在 C 程序中赋值语句是最常见的表达式语句。

 注意

";" 是 C 语言中语句必不可少的结束符。

3.2.3　函数调用语句

C 程序是函数集，函数调用语句是最常用的语句。前面用到的 printf 函数、scanf 函数都是函数调用语句。如果想通过一个函数完成一个功能，只有函数的定义是不行的，必须通过函数调用来完成函数的功能，如库文件 stdio.h 中有 printf 函数的定义，如果不调用函数 printf，就不能执行屏幕输出操作。

执行函数调用语句就是把执行流程转到被调函数，如果被调函数是有参数的，需要把实际参数的值传递给函数定义中的形式参数，然后执行被调函数体中的语句，获取我们关注的函数值，或得到相应的输出，或得到变化的参数。其一般格式如下：

函数名(实参列表)；

其中，实参列表一定要与函数定义中的形参在顺序、类型、个数上一一对应。关于函数的更深层次的理解将在第 5 章介绍。

3.2.4　空语句与复合语句

1. 空语句

空语句是表达式语句的一种特例，它仅由一个分号 ";" 组成。语句格式为：

;

空语句的存在只是语法完整性的需要，其本身并不代表任何动作。空语句是什么也不执行的语句，不产生任何动作，常常用在循环语句结构和无条件转移中（不需要其他语句）。

2. 复合语句

复合语句又称为语句块，用大括号"{ }"把多条语句括起来而形成的一种语句。复合语句中的语句是一个整体，一组语句如果是作为一个整体出现的，则需将其作为复合语句。

复合语句格式如下：

```
{
    ［局部变量定义］;
     语句 1 ;
     …
     语句 n ;
}
```

形式上看，复合语句是多条语句的组合，但在语法角度上它是一个整体，相当于一条语句，所以凡是可以用简单语句的地方都可用复合语句来实现。例如：

```
{
    int n;
    scanf("%d", &n);
    printf("%d", n);
}
```

这是一个复合语句。n 的作用域在{}内（关于作用域知识将在第 5 章介绍）。

 注意

复合语句是一个语句块，其中的每一条语句都必须以";"结束，而不应将";"写在"}"外。

3.3 顺序结构的实例

顺序结构的程序是最简单的，只要按照解决问题的顺序写出相应的语句即可，它的执行顺序是从上至下顺序执行的。一般而言，顺序结构程序涉及三个基本操作：输入、处理数据（通常是变量的赋值操作）、输出。以下通过几个例子说明。

【例 3-4】编程实现交换两个变量的值。

分析：在程序开发的过程中，交换两个变量的值是一种常用的操作，如有的排序方法以交换两个变量的值为基本操作。交换两个变量值的方法很多，但比较常用的是下面的方法 1。

方法 1：简单交换法，假设两个变量分别为 a 和 b，使用例 3-1 的算法思想，a 相当于黑瓶（装着蓝墨水），b 相当于蓝瓶（装着黑墨水），交换 a,b 的值相当于交换黑瓶和蓝瓶中的墨水，引入第三个临时变量 temp，这个临时变量相当于红瓶。

交换的主要语句为：

```
temp = a;  a = b;  b = temp;
```

当蓝墨水被倒入红瓶子中以后，原来的黑瓶子就变空了，这样才能装黑墨水。但在 C 语言中，进行赋值 temp＝a 之后，a 的值不变，只是把值复制给变量 temp 而已，自身并不会变化。尽管 a 的值马上将会被修改，但从原理上看，temp＝a 的过程和"倒墨水"的过程有着本质区别。

 注意

（1）赋值 a＝b 后，变量 a 的值被 b 的值覆盖，而 b 的值没有改变。

（2）手动模拟：temp＝a;　a＝b;　b＝temp; 重点记录每条语句执行后各个变量的值。

方法 1 对应的是两个 int 类型变量值的交换，参考代码如下：

```c
#include <stdio.h>

int main(void)
{
    int a, b, temp;                          //a,b 为存放要交换值的两个变量，temp 为临时变量

    scanf("%d%d", &a, &b);                   //输入 a,b 的值
    printf("交换前: a=%d b=%d\n", a, b);     //输出交换前 a,b 的值
    //下面三条语句完成 a,b 值的交换
    temp = a;                                //a-->temp
    a = b;                                   //b-->a
    b = temp;                                //temp-->b
    printf("交换后: a=%d b=%d\n", a, b);     //输出交换后 a,b 的值

    return 0;
}
```

方法 2：用和（差）的形式保存变量，再进行变量之间值的交换。

交换的主要语句为：

```c
a = a + b; b = a - b; a = a - b;
```

方法 2 仍然可完成两个变量值的交换，且没有引入第三个临时变量，但这种算法存在潜在的错误，因为如果 a 和 b 足够大，则 a＋b 会产生溢出，这时就不能完成交换。

【例 3-5】求 $ax^2+bx+c=0$ 方程的根，a、b、c 由键盘输入，假设 $b^2-4ac \geq 0$。按大根小根顺序输出，并保留 5 位小数。

分析：根据第 2 章数据类型的知识，很容易确定 a, b, c 及两根应该为 double 类型数据，定义所需要的变量及辅助变量后，输入 a, b, c 的值，根据中学数学中的万能求根公式 $x_{1,2}=\dfrac{-b\pm\sqrt{b^2-4ac}}{2a}$，即可求得方程的根，然后输出。其中，求平方根时使用 math.h 数学函数库中 sqrt 函数完成。参考代码如下：

```c
#include <stdio.h>
#include <math.h>

int main(void)
{
    double a, b, c, x1, x2, deta;            //分别表示方程系数、根，及判别式平方根
    printf("输入方程的系数a,b,c : ");        //提示输入方程的系数
    scanf("%lf%lf%lf", &a, &b, &c);          //输入方程的系数
    deta = sqrt(b*b-4*a*c);                  //判别式的平方根
    x1 = (-b + deta) / (2 * a), x2 = (-b - deta) / (2 * a); //万能公式求根
```

```
    if(x1 >= x2) printf("x1 = %.5f; x2 = %.5f\n", x1, x2);  //输出两个根
    else           printf("x1 = %.5f; x2 = %.5f\n", x2, x1);

    return 0;
}
```

其中，程序中使用的求平方根函数的原型为：double sqrt(double x); 返回 x 的平方根。

【例 3-6】输入三角形的三条边的长，求三角形面积。已知三角形的三条边的长 a、b、c，则该三角形的面积公式为 area = $\sqrt{s(s-a)(s-b)(s-c)}$ ，其中 s = (a + b + c) / 2。

分析：确定所涉及的数据有三条边的长度 a,b,c、三边和的一半 s、面积 area，根据数据的取值可确定用 double 类型定义变量：a, b, c, s, area；输入 a, b, c 后，利用所给面积公式求面积 area，最后输出 area 即可。参考代码如下：

```
#include <stdio.h>
#include <math.h>

int main(void)
{
    double a, b, c;                                  //分别存放三角形三条边
    double s, area;                                  //分别存放 (a+b+c)/2 及三角形面积

    printf("输入三角形的三条边的长度: ") ;           //提示输入三角形的边长
    scanf("%lf%lf%lf", &a, &b, &c) ;                 //输入三角形的三条边
    s = (a + b + c) / 2 ;                            //按所给公式求 s
    area = sqrt(s * (s - a) * (s - b) * (s - c));    //按所给公式求面积
    printf("area=%f\n", area);                       //输出三角形面积

    return 0;
}
```

【例 3-7】已知一个四位数的整数，求其逆转后对应的整数并输出。如四位数的整数为 3057，则输出为 7503。

分析：首先将四位数的整数读入整型变量 m 中，然后分离各个位对应的数字，如百位对应的数字为 m/100%10。

> **提示**
>
> 已知一个整数 m，其个位数为 m/1%10（即 m%10），十位数为 m/10%10，百位数为 m/100%10，…，从右数第 k 位数为 m / 10^{k-1}% 10。

请分析下面的程序：

```
#include <stdio.h>

int main(void)
{
    int m;                        //存放待逆转的整数
    int g, s, b, q;               //分别存放 m 的个、十、百、千位上的数字
```

```
    printf("输入一个四位数整数：");                    //提示输入整数
    scanf("%d", &m);                              //输入 m
    g = m % 10;                                   //求 m 的个位数字
    s = m / 10 % 10;                              //求 m 的十位数字
    b = m / 100 % 10;                             //求 m 的百位数字
    q = m / 1000 % 10;                            //如果已知 m 为四位数，则 q = m/1000 即可
    printf("%d 逆转后为：%d%d%d%d\n", m, g, s, b, q);  //输出 m 的逆转后结果

    return 0;
}
```

测试情况如图 3-5 所示。

（a）测试 1 运行结果截图　　　　　　　　（b）测试 2 运行结果截图

图 3-5　四位整数逆转输出程序运行结果截图

代码分析： 上面程序对于 8120 逆转后为 0218，肯定不正确，8120 逆转后对应的整数应该为 218。对于原来四位数整数分离出各个位后，原来的个、十、百、千位分别变为逆转后整数的千、百、十、个位，所以逆转后的整数为 g*1000 + s*100 + b*10 + q*1，所以需要将上面程序中的 printf("%d 逆转后为：%d%d%d%d\n",m,g,s,b,q); 修改为：

```
int n;                                           //用于存放 m 逆转后对应的整数
n = g * 1000 + s * 100 + b * 10 + q * 1;
printf("逆转对应的整数为：%d\n", n);
```

测试情况如图 3-6 所示。

图 3-6　例 3-7 运行结果截图

大多数情况下顺序结构都是作为程序的一部分，与其他结构一起构成一个复杂的程序，例如分支结构中的复合语句、循环结构中的循环体等。

3.4　选择结构程序设计

到目前为止，所写的程序都属顺序结构，语句按照输入的顺序来执行。这种程序只能解决计算、输出等简单功能，计算机已经能做一些很酷的事情了。有时，并非所有的程序语句都要被顺序执行到，会希望满足某种条件就执行这部分语句，满足另一条件就执行另一部分语句，这就需要"分支结构"，况且只有顺序结构的程序往往不能完成大型、复杂的程序。计算机可以完成大型而复杂的功能，这就需要设计分支结构和循环结构的程序。

思考： 如何编写"完成形如 A op B 的简单加减乘除四则运算"的程序呢（其中 A、B 为 int 操作数，op 为+、−、*、/中的一个运算符，运算结果也为 int）？对于某一对 A 和 B，程序的运行结果应根据 op 而不同，所以程序中应该有 op 分别为+、−、*、/时的语句，而实际程序到底执行哪个语句需要根据 op 而确定。让计算机如何对要执行的语句顺序做出选择，让它能做更多更酷的事情呢？这就要用到分支语句，分支语句会告诉计算机根据条件的值来运行某些代码。对于要先做判断再选择的问题就要使用**选择结构**。

选择结构的执行是依据一定的条件选择执行路径，而不是严格按照语句出现的物理顺序执行的。选择结构程序设计的关键在于构造合适的分支条件和分支程序流程，根据不同的程序流程选择适当的分支语句。选择结构通常根据**逻辑或关系表达式的值**进行判断，设计这类程序时可先画出流程图，然后根据流程图写出源程序，这样使得问题简单化，易于理解。后面介绍几种基本的选择结构。

3.4.1 条件语句

C语言中的条件语句是 if 语句，它有三种形式：单分支语句（if）、双分支语句（if-else）、多分支语句（if-else if...）。

1. 单分支选择结构（if 语句）

当面临选择，要么执行一个操作，要么跳过它。例如：根据苹果质量好坏决定买或不买；根据面试表现好与不好，决定录用或不录用，这些可使用单分支选择结构。

语法格式如下：

---

　　if(表达式)　　　　语句 1

功能：计算表达式的值，若为"真"（即非 0），则执行语句 1，否则跳过语句 1 而执行 if 语句的后续语句。

执行流程如图 3-7 所示。

图 3-7　if 语句执行流程图

【例 3-8】输入一个年份，判断其是否为闰年，如果是闰年，则输出 Y。

分析：是否"输出 Y"是由输入的年份是否为闰年确定的，如果是闰年，则执行"输出 Y"语句。闰年的特点是年份是 400 的倍数或者是 4 的倍数但不是 100 的倍数，使用 if 语句即可实现。参考代码如下：

```
#include <stdio.h>

int main(void)
{
    int year;                        //存放要判断是否为闰年的年份

    printf("输入一个年份数: ");       //提示输入年份
    scanf("%d", &year);
    //闰年是 400 的倍数或者是 4 的倍数但不是 100 的倍数
    if(year % 400 == 0 || year % 4 == 0 && year % 100 != 0)
```

```
        printf("Y\n");                    //输出 Y

    return 0;
}
```

注意

（1）if(表达式) 语句 1，整体被称为 if 语句，从语法上看，这是一条语句。括号中表达式为是否执行语句 1 的判断条件，一般为逻辑或关系表达式，也可以是一个常量或变量或其他表达式，但一定要用 "( )" 括起来，系统对表达式的值当命题判断，若为非 0，则按 "真" 处理；若为 0，则按 "假" 处理。

（2）语句 1 从语法上应是一条语句，若需要在此执行多条语句，则需用大括号将它们括起来，构成复合语句，这样，语法上它仍然是一条语句。否则只将第一条语句看作是表达式为真时执行的语句，其他语句会被看作是 if 语句的后续语句。

【例 3-9】 求给定整数 x 的绝对值。

分析：求 x 绝对值的算法很简单，若 x≥0，则 x 即为所求；若 x<0，则-x 为 x 的绝对值。定义变量 y 存放 x 的绝对值，可以先假设 x≥0，则绝对值 y = x，然后判断 x<0 是否成立，如果成立，则 y = -x。参考代码如下：

```c
#include <stdio.h>

int main(void)
{
    int x, y;                       //分别存放原整数及其绝对值

    printf("输入 x: ");             //提示输入 x
    scanf("%d", &x);                //输入 x
    y = x;                          //假设 x>=0，这样 y=x
    if(x < 0)    y = -x;            //如果 x<0，则 y=-x
    printf("|%d| = %d\n", x, y);    //打印出|x| = y

    return 0;
}
```

请读者自己去查找一下 math.h 中求绝对值的函数 double fabs(double x)的使用。

【例 3-10】 求两个整数 a,b 较大者的值。

分析：定义变量 max2 存放两个整数中较大者的值，可以先假设 a 的值是最大值，但 b 可不愿意，那怎么办？接着 b 与 max2 比较，如果 b 比 max2 大，就将 max2 的值替换成 b 的值。参考代码如下：

```c
#include <stdio.h>

int main(void)
{
    int a, b, max2;                 //分别存放两个整数及较大者的值

    printf("输入两个整数：");       //提示输入两个整数
    scanf("%d%d", &a, &b);          //输入两个整数
    max2 = a;                       //假设 a 的值较大
    if(b > max2)                    //b 与 max2 比较，如果 b>max2,则 max2=b;
        max2 = b;
    printf("max=%d\n", max2);       //输出较大者的值

    return 0;
}
```

实践 1： 如何求三个整数中较大者？请读者自己实现。

实践 2： 如何实现将三个整数按从小到大顺序输出？

分析： 假设 3 个整数分别为 a,b,c；如果最后按 a,b,c 顺序输出，则要经过处理使 a 的值最小，b 的值次小，c 的值最大，如何实现？利用例 3-10 思想，比较 a 和 b，如果 a>b，就交换 a 和 b 的值，再比较 a 和 c，同样如果 a>c，也交换 a 和 c 的值，这样通过 a 与 b,c 分别进行比较（根据结果可能要交换）之后，使 a 是三个整数中值最小的；再比较 b 和 c 的值，如果 b>c，仍要交换，最后使 b 成为三个整数中次小的，无疑 c 是最大的。参考代码如下：

```c
#include <stdio.h>

int main(void)
{
    int a, b, c;                            //分别存放三个整数

    printf("输入三个整数: ");               //提示输入三个整数
    scanf("%d%d%d", &a, &b, &c);            //输入三个整数
    int temp;                               //临时变量
     //下面两次比较实现 a 为 a,b,c 中最小者
    if(a > b)
    {
        temp = a;  a = b;  b = temp;
    }
    if(a > c)
    {
        temp = a;  a = c;  c = temp;
    }
    //下面一次比较实现 b 为 b,c 中次小者
    if(b > c)
    {
        temp = b;  b = c;  c = temp;
    }
    printf("从小到大依次为: %d %d %d\n", a, b, c);

    return 0;
}
```

 请读者考虑还有别的方法实现吗？

2. 双分支选择结构（if-else 语句）

单分支结构只给出条件为"真"时做什么，而未指出条件为"假"时做什么。当面临选择，从两个不同操作中选择其一执行，例如：根据苹果质量决定买多少，多买或少买。这时可使用双分支选择结构，if-else 语句对应双分支结构，语句中明确指出控制条件的表达式为"真"时做什么，为"假"时做什么。

语法格式如下：

if(表达式)	语句 1
else	语句 2

功能： 计算表达式的值，若表达式值为非 0，执行语句 1，之后并跳过语句 2 去执行 if-else 语句的后续的语句；若表达式值为 0，则跳过语句 1 执行语句 2，然后执行 if-else 语句的后续语句；这种结构的语句流程 if 和 else 后面的语句只能执行其一。

执行流程如图 3-8 所示。

图 3-8　if-else 语句执行流程图

 注意

从语法上看，"if(表达式)　语句 1　else　语句 2" 是一条语句。

【例 3-11】 输入一个整数成绩，输出是否通过（成绩大于等于 60），若通过，则输出 "pass"，否则输出 "not pass"。

分析：定义一个整型变量 score 存放输入的成绩，输入 score 的值后，判断其值是否大于等于 60，如果是，则输出 pass，否则输出 not pass，使用双分支语句 if-else。参考代码如下：

```c
#include <stdio.h>

int main(void)
{
    int score;                          //存放成绩的整型变量

    printf("输入分数: ");                //提示输入分数
    scanf("%d", &score) ;               //输入分数
    if(score >= 60)                     //如果分数及格，则打印 pass
        printf("pass\n") ;
    else                                //否则打印 not pass
        printf("not pass\n") ;

    return 0;
}
```

实践：对于例 3-5 求 $ax^2+bx+c=0$ 方程的根，考虑判别式不一定大于等于 0 的情况，输出根（保留 5 位小数）。

分析：与例 3-5 不同之处在于不清楚方程是否有实根，所以需要判断 $b^2-4ac \geq 0$ 是否成立，如果成立，则输出实根，否则输出虚根。参考代码如下：

```c
#include <stdio.h>
#include <math.h>

int main(void)
{
    double a, b, c, deta, x1, x2 ;

    printf("输入方程的系数 a,b,c: ");       //提示输入方程系数
    scanf("%lf%lf%lf", &a, &b, &c);       //输入方程系数 a,b,c
    deta = b * b - 4 * a * c;             //求判别式的值
    if(deta >= 0)                         //如判别式大于等于 0，有实根，并分别求两根
    {
        x1 = (-b + sqrt(deta)) / (2 * a); //较大实根
```

```
        x2 = (-b - sqrt(deta)) / (2 * a);        //较小实根
        printf("x1=%.5f; x2=%.5f\n", x1, x2);   //输出两个实根
    }
    else                                          //打印虚根，按 a+bi 格式输出
    {
        printf("x1=%.5f+%.5fi; ", -b / ( 2 * a ), sqrt(-deta) / (2 * a));
        printf("x2=%.5f-%.5fi\n", -b / ( 2 * a ), sqrt(-deta) / (2 * a));
    }

    return 0;
}
```

图 3-9 分别为判别式大于 0、等于 0 及小于 0 时的运行结果截图。

输入方程的系数a,b,c: 1 -1 -6	输入方程的系数a,b,c: 1 2 1	输入方程的系数a,b,c: 2 4 3
x1=3.00000; x2=-2.00000	x1=-1.00000; x2=-1.00000	x1=-1.00000+0.70711i; x2=-1.00000-0.70711i

（a）判别式大于 0 时的截图　　（b）判别式等于 0 时的截图　　（c）判别式小于 0 时的截图

图 3-9　求方程根程序运行结果截图

3. 多分支选择结构（if-else if…语句）

当面临两种以上的选择时，需要执行多个条件判断。例如：高考分批次录取，多个志愿依次平行录取，通常把最想去的、最有可能录取的专业放最前面。此时选用多分支选择结构（if-else if…），当然也可以用后面介绍的分支嵌套语句，分支嵌套语句虽然可以解决多个入口和出口的问题，但超过三重嵌套后，结构就比较复杂，关键是可读性差，这时可使用多分支结构。图 3-10 所示多重嵌套分支结构可改写成图 3-11 所示多分支选择结构。

语法格式如下：

```
if(表达式 1)          语句 1
else if(表达式 2)     语句 2
        …
else if(表达式 n)     语句 n
[else  语句 n+1]
```

功能：计算表达式 1，如果为真，则执行语句 1，然后执行后续语句；否则计算表达式 2，…，语句 1 至语句 n+1 中，只能执行一个，之后执行后续语句。

执行流程如图 3-10 和图 3-11 所示，图 3-11 所示是图 3-10 改进后的图。

图 3-10　多重嵌套分支结构流程图

图 3-11　多分支选择结构流程图

注意

当有一个表达式的值为真时，则执行 Y 对应的语句，然后执行后续语句，否则判断下一个表达式的值是否为真。

【例 3-12】求分段函数的值：对于下面的分段函数，要求输入一个 x 值，输出对应的 y 值。

$$y = \begin{cases} 1 & x > 0 \\ 0 & x = 0 \\ -1 & x < 0 \end{cases}$$

分析：此分段函数为符号函数，根据 x 的值，从 3 个分支中选择满足条件的输出，使用多分支结构语句即可实现。参考代码如下：

```c
#include <stdio.h>

int main(void)
{
    double x;                            //存放要判断其符号的数
    int sign;                            //存放 x 的符号值

    printf("输入欲判断其符号的数: ");      //提示输入 x
    scanf("%lf", &x);                    //输入 x
    //根据 x 与 0 比较结果求 y 值，有三种情况，使用 if-else if-else
    if(x > 0)     sign = 1;
    else if(x < 0)   sign = -1;
    else  sign = 0;
    printf("sign = %d\n", sign);         //输出符号值

    return 0;
}
```

【例 3-13】输入一个学生成绩（0~100），输出其对应的等级（A~E）。其中，A：90~100，B：80~89，C：70~79，D：60~69，E：0~59。

分析：根据学生的分数，求出其对应的等级，然后输出等级。等级有 5 种情况，所以可用多分支结构，本处用 if-else if …语句，5 个分支需要 4 个关系表达式即可，从 5 个分支中选择各个等级对应的条件，以确定等级。参考代码如下：

```c
#include <stdio.h>

int main(void)
{
    int score;                           //存放成绩的整型变量
    char ch;                             //存放成绩对应的等级

    printf("输入 0-100 成绩: ");          //提示输入成绩
    scanf("%d", &score);
    if(score >= 90 && score <= 100)    ch ='A';   //成绩在 90~100 分之间的等级为 A
    else if(score >= 80)   ch = 'B';              //成绩在 80~89 分之间的等级为 B
    else if(score >= 70)   ch = 'C';              //成绩在 70~79 分之间的等级为 C
    else if(score >= 60)   ch = 'D';              //成绩在 60~69 分之间的等级为 D
    else    ch ='E';                              //成绩在 0~59 分之间的等级为 E
    printf("%d 对应的等级为: %c\n", score, ch);    //输出成绩及等级

    return 0;
}
```

实践 1：将上面代码的 score >= 90 && score <= 100 改成 90<=score<=100 是否正确？

分析：显然不正确，因为 90<=score<=100 是从左向右计算的，不管 score 的值为多少，90<=score 或者为 1 或者为 0，计算这个值<=100，一定为真，读者尝试一下，不管你输入的 score 为多少，对应的等级均为 "A"，所以一定要正确地写关系表达式。

实践 2：将上面代码改变各个等级的书写顺序，如先写 ch='C'，再写 ch='B'……如何修改程序？

实践 3：如果你输入的成绩不是 0~100 之间的整数，怎样修改程序？

 注意

多分支结构中，书写的条件判断 if ( ) 的先后顺序对执行效率是有影响的。

 【例 3-14】 输入年份 y 和月份 m 的值，输出 y 年 m 月的天数。

分析：根据年份和月份的值，从 30 天、31 天、28 天（或 29 天）三个分支中选择其中符合条件的确定 y 年 m 月的天数。

参考代码如下：

```
#include <stdio.h>

int main(void)
{
    int y, m, days;                              //分别存放年、月及对应年月的天数
    printf("输入年和月（1-12）的值：");           //提示输入年月值

    scanf("%d%d", &y, &m);                        //输入年月
    if(m == 2)                                    //如果是 2 月份，要判断 y 是否为闰年
    {
        if(y % 400 == 0 || y % 4 == 0 && y % 100 != 0)  //是闰年，则 2 月有 29 天
            days = 29;
        else  days = 28;                          //非闰年，则 2 月有 28 天
    }
    else if(m == 4 || m == 6 || m == 9 || m == 11)  //通常所说的小月则有 30 天
        days = 30;
    else days = 31;                               //其他月有 31 天
    printf("%d 年%d 月有%d 天\n", y, m, days);

    return 0;
}
```

实践：如果你输入的月份不是 1~12 之间的整数，怎样修改程序？

 4. 分支嵌套语句

一条 if 语句中又包含一条或多条 if 语句，称为 if 语句的嵌套。可以根据需要在 if 中使用 if 语句的 3 种形式进行相互嵌套。

一般形式有：

（1）

```
if( )
    if( )    语句 1
    else     语句 2
else
    if( )    语句 3
    else     语句 4
```

（2）

```
if( )
      if( )      语句 1
      else
         if( )   语句 2
         else    语句 3
```

还有很多其他形式，原则上掌握前面介绍的 3 种形式的 if 语句，语法上均是一条语句，既然是语句，就可以出现在任何语句可出现的位置上。

> **注意**
>
> （1）if 与 else 的配对关系，从最内层开始，else 总与离它最近的未曾配对的 if 配对。
> （2）if 与 else 的个数最好相同，从内层到外层——对应，以避免出错。
> （3）如果 if 与 else 的个数不相同，可以用大括号来确定配对关系。
> 例如：
> ```
> if( )
>   {if( )   语句 1 }
> else
>    语句 2
> ```
> 这时{ }限定了内嵌 if 语句的范围，因此 else 与第一个 if 配对。

实践：将例 3-13 用 if 语句嵌套实现，亲自体验多分支语句和 if 嵌套哪个更好。

【例 3-15】简单四则运算：编写形如"A op B "的加减乘除四则运算的程序。

输出要求：①如果能够进行运算，则输出式子及运算结果；②如果出现除以零的情况（除法的除数为零），则输出 Divided by 0；③如果运算符不是加减乘除符号，则输出 Error。

分析：定义 A、B 为 int 变量，op 为 char 类型变量，使用 scanf("%d %c%d", &A, &op, &B)输入 A op B，然后根据 op 情况决定①~③执行哪个，条件（1）判断 op 是否为+、-.*、/其中一种，如果条件（1）为真，则继续判断条件（2）op=='/' &&B==0 是否为真，如果为真，则执行②，否则执行①；如果条件（1）为假，则执行③。很容易得到程序的代码，参考代码如下：

```
#include <stdio.h>

int main(void)
{
    int A, B, res;                          //分别存放两个操作数及运算符合法时的运算结果
    char op;                                //存放运算符

    printf("输入表达式 A op B: ");            //提示输入表达式
    scanf("%d%c%d", &A, &op, &B) ;          //输入表达式
    if(op == '+' || op == '-' || op == '*' || op == '/')
    { //op 为+,-,*,/中一个运算符时
       if(op == '/' && B == 0)             //当式子是除法且除数为 0 时
          printf("Divided by 0\n");        //输出 Divided by 0
       else
       {//A op B 为合法的四则运算式子
          if(op == '+')    res = A + B;    //计算 res = A + B
          else if(op == '-') res = A - B;  //计算 res = A - B
          else if(op == '*') res = A * B;  //计算 res = A * B
          else            res = A / B;     //计算 res = A / B
          printf("%d%c%d=%d\n", A, op, B, res); //打印表达式及其结果
```

```
        }
    }
    else                                    //运算符非法时
        printf("Error\n");

    return 0;
}
```

运行结果如图 3-12 所示。

输入表达式 A op B: 4*6
4*6=24

输入表达式 A op B: 12/0
Divided by 0

输入表达式 A op B: 5#2
Error

（a）输入 4*6 时运行结果　　　（b）输入 12/0 时运行结果图　　（c）输入 5#2 时运行结果图

图 3-12　四则运算程序运行结果截图

3.4.2　开关语句

上面的多分支选择结构，虽然用 if 嵌套语句能实现多分支结构程序，但分支较多时显得很烦琐，可读性较差。评价程序是否好的一个最重要的标准就是可读性的好坏。在多分支结构中，当 if-else if...语句中的表达式是整数（或枚举）表达式的值与特定的值比较是否相等时，可以使用 switch-case 语句。C 语言中 switch 语句是专用于实现多分支结构的选择语句，其特点是各分支清晰而且直观。

语法格式如下：

```
switch(表达式)
{
    case 常量表达式 1:  语句 1;  [break;]
    case 常量表达式 2:  语句 2;  [break;]
    ...
    case 常量表达式 n:  语句 n;  [break;]
    [ default:  语句 n+1; ]
}
```

执行过程：首先计算 switch 后面小括号内表达式的值，若此值等于某个 case 后面的常量表达式的值，则转向该 case 后面的语句去执行，直到遇到 break，否则直到 switch 语句结束；若表达式的值不等于任何 case 后面的常量表达式的值，则转向 default 后面的语句去执行；如果没有 default 部分，则将不执行 switch 语句中的任何语句，而直接转到 switch 语句的后续语句去执行。

 注意

（1）switch 后面小括号内的表达式的值和 case 后面的常量表达式的值必须是整型、字符型或枚举类型。

（2）同一个 switch 语句中的所有 case 后面的常量表达式的值必须都互不相同，其中 default 和语句 n+1 可以省略。

（3）switch 语句中的 case 和 default 的出现次序是任意的。

（4）由于 switch 语句中的 "case 常量表达式" 部分只起语句标号的作用，所以在执行完某个 case 后面的语句后，如果没有 break 来结束多分支语句，将自动转到该语句后面的语句去执行，直到遇到 switch 语句的右大括号为止，对应图 3-13 所示流程；如果有 break 语句，对应图 3-14 所示流程。

（5）每个 case 的后面既可以是一个语句，也可以是多个语句，当是多个语句的时候，也不需要用大括号括起来。

（6）多个 case 可以共用一组执行语句。例如：

```
switch(n)
{
    case 1:
    case 2:  x=10; break;
     …
}
```

图 3-13   switch 结构执行流程图 1   图 3-14   switch 结构执行流程图 2

【例 3-16】 用 switch 语句实现例 3-13 成绩等级输出程序。

分析：观察各等级对应的分数，将 [0,100] 每 10 分划为一段，则 score/10 的值可能为 10,9,…1,0 中的一个，100 对应 10，90~99 对应 9，…，60~69 对应 6，…，0~9 对应 0。所以 switch 后面的表达式用 score/10 便于计算，case 后的常量表示 score/10 对应的整数，后面语句为 score 对应的等级赋值。default 处理 score/10 为 0~5 的，即分数在 0~59 之间的。确定某一成绩所属的等级后应该退出，需在后面加语句 break; 可从 switch 语句中退出。

参考代码如下：

```
#include <stdio.h>

int main(void)
{
    int score;                            //存放成绩的整型变量
    char ch;                              //存放成绩对应等级的字符型变量

    printf("输入 0-100 成绩：");          //提示输入成绩
    scanf("%d", &score);                  //输入成绩
```

```
    switch(score / 10)                              //计算 score/10
    {
        case 10:                                    //score 为 100，与 score/10 为 9 都是 ch='A'
        case 9 :    ch = 'A';    break;             //break;不能丢了
        case 8 :    ch = 'B';    break;
        case 7 :    ch = 'C';    break;
        case 6 :    ch = 'D';    break;
        default:    ch = 'E';    break;
    }
    printf("%d 对应的等级为: %c\n", score, ch);        //输出成绩及等级

    return 0;
}
```

运行结果如图 3-15 所示。

图 3-15　例 3-16 程序运行结果示意图

实践：将例 3-14 用 switch 语句实现。

注意

（1）switch 语句是多分支选择语句，将 switch 语句与 break 语句结合，才能设计出正确的多分支选择结构程序。

（2）并不是所有的 if-else if…语句都适合转化为 switch 语句。

小　　结

本章主要介绍了算法、顺序结构和选择结构的知识。给出了算法的概念、算法的特点及描述算法的方法，详细讲解了 C 语言中结构化程序设计的选择结构的语法规则，并介绍了在程序设计中如何使用选择流程控制语句；选取了几个例子，强化算法的思想及选择语句的使用。

习题与实践

1. C 语言中，逻辑"真"等价于（　　）。

    A. 大于零的数　　　　　　B. 大于零的整数　　　　C. 非零的数　　　　　　D. 非零的整数

2. 对如下程序，若用户输入为 A，则输出结果为（　　）。

```
int main(void)
{
    char ch;
    scanf("%c", &ch);
    ch = (ch>='A' && ch<='Z') ? (ch + 32):ch;
    printf("%c\n", ch);
    return 0;
}
```

A. A   B. 32   C. a   D. 空格

3. 下列表达式中能表示 a 在 0 到 100 之间的是（   ）。

A. a>0&a<100   B. !(a<0||a>100)   C. 0<a<100   D. !(a>0&&a<100））

4. 有如下程序，其输出结果是（   ）。

```
int main(void)
{   int a = 2, b = -1,c = 2;
    if(a < b)
    if(b<0) c=0;
    else c++;
    printf("%d\n",c);
    return 0;
}
```

A. 0   B. 1   C. 2   D. 3

5. 有如下程序段：

```
int main(void)
{
    int x = 1, y = 1 ;
    int m , n;
    m=n=1;
    switch (m)
    {
    case 0 : x=x*2;
    case 1: {
        switch (n)
        {   case 1 : x=x*2;
            case 2 : y=y*2;break;
            case 3 : x++;

        }
      }
    case 2 : x++;y++;
    case 3 : x*=2;y*=2;break;
    default: x++;y++;
    }
    return 0;
}
```

执行完成后，x 和 y 的值分别为（   ）。

A. x=6 y=6   B. x=2 y=1   C. x=2 y=2   D. x=7 y=7

6. C 语言的 switch 语句中，case 后为（   ）。

A. 只能为常量

B. 只能为常量或常量表达式

C. 可为常量及表达式或有确定值的变量及表达式

D. 可为任何量或表达式

7. 若执行以下程序时从键盘上输入 9，则输出结果是（   ）。

```
int main(void)
{
```

```
    int n;
    scanf("%d",&n);
    if(n++ < 10)    printf("%d\n", n);
    else            printf("%d\n", n--);
    return 0;
}
```

    A. 11   B. 10   C. 9   D. 8

8. if 语句的基本形式是 if(表达式)语句，以下关于"表达式"值的叙述中正确的是（　　　）。

    A. 必须是逻辑值   B. 必须是整数值

    C. 必须是正数   D. 可以是任意合法的数值

9. 编程实现少量数排序问题：输入 4 个任意整数，按从小到大的顺序输出。

10. 计算邮资：根据邮件的重量和用户是否选择加急计算邮费。计算规则：重量在 1000 克以内（包括 1000 克），基本费 8 元；超过 1000 克的部分，每 500 克加收超重费 4 元，不足 500 克部分按 500 克计算；如果用户选择加急，多收 5 元。

输入一行，包含整数和一个字符，以一个空格分开，分别表示重量（单位为克）和是否加急。如果字符是 y，说明选择加急；如果字符是 n，说明不加急。

输出一行，包含一个整数，表示邮费。

11. 从键盘接收一个字符，如果是字母，输出其对应的 ASCII 码；如果是数字，按原样输出，否则给出提示信息：输入错误！。

12. 输入一个字符，判断它是否是小写字母，如果是小写字母，则将它转换成大写字母；如果不是，则不转换，然后输出所得到的字符。

13. 判断输入的正整数是否既是 5 的倍数又是 7 的倍数，若是，则输出 yes，否则输出 no。

第 4 章　循环结构程序的设计

 学习目标

（1）掌握循环结构的本质。
（2）掌握 while、do...while 及 for 循环语句的语法格式、执行流程及用法。
（3）掌握循环中断及结束本次循环的方法。
（4）理解循环嵌套结构。
（5）能够灵活设计循环结构程序。

在实际工作中经常会遇到**有一定规律的重复性操作，即循环模式**。能否让计算机重复执行一些语句呢？这就是本章的任务，设计循环结构程序，采用循环结构可减少源程序重复书写的工作量，这是最能发挥计算机特长的程序结构，计算机最擅长的就是做重复工作，有了选择和循环结构，就可以设计大型复杂的程序。本章的内容就是学习 while、do...while、for 三种循环控制语句，用以设计循环结构程序。

4.1　循环结构概述

所谓循环，就是**有规律地重复执行某些语句**的过程。在程序设计过程中，会出现重复进行一些相同功能语句的编写情况，为了使设计出的程序更简洁、易懂，使用循环结构编写重复执行语句的程序。循环结构通常是程序设计中不可缺少的重要部分，掌握好循环结构的程序设计技术至关重要，因为循环体现的是计算机的思维方式。读者应**先重点体会如何把我们对问题的理解转化成用循环的手段来解决；然后再学习怎样写循环结构程序**。

通过分析栽树问题，给出循环中涉及的几个术语。如要栽 100 棵树，需要重复做的是挖坑、放树、填土、浇水。这些是栽每棵树都要发生的动作，但做这些动作之前要判断已经栽的树是否有 100 棵，如果没有，则继续栽树，否则停止栽树。这就需要一个计数器记录已经栽了多少棵树，计数器需要在循环开始之前清 0，而且每栽完一棵树计数器都要加 1，由此可知道循环结构有三要素，即**循环初始操作（循环前的操作）、循环条件（控制循环是否执行的表达式）、循环体（重复执行的语句）**。假设记录已经栽了多少棵树的计数器用变量 counter 表示，则栽 100 棵树的循环三要素为：counter=0（循环初始操作）；counter<100（循环条件）；挖坑、放树、填土、浇水、counter++（循环体）。

对于任何循环通常后两个要素中至少有一条语句使循环条件趋向假，使循环能够结束。

循环结构就是在给定的循环条件成立的情况下，重复执行一个程序段；而当循环条件不成立时，则退出循环。循环结构通常用于解决枚举、递推等问题，实现循环结构的语句称为循环语句。C 语言中有 3 种循环语句：while 语句、do....while 语句、for 语句。一般地，用某种循环语句写的程序段，也可用其他循环语句实现。另外，利用 goto 语句也可以设计循环结构。

考虑问题：如何求 1~100 之间整数的和？

方法 1：使用表达式 sum=1+2+…+100	方法 2：使用多个表达式 sum=sum+i

``c
#include <stdio.h>
 	
int main(void)
{
    int sum = 0;
 	
    sum = 1 + 2 + … + 100;
    printf("sum = %d", sum);
 	
    return 0;
 	
}
``
	``c
	#include <stdio.h>
	
	int main(void)
	{
	    int sum = 0;
	    sum = sum + 1;
	    …
	    sum = sum + 100;
	    printf("sum = %d", sum);
	    return 0;
	}
	``

缺点：sum=1+2+…+100; 语句太长	缺点：sum=sum+I; 语句太多，不简洁

方法 3：使用循环结构

首先把对问题的理解转化成循环手段，找出循环三要素。

循环初始操作：和变量清 0，sum=0，变量赋初值 i=1

循环条件：i<=100

循环体：sum = sum+i; i++;

算法描述如下：

```
s1: sum = 0; k = 1;              //初始化部分
s2: if k <= 100  then  goto s3   //循环条件
    else  goto s5
s3:  sum = sum + k;              //循环体语句
    k++;
s4:  goto s2;
s5:  输出 sum;
```

先用 goto 语句完成。后续分别用各种控制循环语句完成方法 3 的代码。

goto 语句格式为：

```
goto   L;
```

其中，L 是语句标号，L 要符合标识符命名规则，要注意 goto 转到的 L 处的语句前要用"L:"。但是，结构化程序不提倡用 goto 语句。

【例 4-1】用 goto 语句编程实现求 1~100 之间整数和的程序。

分析：根据方法 3 的伪代码，直接改成用 goto 语句实现。参考代码如下：

```c
#include <stdio.h>

int main(void)
{
    int i, sum;
    sum = 0;

    i = 1;
    L1: if(i <= 100)
    {
        sum += i;
        i++;
```

```
    goto L1;        //转向 L1，判断循环条件
    }
    printf("sum = %d\n", sum);

    return 0;
}
```

4.2　条件控制循环语句

4.2.1　while 语句

while 语句是条件循环语句，当条件满足时，执行循环体语句，否则不执行循环体语句。
语法格式如下：

while(表达式)
　　循环体语句

功能：计算表达式的值，其值如果为非 0（真），则执行循环体，每执行一次，就计算一次表达式的值，直到表达式的值为 0（假）时结束循环，转去执行 while 的后续语句。while 语句属于当型循环（即当表达式值为真时执行循环体）。

执行流程如图 4-1 所示。

图 4-1　while 语句执行流程图

注意

（1）先判断表达式，后执行循环体，循环体有可能一次也不执行。

（2）while（表达式）括号后一般不要加 "；"，如加上，则认为循环体是空语句。

（3）while 后小括号中的表达式可以是任意表达式，一般情况下是关系表达式、逻辑表达式或整数表达式，在计算时如果是非 0，则其值被认为是真，否则被认为是假。

（4）循环体可以是任意类型语句，如果语句是复合语句，则 "｛｝" 一定不要丢掉。

（5）下列情况，可以退出 while 循环：

➥　表达式值为 0 时。

➥　循环体内遇到 break; 语句。

【例 4-2】阅读程序理解 while 的使用，分析循环执行次数，写出程序运行结果。

```c
#include <stdio.h>

int main(void)
{
    int n = 5;

    while(n > 0)
    {
        printf("n=%2d\n", n);
        n--;
    }

    return 0;
}
```

分析：执行 while 语句之前 n 的值为 5，第一次遇到循环条件 n>0，此时 5>0 为真，执行循环体：输出 n=5，然后又执行 n--，这样 n 的值从循环前的初值 5 至 1 均执行循环体，所以循环执行 5 次，程序的运行结果是循环输出 n 的当前值，结果如图 4-2 所示。

图 4-2　例 4-2 运行结果截图

> **提示**
>
> 上面例子是一种**倒数计数**方式，如某循环要执行 n 次，通常用下段代码:
> ```
> ...
> while(n)
> {
>     循环体语句
>     n--;
> }
> ...
> 或
> ...
> while(n--)
> {
>     循环体语句
> }
> ...
> ```

【例 4-3】用 while 语句实现求 1~100 之间整数和的程序。

　　分析：本题要求 1+2+…+100，定义 i 为循环变量，sum 为和变量，由前面给出的循环的三部分，在 while 语句前，实现初始化部分，循环条件放在 while 后面的小括号中，循环体语句多于一条，一定要用{}将循环体语句括起来，如果循环体语句只有一条，可以不用{}，但建议初学者无论循环体多少条语句均用{}将循环体语句括起来。参考代码如下：

```c
#include <stdio.h>

int main(void)
```

```
{
    int i, sum;                          //分别存放循环变量及和

    sum = 0; i = 1;                      //循环初始操作
    while(i <= 100)                      //循环条件
    {
        sum += i;                        //将当前 i 加到和中
        i++ ;                            //i 加 1
    }
    printf("sum = %d\n", sum);           //输出和

    return 0;
}
```

实践：如何实现 1*2*3*…*20 的积？

分析：如果用 int 存放乘积结果，会发生溢出现象，因为这个 1*2*3*…*20 的值超过了 int 数的范围，所以可选用表示更大范围的 long long 类型变量存放积。可定义 long long mul 存放积，并初始化其值为 1，其他代码类似 1~100 之间整数和的代码。请读者自己实现。

【例 4-4】已知两个正整数，求它们的最大公约数及最小公倍数。

分析：方法 1，可以用穷举方法，如果两个整数 a 和 b 的最大公约数是 m，则 m 既是 a 的因子（即 m 能被 a 整除），也是 b 的因子，即 a%m==0&&b%m==0 为真，并且是满足这个条件中所有因子中最大的 m，所以可以使用循环，m 的初值是 a、b 中较小者的值，循环检查 a%m==0&&b%m==0 是否成立，如果成立，所得 m 就是 a、b 的最大公约数。

方法 2，利用第 3 章给出的欧几里得的辗转相除算法，如果 a%b 为 0，则最大公约数是 b，否则循环执行 r = a % b;　a = b;　b = r;直到 a%b 为 0。

根据数学知识，两个整数的最小公倍数为两个整数乘积除以它们的最大公约数，用方法 2 求最大公约数。程序对应的代码如下：

```
#include <stdio.h>

int main(void)
{
    int x, y, r;                         //分别存放两个整数及它们的余数
    int a,b;                             //分别存放 x,y 的值

    printf("输入两个整数: ");             //提示输入两个整数
    scanf("%d %d", &x, &y);              //输入 x,y
    a = x; b = y;                        //分别存放 x,y 的值
    while(a % b)                         //用辗转求余求 a,b 的余数，直到余数为 0
    {
        r = a % b;
        a = b;
        b = r;
    }
    //输出两个整数及它们的最大公约数和最小公倍数
    printf("%d 和%d 的最大公约数是: %d   最小公倍数为: %d\n", x, y, b, x * y / b);

    return 0;
}
```

当输入 27、36 时运行结果如图 4-3 所示。

```
输入两个整数: 27 36
27和36的最大公约数是: 9   最小公倍数为: 108
```

图 4-3　例 4-4 程序运行结果截图

实践：学习者使用方法1编写求两个整数的最大公约数的程序。

【例4-5】计算一个不足10位数整数的位数。

分析： 假设用 m 表示这个整数。方法1，一位数的范围为0~9，两位数的范围为10~99……k 位数的范围为 $10^{k-1} \sim 10^k - 1$，可通过 math.h 库中的上取整函数 ceil() 来实现。即 ceil(log10(m+1)) 为求 $\log_{10}^{(m+1)}$ 的上取整数的函数，但0要单独处理。读者可自行上网查一下 ceil 函数的原型，掌握并学会使用。

方法2，假设整数为826，没有人不知道它是三位数，但这是我们眼睛看到的，计算机没有眼睛，它看不到826是几位数。如果给你一个超过6位的整数，相信你也不能立刻看出来，也要数一数才能知道它是几位数。我们给出一个算法让计算机数一数一个整数的位数。利用对这个整数反复除以10，去掉个位数字，位数减1，直到此数变为0为止，循环执行的次数就是整数的位数。算法描述如下：

（1）输入 m，初始化位数计数器 n 为0。

（2）m = m / 10（去掉个位数），n++。

（3）如果 m 不等于0就转到（2），否则转到（4）。

（4）输出 n。

参考代码如下：

```c
#include <stdio.h>

int main(void)
{ //while 法求整数位数
    int m, n;

    printf("输入一个整数：");        //提示输入语句，通常 scanf 语句前加一个提示输入语句
    scanf("%d", &m);                //输入欲求位数的整数
    int t = m;                      //后续 while 语句会改变 m 的值，先用临时变量 t 存储一下 m 的值
    n = 0;                          //存储位数
    m /= 10;                        //如果题中明确 n 不为 0，则此句和下句可以没有
    n++;
    while(m)
    {
        m /= 10;                    //m 去掉个位数
        n++;                        //位数加 1
    }
    printf("%d 的位数为%d\n", t, n); //输出整数及其位数

    return 0;
}
```

实践1： 将程序中 printf 语句中的 t 换成 m，程序是否正确？

实践2： 上面程序中去掉 while 前的 m / = 10; n++; 程序是否正确？用 m=0 模拟程序执行，发现最后 n 为0。所以 while 前的 m /= 10; n++; 不可省略。

> **注意**
>
> （1）如果 while 后面小括号中的表达式值为0，则循环体一次也不执行，如例4-5输入的 m 为0时，while 中的循环体一次没有执行。
>
> （2）在循环体中必须有使循环趋向结束（即使表达式为0）的操作，否则循环将无限进行（即死循环）。
>
> （3）在循环体中，语句的先后位置必须符合逻辑，否则会影响运算结果，读者看一下例4-4循环中语句：r=a%b;

（4）为了保证循环正常运行，应该：

- 控制条件的初始状态（初始值）。
- 循环控制条件的描述。
- 循环体内部对控制条件的影响。

4.2.2　do...while 语句

do...while 语句是无论如何都要先执行一次循环体语句，然后再看循环条件是否成立，决定后续的执行路径。

语法格式如下：

```
do
    循环体语句
while(表达式);
```

功能：当流程到达 do 后，先执行一次循环体，然后再计算表达式的值。若值为真，则再执行循环体；否则退出循环而执行 do...while 后续语句。do...while 语句属于变形的当型循环。与 while 结构相比，do...while 结构至少要执行一次循环体。这样的结构应用在事先知道循环体至少执行一次的程序中。

执行流程如图 4-4 所示。

图 4-4　do...while 语句执行流程图

　注意

（1）语句的结束要么用"；"，要么用"｝"，所以 do...while(条件表达);后面的分号不能丢。

（2）在 if(表达式)、while(表达式)中，( )后面不能加分号，而在 do...while 语句(表达式)的后面必须要加分号。

实践：用 do...while 实现例 4-5。

分析：因为对于一个整数，位数至少是 1。所以循环语句 m/=10; n++;至少执行一次，所以用 do...while 更好。参考代码如下：

```c
#include <stdio.h>

int main(void)
{
    int m, n;
```

```
    scanf("%d", &m);
    int t = m;
    n = 0;
    do
    {
        m /= 10;
        n++;
    }while(m != 0);
    printf("%d 的位数为%d\n", t, n);

    return 0;
}
```

do…while 循环和 while 循环很像，唯一的区别是 do…while 在循环体执行结束的时候才判断循环条件是否为真，也就是无论如何循环都会至少执行一次，然后再判断循环条件是否为真，而 while 语句是先判断循环条件是否为真，为真才去执行循环，所以用 while 语句的循环体可能一次也不执行。二者均是循环条件满足时执行循环，条件不满足时循环结束。一般情况下，使用二者处理同样问题，二者的循环体是一样的。所以若问题一开始不确定循环体是否至少要执行一次，尽量不用 do…while 语句，选用 while 较恰当。

请阅读下面的代码，进一步分析 while 和 do…while 的区别。

| ```c
#include <stdio.h>

int main(void)
{
    int i = 1, s = 0 ;
    while(i < 1)
    {
        s = s + i;
        i++;
    }
    printf("s=%d\n", s);

    return 0;
}
``` | ```c
#include <stdio.h>

int main(void)
{
    int i = 1, s = 0 ;
    do
    {
        s = s + i;
        i++;
    }while(i < 1);
    printf("s=%d\n", s);

    return 0;
}
``` |
|---|---|
| 运行结果：s=0 | 运行结果：s=1 |

4.3　计数控制循环语句（for 语句）

在循环问题中，当循环次数已知时，通常用 for 语句实现较简洁、直观。

语法格式如下：

---

for (表达式 1; 表达式 2; 表达式 3)
　　循环体语句

---

for 语句是比较常用的循环语句，它能清晰地体现循环结构的三个组成部分。初始化部分放在表达式 1 中；循环条件写在表达式 2 中；循环体由循环体语句和表达式 3 构成。

执行流程：

（1）执行表达式 1（初始化表达式）。在整个循环中它只执行一次。

（2）重复下面的过程：计算表达式 2，它的值若为真，就执行一次循环体语句，然后执行表达式 3；再计算表达式 2，判断是否为"真"，……直至表达式 2 的值为假，就不再执行循环体，执行 for 语句的后续语句。对应程序流程图如图 4-5 所示。

图 4-5 for 语句执行流程图

例如程序段：

```
sum = 0;
for (i = 1; i <= n; i++)
    sum = sum + i;
```

等价于下面的一段用 while 语句实现的代码。

```
sum = 0;
i = 1;                          //相当于 for 语句中的表达式 1
while (i <= n)                  //相当于 for 语句中的表达式 2
{
    sum = sum + i;             //相当于 for 循环体
    i++;                      //相当于 for 语句中的表达式 3
}
```

所以 for 语句的一般格式等价于下列 while 语句：

```
表达式 1;
while (表达式 2)
{
    循环体语句;
    表达式 3;
}
```

注意

（1）for 语句的一般形式中的 3 个表达式类型任意，都可以省略，但两个分号不能省略。

①如果"表达式 1"省略，此时应在 for 语句之前给循环变量赋初值，执行时，跳过求解表达式 1 这一步，其他不变。例如：

```
i = 1;
for(;i <= 100;i++)
    sum = sum + i;
```

②如果表达式 2 省略，即不判断循环条件，循环将无终止地进行下去，也就是认为表达式 2 始终为真。但此时程

序设计者应另外设法保证循环能正常结束。

```
    for(i = 1; ;i++)  sum = sum + i;
```
也相当于：
```
i = 1;
while(1)
{
    sum = sum + i;
    i++;
}
```
③如果表达式 3 省略，即上面的 for 语句中如果只有表达式 1 和表达式 2，而没有表达式 3，则 i++的操作不放在 for 语句的表达式 3 的位置处，而作为循环体的一部分，效果是一样的，都能使循环正常结束。

④3 个表达式都可省略，如 for(;;) 语句相当于 while(1) 语句，即不设初值，不判断循环条件（认为表达式 2 为真值）。

（2）表达式 1 可以是设置循环变量初值的赋值表达式，也可以是与循环变量无关的其他表达式，但当表达式 1 和表达式 3 多于一条语句时，只能用"，"隔开，不能用"；"，这是逗号表达式的最有效的用途。例如：
```
for (sum = 0, i = 1; i <= 100;  i++)
    sum = sum+i;
```

【例 4-6】求 n 个分数的和：输入 n 值，求 $\frac{1}{1} - \frac{1}{2} + \frac{1}{3} - \frac{1}{4} + \cdots + (-1)^{n-1} \cdot \frac{1}{n}$ 的值。

分析：首先考虑需要哪些变量，因为求 n 项分数的和，所以需要定义浮点型变量 sum 存储和，而式子中奇数项为正值，偶数项是负值，所以需要一个调节各项正负符号的变量 sign 与各项相乘后再放到累加器中，初值为 1，第二项时 sign 变成-1，又因除第一项外，其余各项是非整数，所以将 sign 定义成 double 类型能较恰当地将各项变成 double 类型，式子是 n 项求和，循环次数为 n，用 for 语句较简洁，当然用其他两种循环语句也可以。参考代码如下：

```
#include <stdio.h>

int main(void)
{
    int n,  i;

    printf("输入项数：");
    scanf("%d", &n);                        //输入项数 n
    double sum = 0.0 , sign = 1.0, term;    //分别存放和、正负调节变量、各项的值
    for(i = 1; i <= n; i++)
    {
        term = sign / i;                    //求第 i 项的值
        sum += term;                        //将第 i 项的值 term 加到累加器 sum 中
        sign *= -1;                         //改变下一项的符号
    }
    printf("sum = %f\n", sum);              //输出分数和

    return 0;
}
```

注意

if 语句可以判断条件是否满足，满足时才做相应的动作，条件满足时这个相应的动作只被执行一次。而循环语句可以在满足条件时不断地重复执行一些动作。重复执行的语句（循环语句）可以多次被执行，但是否重复执行需要判断一个条件是否满足，只在满足的时候才执行。

提示

循环控制有两种方法，即计数法和标志法，能确定循环次数时，采用计数法，用 for 语句比较清晰；不能确定循环次数时，采用标志法，设计循环终止的条件，用 while 或 do…while 语句比较清晰。

C99 中的 for 语句中第一个表达式能被替换为一个定义语句，这个特性允许程序员在 for 循环中定义变量。例如：

```
for ( int i = 0;  i < n; i++ )  …
```

 注意

for 中定义的变量，它的作用域是 for(){…}，其中大括号为 for 的循环体。

4.4　循环的中断

正常循环当循环条件表达式的值为 0（假）时，循环停止，如果这个循环条件表达式始终是非 0 值，则循环无法终止，这就是一个无限循环。C 语言程序员有时故意使用非 0 常量作为循环条件表达式构造无限循环，如 **while(1)…** **除非循环体含有跳出循环的语句（如 break、goto、return）或调用了导致程序终止的函数**，否则循环将是一个死循环。但当程序流程进入循环中，如何实现如果满足某一条件时中断循环而执行循环后续语句？如例 4-4 的实践题。又如何实现在循环体中提前结束本次循环而执行下次循环呢？这即是本节内容：循环中跳出循环的语句（break）、结束本次循环的语句（continue）。

4.4.1　break 语句

在程序的执行流程中，有时需要从正在执行的循环中退出，如判断一个数 m 是否为质数时，需要依次检查 i=2,3,…,m-1 是否有 m 的因子，此算法使用循环语句，for(i = 2; i < m; i++) 判断 m%i 的值是否为 0，如果其中有一个整数 i 能整除 m，则没必要再继续看 i+1…是否为 m 的因子，因为这一个 i 能整除 m，说明 m 除了 1 和 m 因子外，至少还有 i 为它的因子，已经可以确定 m 不是质数了，所以这时不用再执行循环，应该从循环中退出。

以前所学的循环语句只能从循环表达式的值为假时退出，如果从循环体中退出怎么办呢？break 语句能完成此功能。

语法格式如下：

break;

功能：break 语句只能用于循环语句和 switch 语句中，作用是退出结束循环语句和 switch 语句，接着执行循环和 switch 语句后续语句。

循环中的 break 语句前一般有一个 if 语句，用于表示当某条件满足时才执行 break 语句。例如：

```
while(…)
{
  …
```

```
    if(…)
        break; ┐
    …          │
    }          │
◄──────────────┘
```

注意

break 语句不能用于循环语句和 switch 语句之外的其他语句中。

4.4.2 continue 语句

continue 语句能提前终止本次循环，继续下次循环，相当于 continue; 是本轮循环体的最后一条语句。语法格式如下：

continue;

功能：跳过循环体 contiune; 后面未执行的语句，接着进行循环下一次迭代。一般其前也有 if 语句，即 continue 是有条件执行的。例如：

```
while(…) ◄─┐
{           │
  …         │
  if(…)     │
    continue; ┘
  …
}
```

continue 语句与 break 语句不同点在于，continue 语句只结束本次循环，忽略循环体中剩下的语句，接着进行下一次循环的判断，但 for 语句是接着执行表达式 3，再进行下一次循环的判断。下面通过几个例子来体会它们的区别。

【例 4-7】 编程实现输出 100 以内的偶数。

分析：输出 100 以内偶数的方法有很多，如果用 for(i = 1; i <= 100; i++)，对于每一个 i，如果是奇数，则忽略输出 i，再判断一下 i 是否是偶数。参考代码如下：

```c
#include <stdio.h>

int main(void)
{
    for(int i = 1; i <= 100; i++)
    {
        if(i % 2 != 0)   continue;              //后面的循环语句不执行，直接执行 i++
        printf("%3d ", i);
    }

    return 0;
}
```

实践：请尝试用其他方法实现输出 100 以内的偶数。

【例 4-8】编程实现判断一个整数 m 是否为素数（质数），并输出判断结果。

分析：如果 m 为素数，则 m 只能被 1 和 m 整除，即 m 不能被 2~m-1 之间的所有整数整除。换句话说，如果 m 能被 2~m-1 之间的任何一个整数整除，则 m 肯定就不是素数了。所以，判断一个数是否为素数，需要依次检查 i=2,3,...,m-1，判断 m%i 的值是否为 0，使用循环语句 for(i = 2; i < m; i++)　if(m%i==0) ...。如果 m 能被 2~m-1 之间的一个整数整除，即 m%i 等于 0，就可以确定 m 不是素数了，所以没必要再继续循环判断 m 能否被其他的整数整除了，可使用 break 语句提前退出循环，此时 i 必然小于 m。如果 m 不能被 2~m-1 之间的任何整数整除，则在完成最后一次循环后 i 还要加 1，因此 i 等于 m，然后才结束循环。

在循环之后通过判断 i 的值确定 m 是否为素数。如果 i==m 为真，表明 m 未曾被 2~m-1 之间的任何整数整除过，输出"是素数"；否则是在循环体中执行了 m%i==0 为真，通过 break 语句中断循环的，则输出"不是素数"。

算法流程图如图 4-6 所示。

图 4-6　判断整数 m 是否为素数的算法流程图

参考代码如下：

```
#include <stdio.h>

int main(void)
{
    int m, i ;
```

```
      printf("输入整数 m: ");
      scanf("%d", &m) ;
      //依次判断 m 是否能被 2~m-1 之间的整数整除
      for(i = 2; i < m; i++)
      {
        if(m % i == 0)                      //如果 m 是 i 的倍数，即 m 能被 i 整除
          break;
      }
      if(i == m)                            //说明是通过 for 中 i<m 为假时终止循环的
        printf("%d 是素数!\n", m);
      else                                  //说明是在循环体中执行了 break 语句而终止循环的
        printf("%d 不是素数!\n", m);

      return 0;
}
```

实践 1：假设 m>1，将 for 中的循环条件改成 i*i<=m，if(i==k+1) 改成 if(i*i>m)，程序是否正确？

程序是正确的，因为任何一个整数 m，均存在两个整数 A,B 使得 m = A * B，其中 A ≤ $\sqrt{m}$，B ≥ $\sqrt{m}$。因此，只需穷举 2~$\sqrt{m}$ 之间是否有能被 m 整除的数即可。考虑一下，i*i<=m 还可写成什么语句呢？可用 math.h 库中的 sqrt(m) 求 m 的平方根函数。

实践 2：将 break 换成 continue，程序是否正确？如果不正确，要使用 continue 完成例 4-8，只需修改 if 语句即可，见下面代码。发现程序不如只用 break 简洁。

```
for(i = 2;i < m;i++)
{
  if(m % i != 0)                      //如果 m 不是 i 的倍数
    continue;
  else break;
}
```

4.5 循 环 嵌 套

如何编程实现输出 2~100 之间的素数？这是应用循环嵌套的一个典型问题，循环体为判断一个整数是否为素数。如果是，则输出它，而由例 4-8 知道判断一个数是否为素数也是一个循环语句，这就需要用在一个循环体内包含另一个完整循环结构的框架实现，这就是循环嵌套结构。

一个循环体内又包含另一个完整的循环结构，称为循环嵌套。内嵌的循环中还可以嵌套循环，这就是多重循环。一个循环的外面包围一层循环叫双重循环，如果一个循环的外面包围二层循环叫三重循环，一个循环的外面包围三层或三层以上的循环叫多重循环。这种嵌套在理论上来说可以是无限的。

三种循环语句 while、do...while、for 可以互相嵌套，自由组合。外层循环体中可以包含一个或多个内层循环结构，但要注意的是，各循环必须完整包含，相互之间绝对不允许有交叉现象。因此每一层循环体都尽量用{}括起来，增强可读性。下面的形式是不允许的：

```
do
{...
    for(;;)
```

```
    {…
    }while();
} //for 的结束
```

下面是一些循环嵌套结构，当然结构还有很多。

(1)	(2)	(3)	(4)
while(…)	do	while(…)	for(;;)
{ …	{ …	{ …	{ while()
while(…)	while(…)	do	{…}
{	{	{	do
…	…	}while(…);	{ …
}	}	…	}while(…);
…	…	}	…
}	}while(…);		}

注意

多重循环程序执行时，外层循环每执行一次，内层循环的循环体都需要执行多次。

【例4-9】编写程序，输出图 4-7 所示的图形。

图 4-7　例 4-9 输出结果示意图

　　分析：当然本题可以用 3 个 printf 语句实现，但这样做程序没有扩展性，如果输出的行数是由输入值确定，或者输出的字符也是程序运行时输入确定的，则只用 printf 语句是无法实现的。可观察到图形一共有 3 行，每行由一些星号字符加换行构成，如用变量 i 控制输出行数，i 的值从 1 变化到 3，表示要输出 3 行（当然 i 也可以从 2 变化到 4，这样做只能是自找麻烦！）；变量 j 控制输出每行的星号数，每行的星号个数与行号有一定关系，即星号个数为 2*i-1（i 的值从 1 变化到 3），使用循环语句完成输出 2*i-1 个星号，利用循环嵌套完成本题，外层循环控制行数，里层循环控制输出星号及换行，因行数和每行星号数均是确定的，可知里外循环执行次数，使用 for 语句较直观。参考代码如下：

```c
#include <stdio.h>

int main(void)
{
    int i, j;
    char ch = '*';

    for(i = 1; i <= 3; i++)              //i 控制行号
    { //要输出三行*，所以 i 从初值到终值保证内部循环执行 3 次
        for(j = 1; j <= 2 * i - 1; j++)     //j 变量控制每行星号个数
            printf("%c", ch);
        printf("\n");                    //每行*输出完换行
    }

    return 0;
}
```

　　实践：给定一个字符 ch 及整数 n 的值，用 ch 构造一个直角边长为 n 的直角三角形图案。如输入 A　4，则输出效果图如图 4-8 所示。

图 4-8 实践的输出效果图

分析：方法同例 4-9，使用循环嵌套，外层循环控制行数，内层循环控制每行字符个数，找出每行字符个数的关系式即可。

提示

如果是输出图形，图形有多行，通常用循环嵌套，外层循环控制行，内层循环控制每行的各列如何输出。

【例 4-10】 编程实现输出 2~100 之间的素数，要求每行输出 5 个素数。

分析：在求 2~100 之间的素数时只需在例 4-8 判断 m 是否为素数的循环外加一个循环 for(m = 2; m <= 100; m++) 即可；另外在进入循环前要有一个统计素数的变量 n（初始为 0），当判断一个数为素数时，执行 n++，每当输出一个素数后要看 n 是否为 5 的倍数，如果是，则换行，这样就实现了一行输出 5 个素数的功能。

参考代码如下：

```c
#include <stdio.h>

int main(void)
{
    int m, i, n = 0;                         //n 为累加质数个数

    for(m = 2; m <= 100; m++)
    {   //枚举 2~100，依次判断 m 是否为质数，如果是，输出并计数，每 5 个换行
        for(i = 2; i < m; i++)
            if(m % i == 0)  break;
        if(i == m)
        {
            n++;
            printf("%3d", m);
            if(n % 5 == 0)                   //如果本行已经输出 5 个质数，换行
                printf("\n");
        }
    }

    return 0;
}
```

程序运行结果如图 4-9 所示。

```
  2   3   5   7  11
 13  17  19  23  29
 31  37  41  43  47
 53  59  61  67  71
 73  79  83  89  97
请按任意键继续. . .
```

图 4-9 例 4-10 程序运行结果截图

4.6　循环结构的简单应用

4.6.1　枚举问题

枚举法是一种比较"笨"的算法思想，在面对问题时它会尝试每一种情况。打一个比方，假设有两个小朋友 A 和 B 在玩捉迷藏的游戏，规定只能藏在树上、屋顶上和墙角。A 比较聪明，他在找 B 之前会先考虑 B 恐高，所以他推测 B 只能藏在角落处；而 B 比较笨，他不会考虑 A 会不会爬树，他会随便找一个地方，如果发现这个地方没有，他会去寻找另外一个地方。如果可以藏的地方有多个，B 会挨个寻找，直到找到 A 为止。上述 B 挨个地方寻找的做法就和枚举法的思想原理一样。枚举算法的思想：将问题的所有可能答案一一列举，然后根据条件判断此答案是否符合条件，保留合适的，丢弃不合适的。

下面给出几个枚举问题的例子。

【例 4-11】输出所有水仙花数。水仙花数满足：是一个三位数，同时这个三位数的各位数字的立方和等于它本身。

分析： 穷举所有的三位数 m，首先求出它的各位数字 g（个位）、s（十位）、b（百位），g = m%10；s = m/10%10；b = m/100%10，然后判断条件 m == g * g * g + s * s * s + b * b * b 是否为满足，如果满足，则 m 是水仙花数，输出 m，否则不是，无需输出。参考代码如下：

```c
#include <stdio.h>

int main(void)
{
    int m, g, s, b;                      //分别存放整数 m 及 m 的个位、十位、百位数字

    for(m = 100; m < 1000; m++)
    {
        g = m % 10;                      //m 的个位数字
        s = m / 10 % 10;                 //m 的十位数字
        b = m / 100 % 10;                //m 的百位数字，因为已知 m 是三位数，所以 b=m/100 也正确
        if(m == g * g * g + s * s * s + b * b * b)
            printf("%4d ", m);
    }

    return 0;
}
```

【例 4-12】找零钱问题：现有 1 角、2 角、5 角若干枚硬币，凑出输入的 5 元以下的金额（输入的是一个整数，表示多少元钱），要求每种硬币至少一枚，给出所有组合方法。

分析： 此问题即是枚举所有可能，枚举是计算机最擅长的事，用循环给出各种可能，如果对于 1 角 ones 枚、2 角 twos 枚、5 角 fives 枚满足这些总金额为输入的金额，则便得到一个答案。参考代码如下：

```c
#include <stdio.h>

int main(void)
```

```
{
    int x;                                        //存放找零前的钱数，单位为元
    int ones, twos, fives;                        //分别存放找零后1角、2角、5角的枚数

    printf("输入钱数：");                          //提示输入的钱数
    scanf("%d", &x);
    printf("找零方案有：\n");
    for(ones = 1; ones < x * 10;ones++)           //穷举1角从1枚到(x*10)-1枚
    {                                             //穷举2角从1枚到(x*10)/2-1枚
        for(twos = 1; twos < x * 10 / 2; twos++)
        {//穷举5角从1枚到(x*10)/5-1枚
            for(fives = 1; fives < x * 10 / 5; fives++)
            {//如果找零的所有钱的总和与x相同，则是一种方案
                if(ones + twos * 2 + fives * 5 == x * 10)
                { //输出找零方案
                    printf("1角%d枚, 2角%d枚, 5角%d枚\n", ones, twos, fives);
                }
            }
        }
    }

    return 0;
}
```

当输入2时的运行结果如图4-10所示。

图4-10　例4-12程序运行结果示意图

实践：修改例4-12要求只给出一种找零方法即可。

分析：枚举方法同上，但在找到第一组解时，输出这组解后需要逐层退出循环，方法1：设置退出变量exitf，进入循环前exitf=0，当得到一组解时，执行exitf=1; break; 外层循环判断exitf是否为1，如果是1，再执行break，这样达到了逐层退出循环目的。方法2：用goto语句。

设置退出变量实现的参考代码如下：

```
#include <stdio.h>

int main(void)
{
    int x;                                        //存放找零前的钱数，单位为元
    int ones, twos, fives;                        //分别存放找零后1角、2角、5角的权数

    int exitf = 0;                                //存放是否退出循环的变量，值为1退出，为0不退出
    printf("输入钱数：");                          //提示输入的钱数
    scanf("%d", &x);
    printf("一种找零方案为：\n");
```

```
    for(ones = 1; ones < x * 10; ones++)
    {
        for(twos=  1; twos < x * 10 / 2; twos++)
        {
            for(fives = 1; fives < x * 10 / 5; fives++)
            {
                if(ones + twos * 2 + fives * 5 == x * 10)
                {
                    printf("1角%d枚，2角%d枚，5角%d枚\n", ones, twos, fives);
                    exitf = 1;
                    break;
                }
                if(exitf) break;
            }
            if(exitf) break;
        }
        if(exitf) break;
    }

    return 0;
}
```

使用 goto 语句实现的参考代码如下：

```
#include <stdio.h>

int main(void)
{
    int x;                            //存放找零前的钱数，单位为元
    int ones, twos, fives;            //分别存放找零后1角、2角、5角的枚数

    printf("输入钱数：");              //提示输入的钱数
    scanf("%d", &x);
    printf("一种找零方案为：\n");
    for(ones = 1; ones < x * 10; ones++)      //穷举1角从1枚到(x*10)-1枚
    {                                         //穷举2角从1枚到(x*10)/2-1枚
        for(twos = 1; twos < x * 10 / 2; twos++)
        {                                     //穷举5角从1枚到(x*10)/5-1枚
            for(fives = 1; fives < x * 10 / 5; fives++)
            {                                 //如果找零的所有钱的总和与x相同，则是一种方案
                if(ones + twos * 2 + fives * 5 == x * 10)
                {                             //输出找零方案
                    printf("1角%d枚，2角%d枚，5角%d枚\n", ones, twos, fives);
                    goto L;
                }
            }
        }
    }

    L:
    return 0;
}
```

输入 2 时的运行结果如图 4-11 所示。

图 4-11　输出一种找零方案运行结果示意图

枚举和多重循环也常用来设计逻辑推理问题的程序，循环体中的语句用于描述逻辑推理过程。下面的例题为多重循环在逻辑推理问题中的应用。

【例4-13】推理问题：一位法官在审理一起盗窃案时，对涉及的四名嫌疑犯A、B、C、D进行了审问。四人分别供述如下。

A："罪犯在B、C、D三人之中。"
B："我没有作案，是C偷的。"
C："在A和D中间有一个是罪犯。"
D："B说的是事实。"

经过充分的调查，证实四人中只有两人说了真话，并且罪犯只有一个。请确定真正的罪犯。

分析：变量A、B、C、D的值用于表示A、B、C、D是否是罪犯。如果是罪犯，则值为1，反之值为0，变量la、lb、lc、ld的值分别表示A、B、C、D供述的话是否为真，如果为真，则为1，否则为0。参考代码如下：

```c
#include <stdio.h>

int main(void)
{
    int A, B, C, D;              //分别表示A,B,C,D是否是罪犯，如果是，其值为1，否则为0
    int la, lb, lc, ld;         //分别表示A,B,C,D所说的话是否为真，如果是真，则为1，否则为0

    for(A = 0; A <= 1; A++)
    {
        for(B = 0; B <= 1; B++)
        {
            for(C = 0; C <= 1; C++)
            {
                for(D = 0; D <= 1; D++)
                {
                    la = B || C || D;               //罪犯在B、C、D三人之中
                    lb = !B && C;                   //我没有作案，是C偷的
                    lc = (A + D == 1);              //在A和D中间有一个是罪犯
                    ld = lb;                        //B说的是事实
                    if(la + lb + lc + ld == 2 && A + B + C + D == 1)
                    //la+lb+lc+ld==2表示A,B,C,D有两个人说的话是真的
                     //A+B+C+D==1成立表示A,B,C,D中只有一个罪犯
                    {
                        if(la) printf("A说的话是真\n");        //输出"A说真话"
                        if(lb) printf("B说的话是真\n");
                        if(lc) printf("C说的话是真\n");
                        if(ld) printf("D说的话是真\n");
                        if(A) printf("A是罪犯\n");            //如果A的值为1，打印"A是罪犯"
                        else if(B) printf("B是罪犯\n");       //输出"B是罪犯"
                        else if(C) printf("C是罪犯\n");       //输出"C是罪犯"
                        else        printf("D是罪犯\n");      //输出"D是罪犯"
                    }
                }
            }
        }
    }
}
```

```
    return 0;
}
```

程序运行结果如图 4-12 所示。由此清楚 A 和 C 说的是事实，即 D 是罪犯。

图 4-12   例 4-13 程序运行结果示意图

上述问题是使用枚举法实现的，可见利用枚举法解题步骤如下。

（1）分析题目，确定答案的大致范围（如前面找零问题 2 角 twos 值的范围是 1~x*10/2-1）。

（2）确定枚举方法。常用的列举方法有顺序列举、排列列举和组合列举（顺序列举比较常用）。

（3）试验，直到遍历所有情况。

（4）试验完后可能找到与题目要求完全一致的一组或多组答案，也可能没找到答案，即证明题目无答案。

枚举法的特点是算法简单，容易理解，但运算量较大。在可确定取值范围但又找不到其他更好的算法时，就可以用枚举法。通常枚举法用来解决"有几种组合""是否存在"及求解不定方程等类型的问题。利用枚举法设计算法大多用循环控制结构实现。

4.6.2 递推问题

迭代即是循环，就是重复执行一系列运算步骤，从前面的量依次求出后面量的过程。此过程的每一次结果，都是对前一次所得结果施行相同的运算步骤得到的，利用迭代通常求解递推问题，如下面的例子。

【例 4-14】Fibonacci Sequence（斐波那契数列）是这样一个数列：1、1、2、3、5、8、13…，输出前 20 个数，每行输出 5 个。

分析：在数学上该数列定义为 $f(1)=1$; $f(2)=1$;…,$f(n)=f(n-1)+f(n-2)$ $(n≥3,n∈N^*)$。一般该数列可以用递归实现，关于递归思想将在第 5 章介绍。斐波那契数列是已知第一个数和第二个数，从第三个数开始的其他数都是由前面两个数递推出来，符合迭代思想，定义变量 f1,f2 分别表示第一个数和第二个数，用变量 f 表示第三个数及其他数，本题要求输出前 20 个数，已知两个数，所以需要求第三个数至第 20 个数。明确知道循环次数，所以可用循环语句 for(i=3;i<=20;i++)，循环体中计算 f=f1+f2;由于下次循环时新的 f 仍是由前面两个数得到的，所以循环体中计算得 f，输出 f 之后，要执行：f1=f2; f2=f;即 f1 和 f2 始终表示已迭代生成的数中，最后两个数中前一个数和后一个数，也就是用于计算新数 f 时所用的递推式子 f= f1 + f2 中 f1 和 f2。参考代码如下：

```
#include <stdio.h>

int main(void)
{
    int f1, f2, f;

    f1 = f2 = 1;                        //数列中第一个数和第二个数初始化
    printf("%5d %5d ", f1, f2) ;        //打印 f1 和 f2
    for(int i=3; i<=20; i++)            //用 f1 和 f2 递推求第 3 个数至第 20 个数 f
    {
        f = f1 + f2;                    //由递推得出当前数等于它前一个数和前两个数的和
```

```
        printf("%5d ", f);              //打印第 i 个数
        if(i % 5 == 0)   printf("\n") ; //如果当前行已经打印 5 个换行
        f1 = f2;                        //下次循环求第 i 个数时，当前的 f2 为前两个数中前一个数
        f2 = f;                         //刚刚求过的 f 为前两个数中后一个数
    }

    return 0;
}
```

运行结果如图 4-13 所示。

图 4-13   例 4-14 程序运行结果示意图

实践 1：上面程序中循环体中 f1 = f2; f2 = f; 语句顺序是否可以交换？

答案当然是否定的。因为如果交换成 f2 = f; f1 = f2; 可模拟得最后 f1 和 f2 的值均为刚刚求过的 f，不符合题意。

实践 2：将程序改成打印前 50 个，看一下是否能输出正确结果。

我们发现只把上面程序中的 20 替换成 50，运行结果中后面几个数已经是负数了，说明数据溢出了，也就是当 n 超过 46 以后的数已经超过 int 表示的范围了，不能再用 int 存放 f1,f2,f3 数据了，只需要把上面程序中的 int 换成 long long 即可。

 注意

（1）循环体多于一条时，一定要用{}。

（2）循环条件用到 == 时千万不能写成 = 。

（3）注意循环体的缩进风格。

（4）for(表达式 1; 表达式 2; 表达式 3)中有且只能有两个分号，如果表达式 1 和表达式 2 有多个语句，只能用逗号表达式。

小   结

结构化程序设计方法主要由以下三种逻辑结构组成：顺序结构，它是一种线性、有序的结构，就是从头到尾依次执行各语句模块；选择结构，它是根据条件成立与否选择执行不同的语句；循环结构，它是重复执行一个或几个模块，直到满足某一条件为止。本章主要介绍了 C 语言中结构化程序设计中的循环流程控制的语法规则，介绍了在程序设计中如何使用循环流程控制语句。

（1）while 语句、do...while 语句、for 语句。一般地，用某种循环语句写的程序段，也能用另外两种循环语句实现。

（2）while 语句和 for 语句属于当型循环（先判断，后执行），而 do...while 语句则属于变形的当型循环（先执行，后判断）。

（3）for 语句多用于循环次数明显的问题，而无法确定循环次数的问题采用 while 语句或 do...while 语句比较自然。

（4）循环体中使用 break 语句可以使循环语句有多个出口，使程序避免了一些不必要的重复，提高了程序效率。

习题与实践

1. 下面的 for 语句是（　　）。

　　for(x = 0, y = 10; (y>0) && (x<4); x++, y--);

　　A．无限循环　　　　　　B．循环次数不定　　C．循环执行 4 次　　D．循环执行 3 次

2. 已知 int i=1；执行语句 while (i++<4);后，变量 i 的值为（　　）。

　　A．3　　　　　　　　　B．4　　　　　　　　C．5　　　　　　　　D．6

3. 求取满足式 $1^2+2^2+3^2+\cdots+n^2 \leqslant 1000$ 的 n，正确的语句是（　　）。

　　A．for(i=1,s=0;(s=s+i*i)<=1000;n=i++);

　　B．for(i=1,s=0;(s=s+i*i)<=1000;n=++i);

　　C．for(i=1,s=0;(s=s+i*++i)<=1000;n=i);

　　D．for(i=1,s=0;(s=s+i*i++)<=1000;n=i);

4. 下列循环语句中有语法错误的是（　　）。

　　A．while(x=y)　5;　　　　　　　　　　B．while(0) ;

　　C．do 2;　while(x==b);　　　　　　　　D．do x++　while(x==10) ;

5. 从键盘上输入：ABCdef<回车>，程序的执行结果为（　　）。

```c
#include <stdio.h>

int main (void)
{
    char ch;
    while ((ch = getchar()) != '\n')
    {
        if(ch >= 'A' && ch <= 'Z')
            ch = ch + 32;
        else if(ch >= 'a' && ch <= 'z')
            ch = ch-32;
        printf("%c",ch);
    }
    printf("\n");
    return 0;
}
```

6. 下面程序的执行结果为（　　）。

```c
#include <stdio.h>

int main(void)
{
    int  x = 1, y = 0;
    switch (x)
    {
        case 1:
        switch (y)
```

```
    {
        case 0: printf("**1**\n"); break;
        case 1: printf("**2**\n"); break;
    }
    case 2: printf("**3**\n");
    }

    return 0;
}
```

7. 写出以下程序输入 2,3<回车>时的运行结果，并给出程序的功能。

```
#include <stdio.h>

int main(void)
{
    long term = 0, sum = 0;
    int a, i, n;
    printf("Input a,n:");
    scanf("%d,%d", &a, &n);
    for(i = 1;i <= n; i++)
    {
        term = term * 10 + a;
        sum += term;
    }
    printf("sum=%ld\n", sum);

    return 0;
}
```

8. 最高的分数：孙老师讲授的《计算导论》这门课期中考试刚刚结束，他想知道最高的分数是多少。因为人数比较多，他觉得这件事情交给计算机来做比较方便。你能帮孙老师解决这个问题吗？

输入两行，第一行为整数 n（1≤n<100），表示参加这次考试的人数，第二行是这 n 个学生的成绩，相邻两个数之间用单个空格隔开。所有成绩均为 0 到 100 之间的整数。输出一个整数，即最高的成绩。

9. 满足条件的数累加：将正整数 m 和 n 之间（包括 m 和 n）能被 17 整除的数累加。其中，0<m<n<1000。

输入一行，包含两个整数 m 和 n，中间以一个空格间隔。输出一行，包含一个整数，表示累加的结果。

10. 满足条件的 3 位数：编写程序，按从小到大的顺序寻找同时符合条件 1 和 2 的所有 3 位数，条件为：（1）该数为完全平方数；（2）该数至少有两位数字相同。例如，100 同时满足上面两个条件。

输入一个数 n，n 的大小不超过实际满足条件的 3 位数的个数。输出第 n 个满足条件的 3 位数（升序）。

11. 人口增长问题：我国现有 x 亿人口，按照每年 0.1%的增长速度，n 年后将有多少人？

输入一行，包含两个整数 x 和 n，分别是人口基数和年数，以单个空格分隔。输出最后的人口数，以亿为单位，保留到小数点后四位（1≤x≤100，1≤n≤100）。

12. 银行利息：农夫约翰在去年赚了一大笔钱！他想要把这些钱用于投资，并对自己能得到多少收益感到好奇。已知投资的复合年利率为 R（0 到 20 之间的整数）。约翰现有总值为 M 的钱（100 到 1000000 之间的整数）。他清楚地知道自己要投资 Y 年（范围 0 到 400）。请帮助他计算最终他会有多少钱，并输出它的整数部分。数据保证输出结果在 32 位有符号整数范围内。

输入一行包含三个整数 R，M，Y，相邻两个整数之间用单个空格隔开。输出一个整数，即约翰最终拥有多少钱（整数部分）。

13．买房子：某程序员开始工作，年薪 N 万元，他希望在中关村公馆买一套 60 平米的房子，现在价格是 200 万元，假设房子价格以每年百分之 K 增长，并且该程序员未来年薪不变，且不吃不喝，不用缴税，每年所得 N 万元全都积攒起来，问第几年能够买下这套房子（第一年年薪 N 万元，房价 200 万元）？

输入一行，包含两个正整数 N（10 ≤ N ≤ 50），K（1≤ K ≤ 20），中间用单个空格隔开。输出如果在第 20 年或者之前就能买下这套房子，则输出一个整数 M，表示最早需要在第 M 年能买下，否则输出 Impossible。

14．运动场有 4 位篮球运动员正在进行篮球训练，他们分别来自火箭队、湖人队、森林狼队、凯尔特人队。一位记者问："你们都来自哪个队伍？"

B 说："C 球员是凯尔特人队。"

C 说："D 球员不是森林狼队。"

A 说："B 球员不是火箭队的。"

D 说："他们三个人中，只有凯尔特人队的队员说了实话。"

D 的话是可信的，那么他们分别来自哪个球队呢？

第 5 章 函　　数

学习目标

（1）掌握函数的定义、声明、调用及返回。
（2）掌握函数形参与实参。
（3）掌握函数的嵌套调用与递归调用。
（4）理解变量的生存期与作用域。
（5）掌握编译预处理及模块化编译链接。

　　C 语言中，一个程序无论大小，总是由一个或多个函数构成，这些函数分布在一个或多个源文件中。每一个完整的 C 程序总是有一个 main 函数，它是程序的组织者，程序执行时也总是由 main 函数开始执行（main 函数的第一条可执行语句称为程序的入口），由 main 函数直接或间接地调用其他函数来辅助完成整个程序的功能。

　　函数充分而生动地体现了分而治之和相互协作的理念。它可以将一个大的程序设计任务分解为若干个小的任务，这样便于实现、协作及重用，有效地避免了做什么都要从头开始进行。同时，大量经过反复测试和实践检验的库函数更是提高了程序的开发效率、质量，有效地降低了开发成本。这体现了程序设计中分工协作的思想。程序用于模拟客观世界，函数抽象了现实生活中能相对独立地进行工作的人或组织，函数间的相互协作正好映射了现实生活中人或组织间的相互协作。另外，函数还体现了封装的思想。它有效地将函数内部的具体实现封装起来，对外只提供可见的接口（传入的形式参数与返回的函数值）。这样，调用函数时就不用关心该函数内部具体的实现细节，而只需关注其接口，即可调用和使用它来辅助完成所需功能。另外，利用函数还可以大大降低整个程序总的代码量。

5.1　函　数　概　述

5.1.1　函数的定义与声明

　　函数是一段相关代码的抽象，它通过函数名将相关的代码组织在一起，对输入的数据（称为参数）进行处理，然后返回特定的输出（称为返回值）。一旦定义好函数之后，就完成了函数名和该函数对应的相关代码的绑定，以后就可以利用函数名调用这段代码来完成相应的功能。

　　函数定义的语法格式如下：

```
返回类型  函数名(形式参数列表)
{
    数据定义；
    数据加工处理；
    return 返回值；
}
```

函数包含函数头和函数体两部分。

➥ 函数头（也称为函数签名）：返回类型 函数名(形式参数列表)。

➥ 函数体：由"{"和"}"这两个符号括起来的若干条语句。

```
{
    数据定义;
    数据加工处理;
    return 返回值;
}
```

其中，"形式参数列表"表示函数的输入数据有哪几个，以及各个数据的名称和类型分别是什么。不同的输入数据之间用逗号隔开。"函数名"代表了函数本身，是函数整体的抽象，也代表了该函数对应的代码在内存中的存储首地址。对函数的调用通过函数名进行。函数的"返回类型"表示函数对输入的数据进行处理后返回给调用函数处的结果数据，该数据也有一定的类型。由"{"和"}"这两个符号括起来的若干条语句构成函数体，其中主要包含定义数据、处理数据和通过 return 语句返回处理后的结果数据三部分。这三部分并非必需，根据实际需要可选择。

如果一个函数不返回任何值，则其返回类型为 void（空类型），即它返回空值或什么也不返回。这时返回语句可以写成 return;或干脆省略（编译器会自动加上 return;语句）。下面是几个简单的函数定义的例子。

【例 5-1】符号函数 sign（代码片段，不能单独运行）。

```
//该函数判断输入的整数的符号，正数返回1，负数返回-1，零返回0
int sign(int n)
{
    return (n > 0 ? 1 : (n < 0 ? -1 : 0));
}
```

【例 5-2】绝对值函数 myabs（代码片段，不能单独运行）。

```
//该函数返回输入的数的绝对值
double myabs(double x)
{
    return (x > 0 ? x : -x);
}
```

【例 5-3】求两数中的最大值函数 max（代码片段，不能单独运行）。

```
//该函数返回两个实数中最大的一个
double max(double x1, double x2)
{
    return (x1 >= x2 ? x1 : x2);
}
```

【例 5-4】计算 1+2+3+…+n 的和的函数 sum（代码片段，不能单独运行）。

```
//该函数返回 1~n 的整数和
int sum(int n)
{
    int sum = 0;
    int i;

    for (i = 1; i <= n; i++)
    {
```

```
        sum = sum + i;
    }

    return sum;
}
```

注意

本例中的函数体中有一个变量的名是 sum，与函数名重名了，从语法上没有问题，建议在定义函数时，尽可能函数体内的变量名不要与函数名重名。

【例5-5】判断正整数 n 是否为质数的函数 isPrime（代码片段，不能单独运行）。

```
//如果 n 是质数，则返回 1，否则返回 0
int isPrime(int n)
{
    if (n < 2)
        return 0;                   //负数，0 和 1 都不是质数
    for (int i = 2; i < n; i++)
    {
        if (n % i == 0)
            return 0;
    }

    return 1;
}
```

质数也称素数，是指只能被 1 和它本身整除的正整数。需要注意的是，1 不是质数。根据质数的定义，要判断正整数 n 是否为质数，只需让 $2,3,\cdots,n-1$ 去整除 n。如果有一个能整除，则它不是质数；如果循环结束，没有一个数能整除它，则表明它是质数。

在程序中调用函数时，如果函数还未定义，即该函数的定义在调用处的后面，这时就需要在调用函数前进行函数声明。声明的目的在于提前告诉编译器，该函数的函数名是什么、形式参数有几个、每个形式参数各是什么类型，以及返回值类型是什么（这几项合起来称为函数的原型，函数的声明也称为声明函数的原型）。这样，编译器遇到调用该函数时，就会根据上面的几项内容进行语法检查，看调用处是否和定义时的一致，如果不一致，则会提示语法错误。如果函数的定义在调用处的前面，则无须声明，编译器会自动根据函数的定义去检查函数的调用格式是否正确。

函数声明的语法格式如下：

返回类型 函数名(形式参数列表);

如例 5-1 中定义的符号函数 sign 的声明语法格式如下：

```
int sign(int n);
```

注意

在声明时，对于函数的形式参数列表，每个参数的类型都是必需的，而参数名则可选。另外，声明时如果给出每个参数名，则这个名称可以和定义时的名称一致，也可以重新命名。一般来说，为了使程序更易读，声明时参数名最好和定义时的名称一致。例如，上面的 sign 函数又可声明如下：

```
int sign(int k);
```
或者

```
int sign(int);
```

同理，例 5-3 中定义的求最大值函数 max 的声明可以采用如下任一形式：

```
double max(double x1, double x2);
double max(double, double);
double max(double x, double y);
```

声明的位置比较灵活，既可以在调用该函数前的任何函数之外声明，也可以在调用该函数的函数内、调用处之前声明（参见例 5-6）。

5.1.2 函数的调用与传参

定义好函数后，该函数并不能被执行，只有当调用该函数时，该函数的代码才能被执行。
调用函数的语法格式如下：

函数名(实在参数列表)

"实在参数列表"列出了传递给该函数的待处理数据，这些数据的个数以及每个数据的类型必须和函数定义时给出的形式参数列表分别对应一致或保持兼容。如果不一致或不能兼容，则编译器会给出相应的语法错误提示。

形式参数就是在定义函数时给出的输入参数，简称形参；实在参数就是在调用函数时给出的输入参数，简称实参。

函数调用的基本原则有如下两点。

（1）实参和形参之间的个数和类型必须对应一致或保持兼容。

（2）返回值类型的使用必须合法。

> **注意**
>
> 函数的调用本质上是一个表达式，它将返回特定类型数据的值（即返回值），因此只要该值能出现的位置，都可以使用该函数调用表达式。

下面来看一个求 1~n 的和的程序实例，其中综合了函数的定义与声明，以及函数的调用方法等知识点。

【例 5-6】输出 1~n 的和。

```
#include <stdio.h>

int sum(int n);                              //此处为函数声明

int main(void)
{
    int n;
    scanf("%d", &n);
    printf("1 到%d 的和是：%d", n, sum(n));      //函数调用

    return 0;
}
int sum(int n)                               //函数定义
```

```
{
    int s = 0;
    int i;

    for (i = 1; i <= n; i++)
    {
        s = s + i;
    }

    return s;
}
```

程序运行结果如图 5-1 所示。

```
100
1到100的和是：5050
```

图 5-1　例 5-6 程序的运行结果截图

【例 5-7】演示函数定义在调用前，不需要声明。程序功能同例 5-6。

```
#include <stdio.h>

int sum(int n)                          //函数定义
{
    int s = 0;
    int i;

    for (i = 1; i <= n; i++)
    {
        s = s + i;
    }

    return s;
}

int main(void)
{
    int n;
    scanf("%d", &n);
    printf("1 到%d 的和是：%d", n, sum(n));

    return 0;
}
```

在例 5-7 中，将函数 sum 的定义放到了其调用之前，就不需要提前进行该函数的声明了。

一般情况下，建议在 main 函数前声明函数，而把函数的定义放在 main 函数的后面，也就是采用例 5-6 的编程风格。

调用函数时，执行流程从调用该函数的代码转至被调用函数之前，会首先完成参数的传递，即将实在参数的值传递给对应的形式参数，然后执行被调用函数的代码，执行完毕后再将返回值返回被调用处，并继续执行调用语句后面的代码。完整的函数调用及返回的过程如图 5-2 所示。

图 5-2　函数调用及返回过程示意图

图 5-2 补充说明如下。

① 函数 A 正常执行。

② 此点发生调用函数 B。

③ 完成参数传递及流程控制转移。

④ 函数 B 正常执行。

⑤ 函数 B 返回值到被调用处。

⑥ 函数 A 继续执行。

C 语言中，函数的参数传递属于传值（Pass By Value）调用，也就是把实参值赋值给形参，但如果形参是指针类型的，就可以让形参指向实参，因为形参获得的是实参的地址，这样就可以利用指针参数改变实参值，如果不是指针形参，是不能在函数里改变实参值的，目前还没有接触到指针类型，相关内容会在第 7 章进一步讲解。

【例 5-8】利用传值的方式能交换两个实参的值吗？

```c
#include <stdio.h>

void swap(int a, int b)
{
    int t;

    t = a;
    a = b;
    b = t;
}

int main(void)
{
    int x = 5;
    int y = 10;

    printf("交换前 x=%d, y=%d\n", x, y);
    swap(x, y);
    printf("交换后 x=%d, y=%d\n", x, y);

    return 0;
}
```

程序运行结果如图 5-3 所示。

交换前x=5, y=10
交换后x=5, y=10

图 5-3　例 5-8 程序的运行结果截图

从上述程序的运行结果可以看出，在 main 函数中定义了 x 和 y 的值分别为 5 和 10，在调用 swap 函数时，由于采用的是传值的方式传递参数，所以形式参数 a 和 b 分别得到了对应的 x 值 5 和 y 值 10，然后在 swap 函数中将 a 和 b 进行了交换，但这并不影响 main 函数中 x 和 y 的值，它们的值还是原来的 5 和 10。一句话总结，就是 swap 函数交换的是形式参数 a 和 b 的值，并没有交换实在参数 x 和 y 的值。

那么如何通过函数交换两个变量的值呢？会在第 7 章看到解决办法。

5.1.3　函数的嵌套调用与递归调用

在调用函数时有两种特殊的现象，即嵌套调用和递归调用。

1. 嵌套调用

嵌套调用是指在函数 A 中调用函数 B，而函数 B 中又调用函数 C，诸如此类的复杂调用，如图 5-4 所示。

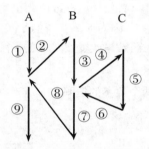

图 5-4　函数的嵌套调用示意图

图 5-4 补充说明如下。
① 函数 A 正常执行。
② 发生调用函数 B 并完成参数传递及流程控制转移。
③ 函数 B 正常执行。
④ 发生调用函数 C 并完成参数传递及流程控制转移。
⑤ 函数 C 正常执行。
⑥ 函数 C 返回值到被调用处，即函数 B 内。
⑦ 函数 B 继续执行。
⑧ 函数 B 返回值到被调用处，即函数 A 内。

⑨ 函数 A 继续执行。

下面给出一个嵌套调用的例子。

【例 5-9】函数嵌套调用示例。

```
#include <stdio.h>

void A(int);
```

```
void B(int);
void C(int);

int main(void)
{
    int x = 10;

    A(x);

    return 0;
}
void A(int x)
{
    printf("A 收到传递过来的 x=%d\n", x);
    x++;
    B(x);
}
void B(int x)
{
    printf("B 收到传递过来的 x=%d\n", x);
    x++;
    C(x);
}
void C(int x)
{
    printf("C 收到传递过来的 x=%d\n", x);
}
```

程序运行结果如图 5-5 所示。

```
A收到传递过来的x=10
B收到传递过来的x=11
C收到传递过来的x=12
```

图 5-5 例 5-9 程序的运行结果截图

2．递归调用

递归调用是指一个函数直接或间接地调用自己。如果一个函数直接调用自己，称为直接递归；如果一个函数间接调用自己，则称为间接递归。

下面给出几个递归函数的例子。

【例 5-10】 利用递归求 1+2+3+…+n 的和（代码片段，不能单独运行）。

```
int sum(int n)
{
    if (n == 1)  return 1;              //递归出口
    else  return n + sum(n - 1);        //递归调用
}
```

代码解析：函数 sum(n)表示求 1~n 的和，它满足下面的递归关系：

$$sum(n) = \begin{cases} 1 & n = 1 \\ n + sum(n-1) & n > 1 \end{cases}$$

这个递归关系表示的是 1~n 的和可以用 1~(n-1)的和加上 n 计算得到，如果 n 是 1，因为 1~1 的和为

1，可直接得到结果，这称为递归出口。这里 sum(n-1) 是 sum(n) 的子问题。递归思想和递归函数在程序设计中非常重要，在第 18 章针对几个典型问题，学习如何利用递归进行程序设计。

【例 5-11】利用递归求 a^n（代码片段，不能单独运行）。

```
double pow(double a, int n)
{
    if ( n == 0 ) return 1;                 //递归出口
    if ( n == 1 ) return a;                 //递归出口

    return  pow(a, n / 2) * pow(a, n - n / 2);   //递归调用
}
```

代码解析： 函数 pow(a,n) 表示计算 a^n，它满足下面的递归关系：

$$a^n = \begin{cases} 1 & n = 0 \\ a & n = 1 \\ a^{\frac{n}{2}} \times a^{n-\frac{n}{2}} & n > 1 \end{cases}$$

通过这个递归关系就可以很容易写出计算 a^n 的递归函数。

由以上两个例子，关于函数递归调用，可以总结出编写递归函数的要点如下。

（1）找出递归公式，如 sum(n) = n + sum(n-1)，pow(a,n)=pow(a,n/2)*pow(a,n-n/2)等。

（2）给出递归结束条件，如 if (n == 1) return 1;等。

递归结束条件保证递归调用函数时不至于陷入无穷尽的调用，而是逐渐逼近递归结束条件，最终再逐层返回，结束整个函数的调用。

在程序设计实践中，递归程序的编写比较简单明了，但递归函数每一层调用时，都要分配相应的存储空间，并完成参数的传递、函数的返回等，在程序的执行效率和所消耗的存储空间上，和非递归的相比并没有任何优势。另外，再加上一般的递归都可以通过相应的方法转化为非递归的逻辑等价形式，所以并不推荐使用，特别是不推荐使用调用层次比较多的递归。

5.2　变量的生存期与作用域

变量的生存期是指变量在什么时间段内存在，变量的作用域是指变量在哪些代码块中能够访问。前者是时间上的可见性，后者则是空间上的可见性。变量的生存期和作用域通常都和它的存储属性相关。

当程序加载到内存中时，有的变量就已经分配存储空间，并且这个存储空间直到整个程序执行完毕，从内存中退出时才会被释放，所以这些变量的生存期为整个程序的生存期。这样的变量有全局变量和静态局部变量。全局变量是指在任何函数之外定义的变量；局部变量是指在某个函数之内或语句块内定义的变量，同时函数的形式参数列表中的变量也是局部变量。

程序中有些变量，在程序加载到内存中时并不分配存储空间，而是到定义它的函数被调用执行时才会临时分配存储空间，并且一旦该函数执行完毕返回到被调用处，这些变量在内存中分配的存储空间也将被回收，即它们将不复存在。这种变量称为非静态局部变量或自动变量，用关键字 auto 修饰。一个局部变量，如果没有用 static 修饰，则它自动为 auto 的，而无论是否用 auto 修饰。自动变量或非静态局部变量的生存期为函数调用时到函数返回时这个时间段，在此之前和之后它们都不存在。

对于全局变量而言，它的生存期为整个程序的生存期，其作用域一般为定义处到它所在的文件结束。

要在定义全局变量的位置之前或其他源文件中引用该全局变量，需要在使用的函数中或源文件中用 extern 关键字来扩展该全局变量的作用域。但如果在该全局变量前加以 static 关键字限制，则为静态全局变量，其作用域只能局限在定义它的文件内。定义静态全局变量的好处是：①不会被其他文件访问和修改；②其他文件中可以使用相同名称的变量，不会发生冲突。

> **注意**
>
> C 语言中，如果函数定义时函数名前没有 static 修饰，则该函数是全局函数或外部函数，可以被其他文件中的函数调用。如果函数前用 static 修饰，则该函数称为静态函数或内部函数，只能限定在定义它的文件内被调用，在其他文件中不能调用该函数。定义静态函数的好处是：①不会被其他文件访问；②其他文件中可以使用相同名称的函数，不会发生冲突。

对于非静态局部变量而言，其生存期为定义它的函数被调用时到该函数执行完毕返回时，作用域仅仅局限在该函数之内。

对于静态局部变量而言，其生存期为整个程序的生命周期，但是其作用域仍然限制在定义它的函数内部。

各种类型变量的初始化如下：全局变量和静态局部变量如果没有被初始化，编译器自动将其初始化为 0；非静态局部变量如果没有被初始化，则它的值是随机的，和它代表的内存单元当时的值有关。

关于变量的生存期和作用域的几个程序示例如下。

【例 5-12】全局变量和局部变量（演示错误代码编译出错）。

```
#include <stdio.h>

int x = 20;                      //任何函数之外定义的变量为全局变量，作用域为定义处到文件结束

void test(int n)                 //形式参数也是局部变量，作用域为该函数内部
{
    int y = 30;                  //在函数内定义的变量为局部变量，作用域为定义它的函数内部

    printf("x=%d, n=%d, y=%d\n", x, n, y);
}

int main(void)
{
    int z = 20;                  //在函数内定义的变量为局部变量，作用域为定义它的函数内部

    test(z);
    printf("x=%d, z=%d", x, z);  //此处的 x 为全局变量，main 函数内仍可访问
    //变量 y 为函数 test 内定义的局部变量，main 函数内不能访问
    printf("y=%d", y);           //此处编译出错，将此行删除或注释掉即可正常编译

    return 0;
}
```

【例 5-13】演示在代码块内定义的局部变量。

```
#include <stdio.h>

int main(void)
{
```

```
    int x = 20;

    {
        int y = 30;                     //y 为在此代码块内定义的局部变量，作用域为此代码块内
        printf("y=%d\n", y);            //此处代码正确
    }

    printf("y=%d\n", y);                //此处代码有问题，y 在此处已经不存在，不能访问
    printf("x=%d\n", x);                //此处代码无问题，x 仍然存在，可以访问

    return 0;
}
```

 注意

当全局变量和局部变量同名时，在局部变量的作用域内访问的是局部变量，此时全局变量被屏蔽。

【例 5-14】 演示全局变量和局部变量同名时的情况。

```
#include <stdio.h>

int x = 20;                     //全局变量 x

void test()
{
    int x = 30;                 //局部变量 x

    printf("x=%d\n", x);        //此时访问的是局部变量 x，全局变量 x 被屏蔽
}

int main(void)
{
    test();

    printf("x=%d\n", x);
    //此时访问的是全局变量 x，test 函数中的局部变量 x 已经消亡

    return 0;
}
```

【例 5-15】 演示静态局部变量与非静态局部变量。

```
#include <stdio.h>

void test()
{
    static int x = 10;          //x 为静态局部变量
    int y = 10;                 //y 为非静态局部变量，即 auto 型的自动变量

    printf("x=%d, y=%d\n", x, y);
    x = x + 10;
    y = y + 10;
}
```

```
int main(void)
{
    test();
    test();
    test();
    return 0;
}
```

程序运行结果如图 5-6 所示。

```
x=10, y=10
x=20, y=10
x=30, y=10
```

图 5-6　例 5-15 程序的运行结果截图

对上述程序运行结果的解读：x 为静态局部变量（用 static 关键字修饰），y 为非静态局部变量。静态局部变量的值只在第一次调用该函数时初始化一次，即 static int x = 10;这条语句只在 test 函数第一次被调用时执行一次，后面再次调用时该语句将不再执行；而 y 为非静态局部变量，其初始化语句 int y = 10;在每次调用 test 函数时都会执行。同时，由于静态局部变量分配在全局数据区，它的值在定义它的函数，本例中是 test 函数退出时仍然保留，下次再调用 test 函数时，x 的值是在上次的值的基础上继续处理；而非静态局部变量 y 的值在 test 函数退出就不复存在了，下次再调用 test 函数时又重新分配存储空间和初始化。

5.3　编译预处理

C 语言由源代码生成可执行文件的各阶段如下：C 源程序→编译预处理→编译→优化程序→汇编程序→链接程序→可执行文件。其中，通常把编译预处理、编译、优化程序、汇编程序这几个阶段统称为编译阶段，而把链接程序生成可执行文件这一阶段称为链接阶段。

编译预处理阶段的任务是：读取 C 源程序，对其中的伪指令（以"#"开头的指令）和特殊符号进行处理，即在正式编译之前，先扫描源代码，对其进行初步的转换，以产生新的源代码提供给编译器。这是由编译预处理程序来完成的。尽管在目前绝大多数编译器都包含了预处理程序，但通常认为它们是独立于编译器的。另外，预处理过程还会删除程序中的注释和多余的空白字符。

伪指令或预处理指令是以"#"号开头的代码行，"#"号必须是该行除了任何空白字符外的第一个字符。"#"后是指令关键字，在关键字和"#"号之间允许存在任意个数的空白字符。整行语句构成了一条预处理指令，该指令将在编译器进行编译之前对源代码进行某些转换。

 注意

同常规的代码行不同，预处理行不能用分号作为结束符。

常见的编译预处理指令主要有 4 类：包含头文件、宏定义及宏展开、条件编译、特殊符号处理。

5.3.1　包含头文件

采用头文件主要是为了使某些定义可以供多个不同的 C 源程序使用。因为在需要用到这些定义的 C 源程序中，只需加上一条#include 语句即可，而不必再在此文件中将这些定义重复一遍。预处理程序将把头文件中的定义统统都加入到它所产生的输出文件中，以供编译程序对之进行处理。

#include 预处理指令的作用是在指令处展开被包含的文件。包含可以是多重的，也就是说一个被包含的文件中还可以包含其他文件。标准 C 编译器至少支持八重嵌套包含。

在程序中包含头文件有两种格式：

```
#include <XXX.h>
#include "XXX.h"
```

第一种方法是用尖括号把头文件括起来。这种格式告诉预处理程序在编译器自带的或外部库的头文件中搜索被包含的头文件。第二种方法是用双引号把头文件括起来。这种格式告诉预处理程序在当前被编译的应用程序的源代码文件中搜索被包含的头文件，如果找不到，再搜索编译器自带的头文件。

采用两种不同包含格式的理由在于，编译器是安装在公共子目录下的，而被编译的应用程序是在它们自己的私有子目录下的。一个应用程序既包含编译器提供的公共头文件，也包含自定义的私有头文件。采用两种不同的包含格式使得编译器能够在很多头文件中区别出一组公共的头文件。

5.3.2 宏定义及宏展开

宏定义了一个代表特定字符串内容的标识符。预处理过程会把源代码中出现的宏标识符替换成宏定义时的特定的字符串内容（注意：字符串内出现的和宏标识符同名的串不替换）。宏最常见的用法是定义代表某个值的全局符号。宏的第二种用法是定义带参数的宏（宏函数），这样的宏可以像函数一样被调用，但它是在调用语句处展开宏，并用调用时的实际参数来代替定义中的形式参数。需要特别注意的是，宏定义与宏展开预处理仅是简单的字符串替换，并不进行类型检查和语法出错检查，程序员应保证其在应用语句环境中语法的正确性。

1. #define 指令

#define 预处理指令用来定义宏，其语法格式如下：

```
#define 宏标识符 宏标识符代表的特定的字符串
```

举例如下：

```
#define  PI  3.14159265 //定义了一个名为 PI 的宏，其代表的字符串为 3.14159265
```

作为一种编码规范，习惯上总是全部用大写字母来表示宏标识符，这样易于把程序的宏标识符和一般变量标识符区别开来。

使用宏有如下好处：

（1）使用方便。如上面例子中 PI 显然比 3.14159265 写着方便。

（2）可读性强。如上面例子中 PI 显然比 3.14159265 有更明确的含义，一看便知是圆周率 PI。

（3）容易修改。如上面例子中，如果在程序中有几十次会使用到 PI，因某些原因需要修改 PI（比如要进一步提高计算精度），则只需要在宏定义处修改一次即可，避免了在程序中数十次寻找与修改（由编译预处理程序自动帮助修改）。

要想充分利用宏的上述好处，应该注意以下两点：一是宏标识符要尽可能取得见名知义，使其可读性强；二是宏定义尽量要集中放到源程序的最前面，便于修改。

宏定义可以嵌套。例如：

```
#define  PRICE 23.5
#define  NUM  3
```

```
#define  TOTAL  (PRICE * NUM)
```

上述代码定义了一个名为 TOTAL 的宏，代表字符串(23.5*3)。

宏还可以代表一个字符串常量。例如：

```
#define VERSION "Version 1.0 Copyright(c) 2011"
```

定义了一个名为 VERSION 的宏，代表字符串"Version 1.0 Copyright(c) 2011"。

带参数的宏和函数调用看起来有些相似。例如：

```
#define PRINT(x) printf("%d\n", x);
```

定义了一个带参数 x 的宏 PRINT，代表字符串 printf("%d\n", x);。在程序中引用 PRINT(3)，则宏展开为 printf("%d\n", 3);。

```
#define CUBE(x) x * x * x
```

定义了一个带参数 x 的宏 CUBE，代表字符串 x * x * x。

在定义带参数的宏时，要特别注意括号的使用。宏展开后应完全包含在一对括号中，而且参数也应包含在括号中，这样就保证了宏和参数的完整性，否则很容易出错。例如对于上面定义的 CUBE 宏，则 CUBE(3 + 5)展开为 3 + 5 * 3 + 5 * 3 + 5，这显然不是想要的。正确的宏定义为：

```
#define CUBE(x) ((x) * (x) * (x))
```

此时，CUBE(3 + 5)展开为((3 + 5) * (3 + 5) * (3 + 5))，这正是想要的。

带参数的宏如果使用不当，则会出现一些难以发现的错误，称为宏的副作用，应慎重使用。看看下面的例子：

```
int n = 10;
CUBE(n++)
```

则 CUBE(n++)展开后为((n++) * (n++) * (n++))，很显然，结果是 10*11*12，而不是想要的 10*10*10。如何安全地使用 CUBE 宏呢？解决的办法是将可能产生副作用的代码移动到宏调用的外面进行。例如上述代码可以改造为：

```
CUBE(n)
n++;
```

如果再展开，则为((n) * (n) * (n))，正是想要的 10 * 10 * 10。

带参数的宏和函数在用法上很相似，但它们存在本质的不同：一是宏只是在编译前进行简单的字符串替换，并不进行相应的诸如类型检查之类的语法出错检查，而函数定义与调用则会在编译时进行相应的语法检查；二是宏并不像函数一样存在给形式参数分配存储空间，完成实参向形参的参数传递、流程控制转移（从调用函数处转到被调用函数内部）以及向被调用处返回值等过程，这样宏调用比函数调用的执行效率更高。但由于带参数的宏很容易发生副作用，所以并不推荐带参数的宏的大量使用。

> **注意**
>
> 程序设计中简单即是美！不要使用过于复杂的宏，因为过于复杂的宏会使程序不便于交流，同时降低了程序的易读性，并且很容易隐藏各种错误。

2. "#" 运算符

出现在宏定义中的 "#" 运算符把跟在其后的参数转换成一个字符串。有时把这种用法的 "#" 称为字符串化运算符。例如：

```
#define SAYHELLO(x) "Hello, "#x
```

宏定义中的"#"运算符告诉预处理程序，把源代码中任何传递给该宏的参数转换成一个字符串。所以，SAYHELLO(BBC)展开为"Hello, BBC"。完整的程序示例如下。

【例5-16】宏定义中的"#"运算符。

```
#include <stdio.h>

#define SAYHELLO(x) "Hello, "#x

int main(void)
{
    printf("%s\n", SAYHELLO(BBC));

    return 0;
}
```

程序运行结果为：Hello, BBC。

3."##"运算符

"##"运算符用于把参数连接到一起。预处理程序把出现在"##"两侧的参数合并成一个符号。

【例5-17】宏定义中的"##"运算符。

```
#include <stdio.h>
#define NUM(x) x##x##x              //将三个 x 拼接起来成为 xxx

int main(void)
{
    int nnn = 10;

    printf("%d", NUM(n));           //宏展开后为：printf("%d ", nnn);
    printf("%d", NUM(1));           //宏展开后为：printf("%d", 111);

    return 0;
}
```

程序运行结果为：10 111。

4. #undef 取消宏定义

用#define 定义的宏的正常作用范围为定义处开始到源程序结束，但可以用#undef 来取消前面定义过的宏定义，即从此行代码开始后面的源程序中宏标识符出现的地方不再被进行宏替换。

【例5-18】演示#undef 取消宏定义。

```
#include <stdio.h>

#define HI "Hello,world!"

int main(void)
{
    printf("%s\n", HI);             //HI 在此处还有定义，可以引用
    #undef HI                       //此行起取消了宏 HI 的定义，后面不能再引用，否则出错
    printf("%s\n", HI);             //HI 在上一行已经取消，不存在，编译出错
```

```
    return 0;
}
```

程序编译时会出错，原因见最后一行的注释，将该行整个注释掉后即可编译运行。

5.3.3 条件编译

程序员可以通过定义不同的宏来决定编译程序对哪些代码或代码块进行处理。条件编译指令将决定哪些代码被编译，而哪些是不被编译的。可以根据表达式的值或者某个特定的宏是否被定义来确定编译条件。

1. #if、#endif、#else、#elif、#ifdef 指令

➥ #if指令检测后面的常量表达式。如果表达式为真，则编译后面的代码，直到出现#else、#elif或#endif为止，否则就不编译。

➥ #endif用于终止#if预处理指令。

➥ #else 指令用在某个#if 指令之后，当前面的#if 指令的条件不为真时，就编译#else 后面的代码。

➥ #elif预处理指令综合了#else和#if指令的作用，用于嵌套条件判定。

➥ #ifdef指令用于检测后面跟的宏是否定义，如果有定义，则编译后面的代码，否则不编译。

【例 5-19】条件编译指令示例。

```
#include <stdio.h>

#define HI  1

int main(void)
{
    #if HI
    printf("HI 为非 0! ");
    #else
    printf("HI 为 0! ");
    #endif

    return 0;
}
```

程序运行结果为：HI 为非 0!

当把代码行#define HI 1 改为#define HI 0 时，再运行程序，输出为：HI 为 0!。

【例 5-20】条件编译指令示例。

```
#include <stdio.h>

#define HI
int main(void)
{
    #ifdef HI
    printf("HI 已定义! ");
    #else
    printf("HI 未定义! ");
    #endif
```

```
}
```

程序运行结果为：HI 已定义！。

【例 5-21】嵌套条件编译指令示例。

```
#include <stdio.h>
#define SECOND

int main(void)
{
    #ifdef FIRST
    printf("1\n");
    #elif defined SECOND
    printf("2\n");
    #else
    printf("3\n");
    #endif

    return 0;
}
```

程序运行结果为：2。

【例 5-22】条件编译指令的用法。

```
#include <stdio.h>
#include <stdlib.h>

#define DEBUG

int main(void)
{
    int i;
    int sum = 0;

    //#undef DEBUG
    for (i = 1; i <= 10; i++)
    {
        #ifdef DEBUG
        printf("i = %d, sum = %d", i, sum);
        system("pause");
        #endif
        sum = sum + i;
    }
    printf("Sum is : %d\n", sum);

    return 0;
}
```

程序运行时，由于定义了 DEBUG 符号，所以处于自定义的调试状态，在循环中会输出每一步的 i 和 sum 的值，暂停并提示按任意键继续，这样就可以清楚地看到每一步循环的执行状态。如果程序调试无误，则可以将#define DEBUG 删掉或者将程序中循环开始之前的"//#undef DEBUG"行的单行注释符号"//"删除，改为#undef DEBUG，再次运行，则循环中的调试语句（输出 i 和 sum 的值以及暂停）不会被编译执行，程序直接输出最后的结果。

2．#ifdef 和#ifndef

这二者主要用于防止重复包含头文件。一般在 **XXX.h** 的头文件中前面有这么一段：

```
//XXX.h
#ifndef  _XXX_H_
#define  _XXX_H_
//头文件内容
#end if
```

含义为：如果已经包含了头文件 **XXX.h** 的内容，则不再包含该头文件，否则包含该头文件的内容。例如，最常见的头文件 stdio.h 中前几行为：

```
#ifndef _STDIO_H_
#define _STDIO_H_
…
#endif
```

注意

#if defined 等价于#ifdef；#if !defined 等价于#ifndef。

5.3.4　特殊符号处理

编译预处理程序可以识别一些特殊的符号，并对于在源程序中出现的这些符号将用合适的值进行替换，从而可以实现某种程度上的编译控制。常见的定义好的供编译预处理程序识别和处理的特殊符号有如下几个（不同的编译器还可以定义自己的特殊含义的符号）。

- �');　__FILE__：包含当前程序文件名的字符串。
- ➥　__LINE__：表示当前行号的整数。
- ➥　__DATE__：包含当前日期的字符串。
- ➥　__STDC__：如果编译器遵循 ANSI C 标准，则它就是个非零值。
- ➥　__TIME__：包含当前时间的字符串。

注意

符号中都是双下划线，而不是单下划线，并且日期和时间都是一个从特定的时间起点开始的长整数，并不是我们熟悉的年月日时分秒格式。

【例 5-23】编译预处理中的特殊符号。

```
//本程序的文件名为: test.c
#include <stdio.h>

int main(void)
{
    printf("%s\n", __FILE__);
    printf("%d\n", __LINE__);
```

```
    printf("%d\n", __DATE__);
    printf("%d\n", __STDC__);
    printf("%d\n", __TIME__);

    return 0;
}
```

程序运行结果如图 5-7 所示。

图 5-7　例 5-23 程序运行结果

另外，#error 指令将使编译器显示一条错误信息，然后停止编译。#line 指令改变_LINE_与_FILE_的内容，它们是在编译程序中预先定义的标识符。#pragma 指令没有正式的定义，编译器可以自定义其用途，典型的用法是禁止或允许某些烦人的警告信息。

【例 5-24】演示#line 的用法。

```
#line 10                              //初始化行计数器
#include <stdio.h>                    //本行行号 10

int main(void)
{
    printf("本行为第%d 行！", __LINE__);     //本行行号为 14

    return 0;
}
```

程序运行结果为：本行为第 14 行。

5.4　模块化编译链接

5.4.1　分别编译

C 程序无论大小，总是由一个或多个函数构成。其中 main 函数必不可少，它是整个程序的组织者，直接或间接地调用其他函数来辅助完成整个程序的功能。这些函数可以分布在不同的文件中，每个文件称为一个可编译单元，可以分别编译，然后再和库函数的代码等链接在一起形成最后的可执行程序。下面举一个简单的分别编译的例子。

【例 5-25】分别编译并链接的示例。

本程序利用递归计算 1+2+…+10 的和并输出。整个程序包含两个文件：main.c 和 sum.c。
源文件 main.c 的内容如下：

```
#include <stdio.h>
```

```
int main(void)
{
    printf("1+2+…+10=%d\n", sum(10));

    return 0;
}
```

源文件 sum.c 的内容如下:

```
int sum(int n)
{
    if (n == 1)
        return 1;
    else
        return n + sum(n - 1);
}
```

整个程序利用命令行编译如下:

（1）编译 main.c，所用命令行命令为 gcc -c main.c -o main.o。其中，-c 参数告诉 gcc 编译器只编译不链接；-o 参数告诉 gcc 编译器本次编译输出的二进制代码文件名为 main.o。

（2）编译 sum.c，所用命令行命令为 gcc -c sum.c -o sum.o。

这样就得到了整个程序对应的两个二进制代码文件，即 main.o 和 sum.o，但现在整个程序还不能运行，因为还需要把这两个文件和诸如 printf 这些库函数的二进制实现代码等链接起来才能生成最后的可执行文件。这个过程将在 5.4.2 节中进行介绍。

5.4.2　链接

链接就是将构成整个 C 程序各个函数的代码，包括相应的库函数的实现代码、程序的启动及退出代码、用户编写的各个函数代码等链接在一起，从而形成最后的可执行程序的过程。操作系统是在计算机硬件基础上工作的系统软件，其主要功能是帮助人们更好地开发和运行各种程序。它不仅要负责待运行程序的加载启动工作（为它分配内存，完成一些特定的初始化，如加载代码、加载数据等），还要负责程序运行完成后回收内存资源等的退出返回工作，这分别由相应的启动及退出代码完成。

如 5.4.1 节的求和程序，利用命令行链接如下:

```
gcc main.o sum.o -o sum.exe                //编译器默认自动链接上启动和退出代码
```

参数-o 用于指定最后生成的可执行文件的文件名。链接成功后，就会生成对应的可执行文件 sum.exe，然后在命令行就可以直接输入程序名并按 Enter 键运行。程序执行结果如下:

```
1+2+…+10=55
```

小　　结

本章详细地讲解了函数的定义及使用相关的基础知识；深入剖析了变量的存储类别、生存期和作用域的规则；较为详细地介绍了包含头文件、宏定义与宏展开、条件编译及特殊符号处理等编译预处理和模块化的编译链接方法。

习题与实践

1. 如果一个变量在整个程序运行期间都存在，但是仅在声明它的函数内是可见的，则该变量的存储类型应该被声明为（　　）。

    A. 静态变量　　　　　　　　B. 动态变量　　　　C. 外部变量　　　　D. 内部变量

2. 在 C 语言中，函数的数据类型是指（　　）。

    A. 函数返回值的数据类型　　　　　　　　B. 函数形参的数据类型

    C. 调用该函数时的实参的数据类型　　　　D. 任意指定的数据类型

3. 函数调用语句 func(r1,r2+r3,(r4,r5)); 中的实参个数是（　　）。

    A. 3　　　　　　　　　B. 4　　　　　　　　C. 5　　　　　　　D. 语法错误

4. 以下所列的各函数首部中，正确的是（　　）。

    A. void play(var a：Integer,var b：Integer)　　　B. void play(int a,B)

    C. void play(int a,int B)　　　　　　　　　　　D. Sub play(a as integer,b as integer)

5. 在 C 语言中叙述错误的是（　　）。

    A. 不同函数中可以使用相同的变量

    B. 可以在函数内部的复合语句中定义变量

    C. 形参是局部变量

    D. main 函数中定义的变量在整个文件或程序中都有效

6. 读程序，写运行结果。

```c
#include <stdio.h>
int main(void)
{
    int a, b;

    for (a = 1, b = 1; a <= 10; a++)
    {
        if (b >= 5)  break;
        if (b % 3 == 1)
        {
            b += 3;
            continue;
        }
        b -= 5;
    }
    printf("%d", b);
}
```

7. 读程序，写运行结果。

```c
#define ADD(x)  x+x
int main(void)
{
    int m = 1, n = 2, k = 4;
    int sum = ADD(m + n) * k;

    printf("sum=%d", sum);
    return 0;
}
```

8. 读程序，写运行结果。

```
long fun(int n)
{
    long s;

    if (n == 1 || n == 2)
        s = 2;
     else
        s = n - fun(n - 1);
     return s;
}
int main(void)
{
    printf("%ld", fun(4));
}
```

9. 读程序，写运行结果。

```
int a, b;
void fun()
{
    a = 21;
    b = 35;
}
int main(void)
{
    int a = 8, b = 3;
    fun();
    printf("%d%d", a, b);
}
```

10. 读程序，写运行结果。

```
#include <stdio.h>

int funa(int a)
{
    int b = 0;
    static int c = 3;
    a = c++, b++;
    return(a);
}
int main(void)
{
    int a = 2, i, k;

    for (i = 0; i < 2; i++)
        k = funa(a++);
    printf("%d\n", k);
}
```

11. 利用递归的方法编程实现：用户输入一个整数，如输入 345，则程序顺序输出 3 4 5。

12. 分别利用递归和非递归的方法将输入的正整数进行质因数分解，如输入 8，则输出 8=2*2*2。

第6章 数　　组

学习目标

（1）理解数组的概念。
（2）初步掌握 C 语言中数组元素的存储特点。
（3）初步掌握一维、二维数组的定义、初始化、引用及与函数的关系。
（4）初步掌握字符数组处理字符串的方法。
（5）初步领悟数组作为顺序存储数据的工具。

前面学习了整型、浮点型、字符型基本类型的数据，它们可存放在对应类型的变量中，每一个变量有一个名字、一个类型，还有它的作用域及存储空间。如果需要保存一组类型相同、含义相同、作用域相同的数据，可以引用数组来保存它们，而不是使用很多个独立的变量。关键是变量多不好管理，同时处理这些变量大多是重复工作，有时数据的多少可能需要等到程序运行时才能确定，无法动态定义变量。数组是长度固定的数据类型，用来存放一组指定类型的数据。一个数组里可有多个数据，所有数据的类型是相同的，对这些数据的重复操作可使用循环。本章侧重于用生活实例来说明数组的简单应用。

6.1　数组的引入

数组是将一些类型相同的变量统一编制到一个组中，每个变量有各自的位序，可通过**数组名+索引号**快捷地操作这组数据。一维数组可以模拟线性事物，二维数组可以模拟平面事物，三维数组可模拟立体事物，利用数组可以模拟现实世界。

【例 6-1】输入一组学生的年龄，求平均年龄，要求保留小数点后两位（输入非正数时，输入结束）。

分析：由于只需要求平均年龄，所以每输入一个合法的年龄就将它累加到和变量 sum 中，并用 n 记录学生个数，输入结束后，计算 sum / n，即求得这组学生的平均年龄。在求解过程中，用一个临时变量存储输入的每个学生的年龄，不需要把所有学生的年龄都保存下来。参考代码如下：

```c
#include <stdio.h>

int main(void)
{
    int age;                      //临时存放输入的每个学生的年龄
    double sum = 0;               //存放所有学生年龄的和
    int n = 0;                    //存放学生的个数

    while(1)                      //无条件进入循环，这种情况循环体中应该有 break 语句中断循环
    {
        scanf("%d", &age);        //输入学生的年龄
        if(age <= 0)    break;    //没有学生了，输入一个非正数，退出循环
        sum += age;               //将当前学生的年龄加到和变量中
```

```
        n++;                                //学生个数增加 1
    }
    if(n > 0)
        printf("%.2f\n", sum / n);          //输出学生的平均年龄，保留小数点后两位

    return 0;
}
```

实践： 已知 N（≤10）个学生的年龄，输出平均年龄以及大于平均年龄的学生数。

分析： 因为求出平均年龄以后才能知道哪些学生的年龄大于平均年龄，所以需要保存这组学生的年龄，用一组变量存储 N 个学生的年龄，求出平均年龄后再遍历这组变量，将大于平均年龄的数据进行计数。可以定义数组存放这组学生的年龄解决这个问题。参考代码如下：

```
#include <stdio.h>
#define N 10

int main(void)
{
    int age;
    int sage[N];                        //定义能存放 N 个整数的数组 sage
    double sum = 0;
    int n = 0;

    while(1)
    {
        scanf("%d", &age);
        if(age <= 0) break;
        sum += age;
        sage[n] = age;                  //将 age 赋值给元素 sage[n]
        n++;
    }
    int k = 0;
    if(n > 0)
    {
        printf("%.2f\n", sum / n);
        for(int i = 0; i < n; i++)
            if(sage[i] > sum / n)       //判断 sage[i] 的值是否大于平均年龄 sum/n
                k++;
        printf("%d\n", k);
    }

    return 0;
}
```

6.2　一维数组的初识

6.2.1　一维数组的定义、初始化及引用

1. 一维数组的定义

数组是一组类型相同变量的集合。与变量一样，在使用前要先定义，告诉编译器数组元素是什么类型，有多少个元素，这样编译器才能给这个数组预先分配连续的存储空间。最低地址对应第一个元素，最高地址对应最后一个元素。定义一个数组，需要指定元素的类型和元素的数量。

一维数组定义的一般格式为：

元素类型名　数组名 [数组长度];

 注意

（1）元素类型可以是任意数据类型（整型、浮点型、字符型或其他类型）。

（2）[ ]中必须是一个大于零的整数常量，不能用变量指定，数组长度表示合法的下标个数；在定义处的[ ]中存放表示数组大小的常量表达式；在非定义处[ ]中存放表示元素下标的值（可以是常量或变量，或整型表达式）。

（3）定义之后，数组名就是一个常量，它的值就是第一个元素的首地址，通常称为数组的基地址。

（4）在数组定义时，元素类型名指明数组元素的类型，即用于确定数组中每一个元素所占的内存单元数，一维数组的总字节数＝sizeof(元素类型名) *数组长度。

（5）元素名是数组名[i]，i 的有效值是 0~数组长度-1，注意下标与元素序号的关系。

（6）在 C99 中可以用变量作为数组定义时的大小。int n = 3; int a[n];是可以，但建议用常量作为数组长度。

例如，定义存放 10 名学生的学号、年龄和 C 语言成绩的数组分别为：

```
long sno[10];
int sage[10];
double cs[10];
```

下标的合法范围均为：0~9，对于数组 sage，可以访问 sage[0], sage[1], …, sage[9]。

 提示

sage[10]不是有效的数组元素，但编译器不会帮你检查下标越界问题。

定义一个变量之后，系统会根据变量的类型在内存中为这个变量申请相应大小的内存空间，例如，int　i; 32 位系统会为变量 i 申请 4 个字节的内存空间，用来存储 i 的值。对于数组，如何为它分配内存呢？系统会为数组申请数组长度 * sizeof(元素类型名) 个连续的内存单元，用来存储数组元素，内存的大小取决于数组的类型及数组长度。如果第一个元素所占的存储单元首地址为 addr，则第二个元素所占的存储单元首地址为 addr+sizeof(元素类型名)，下标为 i 的元素的首地址应该为 add+i*sizeof(元素类型名)。

```
int  a[4];
```

假设 int 型变量需 4 个字节的内存，则系统会为数组 a 申请 4*4 个字节的连续内存单元，假设系统为数组申请的内存块的首地址为 00002A80（可以简写成 2A80），从 2A80 开始的 4 个字节就用于存储数组元素 a[0]的值，紧接着从 2A84 开始的 4 个字节存储 a[1]的值，以此类推，数组 a 所占内存的情况如图 6-1 所示。

2．一维数组的初始化

数组中每个元素就是一个变量，所以如果数组在定义时（全局数组除外）元素未被初始化，或之后也没有给元素赋值，则这些元素的值就是垃圾值。可以逐个元素赋值（通常使用循环语句），也可使用下面的语句进行初始化。

（1）完全初始化：int a[5] = {1,2,3,4,5};。

数组元素	内存地址（32位）
a[0]	00002A80
	00002A81
	00002A82
	00002A83
a[1]	00002A84
	00002A85
	00002A86
	00002A87
a[2]	00002A88
	00002A89
	00002A8A
	00002A8B
a[3]	00002A8C
	00002A8D
	00002A8E
	00002A8F

图 6-1   数组 a 内存映像图

（2）省略长度的初始化： int a[ ] = {1, 2, 3, 4, 5}；与完全初始化等价。

（3）不完全初始化：int a[5] = {1, 2, 3}；（未被初始化元素的值为 0），int a[5] = {0}；（数组所有元素的值均为 0）。

提示

使用上面方法（2）初始化时，可用 sizeof(a) / sizeof(int)计算数组中元素个数。

注意

（1）大括号 { } 中数据的个数不能大于数组定义时中括号 [ ] 中的数组长度。

（2）以下是几类错误。

错误 1：int a[5]； a[5] = {1, 2, 3, 4, 5}；

这里就没有 a[5] 这个元素，同时把多个值赋值给一个元素也是不可以的，只有在定义数组的同时才可以整体赋值。

错误 2：int a[5] = {1, 2, 3, 4, 5, 6}；   //{ }中的数据个数大于 5

错误 3：int a[5] = {1, 2, 3, 4, 5}， b[5]；

　　　　b = a；

不可以把数组 a 的值全部赋值给数组 b，数组名代表的是数组第一个元素的首地址，是常量，即数组名不能作为左值（不能出现在赋值号左边）。

3．一维数组元素的引用

数组定义之后，就可以访问数组元素了。通过数组名和元素的下标访问数组元素，对数组元素的使用就像使用简单变量一样。数组元素的引用格式为：

数组名 [下标]；

如：double balance[5]={110, 120, 130, 140, 150}；

　　double salary = balance[2]；

上面的语句将把已定义的 balance 数组中下标为 2 的元素的值赋给 salary 变量。下面的例子使用了上述的三个概念：数组的定义、数组元素的赋值、数组元素的访问，练习数组的简单使用。

【例6-2】将一组整数逆置：输入 n（n≤10）及 n 个整数，将这组整数逆置并输出。

分析：定义长度为 10 的 int 类型的数组，实际元素个数 n 可能小于 10，输入 n 后便确定了实际元素的个数，使用循环语句逐个输入第 1 个，...，第 n 个元素，元素下标分别是 0,1,...,n-1，使用 i 作为循环变量，这种循环次数已知的情况较适合使用 for 语句；然后距离首尾元素距离相等的元素进行值的交换，第一对交换的元素的下标是 0 与 n-1，第二对交换的元素的下标是 1 与 n-2，最后一对交换的元素的下标是 n/2-1 与 n-1- (n/2-1)，如果 i 是交换的一对元素中左边元素下标，则与下标为 i 的元素交换的元素的下标为 n-1-i，交换结束后使用循环语句逐个元素输出。

参考代码如下：

```
#include <stdio.h>

const int N = 10;

int main(void)
{
    int a[N];                      //定义有 N 个整数元素的数组 a
    int n;

    scanf("%d", &n) ;              //输入整数个数
    for(int i = 0; i < n; i++)     //输入数组 a 的 n 个元素
        scanf("%d", &a[i]);        //输入元素 a[i]，注意它是 a 的第 i+1 个元素
    for(int i = 0; i < n / 2; i++) //逆置，距离首（a[0]）和尾（a[n-1]）相等的元素交换其值
    {
        int t;
        t = a[i];  a[i] = a[n - 1 - i];  a[n - 1 - i] = t; //交换 a[i]与 a[n-1-i]的值
    }
    for(int i = 0; i < n; i++)                        //输出 a 的 n 个元素
        printf("%d  ", a[i]);

    return 0;
}
```

实践 1：上面程序逆置时如果将 for 语句改成 for(i = 0; i < n; i++)，会出现什么结果？

实践 2：如果逆置操作时距离首尾元素相同的下标分别用 i, j 表示，则程序如何修改？

交换部分代码可改为：

```
i = 0;   j = n-1;
while(i<j)
{
    t = a[i]; a[i] = a[j]; a[j] = t;          //交换 a[i]与 a[j]的值
    i++;
    j--;
}
```

实践 3：修改上面程序用 a[1]存放数组的第 1 个元素，则需要修改几处。

修改部分如下：

```
int a[N + 1];                             //定义有 N+1 个整数元素的数组 a
    ...
for(i = 1; i <= n; i++)                   //输入数组 a 的 n 个元素
    ...
for(i = 1; i <= n / 2; i++)               //逆置
```

```
...
for(i = 1; i <= n; i++)                    //输出逆置后 a 的 n 个元素
...
```

6.2.2　数组与函数

如果想通过函数访问一维数组，函数的形参可用下面 3 种方式之一，这 3 种声明方式的结果是一样的，因为每种方式都会告诉编译器将要接收一个数组的首地址。就函数而言，数组的长度是无关紧要的，因为 C 语言不会对表示数组形参的下标边界进行检查，通常还要传递一个表示数组大小的整数。

方式 1：形参是一个已定义大小的数组的函数原型：

void MyFunction(int arr[10], int size) ;

方式 2：形参是一个未定义大小的数组的函数原型：

void MyFunction(int arr[ ], int size) ;

方式 3：形参是一个指针的函数原型（下一章会介绍指针，现在知道这种形式即可）：

void MyFunction(int *arr, int size) ;

上面 3 种形式，虽然形式不同，但经过编译后，本质上都是第三种形式。对应的实参均可以为（数组名,元素个数）。下面的例子中使用了数组作为参数的函数。

【例 6-3】求平均年龄及大于平均年龄的学生数：已知 N 个学生（N≤10）的年龄，输出平均年龄以及大于平均年龄的学生数。要求设计函数完成。

分析：由前面分析可知，定义一个 int age [N]（N=10）存储学生的年龄。再定义三个函数：int Input (int arr[])完成 arr 对应数组的输入，返回学生个数；double GetAverage(int arr[], int size)求 arr 所指的 size 个元素的平均值；int Count(int arr[], int size, double ave)返回 size 个元素中大于 ave 的元素个数。

参考代码如下：

```
#include <stdio.h>

int Input(int arr[]);                      //输入数组 arr 的元素，返回元素个数
double GetAverage(int arr[], int size);    //返回数组中 size 个元素的平均值
int Count(int arr[], int size, double ave);  //返回数组中 size 个元素中大于 ave 的元素个数
const int N=10;

int main (void)
{
    int age[N], n, k;                      //分别存储年龄、实际学生数，以及大于平均年龄的学生数
    double ave;                            //存放学生的平均年龄

    n = Input(age);                        //输入学生年龄，并求学生数 n
    ave = GetAverage(age, n);              //求 n 个学生平均年龄
    k = Count(age, n, ave);                //求大于平均年龄的学生数
    printf("平均年龄是:%.1f\n 大于平均年龄的学生数是:%d\n", ave, k);
```

```
        return 0;
    }
int Input(int arr[])
{
    int n = 0, a;                              //存储学生个数及学生的年龄

    while(1)
    {
        scanf("%d", &a);
        if(a <= 0 )    break;                  //年龄不合法，结束输入
        arr[n++] = a;                          //将 a 赋值给下标为 n 的元素，同时学生数加 1
    }

    return n;
}
double GetAverage(int arr[], int size)
{
    int  i;
    double ave, sum = 0;

    for (i = 0; i < size; ++i)
    {
        sum += arr[i];
    }
    ave = sum / size;

    return ave;
}
int Count(int arr[], int size, double ave)
{
    int k = 0, i;                              //存储值大于 ave 的元素个数
    for(i = 0; i < size; i++)
    {
        if(arr[i] > ave)     k++;              //元素值大于 ave 时，k 增加 1
    }

    return k;                                  //返回 k
}
```

6.2.3　一维数组的简单应用

一维数组可用于描述线性事物，可以处理一个行向量或一个列向量的数据。排序和查找是常用的操作。

1. 求最大数及位置

【例6-4】输入 n（n≤10）及 n 个整数，输出最大整数及其位序。

分析：定义长度为 10 的整型数组，实际元素个数是 n，用变量 maxn 存放 n 个整数中的最大数，用 maxk 记录最大整数的下标，因为 a[maxk]即为 maxn，所以只需要 maxk 变量就可以，假设第 1 个元素最大，即 maxk=0，然后逐个元素 a[i]（i 为 1~n-1）与 a[maxk]比较，如果 a[i]>a[maxk]，则 maxk = i；最后 a[maxk]和 maxk+1 就是所求的最大整数及其位序。

参考代码如下：

```
#include <stdio.h>

const int N = 10 ;

int main (void)
{
    int a[N];                          //定义有 N 个整数元素的数组 a
    int n, maxk;                       //存放整数的个数及这组整数中最大数的下标

    printf("输入整数个数: ");
    scanf("%d", &n);
    printf("输入%d 个整数: ", n);
    for(int i = 0; i < n; i++)         //输入 n 个整数并存放到数组 a 中
        scanf("%d", &a[i]);            //输入数组元素 a[i],注意它是 a 的第 i+1 个元素

    maxk = 0;                          //假设 a[0]是这组整数中最大的
    for(int i = 1;  i < n;  i++)       //每个元素 a[i]与 a[maxk] 比较
    {
        if(a[i] > a[maxk])
            maxk = i;
    }
    printf("最大整数为: %d , 位序为:%d\n", a[maxk], maxk + 1);

    return 0;
}
```

一组测试数据的程序运行结果截图如图 6-2 所示。

图 6-2　例 6-4 程序运行结果截图

实践 1：上面例子如果不使用数组，如何实现？

分析：必须用两个变量分别记录最大整数及其位序，先输入一个整数赋给存储最大整数的变量，位序初始为 1，然后循环 n-1 次：输入一个整数，并与当前临时最大整数比较，如果大于当前最大整数，则替换掉最大整数及位序。

参考代码如下：

```
#include <stdio.h>

int main (void)
{
    int n, maxn, maxk;                         //存储整数个数、最大整数及最大整数的位序
    int x;

    printf("输入整数个数: ");
    scanf("%d", &n);
    printf("输入%d 个整数: ", n);
    scanf("%d", &maxn);                        //输入第一个整数，将其赋值给 maxn
    maxk = 1;                                  //假设第一个整数最大，这时位序为 1
    for(int i = 2; i <= n; i++)                //输入其他 n-1 个元素，同时与当前最大整数比较
    {
        scanf("%d", &x);
        if(x > maxn)
```

```
    {
        maxn = x;
        maxk = i;
    }
}
printf("最大整数为: %d 位序为:%d\n", maxn, maxk);

return 0;
}
```

实践 2：如果在输入 n 个整数前，假设 maxn = 0，然后循环 n 次，循环体与上面相同，程序是否正确？

 注意

对于一组没有给定取值范围的数据，不能初始假设最大值为 0。

2. 排序

所谓排序，就是将一组数据按要求排成非递增或非递减序列的过程。下面介绍选择排序法（或称筛选法），进阶篇还会介绍几种排序方法。

【例 6-5】选择排序：利用选择排序法将 n 个整数排成非递减序列。

分析：使用筛选法，首先筛选出第一小的元素，然后与第一个元素交换；接着再筛选出第二小的元素，再与第二个元素交换，……；最后筛选出第 n-1 小的元素，再与第 n-1 个元素交换，排序结束。实际上，就是每次从无序区中筛选出最小的元素，并与无序区中的第一个元素交换。

（1）算法描述：n 个元素需要经过 n-1 趟筛选出最小元素，并进行交换。

①初始状态：无序区为 r[0]~r[n-1] 的 n 个元素，有序区为空。

②第 1 趟排序：从无序区 r[0]~r[n-1] 中筛选出值最小的元素 r[k]，将它与无序区的第 1 个元素 r[0] 交换，使 r[0]~r[0] 和 r[1]~r[n-1] 分别变成为元素个数增加 1 个的新有序区和元素个数减少 1 个的新无序区。

……

③第 i 趟排序：第 i 趟排序开始时，当前有序区和无序区分别为 r[0]~r[i-2] 和 r[i-1]~r[n-1]。该趟排序从当前无序区中选出关键字最小的元素 r[k]，将它与无序区的第 1 个元素交换，使 r[0]~r[i-1] 和 r[i]~r[n-1] 分别变为元素个数增加 1 个的新有序区和记录个数减少 1 个的新无序区。

（2）程序设计。主函数的结构如下。

①定义数组。

②输入数组的元素。

③排序。

④输出排序后的数组元素。

为了便于描述假设待排序的整数个数为 6。参考代码如下：

```
#include <stdio.h>

void SelectSort(int r[], int n);          //用选择排序思想对数组 a 中的 n 个元素排序
const int N = 6 ;

int main (void)
{
```

```
    int a[N] ;                              //①定义有 N 个元素的数组 a

    printf("输入%d 个整数: \n", N);          //提示输入 N 个元素
    for(int i = 0; i < N; i++)              //②输入数组的 N 个元素
        scanf("%d", &a[i]);
    SelectSort(a, N);                       //③调用函数对数组 a 进行排序

    printf("排序后结果为: ");
    for(int i = 0; i < N; i++)              //④输出排序后的数组元素
        printf("%d ", a[i]);
    printf("\n");

    return 0;
}
void SelectSort(int r[], int n)
{
    int i, j, mink;                         //mink 存放最小元素的下标
    for(i = 0; i < n-1; i++)
    {
        mink = i;                           //在 r[i]~r[n-1]中找最元素, 用 mink 记录最小元素下标
        for(j = i + 1; j < n; j++)
        {
            if(r[mink] > r[j])    mink = j;
        }
        if(mink != i)                       //如果 a[i]元素不是 r[i]~r[n-1]中的最小元素, 则交换 a[mink],a[i]
        {
            int t;
            t = r[i];  r[i] = r[mink];  r[mink] = t;
        }
    }
}
```

一组测试数据的程序运行结果截图如图 6-3 所示。

图 6-3　例 6-5 程序运行结果截图

3. 查找

查找的方法有很多, 最常用的方法是"顺序查找", 本章只需要掌握顺序查找即可, 后续章节再介绍高效的查找方法。

顺序查找是按照一定的顺序将各个数据与待查找数据进行比较, 看是否有与要查找的数据相等的数据。查找结果有两种: 查找成功 (找到要查找的数据), 查找失败 (没有找到要查找的数据)。

【例 6-6】顺序查找: 在一组含有 10 名学生 C 语言成绩的数据中, 查找是否有与给定的成绩相同的值, 如果找到, 则输出其位序 (如果有多个则输出位序最小的); 如果没找到, 则输出查找失败的提示。

分析: 所谓顺序查找, 就是按一定的顺序 (从前向后或从后向前) 依次与要查找的数据进行比较, 直到找到所给定的值或没有可比较的数据为止。这里采用从前向后进行查找。假设数组为 a, 要查找的数据为 x。顺序查找的算法流程图如图 6-4 所示。

图 6-4　顺序查找 x 的算法流程图

（1）查找函数 Search 的实现，代码如下：

```
int Search(int a[], int n, int x)
{//在含有 n 个元素的数组 a 中查找 x，如果找到，则返回其序号，如果查找不成功，则返回-1
    int i;

    i = 0;
    while(i < n)
    {
        if (a[i] == x)  break;
        i++;
    }
    if ( i < n )    return  i + 1;          //查找成功，返回其序号
    return  -1;                             //查找不成功，返回-1
}
```

（2）测试程序流程如下。

①在主函数 main 中定义一个有 N（N=10）个元素的数组 cScore。

②输入数组的元素。

③输入要查找的元素 x。

④调用顺序查找函数，在有 N 个元素的数组 cScore 中查找 x，如果找到，则将其序号返回，否则返回−1。

⑤输出是否找到信息。

参考代码如下：

```c
#include <stdio.h>
#define N 10

void Input(int a[], int n);                      //输入数组的 n 个元素
int Search(int a[], int n, int x );

int main (void)
{
    int cScore[N], x, t;                         //定义一个有 10 个元素的数组 cScore

    printf("输入数组 cScore 的%d 个元素：\n", N);
    Input(cScore, N);                            //输入数组 cScore 的 N 个元素
    printf("输入要查找的数据 x: ");
    scanf("%d", &x);                             //输入要查找的元素 x
    t = Search(cScore, N, x); //在有 N 个元素的数组 cScore 中查找 x，如找到返回其序号，否则返回-1
    if(t != -1)
        printf("查找%d 成功，它的序号为%d\n", x, t);
    else
        printf("查找%d 失败\n", x);

  return 0;
}
void Input(int a[], int n)
{
    int i;
    for(i = 0; i < n; i++)
        scanf("%d", &a[i]);
}
```

程序运行结果截图如图 6-5 所示。

输入数组cScore的10个元素：
90 89 78 67 88 92 95 66 93 83
输入要查找的数据x: 95
查找95成功，它的序号为7

图 6-5　例 6-6 程序顺序查找运行结果截图

6.3　二维数组的初识

前面学习的数组是一维数组，它们在定义和使用时只有一个下标，所有元素线性排列，就像一排座椅。这种数据类型可以直接用于表示数学中的向量、有限序列的数据、成组被批处理的数据对象（如

对一组类型相同的数据进行排序、查找等操作）等。实际计算中有时需要较复杂的结构，如矩阵、一个教室中的座椅等问题。它们不是简单的线性结构，但可以看成元素是线性结构的一维数组，如矩阵可以看成是元素是一维数组（一行元素）的一维数组；有 10 排每排有 8 个座椅的教室可以看作是 10 个元素组成的一维数组，每个元素是长度为 8 的一维数组；例如要处理 3 个班级，每个班级有 10 名学生的成绩的问题，则这组数据可以看成 3 个元素组成的一维数组，每个元素是长度为 10 的一维数组，这就是二维数组。

二维数组常用来表示一个矩阵。图 6-6 所示的 3×4 的矩阵可以用 int a[3][4]的二维数组表示。

$$\begin{bmatrix} 3 & 6 & 8 & 1 \\ 5 & 7 & 2 & 4 \\ 6 & 2 & 8 & 7 \end{bmatrix}$$

图 6-6 3×4 的矩阵

6.3.1 二维数组的定义

如果一个一维数组的每一个元素都是类型相同（包括**大小相同**和**数据类型相同**）的一维数组，则构成一个二维数组，如图 6-7 所示。

图 6-7 二维数组与一维数组的对应关系图

二维数组的一般定义格式为：

类型说明符   数组名 [常量表达式 1][常量表达式 2]；

注意

（1）其中常量表达式 1 表示第一维的长度（行数），常量表达式 2 表示第二维的长度（列数）。从形式上可以看出，一维数组元素有一个下标，二维数组元素有两个下标，形象地，把第一个下标称为行下标，第二个下标称为列下标。

（2）从 C 语言二维数组的定义可以看出，一个二维数组也可以分解为多个一维数组。

例如，int a[3][4]; 定义了一个 3 行 4 列的数组，数组名为 a，其元素类型为整型。该数组共有 3×4 个元素，即

a[0][0], a[0][1], a[0][2], a[0][3]

a[1][0], a[1][1], a[1][2], a[1][3]

a[2][0], a[2][1], a[2][2], a[2][3]

二维数组 a[3][4]可分解为三个一维数组，其数组名分别为 a[0],a[1],a[2]。对这三个一维数组不需要另作说明即可使用。这三个一维数组都有 4 个元素。每个一维数组中的元素可用其数组名后跟其下标表示，如第二个一维数组的第 3 个元素可用 a[1][2]表示。图 6-8 表示了二维数组与一维数组的关系。

二维数组名　　　　　　　组成二维数组的一维数组名

图 6-8　二维数组与一维数组的关系图

例如：从二维数组 a[3][4]中分解出来的以下数组。

➥　一维数组 a[0]的元素为 a[0][0], a[0][1], a[0][2], a[0][3]。

➥　一维数组 a[1]的元素为 a[1][0], a[1][1], a[1][2], a[1][3]。

➥　一维数组 a[2]的元素为 a[2][0], a[2][1], a[2][2], a[2][3]。

上面谈到的 3 个班级各 10 名学生，C 语言成绩用二维数组 int cScore[3][10]存放，各个班的成绩分别表示为：

➥　cScore[0][0], cScore[0][1], ..., cScore[0][9]。

➥　cScore[1][0], cScore[1][1], ..., cScore[1][9]。

➥　cScore[2][0], cScore[2][1], ..., cScore[2][9]。

对应的二维数组如图 6-9 所示。

图 6-9　二维数组的组成图

注意

数组的元素在内存中是连续存放的。

C 语言中的二维数组是按行优先存储的，如整型数组 a[3][4]，先存放 a[0]行，再存放 a[1]行，最后存放 a[2]行。每行中每个元素也是依次存放的，数组 a 的元素的存储情况如图 6-10 所示。

若数组 a 定义为 int 类型，则通常在 32 位系统中，int 类型占 4 个字节的内存空间，所以每个元素均占有 4 个字节。若二维数组是 int a[M][N]，即 M 行 N 列，则元素 a[i][j]的内存单元的首地址为 a + (i * N + j)*4。

数组元素		内存地址
a[0]	a[0][0]	3000
	a[0][1]	3004
	a[0][2]	3008
	a[0][3]	300C
a[1]	a[1][0]	3010
	a[1][1]	3014
	a[1][2]	3018
	a[1][3]	301C
a[2]	a[2][0]	3020
	a[2][1]	3024
	a[2][2]	3028
	a[2][3]	302C

图 6-10　int a[3][4]存储映像图

6.3.2　二维数组元素的引用

与一维数组元素的引用方式相同，元素只能单个引用不能整体引用，引用时只需在数组名后加上其下标即可。二维数组元素的引用方式是：

数组名[下标 1][下标 2]

其中，下标应为整型常量、变量或整型表达式。下标 1、下标 2 分别为元素的行下标、列下标。

对于二维数组元素的输入及输出通常使用双重循环实现，如果外层循环控制行下标，则内层循环控制每一行各个元素的列下标。例如，int a[3][4]数组元素的输入、输出实现方法如下。

（1）输入二维数组 a 的元素

```
for(i = 0; i < 3; i++)
    for(j = 0; j < 4; j++)
        scanf("%d", &a[i][j]);
```

（2）输出二维数组 a 的元素

```
for(i = 0; i < 3; i++)
{
    for(j = 0; j < 4; j++)
        printf("%d", a[i][j]);
    printf("\n");
}
```

> **注意**
>
> 如果有定义 double　a[3][4];，则 a[1,2]、a[0,3,2]的书写是不正确的。

6.3.3　二维数组的初始化

二维数组的初始化也是在数组定义时给各元素变量赋以初值。二维数组可按行分段赋值，也可按行连续赋值。

（1）按行分段赋值可写成：

```
int[4][3] = {{80, 75, 92}, {61, 65, 71}, {59, 63, 70}, {85, 87, 90}};
```

（2）按行连续赋值可写成：

```
int a[4][3] = {80, 75, 92, 61, 65, 71, 59, 63, 70, 85, 87, 90};
```

这两种赋初值的结果是完全相同的。

（3）可以只对部分元素赋初值，未赋初值的元素自动取 0 值。例如：

```
int a[3][3] = {{1}, {2}, {3}};
```

是对每一行的第一列元素赋值，未赋值的元素取 0 值。

即等价于：

```
int a[3][3] = {{1, 0, 0}, {2, 0, 0}, {3, 0, 0}};
```

（4）如对全部元素赋初值，则第一维的长度可以不给出。例如：

```
int a[3][3] = {1, 2, 3, 4, 5, 6, 7, 8, 9};
```

可以写为： int a[ ][3] = {1, 2, 3, 4, 5, 6, 7, 8, 9};

不能写成： int a[3][ ] = {1, 2, 3, 4, 5, 6, 7, 8, 9}; （思考为什么？）

6.3.4 二维数组的应用

1．二维数组的简单应用

【例 6-7】多个班级某课程的成绩管理：现有 3 个班级，每班都有 10 名学生，已知这 3 个班级某门课程的成绩，求出 3 个班级中的最高成绩，同时求出每个班级的最高分，及最高的平均分，要求输出（1）各班级的平均成绩、最高分及最高分学生的序号；（2）最高分学生的班级、该学生在班级的序号及最高分；（3）平均成绩最高的班级及最高的平均成绩。

分析：数据为成绩，可用整型表示。有 3 个班级，每个班级有 10 名学生，成绩如表 6-1 所示。

表 6-1 3 个班级 C 语言成绩

1 班 C 语言成绩	89	79	96	88	68	77	92	85	76	93
2 班 C 语言成绩	74	85	84	91	86	94	75	96	74	98
3 班 C 语言成绩	85	97	85	67	89	86	91	87	83	91

可以选用 int 二维数组存放 3 个班级各学生的成绩。用双重循环输入成绩，用前面讲过的方法求每个班级的最高分、平均分以及 3 个班级。

参考代码如下：

```c
#include <stdio.h>
#define CN 3                          //班级数
#define SN 10                         //各班级学生数

int main(void)
{
    int cs[CN + 1][SN + 1];           //存放 CN 个班级学生的成绩
    double sum[CN + 1]={0}, ave[CN + 1];   //存放各班学生总分、平均分

    printf("输入%d 个班级%d 个学生的成绩：\n", CN, SN);
    for(int i = 1; i <= CN; i++)
```

```
    {
        for(int j = 1; j <= SN; j++)
        {
            scanf("%d", &cs[i][j]);              //输入第 i 个班级第 j 学生的成绩是 cs[i][j]
            sum[i] += cs[i][j];                  //将 cs[i][j]加到第 i 个班级的总成绩 sum[i]中
        }
    }

    int max[CN + 1], maxk[CN + 1];              //分别存放各班最高分、最高分学生的序号
    for(int i = 1; i <= CN; i++)
    {//假设各班级的第一名学生成绩是每个班级的最高分，求各班级的平均分
        max[i] = cs[i][1];
        maxk[i] = 1;
        ave[i] = sum[i] / SN;
    }
    for(int i = 1; i <= CN; i++)
    {//找出各班级的最高分
        for(int j = 2; j <= SN; j++)
        {
            if(cs[i][j] > max[i])
            {
                max[i] = cs[i][j];
                maxk[i] = j;
            }
        }
    }

    //分别存放所有学生的最高分、最高分的班号、平均成绩最高的班号
    int cmax, cmaxk, avemaxk;
    //求所有同学的最高分及最高分所在的班级序号，同时求出平均成绩最高的班号
    cmax = max[1], cmaxk = 1, avemaxk = 1;
    for(int i = 2; i <= CN; i++)
    {
        if(max[i] > cmax)
        {
            cmax = max[i];
            cmaxk = i;
        }
        if(ave[i] > ave[avemaxk])
            avemaxk = i;
    }

    //输出各个班级的班号、平均成绩、最高分同学的序号及分数
    printf("班级的班号\t平均成绩\t最高分\t最高分序号\n") ;
    for(int i = 1; i <= CN; i++)
        printf(" %4d\t\t%.2f\t\t%d\t%4d\n", i, ave[i], max[i], maxk[i]);
    //输出几个班级中的最高分所在的班级、其在班级的序号及其分数
    printf("最高分为%d 班 序号是%d 分数为%d\n", cmaxk, maxk[cmaxk], cmax);
    //输出平均成绩最高的班级的班号及其平均成绩
    printf("平均成绩最高的班号是:%d 平均成绩为:%.2f\n", avemaxk, ave[avemaxk]);

    return 0;
}
```

图 6-11 所示为一组测试数据运行结果示意图。

图 6-11　例 6-7 程序运行结果示意图

2．二维数组与函数的关系

由一维数组与函数的关系知道，如果要将一维数组作为实参传给函数的形参，实参将数组的首地址传给了形参，形参与实参共用相同的数组，不会对形参另外分配空间，在函数中对形参数组元素值的改变实际上就是对实参数组的改变。

二维数组作为函数的形参定义形式为：

类型标识符　数组名[一维长度][二维长度]

或

类型标识符　数组名[ ][二维长度]

实践：将例 6-7 学生成绩的输入部分改成函数实现。

分析：定义函数 void Input(int cs[][SN], double sum[]) ;完成 CN 个班级 SN 个学生成绩的输入，同时求出各班成绩总和存放在数组 sum 中。主函数中输入部分调用语句为：

```
Input(cs, sum);
```

函数 Input 的定义如下：

```
void Input(int cs[][SN + 1], double sum[])
{
    for(int i = 1; i <= CN; i++)          //CN 是常量
    {
        for(int j = 1; j <= SN; j++)
        {
            scanf("%d", &cs[i][j]);
            sum[i] += cs[i][j];
        }
    }
}
```

6.4 字 符 串

字符串是一种常用的数据，如人名、地址、文章内容等都要使用字符串来表示它们，前面已经介绍了单个字符（常量）存储在一个字符变量中。那么字符串用什么类型数据存储呢？程序员公认："很难从字符串中找到感觉，但它们却是我们能指望的唯一交流的纽带"，我们每天上网时在百度或谷歌中输入的要查找的数据即是字符串，所以必须清楚字符串在计算机中是如何表示的。

在 C 语言中并没有字符串数据类型，而是使用字符数组来存储字符串。C 语言中的字符串实际上是一个以'\0'字符结尾的字符数组，'\0'字符表示字符串的结束。

 注意

只有以'\0'字符结尾的字符数组才是 C 字符串，否则只是一般的 C 字符数组。而'\0'是 ASCII 值为 0 的不显示字符。

（1）C 中字符串的初始化

C 语言中的字符串定义时可以使用"="进行初始化，非定义处不能利用"="对 C 字符串进行赋值，因为同其他数组一样，数组名是常量，不允许作为左值。

```
char str1[] = "abcde";        √
str2[20];  str2 = "xyz";      ×
char* str3 = "abcdefg";       √   //现在不用理解，只知道这是正确的即可
```

（2）C 中字符串的输入和输出

如果字符串中没有空格，str 为字符数组名，可使用 scanf("%s", str)；如果字符串中含有空格字符，则不能使用 scanf 函数输入 str 串，可使用头文件 string.h 中的函数 gets(str)实现串 str 的输入。

字符串的输出，用 printf("%s", str)或 puts(str)均可实现输出 str。

 注意

如果事先知道字符串最多有 N 个字符，则存放字符串的数组长度至少为 N+1。

（3）C 中字符串的其他操作

对 C 字符串的操作需要通过 string.h 文件中定义的字符串处理函数来完成。常用的字符串处理库函数见表 6-2（此处只给出几个简单的函数，在后续章节将进一步介绍字符串其他函数）。

表 6-2　C 字符串常用库函数

函　　数	说　　明
int strlen(const char * str);	返回字符串 str 长度
char* strcat(char* dest, const char* src);	将字符串 src 附加到 dest 后，返回 dest
char* strcpy(char* dest, const char* src);	将字符串 src 复制到 dest 中，返回 dest
int strcmp(const char* str1, const char* str2)	比较字符串 str1, str2，相等时返回 0；前者大返回正整数；后者大则返回负整数

（4）C 字符串的几个实例

【例 6-8】字符串的简单加密。

使用的加密方法是：对给定的字符串，把其中从 a~y、A~Y 的字母用其后续字母替代，把 z 和 Z 分别用 a 和 A 替代，其他非字母字符不变，则可得到一个简单的加密字符串。输入一行包含长度小于 80 个字符的字符串，输出这行字符串的加密字符串。

分析：因为要加密的字符串最多字符数小于 80，所以可定义 char text[80]存放加密前的字符串。字符串中可能有空格字符，用函数 gets(text)输入字符串。加密方法只是将字母字符用另外一个字母替换，所以密文长度不变，仍然可用 text 存放密文，按加密规则，可对 text 逐个字符 text[i]进行遍历，如果字符是'a'～'y'，则 text[i]++；如字符是'z'，则 text[i]='a'，大写字母操作方法与小写字母相同，其他字母不处理。

参考代码如下：

```
#include <stdio.h>
#include <string.h>

int main(void)
{
    char text[80];
    int len;                                    //存放串 text 的长度

    printf("输入要加密的字符串：");
    gets(text);                                 //输入可能含有空格的字符串
    len = strlen(text);                         //求字符串的长度
    for(int i = 0; i < len; i++)
    {//加密处理
        if(text[i] >= 'a' && text[i] < 'z' || text[i] >= 'A' && text[i] < 'Z')
            text[i]++;
        else if(text[i] == 'z')
            text[i] = 'a';
        else if(text[i] == 'Z')
            text[i] = 'A';
    }
    printf("加密后字符串为：    %s\n", text);

    return 0;
}
```

一组测试数据的运行结果截图如图 6-12 所示。

```
输入要加密的字符串：Hello! How are you!
加密后字符串为：    Ifmmp! Ipx bsf zpv!
```

图 6-12　例 6-8 程序运行结果截图

实践 1：请用求余思想修改上面程序。

分析：对于一个字母 ch，如果 ch<'z'或 ch<'Z'，其加密后的字符为 ch+1，如果 ch 为'z'和'Z'，加密后分别为'a'和'A'，如果 ch 为小写字母，前面两种情况加密均可用 ch = (ch - 'a' + 1) % 26 + 'a'表示。for 语句可改成下面的语句：

```
    for(i = 0; i < len; i++)
    {
        if(text[i] >= 'a' && text[i] <= 'z')
            text[i] = (text[i] - 'a' + 1) % 26 + 'a';
        else if(text[i] >= 'A' && text[i] <= 'Z')
            text[i] = (text[i] - 'A' + 1) % 26 + 'A';
    }
```

实践 2：上面程序不用字符串长度 len 能实现吗？

分析：因为字符串是以'\0'结束的字符序列，所以表示字符串的数组可以用判断当前字符是否为'\0'表示串是否结束，而其他类型的数组必须提供元素下标范围。for 语句可改成：

```
for(i = 0; text[i] != '\0'; i++)
或 for(i = 0; text[i];  i++)
```

【例 6-9】系统登录验证的实现。

目前基本上每个系统在登录时，为了保证系统的安全，都需要输入用户 id 及对应的密码，只有都正确才能进入系统使用，否则暂时不能进入系统，假设登录时给三次机会输入用户 id 和密码，如果三次都不正确，则退出登录界面，否则进入系统欢迎界面。

分析：假设用户 id 由不超过 30 个任意字符组成，密码由不超过 20 个任意字符组成，目前系统只有一个用 id 是 wyp，对应密码是 123456，使用 gets(str) 函数，输入 id 和密码；然后使用函数 strcmp(s1,s2)判断 id 和密码是否与正确的 id 和正确的密码相同，如果相同，进入系统欢迎界面 welcome!，否则提示还有几次机会输入 id 和密码；直到输入正确进入系统欢迎界面或三次均没有输入正确退出登录界面。

参考代码如下：

```c
#include <stdio.h>
#include <string.h>

int main(void)
{//正确的 id 号和密码分别为："wyp", "123456"
    char id[31], psw[21];              //存放用户输出的 id 和密码
    int n = 3, f = 0;                  //分别存放输入 id、密码的次数，以及是否输入正确，0 表示不正确
    do
    {
        n--;
        printf("输入你的 id:");
        gets(id);
        printf("输入你的密码：");
        gets(psw);
        if(strcmp(id, "wyp") == 0 && strcmp(psw, "123456") == 0)  //验证 id 和 psw 是否都正确
        {
            printf("welcome!\n");
            f = 1;                                                //标志输入正确
            break;
        }
        else
        {
            if(n > 0)
                printf("你还有%d 机会输入 id 和密码哟! \n", n);
        }
    }while(n > 0);
    if(f == 0)                                                    //三次输入均不正确
        printf("sorry! bye bye!\n");

    return 0;
}
```

小　结

本章讲解了数组的有关知识。详细介绍了一维数组和二维数组的定义、初始化、元素的引用，并简单介绍了函数与数组的关系；初步了解数组的存储；并将字符串的输入/输出、常见操作单独展开了简单的介绍，同时介绍了一种排序、一种查找算法；并分析了几个关于数组的程序实例。

习题与实践

1. C 语言中，引用数组元素时，其数组下标的数据不正确的是（　　　）。
  A. 整型常量　　　　　　　　　　　　　B. 整型表达式
  C. 整型常量或整型表达式　　　　　　　D. 任何类型的表达式

2. 以下对一维整型数组 a 正确定义的是（　　　）。
  A. int a(10);　　　　　　　　　　　　B. int n=10,a[n];
  C. int n; scanf("%d",&n);int a[n];　　D. #define SIZE 10 int a[SIZE];

3. 若有语句 int a[10];，则对 a 数组元素的正确引用是（　　　）。
  A. a[10]　　　　　B. a[3.5]　　　　　C. a(5)　　　　　D. a[10-10]

4. 若有语句 int a[3][4];，则对 a 数组元素的正确引用是（　　　）。
  A. a[2][4]　　　　B. a[1,3]　　　　　C. a[1+1][0]　　　D. a(2)(1)

5. 若有语句 int a[3][4];，则对 a 数组元素的非法引用是（　　　）。
  A. a[0][2*1]　　　B. a[1][3]　　　　　C. a[4-2][0]　　　D. a[0][4]

6. 以下能对二维数组 a 正确初始化的语句是（　　　）。
  A. int a[2][ ]={{1,0,1},{5,2,3}};　　　B. int a[ ][3]={{1,2,3},{4,5,6}};
  C. int a[2][4]={{1,2,3},{4,5},{6}};　　D. int a[ ][3]={{1,0,1},{ },{1,1}};

7. 下面程序以每行 4 个数据的形式输出 a 数组，请填空。

```
#include<stdio.h>
#define N 20

int main(void)
{
    int a[N], i;
    for(i = 0; i < N; i++)  scanf("%d",      );
    for(i = 0; i < N; i++)
    {   printf("%3d ",a[i]);
        if(          ) printf("\n");
    }
    printf("\n");
    return 0;
}
```

8. 下面程序的运行结果是（　　　）。

```
#include<stdio.h>

int main(void)
{
    char str[] = "SSSWLIA",c;
    int k;
    for(k = 2; (c = str[k]) != '\0'; k++)
    {
        switch(c)
        { case'I': ++k; break;
```

```
            case'L': continue;
            default: putchar(c); continue;
        }
        putchar('*');
    }
    return 0;
}
```

9. 数组可以用来保存很多数据，但在一些情况下，并不需要把数据保存下来。下面哪些题目可不借助数组？哪些必须借助数据？均编程实现。

（1）输入一些整数，统计个数。

（2）输入一些整数，求最大值、最小值及平均数。

（3）输入一些整数，判断哪两个数最接近。

（4）输入一些整数，求第二大的值。

（5）输入一些整数，求它们的方差。

（6）输入一些整数，统计不超过平均数的个数。

10. 年龄与疾病

描述：某医院想统计一下某项疾病的获得与否与年龄是否有关，需要对以前的诊断记录进行整理，按照 0~18、19~35、36~60、61 以上（含 61）四个年龄段统计患病人数占总患病人数的比例。

输入：共 2 行，第一行为以往病人的数目 n（0<n≤100），第二行为每个病人患病时的年龄。

输出：按照 0~18、19~35、36~60、61 以上（含 61）四个年龄段输出该段患病人数占总患病人数的比例，以百分比的形式输出，精确到小数点后两位。每个年龄段占一行，共四行。

样例输入：

```
10
1 11 21 31 41 51 61 71 81 91
```

样例输出：

```
20.00%
20.00%
20.00%
40.00%
```

11. 人民币支付

描述：从键盘输入一个指定金额（以元为单位，如 345），然后输出支付该金额的各种面额的人民币数量，显示 100 元、50 元、20 元、10 元、5 元、1 元各多少张，要求尽量使用大面额的钞票。

输入：一个小于 1000 的正整数。

输出：输出分行，每行显示一个整数，从上到下分别表示 100 元、50 元、20 元、10 元、5 元、1 元人民币的张数。

样例输入：

```
735
```

样例输出：

```
7
0
1
1
1
```

0

12．最简真分数

描述：给出 n 个正整数，任取两个数分别作为分子和分母组成最简真分数，编程求共有几个这样的组合。

输入：第一行是一个正整数 n（n≤600）。第二行是 n 个不同的整数，相邻两个整数之间用单个空格隔开。整数大于 1 且小于等于 1000。

输出：一个整数，即最简真分数组合的个数。

样例输入：

7
3 5 7 9 11 13 15

样例输出：

17

第7章 指　　针

 学习目标

（1）理解地址与指针的概念。
（2）熟练掌握指针的定义和使用。
（3）掌握指针与数组的关系。
（4）掌握指针与函数的关系。
（5）掌握动态内存分配的概念及相关库函数。
（6）掌握命令行参数的概念。

指针是 C 语言的核心概念，也是 C 语言的特色和精华所在。掌握了指针，才谈得上真正掌握了 C 语言。要相信学习 C 语言的指针既简单又有趣。

要想很好地理解指针，只要理解"指针就是内存地址，指针变量就是存储地址的变量"就可以了。

使用指针可提高程序的编译效率和执行速度，使程序更加简洁；通过传递指针参数，使被调用函数可向主调函数返回除正常的返回值之外的其他数据，从而达到两者间的双向通信；还有一些任务，如动态内存分配，没有指针是无法执行的；指针还用于表示和实现各种复杂的存储结构（如链表），从而为编写出更高质量的程序奠定基础；利用指针可以直接操纵内存地址，从而可以完成和汇编语言类似的工作。所以，想要成为一名优秀的 C 程序员，学习指针是很有必要的。

当然，指针也是一把双刃剑，如果对指针不能正确理解和灵活有效地应用，利用指针编写的程序也更容易隐含各式各样的错误，同时程序的可读性也会大打折扣。

7.1　指　针　概　述

变量用于存储数据，指针变量也是如此，只不过指针变量存储的不是普通数据而是其他变量的地址。

C 语言提供两种指针运算符："*"和"&"。下面通过一个程序实例理解一下什么是指针。

【例 7-1】指针就是内存地址，指针变量用于存储地址。

```c
#include <stdio.h>

int main(void)
{
    int *p;                                //定义 p 是指针变量
    int a = 5;                             //a 是整型变量，初始值是 5
    p = &a;                                //p 变量存放 a 变量的地址

    printf("变量 a 的值是:%d, 变量 a 的地址是:%X\n", a, &a);
    printf("变量 p 的值是:%X, 变量 p 指向空间的值是:%d\n", p, *p);
```

```
    printf("变量 p 的地址是:%X，变量 p 所占空间大小是:%d 个字节\n", &p, sizeof(p));

    return 0;
}
```

程序运行结果如图 7-1 所示。

图 7-1 例 7-1 程序运行结果截图

代码解析：

（1）指针变量定义的语法如下：

数据类型 ＊ 变量名 [＝初值];

指针变量定义时，数据类型并不是指针变量的数据类型，而是其所指目标对象的数据类型。例如：
int *p;定义 p 是指针变量，可以存储 int 型变量的地址，p 变量的类型是 int*，而不是 int。这也是告诉编译器，p 变量只能存储整型空间的地址，不能存储其他类型空间的地址。

（2）取地址运算符&。例如，p = &a;表明得到整型变量 a 的地址，并把该地址存入指针变量 p 中。通过这个赋值语句，实际是让 p 变量指向了 a 变量，因为通过 p 值可以找到 a 变量，这也是把存储地址的变量称为指针变量的原因。

分析该程序的运行结果，可以看到指针变量 p 和整型变量 a 的值及两个变量自己的空间地址，如图 7-2 所示。

变量:		a	p	
内存中的值:	…	5	62FE44	…
地址:		62FE44	62FE48	

图 7-2 指针变量 p 和整型变量 a 的内存示意图

变量内存空间地址值具体是多少，不是我们要关心的，我们关心的是如何使用指针访问它所指向的空间。语句 p = &a;建立了指针变量 p 和整型变量 a 之间的关系。指针变量存储的是整型变量 a 的地址，因此 p 变量就指向了 a 变量，如图 7-3 所示。

图 7-3 指针变量 p 指向整型变量 a 示意图

（3）间接运算符*。星号（*）如果不是在指针变量定义时出现，而是在某条语句的某个指针变量前出现，那么这个星号（*）就是间接运算符，即取指针所指向变量的值。例如：

```
    printf("变量 p 的值是:%X，变量 p 指向空间的值是:%d\n", p, *p);
```

这条语句的*p 表示的就是 a 变量，因为 p 指向的是 a 变量。这就是通过指针实现的间接访问内存，所以称为间接运算符。

（4）关于指针变量空间的大小。定义指针变量后，系统会为该指针变量分配存放一个地址值的存储单元，存储单元的大小与该指针所指向内存空间的类型无关，一般情况下，32 位系统分配 4 个字节，64 位系统分配 8 个字节，可以用 sizeof 运算符计算出指针变量所占空间大小。

```
double *p1;
int *p2;
printf("%d %d", sizeof(p1), sizeof(p2));
```

运行上面这段代码会发现 p1 和 p2 所占空间的大小是一样的，与指针变量定义时的数据类型无关。

实践：运行例 7-1 的代码，看一下结果与图 7-1 所示的结果有什么不同，以及指针变量占几个字节。

指针变量更多地应用于函数形参，因为 C 语言是传值调用的，如果函数形参是指针类型的，函数调用时，

函数实参就会是变量的地址，所以指针形参就可以指向调用函数中的变量，再利用间接运算符间接操作调用函数中的变量。下面通过一个编程实例理解一下指针类型形参。

【例 7-2】交换两个整型变量的值。

```
#include <stdio.h>

void Swap(int *p1, int *p2);                        //函数声明

int main(void)
{
    int x = 4, y = 6;
    Swap(&x, &y);
    printf("x = %d y = %d\n", x, y);

    return 0;
}

void Swap(int *p1, int *p2)                         //函数定义
{
    int temp = *p1;
    *p1 = *p2;
    *p2 = temp;
}
```

代码解析：

对这个程序代码的理解关键在于函数调用时实参&x 和&y 与形参指针变量 p1 和 p2。因为是传值调用，所以 p1 的值是变量 x 的地址，p2 的值是变量 y 的地址，也就是 p1 指向了变量 x，p2 指向了变量 y。可以用图 7-4 表示这种关系。

图 7-4　main 函数中变量 x、y 和 Swap 函数形参 p1、p2 关系示意图

这样就可以通过指针变量 p1 和 p2 操作变量 x 和 y，在 Swap 函数中利用间接运算符（*）实现了交换 main 函数中变量 x 和 y 的值。

对比第 5 章例 5-8 中的 swap 函数，就能理解为什么形参如果不是指针变量，那么实参值就不能互换。

7.2 空指针和 void 指针

7.2.1 空指针

指针变量定义时，如果没有初始化，指针变量的值是未定义的，也就是这个指针很可能指向了没有使用权限的内存，程序可能就崩溃了。一般情况下，定义指针时应该初始化。

空指针常量是一个值为 0 的整数常量表达式，在头文件 stdlib.h 以及其他头文件中，宏 NULL 被定义为空指针常量。在定义指针变量时，指针变量的值可以初始化为 NULL，例如：

```
int *ptr  = NULL;
```

空指针是其值为 NULL 的指针，所以 ptr 是空指针。空指针不指向任何空间，所以不能用间接运算符（*）取值。所以编程时不要出现类似下面的语句：

```
int *ptr  = NULL;
int x = *ptr;
```

定义变量时未初始化的指针，或指向的目标已销毁了的指针称为悬浮指针。在指针变量使用过程中应该避免使用悬浮指针。

7.2.2 void 指针

指向 void 的指针，简称 void 指针。void 指针是类型为 void* 的指针，表示未确定类型的指针，因为没有数据是 void 的，所以 void* 被称为万能指针。void 指针指向一块内存，却没有告诉程序该用何种方式来解释这块内存。因此，不能用这种类型的指针直接获取所指内存的内容，必须先转成合适的具体类型的指针才行。

若想声明一个可以接收任何类型指针参数的函数，可以将所需的参数设定为 void*指针。

比如标准函数 memset()，它被声明在头文件 string.h 中，其原型如下：

```
void* memset( void *s, int c, size_t n );
```

函数 memset()将 c 的值赋值到从地址 s 开始的 n 个内存字节中，看下面两条语句：

```
int a[10];
memset(a, 0, 10 * sizeof(int));
```

memset()函数调用会将 0 值赋值到 a 数组的每个字节，实参 a 具有 int*类型，在函数调用时，实参被转换成形参 void*，这个类型转换是隐式的。memset()函数常被用来对数组元素清 0。

7.2.3 malloc 函数

malloc 的全称是 memory allocation，中文叫动态内存分配，用于申请一块连续的指定大小的内存块区域，以 void*类型返回分配的内存区域地址，当无法知道内存具体位置的时候，想要绑定真正的内存空间，就需要用到动态分配的内存。

void* 类型可以通过类型转换强制转换为任何其他类型的指针。

malloc 函数的原型如下：

```
void* malloc (size_t size);
```

如果分配成功，则返回指向被分配内存的地址（此存储区中的初始值不确定），否则返回空指针 NULL。当内存不再使用时，应使用 free()函数将内存块释放。free()函数的原型如下：

```
void free (void* ptr);
```

下面通过随机生成指定长度字符串的例子看一下 malloc()函数和 free()函数具体怎么用。

【例7-3】随机生成指定长度的字符串。

```
#include <stdio.h>
#include <stdlib.h>                        //malloc, free, rand,srand
#include <time.h>                          //time(0)

int main(void)
{
    int len;
    char *buffer = NULL;                   //定义指针变量并初始化为空指针
    srand(time(0));                        //设置随机数种子
    printf("你想要多长的串？");
    scanf("%d", &len);

    buffer = (char*) malloc(len + 1);      //动态分配 len+1 个字节空间
    if (buffer == NULL) exit (1);          //分配失败

    for (int i = 0; i < len; i++)          //产生随机串
        buffer[i] = rand() % 26 + 'a';
    buffer[len] = '\0';                    //放字符串结束标志

    printf("随机串: %s\n", buffer);
    free(buffer);                          //释放空间

    return 0;
}
```

这个程序生成一个用户指定长度的字符串，并用小写字母字符填充。此字符串的可能长度仅受 malloc 可用内存量的限制。

与动态内存分配相关的函数还有 realloc()和 calloc()，可在 www.cpluscplus.com 查找相关用法。

有了指针变量、malloc()函数和 free()函数，就可以使用动态数组，也就是在程序运行过程中，根据需要动态申请数组空间，不需要时再释放数组空间，例 7-3 buffer 就是动态字符数组，用于存储字符串。下面再看一个动态数组的例子。

【例7-4】与指定数字相同的数的个数。

```
#include <stdio.h>
#include <stdlib.h>


int main(void)
```

```
{
    int n;
    int *a = NULL;                          //定义指针变量并初始化为空指针
    scanf("%d", &n);
    a = (int*)malloc(n * sizeof(int));      //动态分配 n 个整型空间
    for(int i = 0; i < n; i++)
        scanf("%d", &a[i]);
    int x, sum = 0;
    scanf("%d", &x);
    for(int i = 0; i < n; i++)
        if(x == a[i])  sum++;
    printf("%d\n", sum);
    free(a);                                //释放 a 指针指向的 n 个整型空间

    return 0;
}
```

这个程序先定义了一个指针变量 a，再利用 malloc()函数动态申请 n 个整型空间，并把这 n 个整型空间的首地址赋值给 a，因此 a 就是有 n 个元素的整型数组，我们把这样的数组称为一维动态数组。一般情况下，这种方式的动态数组，在结束程序运行前，要使用 free()函数释放空间，因为动态分配的内存空间，操作系统不能自动回收。

7.3　const 指针常量

在定义指针变量时用 const 关键字进行修饰，称为 const 指针常量，有以下几种情况。

1．常量指针

用 const 修饰"*"时称为常量指针，这样不能通过该指针变量修改指向的内容。例如：

```
int x = 5, y = 6;
const int *ptr = &x;
*ptr = 10;                      //错误，不能通过常量指针修改所指内容
x = 10;                         //正确
ptr = &y;                       //正确，因为 ptr 本身是变量，可以指向其他整型变量
```

这里的 ptr 是常量指针，想通过 ptr 修改它所指 x 变量的值是不可以的，编译时会出现编译错误。虽然不能通过常量指针修改它所指向变量的值，但被指向的变量的值可通过自己来改变，也就是说常量指针可以被赋值为变量的地址，之所以叫作常量指针，是限制了通过这个指针修改所指变量的值。

2．常量指针变量

如果用 const 修饰指针变量名，称为常量指针变量。例如：

```
int x = 5, y = 6;
int * const ptr = &x;
*ptr = 10;                      //正确，可以通过 ptr 修改指向的数据
ptr = &y;                       //错误，不能修改 ptr 的值，因为 ptr 本身是常量
```

这里的 ptr 是常量指针变量，ptr 的值不能再发生变化，所以必须初始化。因为 ptr 本身是常量，不能

改变它的值，所以把 y 的地址赋给它，会出现编译错误。

3．指针常量

指针常量既是常量指针，又是常量指针变量。例如：

```
int x = 5, y = 6;
const int * const ptr = &x;
*ptr = 10;                          //错误，不能通过常量指针修改所指内容
ptr = &y;                           //错误，不能修改 ptr 的值，因为 ptr 本身是常量
```

这里的 ptr 既是常量指针，又是常量指针变量，也就是 ptr 的值不能改变，同时也不能通过 ptr 修改它所指变量的值。

常量指针经常出现在函数形参中，避免在函数里通过指针改变它所指变量的值，提高程序代码的质量，这也是 C 程序员应该养成的良好编程习惯。例 7-5 演示了函数形参是常量指针的情况。

【例 7-5】函数形参是常量指针。

```
#include <stdio.h>

void f(const int* ptr);
int main(void)
{
    int y;
    f(&y);

    return 0;
}
void f(const int* ptr)
{
    *ptr = 100;                        //编译错误，因为 ptr 是常量指针
}
```

7.4 指针与数组

7.4.1 通过指针变量访问数组

数组名是地址常量，是数组的起始地址，也是第一个元素的地址。由于数组元素在内存中是连续存放的，且所有元素的类型相同，因此计算机只需要知道第一个数组元素的地址，就可以访问整个数组。

下面通过一个编程实例理解一下如何通过指针访问数组。

【例 7-6】通过指针操作数组。

```
#include <stdio.h>

int main(void)
{
    int a[5] = {1, 3, 5, 7, 9};
    int i = 0 ;
    int *p = a;
    p[2] = 10;
```

```
        printf("a 数组的首地址是：%p\n", a);

        for(i = 0; i < 5; i++)                   //使用指针变量 p 输出数组 a 每个单元的地址及数组元素值
            printf("a[%d]的地址是：%p a[%d]的值是：%d\n", i, p + i, i, *(p + i));

        return 0;
    }
```

程序运行结果如图 7-5 所示。

图 7-5　例 7-6 程序运行结果截图

代码解析：

（1）int *p = a;语句表示 p 值是 a 的值，a 是数组的起始地址，因此 p 指向数组的第一个单元，也就是 p 指向了 a[0]。这时可以用 p 来操作数组。所以语句 p[2] = 10;等价于 a[2] = 10;指针变量 p 与数组 a 的关系如图 7-6 所示。

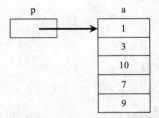

图 7-6　指针 p 指向数组 a 示意图

（2）格式控制符 "%p" 表示以十六进制整数方式输出指针的值，可以把%p 换成%X，重新运行程序看一下有什么不同，本程序是在 64 位系统下运行的，所以地址值是 64 位。

（3）程序中的 p+i 还是地址，也就是说，如果一个地址量加上或减去一个整数 i，是以该地址量为基点的前方或后方第 i 个数据的地址。因为 p 是数组 a[0]的地址，因此，p+i 就是数组 a[i]的地址，而*(p+i)就是数组元素 a[i]。

（4）可以把例 7-6 中的 for 语句改写成如下语句，输出的结果是一样的：

```
for(i = 0; i < 5; i++)                   //使用指针变量 p 输出数组 a 每个单元的地址及数组元素值
{
    printf("a[%d]的地址是：%p a[%d]的值是：%d\n", i, p, i, *p);
    p++;                                 //表示 p 指向下一个数组单元
}
```

p++不是把 p 的值增 1，而是让 p 指向数组的下一个单元。同理也可以使用 p--表示 p 指向数组的前一个单元。

下面的代码可以逆向输出数组 a 的 5 个元素值。

```
p = &a[4];                               //p 指向数组 a 的第 5 个元素
while (p >= a)                           //同类型的指针值是可以比较大小的
{
    printf("%d\n", *p);
    p--;                                 //p 指向前一个数组单元
}
```

如果函数形参是指针类型的，那么就可以把调用函数里的数组名作为实参传给形参，被调用函数就可以通过这个形参指针访问调用函数里的数组。下面看一个具体的编程实例。

【例7-7】在数组中查找元素。

```c
#include <stdio.h>

int search(const int *p, int n, int x);          //函数声明

int main(void)
{
    int a[6] = {1, 5, 2, 3, 9, 7};
    int x;
    printf("输入要查找的元素: ");
    scanf("%d", &x);
    int k = search(a, 6, x);
    if(k == -1)
        printf("未找到!\n");
    else printf("找到了，是数组中的第%d 个元素:", k+1);

    return 0;
}

int search(const int *p, int n, int x)            //函数定义
{//在数组中找元素值为 x 的元素
 //若找到，则返回在数组中的下标；若找不到，则返回-1
    int pos = -1;
    for(int i = 0; i < n; i++)
    {
        if(p[i] == x)
        {
            pos = i;
            break;
        }
    }
    return pos;
}
```

代码解析：

程序中的函数 search()的第一个参数是 const int *p 指针类型，main()函数的函数调用 search(a,6,x);语句，实现把数组起始地址传给指针变量 p，相当于执行了 p＝a;，因此 p 指向了数组的第一个元素，这时就可以用 p 作为数组名来操作数组。这和例 7-6 用指针操作数组的原理是一样的，只不过现在的指针变量是函数的形参。因为只是查找，不涉及数组值的改变，所以使用了常量指针。

指针还常被用于指向数组，或者作为数组的元素。指向数组的指针常被简称为数组指针，而具有指针类型元素的数组则被称为指针数组。

7.4.2 数组指针

一维数组指针的定义形式为：

类型名 (*标识符) [数组长度];

例如：

```
int (*p) [10];
```

这里的 p 是一个指针变量，指向一个整型的一维数组，这个一维数组的长度是 10。

那怎么给 p 赋值呢？p 可以存谁的地址呢？看下面两条语句：

```
int a[10];
int (*p)[10] = &a;
```

a 是有 10 个单元的整型数组，p 指向了这个数组。那么为什么不是 p = a; 呢？因为 a 是 a[0]单元的地址，是一个整型空间的地址，与 p 类型不匹配。那么下面的两条语句正确吗？

```
int a[11];
int (*p)[10] = &a;
```

第二条语句会出现编译错误。也就是说，p 只能是 10 个整型空间的地址，不能是其他类型的地址。数组指针的主要用途是指向二维数组的某一行。看下面的编程实例。

【例 7-8】数组指针访问二维数组。

```
#include <stdio.h>

int main(void)
{
    int a[5][3] = {{1, 2, 3}, {4, 5, 6}, {7, 8, 9}, {10, 11, 12}, {13, 14, 15}};
    int (*p)[3] = a;                          //指向第一行
    int sum = 0;
    for(int i = 0; i < 5; i++)
    {
        for(int j = 0; j < 3; j++)
            sum += *(*p + j);
        p++;                                  //指向下一行
    }

    printf("sum = %d\n", sum);

    return 0;
}
```

当一个指针指向普通数据变量时称为一级指针，指向一级指针的指针是二级指针，指向二级指针的指针是三级指针。例如：

```
int x = 5;
int *p, **pp, ***ppp;
p = &x;
pp = &p;
ppp = &pp;
```

其中，p 是一级指针，pp 是二级指针，ppp 是三级指针。多级指针常与多维数组一起使用。

例 7-8 程序代码中的 p 指针实际上是二级指针。所以*p 的值还是地址，是一个整型空间的地址，所以*(*p + j)就是数组元素 a[i][j]的值。

数组指针更多地应用在函数形参，二维数组名作为实参，例 7-8 程序可改写成如下：

```
#include <stdio.h>
```

```
int sum(int (*p)[3], int n);
int main(void)
{
    int a[5][3] = {{1, 2, 3}, {4, 5, 6}, {7, 8, 9}, {10, 11, 12}, {13, 14, 15}};
    printf( "sum = %d\n", sum(a, 5) );              //函数调用，二维数组名作为实参

    return 0;
}
int sum(int (*p)[3], int n)
{
    int s = 0;
    for(int i = 0; i < 5; i++)
    {
        for(int j = 0;j < 3;j++)
            s += *(*p + j);
        p++;                                         //指向下一行
    }
    return s;
}
```

7.4.3　指针数组

指针数组也就是元素为指针类型的数组。一般情况下，数组中的指针会指向动态分配的内存区域。一维指针数组的定义形式为：

类型名 *标识符[数组长度] ;

例如，一个一维指针数组的定义 int *ptr [10];。

这里 ptr 是数组名，有 10 个元素，每个元素的类型是 int*，也就是每个元素值是整型空间的地址，下面看一段关于指针数组的代码。

【例 7-9】指针数组编程示例。

```
#include <stdio.h>
#include <stdlib.h>

int main(void)
{
    int x = 5;
    int *p[3] = {NULL, NULL, NULL};
    p[0] = (int *)malloc(7 * sizeof(int));
    p[1] = (int *)malloc(5 * sizeof(int));
    p[2] = &x;
    for(int i = 0; i < 3; i++)
    {
        printf("%#X\n", p[i]);
    }

    return 0;
}
```

该程序的运行结果如图 7-7 所示。

代码解析： p 是一个指针数组，p[0]是一维动态数组（7 个整型单元）的起始地址，而 p[1]是一维动态数组（5 个整型单元）的起始地址，p[2]是整型变量 x 的地址。指针数组 p 的三个元素和它们指向的空间如图 7-8 所示。

```
p[0]的值是：0XB913C0
p[1]的值是：0XB913F0
p[2]的值是：0X62FE48
```

图 7-7 例 7-9 运行结果截图   图 7-8 指针数组 p 与数组元素所指向的空间示意图

指针数组通常也适用于指向若干字符串，这样使字符串处理更加灵活方便。

例如：

```
char *weeks[7] =
    {"Sunday", "Monday", "Tuesday", "Wednesday", "Thursday", "Friday", "Saturday"};
```

weeks 是一维数组名，每个元素是字符串常量的首地址。

7.5 指向函数的指针

C 语言的函数指针有很多用法。例如，当调用一个函数时，可能不仅想传入该函数要被处理的数据，还希望传入指向函数的指针。

函数包括一系列的指令，当它经过编译后，在内存中会占据一块内存空间，该空间有一个首地址，指针变量可以存储这个地址。

存储这个地址的变量就是函数指针（或称为指向函数的指针）。

也可以在数组中存储函数指针，然后使用数组的索引来调用这些函数。

函数指针的定义格式如下：

数据类型（*指针名）（参数列表）；

例如：double (*funcPtr) (double, double);

这里的 funcPtr 就是函数指针，如果用某个名字替代"(*funcPtr)"，那么这就是一个函数声明。定义函数指针时括号是不能省略的，否则就变成了函数声明。funcPtr 指针变量只能指向有两个 double 形参且返回值为 double 的函数。也就是说，如果有函数 int add(int ,int)，add 与 funcPtr 是类型不同的。

【例 7-10】 函数指针简单示例。

```
#include <stdio.h>

double Add(double x, double y)
{
    return x + y;
}
int main(void)
{
```

```
    double (*funcPtr)(double , double );              //函数指针定义

    funcPtr = Add;                                    //funcPtr 指向函数 Add
    double result = funcPtr(6.0, 7.0);                //通过函数指针调用函数
    printf("%f", result);

    return 0;
}
```

 funcPtr 是函数指针变量，还可以指向其他同类型的函数，以增加程序设计的灵活性，例 7-11 就体现了函数指针在程序设计中的灵活应用。

【例 7-11】对用户输入的两个数字，进行加减乘除计算。

```
#include <stdio.h>

double Add(double x, double y);
double Sub(double x, double y);
double Mul(double x, double y);
double Div(double x, double y);

double (*funcTable[4])(double, double) = {Add, Sub, Mul, Div};        //函数指针数组
char *msgTable[4] = {"sum", "Difference", "Product", "Quotient"};     //字符指针数组
int main(void)
{
    double x = 0, y = 0;
    printf("输入两个运算数：\n");
    scanf( "%lf %lf", &x, &y) ;

    for(int i = 0; i < 4; i++)                        //遍历函数指针数组，完成加减乘除运算
        printf("%10s: %6.2f\n", msgTable[i], funcTable[i](x, y));

    return 0;
}

double Add(double x, double y)
{
    return x + y;
}
double Sub(double x, double y)
{
    return x - y;
}
double Mul(double x, double y)
{
    return x * y;
}
double Div(double x, double y)
{
    return x / y;
}
```

表达式 funcTable[i](x, y)会调用地址保存在 funcTable[i]中的函数，程序运行结果如图 7-9 所示。

图 7-9　例 7-11 程序运行结果截图

函数指针还可以作为函数的形参，最典型的就是 stdlib.h 中有一个 qsort()函数，可以对数组进行排序。该函数的原型如下：

```
void qsort(void* base, size_t num, size_t size,
           int (*compar)(const void*, const void*));
```

该函数一共有 4 个参数，base 是 void 指针，可以指向待排序数组的起始位置；num 是排序的元素个数；size 是每个元素占的字节数；compar 则是函数指针，它指向的函数可以确定元素的顺序。下面通过例 7-12 学习一下如何使用 qsort()函数完成数组排序，更重要的是学习函数指针和 void 指针。

【例 7-12】使用 qsort()函数完成数组排序。

```
#include <stdio.h>
#include <stdlib.h>                        //qsort

int compare(const void*a, const void*b)
{
    return (*(int *)a - *(int *)b);        //先把 void*强制转换成 int*，再取指针所指空间的值
}
int main(void)
{
    int values[] = {40, 10, 100, 60, 70, 20};

    qsort(values, 6, sizeof(int), compare);

    for(int i = 0; i < 6; i++)             //遍历数组
        printf("%d ", values[i]);

    return 0;
}
```

该程序是对整型数组排序，如果对其他类型的数组排序，也需要定义一个相应类型的两个数的比较函数。qsort()函数的形参 base 是 void 指针，而 compare 是函数指针，才让 qsort 函数具有通用性，可以对任意类型的数组进行升序或降序排序，当然数组元素类型得是可比较大小的。读者将在第 14 章学习到较详细的使用 qsort()函数对不同类型数组进行排序的方法。

7.6　命令行参数

程序在执行时，由命令行传递给程序的参数，实质是操作系统将命令行参数（用空格隔开的若干个

字符串）组织成一个字符串数组，然后将它传递给 main 函数。程序中可对该字符串数组进行处理。命令行参数就是 main 函数的参数，形式如下：

```
int main(int argc, char *argv[ ])
```

程序执行：

$$程序名 \quad 字符串 1 \quad 字符串 2 \quad ... \quad 字符串 n$$
$$\uparrow \qquad\qquad \uparrow \qquad\quad \uparrow \qquad\qquad\qquad \uparrow$$
$$argv[0] \quad argv[1] \quad argv[2] \quad ... \quad argv[n]$$

argc = n + 1，此处共有 n + 1 个命令行参数。

第一个参数 int argc：指明命令行参数的个数（argc 为 argument count 的缩写）。

第二个参数 char *argv[ ]：一个指针数组，每个数组元素为传过来的一个命令行参数首地址（字符串起始地址）。也可以写为 char **argv（argv 为 argument vector 的缩写）。具体如图 7-10 所示。

图 7-10　命令行参数中 argc 和 argv 的含义示意图

【例 7-13】命令行参数的概念程序示例。

```c
// 本程序演示命令行参数的概念，文件名为 arg.c
#include <stdio.h>

int main(int argc, char *argv[])
{
    int i;

    printf("共有%d 个命令行参数!\n", argc);

    for(i = 0; i < argc; i++)
        printf("第%d 个命令行参数 argv[%d]为: %s\n", i, i, argv[i]);
}
```

编译链接后生成 arg.exe 可执行程序，运行时在命令行输入：arg first second third 4，则程序输出如图 7-11 所示。

> **注意**
>
> 如果命令行参数中某个字符串中本身包含空格，则需要用双引号（""）将其括起来，如上面的程序在命令行输入：arg first "se cond" third "4 5 6"，则程序的运行输出如图 7-12 所示。

图 7-11 例 7-13 第一次运行结果截图 图 7-12 例 7-13 第二次运行结果截图

【例 7-14】求输入的若干个整数中的最大者程序示例。

```c
// 利用命令行参数求输入的若干个整数中的最大者，文件名为 max.c
#include <stdio.h>
#include <stdlib.h>

int main(int argc, char *argv[])
{
    int i, x, max;

    if(argc <= 1)
    {
        printf("用法: max 数 1 数 2 ... 数 n");
        exit(0);
    }

    max = atoi(argv[1]);
    for(i = 2; i < argc; i++)
    {
        x = atoi(argv[i]);
        if(x > max)
        {
            max = x;
        }
    }
    printf("最大的数为: %d\n", max);

    return 0;
}
```

编译链接成可执行文件 max.exe 后，在命令行输入：max 12 34 89 99 22，则程序的输出如图 7-13 所示。

图 7-13 例 7-14 运行结果截图

【例 7-15】利用命令行参数完成数制间的转换程序示例。

```c
//将十进制整数转化为八或十六进制，文件名为 convert.c
#include <stdio.h>

int main(int argc, char *argv[])
{
    int x, ns;

    if(argc != 3)
```

```
    {
        printf("用法：convert 整数  进制(8或16)\n");
        exit(1);
    }

    x  = atoi(argv[1]);                        //atoi为库函数，用于将字符串转换为整数
    ns = atoi(argv[2]);

    switch(ns)
    {
        case 8:
            printf("%d 转换为八进制为%o\n", x, x);
            break;
        case 16:
            printf("%d 转换为十六进制为%x\n", x, x);
            break;
        default:
            printf("输入有错！");
    }
    return 0;
}
```

编译链接成可执行文件 convert.exe，在命令行输入：convert 234 8，则程序的输出如图 7-14 所示。在命令行输入：convert 234 16，则程序的输出如图 7-15 所示。

234转换为八进制为352

234转换为十六进制为ea

图 7-14　例 7-15 第一次运行结果示意图　　　　　　图 7-15　例 7-15 第二次运行结果示意图

小　　结

指针就是内存的地址，指针变量就是存储内存地址的变量。指针变量可以存放基本类型变量的地址，也可以存放数组、函数以及其他指针变量的地址。

在编写代码的过程中，变量名一般表示的是数据本身，但这个变量也是有存储地址的，可以用取地址运算符（&）获得，而函数名、字符串名和数组名表示的是代码块或数据块的首地址。程序被编译和链接后，这些名字都会消失，取而代之的是它们对应的地址。

一定要区别好数组指针和指针数组。

指针或者作为函数的形参或者用于构造动态数组，以后还会接触到链表动态存储结构，也会用到指针。指针对于初学者确实难掌握，但是如果抓住最核心的本质："指针就是地址，指针变量就是存储地址的变量"，对指针的理解也就不那么困难了。

习题与实践

1．字符指针、浮点指针以及函数指针这三种类型的变量哪个占用的内存最大？为什么？
2．以下对 C 语言的"指针"的描述不正确的是（　　　）。

    A．32 位系统下任何类型的指针的长度都是 4 个字节

    B．指针数据类型声明的是指针实际指向内容的数据类型

    C．野指针是指向未分配或者已释放的内存地址

    D．当使用 free 释放掉一个指针内容后，指针变量的值被置为 NULL

3．有如下定义，则下列符号中均正确地代表 x 的地址的选项是（　　　）。

```
int x , *p;
p = &x;
```

    A．&x、p、&*x　　　　B．*&、x、p　　　　C．&p、*p、x　　　　D．&x、&*p、p

4．有基本类型相同的指针 p1、p2，则下列运算不合理的是（　　　）。

    A．p1 /= 5　　　　　　B．p1－p2　　　　　C．p1 = p2　　　　　D．p1 == p2

5．以下程序的输出是（　　　）。

```
int *p = 0;
p += 6;
printf("%d\n",p)
```

    A．12　　　　　　　　B．72　　　　　　　　C．24　　　　　　　　D．0

    E．6　　　　　　　　　F．任意数

6．有以下定义：

```
int a = 248,b = 4;
const int *d = &a;
int *const e = &b;
int const *f = &a;
```

则下列表达式中（　　　）是有问题的。

    A．d = &b;　　　　　B．*d = 8;　　　　　C．*e = 34;　　　　　D．e = &a;

    E．f = 0x321f;

7．以下代码执行后 p1+5 和 p2+5 分别是多少？

```
unsigned char *p1;
unsigned long *p2;
p1 = (unsigned char*) 0x801000;
p2 = (unsigned long*) 0x810000;
```

8．请问以下代码有什么问题？你会怎么改写？

```
 char a;
 char *str = &a;
 strcpy(str,"hello");
 printf("%s\n",str);
```

9．以下这段程序中有什么错误？你会怎么改写？

```
void swap(int *p1,int *p2)
{
    int *p;
    *p = *p1;
    *p1 = *p2;
    *p2 = *p;
}
```

10．给出以下程序的输出结果。

```
#include <stdio.h>
```

```c
#include <stdlib.h>

int main (void)
{
    int *p,*q,**pp;
    p = (int*) malloc( 3*sizeof(int) );
    for(int i = 0;i < 3;i++)
    {
        *(p+i) = i+1;
    }
    q = (int*) malloc( 4*sizeof(int) );
    for(int i = 0;i < 3;i++)
    {
        *(q+i) = i+5;
    }

    pp = (int **) malloc(2*sizeof(int*));
    *pp++ = p;
    *pp = q;
    printf("%d,%d\n",*(*(pp+1)+1),**(--pp));
    free(p);free(q);free(pp);

    return 0;
}
```

第8章 结构、联合与位字段

学习目标

（1）掌握结构类型声明的方法。
（2）掌握结构变量的定义、初始化及引用。
（3）掌握结构数组、结构体指针的使用。
（4）理解链表的概念及基本操作。
（5）掌握联合类型和位字段。

基本数据类型都是单一的，只能表示一些简单的事物。例如，表示年龄的整数类型，表示身高的浮点类型，表示姓名的字符串类型等。但现实世界是复杂的，很多编程问题中，要求存储的都是一组不同类型的相关数据。例如，学生的个人信息就无法用基本数据类型一次描述清楚，因为包括姓名、年龄、专业、班级等信息。这时就需要用到 C 语言提供的结构（struct）类型。

结构数据类型可以把基本数据类型和派生类型组合起来，以描述复杂的事物。结构类型也是派生类型。

联合（union）与结构类似。但与结构成员不同的是，一个联合内的所有成员都是从同一个地址开始的。因此，当想使用内存中的同一地址来记录不同类型的对象时，可以使用联合。

结构和联合的成员除了基本类型和派生类型外，也可以包含位字段。位字段是一个整数变量，它由指定个数的位组成。通过定义位字段，将可寻址的内存单元拆分成多个位组，每个位组包含一定数量的位，并可以使用名称来对这些位组进行寻址。

8.1 结　　构

结构（struct）类型是在程序中定义的类型，以指定记录格式，它包括成员名称和类型，以及成员在内存中的存储次序。一旦声明了结构类型，就可以像使用其他所有类型一样使用这种结构类型，可以定义具有这种结构类型的变量，定义指向这种变量的指针，以及定义具有这种结构类型元素的数组。

8.1.1 声明结构类型

结构类型的声明从关键字 struct 开始，大括号内包含成员声明列表：

struct [结构类型名] { 成员声明列表 } [变量名列表];

如果编写一个图形程序，就要处理屏幕上点的坐标。屏幕上点的坐标由表示水平位置的 x 值和表示垂直位置的 y 值组成。可以声明一个名为 coord 的结构，其中包含表示屏幕位置的 x 和 y。代码如下所示：

```
struct coord
{
    int x;
    int y;
} ;
```

这段代码声明了一个名为 coord 的结构类型，其中包含两个整型成员：x 和 y。这只是类型声明，可以理解成创建了一个自定义的数据类型，然后用这个数据类型定义变量，就像用基本数据类型定义变量一样。

定义结构类型变量的方式有两种。一种是在结构声明后带一个或多个变量名列表：

```
struct coord
{
    int x;
    int y;
} first , second;
```

这段代码声明了一个名为 coord 的结构类型，并定义了两个 coord 类型的结构变量 first 和 second。这种方法把类型声明与变量定义结合在一起。

另一种方法是把结构类型声明和变量定义放在源代码的不同区域。

```
struct coord                            //结构类型声明
{
    int x;
    int y;
} ;
...                                     //其他代码
struct coord   first, second;           //结构变量定义
```

这段代码把 coord 结构类型声明和变量定义分离。这种情况下，定义变量时不要忘记结构类型名前的关键字 struct。利用 typedef 为结构类型定义一个名称，例如：

```
typedef struct coord Coord;
```

这时 Coord 就是 struct coord 的同义词，这时就可以用这个新名称完成结构变量的定义。例如：

```
Coord first,second;
```

大部分情况下，编写程序时使用第二种方法。

可以在定义结构变量的时候初始化，例如：

```
struct coord origin = {0, 0};
```

也就是说，使用一对大括号括起来的初始化列表进行初始化，各初始项用逗号分隔。因此 origin 的成员 x 值是 0，成员 y 值也是 0。

C99 和 C11 为结构提供了指定初始化器。结构的指定初始化器使用点（成员）运算符和成员名，例如只初始化 coord 结构的 x 成员，可以这样做：

```
struct coord   first = { .x = 0 };
```

可以按任意顺序使用指定初始化器：

```
struct coord   first = { .y = 1, .x = 1 };
```

注意

声明结构类型时：

（1）结构类型声明语句必须以分号结尾，可以放在函数内部，也可以放在函数外部，其作用域和变量的作用域类似。

（2）在包含多个源文件的工程中，如果几个源文件都使用相同的结构类型，需要在这些源文件中都声明相同的结构类型。

（3）结构类型声明描述了该结构类型的数据组织形式。在程序执行时，结构类型声明并不引起系统为该结构类型分配空间，只有在定义了该结构类型的变量时才会为该结构类型变量分配内存空间。

8.1.2　访问结构成员

在 C 语言中，使用结构成员运算符（.）来访问结构成员。结构成员运算符也称为点运算符。因此通过变量 first 表示屏幕位置（50,100），可以这样写：

```
first.x = 50;
first.y = 100;
```

可以通过简单赋值表达式语句在相同类型的结构间复制信息：

```
second = first;
```

这时，second 表示的屏幕位置和 first 一样。

下面给出一个完整的程序代码，计算两点间距离。

【例 8-1】计算两点间距离。

```
#include <stdio.h>
#include <math.h>

struct coord                              //结构类型声明
{
    int x;
    int y;
};

int main(void)
{
    struct coord first, second;           //结构变量定义
    double distance;                      //两点间距离

    printf("请输入第一个点坐标: ");
    scanf("%d %d", &first.x, &first.y);    //点运算符访问结构成员
    printf("请输入第二个点坐标: ");
    scanf("%d %d", &second.x, &second.y);
    int xDiff = first.x - second.x;        //横坐标的差
    int yDiff = first.y - second.y;        //纵坐标的差
    distance = sqrt(xDiff * xDiff + yDiff * yDiff);
    printf("两点间距离是: %f\n", distance);
```

```
        return 0;
    }
```

结构成员的数据类型可以相同，也可以不同，结构成员类型不仅可以是基本数据类型，还可以是数组、指针和其他结构。例如，如果想定义一个存储图书的结构类型，包含书名、作者、页数、价格，可以给出如下声明：

```
struct book
{
    char title[100];                        //书名
    char author[100];                       //作者
    float price;                            //价格
    int pages;                              //页数
} ;
```

可以定义结构类型的指针，通过指针访问结构类型变量的成员，使用"->"运算符，例如：

```
    struct book mybook, *ptbook;            //结构变量和指向结构变量的指针
    ptbook = &mybook;                       //ptbook 存储的是 mybook 变量的地址
```

下面的代码是通过指针变量 ptbook 和 -> 运算符访问 mybook 变量的成员，完成变量成员的赋值。

```
    strcpy(ptbook->title, "The C Programming Language");
    strcpy(ptbook->author, "Brian W.Kernighan, Dennis M.Ritchie");
    ptbook->price = 30.0;
    ptbook->pages = 258;
```

8.1.3　结构变量的内存分配

结构变量的内存空间大小为所有成员空间大小之和，但需要考虑内存对齐问题。

内存地址对齐是计算机语言自动进行的，也是编译器所做的工作。但这不意味着程序员不需要做任何事情，因为如果能够遵循某些规则，可以让编译器做得更好。

处理器一般不是按字节块来存取内存的，而是以双字节、4 个字节、8 个字节甚至 32 个字节为单位来存取内存，将这些存取单位称为内存存取粒度。可以通过 sizeof 运算符计算结构变量内存空间大小。一般情况下，结构类型变量的内存空间大小为结构成员中所占内存空间字节数最大值的整数倍。假如你的系统 short 占 2 个字节、char 占 1 个字节、float 占 4 个字节、double 占 8 个字节。那么，例 8-2 程序中的 Sample 结构变量所占内存空间大小应该是 double 空间大小的整数倍，即 8 的倍数。

【例 8-2】计算结构体变量内存空间大小并输出结构成员的起始地址。

```
#include <stdio.h>

struct Sample
{
    short int n;
    char c[10];
    float f;
    double b;
}s;
```

```
int main(void)
{
    printf("变量 s 所占字节数为：%d 个字节\n", sizeof(s));

    printf("结构成员    地址\n");
    printf("    n    %X\n", &s.n);
    printf("    c    %X\n", s.c);
    printf("    f    %X\n", &s.f);
    printf("    b    %X\n", &s.b);

    return 0;
}
```

该程序的运行结果如图 8-1 所示。

如果把 Sample 结构的成员 c 改成：char c[11];，再重新运行例 8-2 程序，程序运行结果如图 8-2 所示。

图 8-1　例 8-2 程序运行结果截图　　　图 8-2　例 8-2 修改结构成员 c 以后程序运行结果截图

读者可以根据这个运行结果研究一下结构成员的内存空间分配。

8.1.4　结构数组

同基本类型数组一样，也可以定义结构数组。结构数组与基本类型数组的定义、初始化及引用规则是相同的，区别在于结构数组中的元素为结构类型。下面是一个定义结构数组的例子：

```
struct book library[30];
```

以上代码把 library 定义为一个含有 30 个元素的数组，数组每个元素的类型都是一个 struct book 类型。因此，library[0]是第 1 个 struct book 类型的结构变量，library[1]是第 2 个 struct book 类型的结构变量，以此类推。

也可以在定义结构数组时初始化：

```
struct book library[3] = {
        {"C Primer Plus", "Stephen Prata", 99.99, 600},
        {"The C Programming Language", "Brian W.Kernighan", 30.0, 258},
        {"introduction to algorithms", "Thomas H.Cormen", 128.0, 870},
};
```

访问下标为 i 的图书的作者可通过 library[i].author，也可对某个图书的数据整体操作，如 library[i] = library[j]，即将下标为 j 的图书所有成员信息赋值给下标为 i 的图书。

下面通过一个编程实例具体看一下结构数组在编程中的实际应用。

【例 8-3】奖学金问题。

问题描述：某校的惯例是在每学期的期末考试之后发放奖学金。发放的奖学金共有五种，获取的条件各自不同：①院士奖学金，每人 8000 元，期末平均成绩高于 80 分（>80），并且在本学期内发表 1 篇或 1 篇以上论文的学生均可获得；②五四奖学金，每人 4000 元，期末平均成绩高于 85 分（>85），并且班级评议成绩高于 80 分（>80）的学生均可获得；③成绩优秀奖，每人 2000 元，期末平均成绩高于 90 分（>90）的学生均可获得；④西部奖学金，每人 1000 元，期末平均成绩高于 85 分（>85）的西部省份学生均可获得；⑤班级贡献奖，每人 850 元，班级评议成绩高于 80 分（>80）的学生干部均可获得；只要符合条件就可以得奖，每项奖学金的获奖人数没有限制，每名学生也可以同时获得多项奖学金。例如，姚林的期末平均成绩是 87 分，班级评议成绩 82 分，同时他还是一位学生干部，那么他可以同时获得五四奖学金和班级贡献奖，奖金总数是 4850 元。现在给出若干学生的相关数据，请计算哪个同学获得的奖金总数最高（假设总有同学能满足获得奖学金的条件）。

输入的第一行是一个整数 N（1≤N≤100），表示学生的总数。接下来的 N 行每行是一位学生的数据，从左向右依次是姓名、期末平均成绩、班级评议成绩、是否是学生干部、是否是西部省份学生，以及发表的论文数。姓名是由大小写英文字母组成的长度不超过 20 的字符串（不含空格）；期末平均成绩和班级评议成绩都是 0 到 100 之间的整数（包括 0 和 100）；是否是学生干部和是否是西部省份学生分别用一个字符表示，Y 表示是，N 表示不是；发表的论文数是 0 到 10 之间的整数（包括 0 和 10）。每两个相邻数据项之间用一个空格分隔。

输出包括三行，第一行是获得最多奖金的学生的姓名，第二行是这名学生获得的奖金总数。如果有两位或两位以上的学生获得的奖金最多，输出他们之中在输入中出现最早的学生的姓名。第三行是这 N 个学生获得的奖学金的总数。

样例输入：

```
4
YaoLin 87 82 Y N 0
ChenRuiyi 88 78 N Y 1
LiXin 92 88 N N 0
ZhangQin 83 87 Y N 1
```

样例输出：

```
ChenRuiyi
9000
28700
```

问题分析：根据问题描述，一个学生信息有多项内容，因此可以声明一个结构类型用于存储奖学金问题的学生信息。结构类型声明如下：

```
typedef struct student
{
    char name[21];                  //姓名
    int aveScore;                   //期末平均成绩
    int classScore;                 //班级评议成绩
    char leader;                    //是否是学生干部
    char west;                      //是否是西部省份学生
    int articles;                   //发表的论文数
} Student;
```

这里用 typedef 给结构类型 struct student 定义了同义词 Student，这样在定义 struct student 结构变量时就可以用 Student 了，编程时建议使用 typedef 给结构类型定义这种一个词表示的类型名。

因为有 n 名学生，所以比较适合用数组来存储学生信息，因此定义一个结构类型的数组：

```
Student stu[100];
```

因为问题描述中学生数不多于 100 人，因此数组空间大小为 100。

这样就可以读取 n 个学生信息到数组 stu 中，根据问题描述中获取奖金的条件计算每名学生的奖金数，并计算出总奖金数及谁获得最多奖金。该问题的参考代码如下：

```c
#include <stdio.h>

typedef struct student
{
    char name[21];                              //姓名
    int aveScore;                               //期末平均成绩
    int classScore;                             //班级评议成绩
    char leader;                                //是否是学生干部
    char west;                                  //是否是西部省份学生
    int articles;                               //发表的论文数
} Student;

int main(void)
{
    Student stu[100];                           //结构数组
    int n;                                      //学生人数

    scanf("%d", &n);
    int sum = 0;                                //所发放的奖金总额
    int maxjin = 0,k = 0;                       //记录获得最多奖金数和获得最多奖金学生的序号

    for(int i = 0; i < n; i++)                  //读 n 个学生的信息，并计算
    {
        int jiangJin = 0;
        scanf("%s %d %d %c %c %d", stu[i].name, &stu[i].aveScore,
            &stu[i].classScore, &stu[i].leader, &stu[i].west, &stu[i].articles);
        if(stu[i].aveScore > 80 && stu[i].articles >= 1) jiangJin += 8000;
        if(stu[i].aveScore > 85 && stu[i].classScore > 80) jiangJin += 4000;
        if(stu[i].aveScore > 90) jiangJin += 2000;
        if(stu[i].aveScore > 85 && stu[i].west == 'Y') jiangJin += 1000;
        if(stu[i].classScore > 80 && stu[i].leader == 'Y') jiangJin += 850;
        sum += jiangJin;                        //累计总奖金数
        if(jiangJin > maxjin)
        {
            maxjin = jiangJin;
            k = i;                              //k 记录当前获得最多奖金学生的序号
        }
    }
    printf("%s\n%d\n%d\n", stu[k].name, maxjin, sum); //输出结果

    return 0;
}
```

> **注意**
>
> 结构数组元素的输入和输出只能对单个成员进行，而不能把结构数组元素作为一个整体直接进行输入和输出。

8.1.5　链表

　　使用数组可以保存一系列相同类型的数据。但如果数据元素的数量不确定，使用数组来存放就会非常麻烦，经常会遇到存储空间浪费或空间不够用的情况。学习了结构类型，那么就可以创建新的数据组织形式——链式结构，通过结构成员的指向同类型结构的指针成员，指针成员把一个结构和另一个结构链接起来，利用指针成员可以实现多种形式的数据组织，如线性链表、二叉链表、邻接表等。

　　线性链表是一种在物理存储单元上不一定连续、非顺序的存储结构，很适合存放那些一时难以预计元素数目的数据。线性链表有单链表、双向链表、单向循环链表等多种模式，下面重点介绍一下单链表。

　　单链表由一系列结点组成，这些结点可以在运行时动态生成。一个结点包括两部分：存储数据元素的数据域和存储下一个结点地址的指针域，如图 8-3 所示。

| 数据域 | 指针域 |

图 8-3　结点的结构图

　　单链表是动态的，其长度可以根据需要进行调整。C 语言中，数组空间的大小是不能改变的（编译时被确定），因此一个数组总有存满的时候。单链表则不然，其长度可以不受限制地增减，只在系统内存不足时才会提示内存满。在单链表中进行插入和删除操作非常简单。

　　那么如何建立单链表呢？本节中简单使用指针来创建单链表，它可以通过指向单链表的第一个结点来访问。每一个后续结点都是通过前一个结点的指针域来访问的。单链表末尾结点的指针域通常置为空，表明链表的结束，如图 8-4 所示。

| head → | 20 | 0X213E0 | → | 30 | 0X21400 | → | 40 | 0X21420 | → | 50 | NULL |

图 8-4　单链表示意图

　　这个链表共有 4 个结点，每个结点都有两个成员，一个是存储整型数据的数据域，一个是存储下一个结点地址的指针域。第 1 个结点的数据部分是 20，指针部分是 0X213E0，这是第 2 个结点的地址。第 2 个结点的数据部分是 30，指针部分是 0X21400，是第 3 个结点的地址。剩下的结点以此类推。head 是指针类型，存储第 1 个结点的地址，一般把它称为头指针。最后一个结点的指针部分是 NULL。最后一个结点也称为单链表的尾结点。要检测一个结点是不是尾结点，只要看它的指针域是不是 NULL。NULL 表示地址值为 0，不指向任何结点。图 8-4 中每个结点的地址值不是我们关心的，我们关心的是通过每个结点存储的地址值把结点链接起来而形成了链表。

　　因为链表结点由两部分组成，所以每个结点都应该声明为结构。每个结点的数据域数据类型取决于应用程序，即处理何种数据。指针域的数据类型是结点自身类型。对于图 8-4 所示的链表中的结点，可以给出如下的结构声明：

```
struct node
{
    int data;                          //数据域
    struct node *next;                 //指向一下结点的指针域
};
```

　　变量定义如下：

```
struct node *head, *p, *q;
```

定义了 3 个指针变量，每个指针变量都可以指向 struct node 类型的结构，它具有两个结构成员：data 和 next。

接下来创建图 8-4 所示的链表，语句如下。

```
p = (struct node*)malloc(sizeof(struct node));
q = (struct node*)malloc(sizeof(struct node));
head = p;
```

赋值语句：

```
p->data = 20;
q->data = 30;
```

这时就形成了图 8-5 所示的结果。

怎么把 p、q 两个结点链接在一起呢？可以通过下面语句把两个结点链接起来：

```
p->next = q;
q->next = NULL;
```

把由 q 指向的结构地址存储到 p 指向的结构的 next 域中，从而可以把这两个结点链接起来，如图 8-6 所示。

图 8-5　p 和 q 指向的结点示意图　　　　　图 8-6　p 和 q 指向的两个结点链接在一起示意图

此时，若想再增加一个结点，可以通过链表头或链表尾插入新结点。通常而言，应在链表头插入新结点，这是因为链表尾往往没有指针指向它。所以，通过链表尾插入新结点时，必须从链表头到链表尾遍历整个链表才行。相对而言，从链表头插入新结点更容易也更高效。

这里，由于 q 结点指向最后一个结点，所以不用遍历整个链表，可以直接在链表尾插入一个新的结点。语句如下：

```
p = (struct node *)malloc(sizeof(struct node));
p->data = 40;
p->next= NULL;
```

上述代码创建了一个新的结点，并用指针 p 指向这个新结点，如图 8-7 所示。

接下来要使图 8-6 中的链表最后一个结点的指针域链接上这个新结点：

```
q->next = p;
```

此时，新结点成为了链表的最后一个结点，如图 8-8 所示。

图 8-7　p 指向新结点示意图　　　　　图 8-8　在链表尾插入新结点

要获得更多结点的链表，可以采用循环的方式来添加结点。实际应用中，也不一定把新结点链接到表头或表尾，也可能插入到链表中间。这里只需要对链表有个初步认识，本书第 19 章会结合应用实例，具体讲解使用链表解决实际问题。例 8-4 是通过循环的方式创建图 8-4 所示的单链表，学习如何创建单链表并对链表进行遍历。所谓遍历是指访问链表的所有结点。

　　【例 8-4】 单链表的创建与遍历。

```c
#include <stdio.h>
#include <stdlib.h>

struct node                                 //链表结点
{
    int data;                               //数据域
    struct node *next;                      //指针域
};
typedef struct node Node;

int main(void)
{
    Node *head, *p, *q;
    p = (Node*)malloc(sizeof(Node));        //第一个结点
    p->data = 20;
    head = p;                               //头指针指向第一个结点
    for(int i = 1; i <= 3; i++ )
    {
        q = (Node*)malloc(sizeof(Node));    //q 指向新申请的结点
        q->data = ( i + 2) * 10;            //新结点数据域赋值
        p->next = q;                        //新结点链接到表尾
        p = q;                              //p 指向尾结点
    }
    p->next = NULL;                         //尾结点指针域为空

    printf("链表的头指针的值是：%#X\n", head);

    printf("链表结点的地址:");
    for(Node *p = head; p != NULL; p = p->next )  //遍历链表，输出每个结点的地址
    {
        printf("%#X    ",p);
    }
    printf("\n");
    printf("链表结点的内容:");
    for( Node *p = head; p != NULL; p = p->next )
    {//遍历链表，输出每个结点的值（数据域和指针域）
        printf("%d %#X ", p->data, p->next);
    }

    return 0;
}
```

　　该程序通过循环创建了一个包含 4 个结点的单链表，使用 malloc()函数申请结点空间，并把新结点链接到了链表表尾。

　　链表的遍历是通过 for 循环实现的。首先通过把 head 的值赋值给指针变量 p，这样 p 就指向了第一

个结点，访问过 p 所指的结点后，再通过 p = p->next，使 p 指向下一个结点。当 p 的值为空时，链表遍历结束。

图 8-9 所示是例 8-4 的运行结果截图，你运行这个程序时，运行结果可能与图 8-9 不同，主要是地址值不同。地址值是什么不重要，通过这个运行截图可以清楚地看到，结点的指针域的值是下一个结点的地址，所以我们经常会说"链表结点的 next 域指向了下一个结点"。

```
链表的头指针的值是：0X213C0
链表结点的地址：0X213C0    0X213E0    0X21400    0X21420
链表结点的内容：20 0X213E0 30 0X21400 40 0X21420 50 0
```

图 8-9　例 8-4 程序运行结果截图

8.2　联　　合

联合（union）也称为共用体，声明和变量定义与结构十分相似。不同于结构成员都具有单独的内存位置，联合成员则共享同一个内存位置，以达到节省空间的目的。也就是说，联合中的所有成员都是从相同的内存地址开始。因此，可以声明一个拥有许多成员的联合，但是同一时刻只能有一个成员允许使用。联合让程序员可以方便地通过不同方式使用同一个内存空间。

联合的声明方式与结构是一样的，只是把关键字 struct 改成 union：

union [联合体名] { 成员声明列表 }　[变量名列表];

下面通过编程实例理解一下联合类型的声明、联合变量的定义与使用。

【例 8-5】联合 union 编程实例。

```c
#include <stdio.h>
#include <string.h>

union Data                              //联合类型声明
{
    int i;                              //整型成员
    double x;                           //浮点成员
    char str[16];                       //字符串成员
};

int main(void)
{
    union Data var;
    printf("%d\n", sizeof(var));        //用 sizeof 运算符计算 union Data 类型变量空间大小

    var.i = 5;
    var.x = 1.25;
    for(int i = sizeof(double) - 1; i >= 0; i--)   //输出前 8 个字节空间内容（地址由高到低）
        printf("%02X ", (unsigned char) var.str[i]);
    printf("\n");
    printf("%d\n",var.i) ;              //前 4 个字节解析成整数输出
    strcpy(var.str, "hello");
    for(int i = 15; i >= 0; i--)
        printf("%02X ", (unsigned char) var.str[i]);
```

```
    printf("\n");

    return 0;
}
```

该程序的运行结果如图 8-10 所示。

```
16
3F F4 00 00 00 00 00 00
0
00 00 00 00 00 00 00 2C 3F F4 00 6F 6C 6C 65 68
```

图 8-10　例 8-5 程序运行结果截图

例 8-5 程序中的 union Data 变量 var 可以存储一个整数或者一个浮点数或者存储长度小于 16 的字符串。var 占 16 个字节空间。

分析程序代码和程序运行结果可以很好地理解 union Data 变量 var 的三个成员是如何共享内存空间的。

程序员要确保联合对象的内存内容被正确地解释和使用。联合成员的类型不同，允许程序员采用不同的方式解释内存的同一组字节值。因此当 var.x = 1.25;这条语句执行后，var.i 的值就变成了 0，而不是之前赋值的 5，因为 var.x 与 var.i 的起始位置相同。可以用下面的代码输出每个字节的内容：

```
for(int i = 15; i >= 0; i--)
    printf("%02X ", (unsigned char) var.str[i]);
```

同样的字节内容，使用不同成员就会有不同的解释。

比较一下联合与结构，会发现两个最主要的区别如下。

（1）联合和结构都是由多个不同的数据类型成员组成，但在任何同一时刻，联合只存放了一个被选中的成员，而结构的所有成员都存在。

（2）对于联合的不同成员赋值，将会对其他成员重写，原来成员的值就不存在了，而对于结构的不同成员赋值是互不影响的。

8.3　位　字　段

结构或联合的成员也可以是位字段。位字段是一个由具有特定数量的位组成的整数变量。如果连续声明多个小的位字段，编译器会将它们合并成一个机器字（word）。这使得小单元信息具有更加紧凑的存储方式。当然，也可以使用位运算符来独立处理特定位，但是位字段允许我们利用名称来处理位，类似于结构或联合的成员。

位字段主要用于一些使用空间很宝贵的程序设计中，如嵌入式程序设计。

位字段的声明格式如下：

类型[成员名称]：宽度

类型用于指定一个整数类型，用来决定该位字段值被解释的方式。类型可以是_Bool、int、signed int、unsigned int，或者为所选实现版本所提供的类型。

具有 signed int 类型的位字段会被解释成有符号数；具有 unsigned int 类型的位字段会被解释成无符号数；具有 int 类型的位字段可以是有符号或无符号的类型，由编译器决定。

成员名称是可选的。但是，如果声明了一个无名称的位字段，就没有办法获取它。没有名称的位字段只能用于填充,以帮助后续的位字段在机器字对齐到特定的地址边界。

宽度是指位字段中位的数量。宽度必须是一个常量整数表达式,其值非负,并且必须小于或等于指定类型的位宽。

无名称位字段的宽度可以是 0。在这种情况下,下一个声明的位字段就会从新的可寻址内存单元开始。下面看一下关于位字段的编程实例,通过代码解析了解一下位字段的使用。

【例 8-6】位字段编程实例。

```c
#include <stdio.h>

struct Date
{
    unsigned int month:4;                 //日期中的月
    unsigned int day:5;                   //日期中的日
    signed int year:22;                   //日期中的年
    _Bool isDST:1;                        //如果是夏令时
};
int main(void)
{
    struct Date birthday = {12, 3, 1980};  //初始化列表方式初始化变量

    struct Date d;
    d.day = 1;
    d.month = 2;
    d.year = 2019;
    d.isDST = 0;

    printf("%02d-%02d-%04d\n", d.month, d.day, d.year);

    return 0;
}
```

在如上结构声明中,struct Date 结构只占用一个字的空间。其中,成员 month 占用 4 位,成员 day 占用 5 位,成员 year 占用 22 位,成员 isDST 占用 1 位。可以用 sizeof 运算符测试一下 birthday 所占空间大小。一般来说,32 位系统是 4 个字节,而 64 位系统是 8 个字节。

可以用初始化列表方式初始化一个 struct Date 类型的变量,也可以将位字段看作结构成员,使用成员运算符(.)或指针运算符(->)来获取,并以类似于对待 int 或 unsigned int 变量的方式对其进行算术运算。

与结构中其他成员不同的是,位字段通常不会占据可寻址的内存位置,因此无法对位字段采用地址运算符(&),也不能对位字段进行位运算。

小　　结

在实际开发中,可以将一组类型不同的、但是用来描述同一件事物的变量放到结构中。int、float、char 等是由 C 语言本身提供的数据类型,不能再进行分拆,我们称之为基本数据类型;而结构可以包含多个基本类型的数据,也可以包含其他的结构,将它称为复杂数据类型或构造数据类型。

结构还经常用于描述链表结点。

联合也是一种构造数据类型，与结构的区别在于：结构的各个成员会占用不同的内存，互相之间没有影响；而联合的所有成员占用同一段内存，修改一个成员会影响其余所有成员。联合在一般的编程中应用较少，在单片机中应用较多。

有些数据在存储时并不需要占用一个完整的字节，只需要占用一个或几个二进制位即可，所以结构或联合的成员也可以是位字段。

习题与实践

1. 若有以下结构体声明，则（　　）是正确的引用或定义。

```
struct example
{
    int x,y;
}v1;
```

　　A. example.x = 10;　　　　　　　　　　B. example v2.x = 10;
　　C. struct v2; v2.x = 10;　　　　　　　　D. struct example v2 = {10};

2. 以下 C 程序在 64 位处理器上运行后 sz 的值是（　　）。

```
struct Student
{
    char *p;
    int i;
    char a;
};
int sz = sizeof(struct Student);
```

　　A. 24　　　　　　　　B. 20　　　　　　　　C. 16　　　　　　　　D. 14
　　E. 13　　　　　　　　F. 12

3. 有以下结构体指针变量定义：

```
struct Student
{
    char *name;
    int id;
}*ptr;
```

若 ptr 中的地址值为 0x100000，则 ptr+100 为多少？

4. 有以下声明和定义语句，在 32 位系统中执行语句 printf("%d",sizeof(struct data)+sizeof(max));的输出结果是多少？

```
typedef union
{
    long i;
    int k[5];
    char c;
}DATE;
struct data
{
    int cat;
    DATE cow;
    double dog;
```

```
}too;
DATE max;
```

5. 分析以下代码打印输出结果。

```
#include <stdio.h>
typedef struct
{
    int a:2;
    int b:2;
    int c:1;
}test;
int main (void)
{
    test t;
    t.a = 1;
    t.b = 3;
    t.c = 1;
    printf("%d,",t.a);
    printf("%d,",t.b);
    printf("%d,\n",t.c);

return 0;
}
```

6. 在 32 位环境下给定如下结构体类型 A:

```
struct A
{
    char t:4;
    char k:4;
    unsigned short i:8;
    unsigned long m;
};
```

则 sizeof(A)是（　　　）。

A. 7   B. 6   C. 8   D. 以上答案都不对

第9章 文　　件

学习目标

（1）了解文件的相关概念。
（2）掌握 C 语言中打开和关闭文件的操作。
（3）掌握对文件的读写以及文件的定位等操作。
（4）了解文件的一般应用。

通常一个程序包括数据的输入、处理和输出三部分，任何程序设计语言都应具有与外界交互的能力，C 语言也不例外，它提供了输入/输出功能，前面介绍的数据的输入和输出是通过键盘输入和显示器输出的，可以发现程序运行期间所得的数据在程序结束之后就会消失，无法达到永久保存数据的目的，那么怎么能使程序运行中所得数据保存下来，以备以后所用呢？使用文件即可达到此目的，可以通过程序从文件中把数据读入程序，也可通过程序将数据写入文件中。

文件是程序设计的重要内容，它可以长期存储有效数据。在文件操作方面，C 语言没有单独的文件操作语句，有关文件的操作均是通过库函数实现的。本章首先给出了文件的相关概念，然后介绍几个常用的文件处理函数，并通过实例学习 C 程序中对文件的具体操作。

9.1　文件概述

1. 文件

数据存储是计算机的主要功能之一，各种数据包括文章、图像等都是以二进制的形式存放在磁盘、光盘等外部介质上的。当然，这些数据不可能无序地存放在外部介质上，计算机系统将相关的数据以集合的形式进行存储，并引入了文件的概念。**"文件"是指存储在外部介质上的相关数据的集合**，数据集合的名称即为文件名。前面有关章节中已多次使用了文件，如源程序文件、目标文件、可执行文件、库文件等。文件通常驻留在外部介质（如磁盘等）上，使用时才调入内存中。

在 C 语言中，对文件的读取和写入操作是采用流方式处理的，即把外部介质上文件中的数据读取到当前程序中，称为输入流；而在程序中，把数据写到文件里，称为输出流，所以流的输入/输出是对于程序来说的。C 语言的文件处理功能依据系统是否设置"缓冲区"分为两种：设置缓冲区和不设置缓冲区。由于不设置缓冲区的文件处理方式，必须使用较低级的 I/O 函数直接对磁盘存取，存取速度慢，并且因为不是 C 的标准函数，跨平台操作时容易出问题，所以 C 语言通常采用带缓冲区的文件处理方式。

当使用标准 I/O 函数（包含在头文件 stdio.h 中）时，系统会自动设置缓冲区，并通过数据流来读写文件。当进行文件读取时，不会直接对磁盘进行读取，而是先打开数据流，将磁盘上的文件信息复制到缓冲区内，然后程序再从缓冲区中读取所需要的数据；当写入文件时，并不会马上写入磁盘中，而是先写入缓冲区，只有在缓冲区已满或"关闭文件"时，才会将数据写入磁盘。对于每个正在使用的文件，系统会自动在内存中为其开辟一个文件缓冲区，以便对文件进行操作。带缓冲区的文件处理方式如图 9-1 所示。

图 9-1　带缓冲区的文件处理示意图

2．文件分类

从不同的角度可对文件进行分类。

（1）**从用户角度上**，文件分为**普通文件和设备文件**。普通文件是指保存在磁盘或其他外部介质上的数据集，可以是源文件、目标文件、可执行程序等，也可以是一组待输入处理的原始数据的数据文件，还可以是存放一组输出结果的文件。设备文件是指与主机相连的各种外部设备，如显示器、打印机、键盘等。在操作系统中，把外部设备看作是一个文件来进行管理，把它们的输入、输出等同于对磁盘文件的读和写；通常把**显示器**定义为**标准输出文件**，如在屏幕上显示有关信息就是向标准输出文件输出，前面使用的 printf()、putchar()函数就是这类输出。**键盘**通常被指定为**标准的输入文件**，从键盘上输入就意味着从标准输入文件输入数据。scanf()、getchar()、gets()函数就属于这类输入。

（2）**从文件的编码方式上**，文件可分为**文本文件和二进制文件**。文本文件是按字符编码的方式进行保存的，在存储时每个字符对应一个字节，用于存放对应的 ASCII 码，所以文本文件也称 ASCII 文件或字符文件；二进制文件是将数据按其内部形式（即二进制存储格式）直接保存到文件中，适用于非字符为主的数据，如果以记事本打开，会看到一堆乱码。二进制文件的优点在于存取速度快、占用空间小、可随机存取数据。

例如，数据 20019 在文本文件中被看作五个字符，按每个字符的 ASCII 码值来表示，即 2,0,0,1,9 五位数字对应的字符'2', '0', '0','1', '9'的 ASCII 值分别是 50,48,48, 49, 57，用文本文件表示如图 9-2（a）所示，占 5 个字节。而在二进制文件中，数据 20019 转化成二进制如图 9-2（b）所示，占 4 个字节。可以看出文本文件占用的存储空间相对大些，每个字符以 ASCII 码形式存储，便于对字符逐个操作；二进制文件占用的存储空间小，不需要进行转换，方便数据存储，但输出的数据为内存格式，不能直接识别。C 语言默认的文件类型是文本文件。

图 9-2　文本文件和二进制文件的存储形式

提示

'0'对应的 ASCII 值为 48。

二进制文件是按二进制的编码方式存储文件的。由上文可知，在二进制文件中 20019 的存储只占 4 个字节。二进制文件虽然也可以在屏幕上显示，但其内容无法读懂。C 语言编译器在处理这些文件时，并不区分类型，都看作是字符流，按字节进行处理。输入/输出字符流的开始和结束受程序控制而不受物理符号（如回车符）的控制。因此也把这种文件称作"流式文件"。

 提示

当处理大量数据时，为了节省存储空间，通常采用二进制文件存储形式，如果想直接打开文件看到文件内容，可使用文本文件存储数据。

3．文件的存取方式

文件的存取方式包括顺序存取和随机存取两种方式。顺序读取是指从上向下，依次读取文件的内容，保存数据时，将数据附加在文件的末尾，这种存取方式常用于文本文件，而被存取的文件则称为顺序文件。随机存取方式多半以二进制文件为主。它会以一个完整的单位进行数据的读取和写入，通常以结构为单位。

4．文件名、目录与路径

我们知道，计算机系统中存在着成千上万的文件，每个文件都用文件名来标识，文件名由"文件.扩展名"来表示，其中扩展名是操作系统用来标志文件格式的一种机制，指明该文件的类型。如文件名为 readme.txt，其中 readme 是文件名，txt 为扩展名，txt 表明文件是纯文本文件。如 C 语言源文件的扩展名是.c，在计算机中经常接触的扩展名有 txt（纯文本）、doc（Word 文档）、html 或 htm（网页文件）、xls（Excel 电子表格）、ppt（PowerPoint 演示文稿）、jpg（图片）、rar（Winrar 压缩文件）等。文件名通常用字符串来表示，在 C 语言中，使用字符数组来存储文件名，如语句 char fileName[20] = "test.txt"。

文件目录即文件夹，是实现用户按名存取文件的一种手段。当我们要访问一个文件时，系统便从文件目录中查找用户所指定文件是否存在，是否有权使用。一个好的目录结构应该既能方便用户的检索，又能保证文件的安全。当文件数量较少时，在文件目录中查找文件比较简单。在文件数量比较多时，文件目录的组织与管理的重要性就突出了。为了能够方便用户的检索和文件的管理，根据实际的需要，一般把文件目录设计成一级目录结构、二级目录结构和多级目录结构。在 Windows 操作系统中，可通过资源管理器查看系统的目录层次结构。

计算机中的每个文件都是存放在计算机系统的某个目录下面的，我们把文件所在的具体位置称为路径，例如在 Windows 操作系统中，只要看到路径 D:\Test\file1.c，就知道 file1.c 文件是在 D 盘的 Test 目录中，其中父目录与子目录之间用分隔符"\"分隔。这种完整描述文件位置的路径就是绝对路径。绝对路径表明从根目录开始，列出由根到用户指定文件的全部有关子目录。另一种路径表示方法叫相对路径，它是从当前目录开始到所要访问文件的一段路径。当要对当前目录下的文件进行操作时，使用相对路径访问文件会很方便。在 C 语言中，由于字符"\"用转义字符"\\"来表示，所以各级目录之间用"\\"分隔，如一个相对路径可表示为 Test\\file1.c，绝对路径表示为 D:\\Test\\file1.c。

 提示

Windows 操作系统中，路径分隔符用"\"，请读者自己上网查一下 UNIX 操作系统中路径分隔符是什么。

5. 文件指针与文件位置指针

（1）文件指针

在带缓冲区的文件处理系统中，当对一个具体的文件进行操作时，需要先定义一个 FILE 类型的指针变量指向该文件，然后利用它实现对文件的读写操作，这个指针变量被称为文件指针。FILE 类型是在头文件 stdio.h 中定义的一个结构体类型，该结构中含有文件名、文件状态和文件当前位置等信息。在编写程序时，不必关心 FILE 结构的具体细节，只需知道通过文件指针指向要操作的文件，然后进行访问即可。

定义文件指针的一般格式为：

　　FILE　*指针变量名 ；

例如，FILE *fp; 其中，fp 是指向 FILE 结构的指针变量，通过 fp 即可找到存放文件信息的结构变量，然后按结构变量提供的信息找到该文件，即可对文件操作。通常把 fp 称为指向一个文件的指针。

前面介绍的标准设备文件是由系统进行控制的，由系统自动打开和关闭，C 语言提供了 3 个标准设备文件的文件指针，直接使用即可。这 3 个文件指针如下。

①stdin：指向标准输入文件（键盘）。

②stdout：指向标准输出文件（显示器）。

③stderr：指向标准错误输出文件（显示器）。

在设计程序时，使用文件的步骤如下。

①打开文件：将文件指针指向文件，为其开辟文件缓冲区。

②操作文件：对文件进行读、写、追加和定位操作。

③关闭文件：断开文件指针和文件的关联，释放文件缓冲区。

这些操作均通过 stdio.h 中提供的标准 I/O 库函数实现。

（2）文件位置指针

除了文件指针这个概念，对文件进行定位以及读写操作时，还涉及文件位置指针这个概念，这两个指针是两个完全不同的概念。文件中有一个位置指针，用于指向当前文件读写的位置，在 C 语言中，文件可以顺序读写，也可以随机读写。如果顺序读写，每次读写完一个数据后，该位置指针会自动指向下一个数据的位置。如果想随机读写一个文件，就必须根据需要改变文件的位置指针，这就要用到后面介绍的文件定位函数。

当打开文件时，可以认为文件位置指针总是指向文件的开头，即文件中第一个数据之前。当文件位置指针指向文件末尾时，表示文件结束。当进行读操作时，总是从文件位置指针所指的位置开始，去读其后的数据，然后位置指针移到下一个尚未读的数据之前，来指示下一次文件读的位置。当进行写操作时，总是从文件位置指针所指的位置去写，然后移到刚写入的数据之后，来指示下次文件操作的位置。

 注意

在编写关于文件操作程序的过程中，应区分文件指针和文件位置指针这两个概念。

9.2　文件的打开与关闭

本节将介绍流式文件的各种操作，如打开、关闭、读、写、定位等。通常对文件的操作要分三步：

打开文件、对文件进行读写等操作、关闭文件。打开文件实际上是建立文件的各种有关信息，使文件指针指向该文件，以便进行其他操作。关闭文件则是指断开文件指针与文件之间的联系，从此禁止再对该文件进行操作。

在 C 语言中，文件操作都是由库函数完成的，这些库函数均在头文件 stdio.h 中。后续章节将介绍主要的文件操作函数。

1．文件的打开

在对文件进行操作之前，需要先定义一个文件指针，用它指向要打开的文件，之后对文件的操作就可以用这个文件指针来进行，打开文件需要调用文件打开函数 fopen()，除了指定要打开文件的文件名，还需要指明对文件的具体使用方式，表明对文件进行何种操作（读、写或追加）。

fopen 函数用来打开一个文件，函数原型为：

FILE *　fopen(const char * path, const char * mode);

其中，参数 path 字符串包含要打开的文件路径及文件名，通常是字符串常量或字符数组；参数 mode 字符串指明要打开文件的类型（文本文件或二进制文件）和操作方式（读、写或追加）。

如要从当前源文件所在目录下的文本文件 file1.txt 中读入数据，则打开文件语句为：

```
FILE *fp = fopen("file1.txt", "r");
```

如文件 file1.txt 为二进制文件，且文件在 D 盘根目录下，则打开文件语句应为：fp=fopen("d:\\file1.txt", "rb");

表 9-1 给出了文件操作方式中各字符含义，表 9-2 给出了文件操作方式及意义。

表 9-1　文件操作方式中字符含义

字　符	含　义
r	读（read）
w	写（write）
a	追加（append）
t	文本文件（text），可省略不写
b	二进制文件（binary）
+	读和写

表 9-2　文件操作方式及意义

使 用 方 式	意　义
r 或 rt	只读方式打开文本文件。该文件必须存在，否则返回 NULL
w 或 wt	只写方式打开文本文件。若文件存在，则文件清空，即该文件内容会消失；若文件不存在，则建立该文件
a 或 at	追加方式打开文本文件。若文件存在，写入的数据会被加到文件尾，文件原先的内容会被保留；若文件不存在，则会建立该文件
rb	只读方式打开一个二进制文件，该文件必须存在，否则返回 NULL
wb	只写方式打开二进制文件。若文件存在，则文件清空，即该文件内容会消失；若文件不存在则建立该文件
ab	追加方式打开二进制文件。若文件存在，写入的数据会被加到文件尾，文件原先的内容会被保留；若文件不存在，则会建立该文件

续表

使 用 方 式	意 义
r+或 rt+	可读写方式打开文本文件。该文件必须存在，否则返回 NULL。读写均从头开始，在写数据时，新数据只覆盖所占的空间，后面数据不变
w+或 t+	可读写方式打开文本文件。若文件存在，则文件清空，即该文件内容会消失；若文件不存在，则建立该文件。可从头读文件
a+或 at+	追加方式打开可读写的文本文件。若文件存在，写入的数据会被加到文件尾，即文件原先的内容会被保留；若文件不存在，则会建立该文件
rb+	可读写方式打开二进制文件。该文件必须存在，否则返回 NULL。读写均从头开始，在写数据时，新数据只覆盖所占的空间，后面数据不变
wb+	可读写方式打开二进制文件。若文件存在，则文件清空，即该文件内容会消失；若文件不存在，则建立该文件
ab+	追加方式打开可读写的二进制文件。若文件存在，则写入的数据会被加到文件尾，即文件原先的内容会被保留；若文件不存在，则会建立该文件

 注意

（1）C 语言中，默认的文件类型为文本文件，当未指明文件类型时，C 编译系统按文本文件进行处理。

（2）mode 字符串带有 b 字符的，如 rb、wb+或 ab+等组合，则告诉函数库打开的文件为二进制文件，而非纯文本文件。

（3）"r+" 或 "rb+" 方式打开文件时，写入数据时，新数据只覆盖所占的空间，后面数据不变。读写时，可以由位置函数（rewind 等）设置读和写的起始位置。

（4）在打开一个文件时，如果出错，fopen()将返回一个空指针值 NULL。在程序中可以用这一信息来判别是否完成打开文件的工作，并作相应的处理，因此常用以下程序段打开文件：

```
if(fp == NULL)
  {
    printf("file1.txt can't open!\n");
    return 0;
  }
```

【例 9-1】 编程实现以只读方式打开文本文件 D:\testfile.txt，并输出打开是否成功。

分析：使用头文件 stdio.h 中的函数 FILE * fopen(const char * path, const char * mode)，其中 path 为字符串 D:\\testfile.txt，mode 为字符串 r，一般没有说明指的是打开文本文件，因 r 方式要求文件必须存在，所以打开文件是否成功，取决于该文件是否已经存在，如果不存在，则 fopen()函数返回 NULL，可通过返回的文件指针是否为 NULL 来判断文件打开是否成功。程序的参考代码如下：

```
#include <stdio.h>

int main(void)
{
    FILE *fp;
    char inputfile[20] =  "d:\\testfile.txt" ; //定义字符数组来存储文件路径

    fp = fopen(inputfile, "r");               //以只读方式打开字符数组 inputfile 所表示的文件
    if(fp == NULL)                            //文件不存在，打开失败
        printf("%s 打开失败!\n", inputfile);
    else                                     //文件存在，打开成功
        printf("%s 打开成功!\n", inputfile);
```

```
      return 0;
}
```

上面例子打开的文件在程序中指定了，但在很多时候，经常需要打开任意的文件，也就是在程序运行时由用户输入指定的文件名，从而打开相应的文件，增强了程序的灵活性。

实践：修改例 9-1 编程实现以只读方式打开由键盘输入文件名，并输出打开是否成功。

分析：文件名是一个字符串，可用字符数组来存储，输入文件名可使用前面学过的字符串输入函数 gets()，或者使用格式化输入函数 scanf() 来实现。

上面程序部分代码修改为：

```
...
char inputfile[20];                      //定义字符数组来存储文件路径
printf("输入文件名: \n");                 //输出输入文件名的提示语句
scanf("%s", inputfile);
fp = fopen(inputfile, "r");
...
```

2．文件的关闭

当文件使用完之后，需要将文件关闭，释放相应的文件缓冲区，这实质上就是将文件指针与文件之间的联系断开，不能再通过该文件指针对文件进行操作，在编写程序时应该养成及时关闭文件的习惯，如果不及时关闭文件，文件数据有可能会丢失。文件关闭需要调用文件关闭函数 fclose 来实现。

文件关闭函数调用的一般格式是：

fclose(文件指针);

其中，文件指针是接收 fopen()函数返回的 FILE 类型的指针变量。函数功能是关闭文件指针所指向的文件。

返回值：若文件关闭成功，返回值为 NULL；若文件关闭失败，则返回非 NULL 值。

例如：

```
fclose(fp);                              //关闭 fp 所指向的文件
```

9.3　文件的读写操作

一些应用程序经常要生成文件记录相应的操作，这就需要程序与文件之间建立输入或输出数据流。在实际应用中，经常需要将用户输入的数据或程序运行的结果写到文件里进行保存，或者从文件里读取数据并显示到控制台或写到其他文件中。在 C 语言中，文件的读/写操作是处理文件最常用的操作。前面提到按照文件的读写（存取）方式分为顺序读写和随机读写两种方式。

顺序读写方式是按照文件内容的前后顺序进行读写，即读写文件只能从头开始，按顺序读写各个数据。当用函数 fopen() 打开文件时，系统自动为打开的文件建立一个位置指针指向文件中第一个字节，在顺序读写文件时，文件的位置指针由系统自动控制，每次读写操作后，系统都会将位置指针移到下一个数据的位置，这种方式不改变位置指针，按顺序读取内容。但在一些实际应用中，经常需要从文件中某一特定的位置来读写相应的内容，这就需要将文件内部的位置指针移动到该位置，再进行读写操作，这种读写方式称为随机读写方式。

9.3.1 文件的顺序读写

文件打开之后，就可以对文件进行读写操作了。在 C 语言中，对于顺序读写提供了多种文件读写的函数，根据对文件读写数据单位的不同分为字符、字符串、格式化、数据块读写函数。

（1）字符读写函数：fgetc 从文件中读取一个字符，fputc 将一个字符写到文件中。

（2）字符串读写函数：fgets 从文件中读取一个字符串，fputs 将一个字符串写到文件中。

（3）格式化读写函数：fscanf 从文件中按格式化方式读取数据，fprintf 将数据按格式化方式写到文件中。

（4）数据块读写函数：fread 以二进制形式读取文件中数据块，fwrite 以二进制形式将数据块写到文件中。

1. 字符读写函数

C 语言提供了字符读/写函数 fgetc 和 fputc，用于对文件进行字符读写操作，这两个函数适用于读写较小的文件。

（1）读字符函数 fgetc

函数原型为：

```
int fgetc(FILE *fp);
```

功能：从 fp 指定的文件中读取一个字符数据。

函数调用的一般形式为：

变量 = fgetc(文件指针);

其中，变量可以是 char 型或 int 型变量。

返回值：正常时返回读取字符的 ASCII 码值，非正常时返回 EOF（表示文件结尾或文件打开方式不含 r 或+）。

例如，要从以 w 方式打开的文件中读取一个字符时，会发生错误而返回 EOF。若读入错误，则返回 EOF。

例如：

```
ch = fgetc(fp);                          //从 fp 所指文件中读取一个字符赋值给变量 ch
```

> **注意**
>
> 文件打开时，系统给文件分配一个位置指针，用于指向文件当前的读写位置。每读取一个字符，文件的位置指针便会自动向下移动一个字节，不需要人为进行控制。这种功能在许多读写函数中都有体现。

（2）写字符函数 fputc

函数原型为：

```
int fputc(int ch, FILE *fp);
```

功能：把 ch 中的字符写入由 fp 所指的文件中。

参数说明：ch 是一个整型变量，存放要写到文件中的字符（C 语言中整型量和字符量可以通用）；fp 是指向要在其中写入字符的文件的指针。

函数调用的一般形式为：

```
    fputc(ch, fp);
```

返回值：正常时返回要写入字符的 ASCII 码值；非正常时返回 EOF（-1）。例如，要往 r 打开方式的文件中写一个字符时，会发生错误并返回 EOF。

> **注意**
>
> 关于 fputc 函数被写入的文件可以用写、读写和追加方式打开，用写或读写方式打开一个已存在的文件时，将清除原有的文件内容，写入字符从文件首开始。如需保留原有文件内容，希望写入的字符以文件末开始存放，必须以追加方式打开文件。被写入的文件若不存在，则创建该文件。每写入一个字符，文件内部位置指针向后移动一个字节。

 【例 9-2】从指定文件中读取数据，并在屏幕上输出。

分析：考虑按字符单位来读写文件，在对文件进行操作时，需要先打开该文件，然后再做进一步的处理（从文件中逐个读取字符，并显示），最后关闭文件。

第 1 步，打开哪个文件是由我们来决定的，当然可以打开一个指定路径下的文件，如 D 盘 test 文件夹下的 fileputchar.txt 文件，但为了程序功能的灵活性，可让程序的使用者来确定打开哪个具体的文件，同时为了增强程序的交互能力，给用户一个提示：输入文件的具体路径及文件名，让用户知道每一步要做什么，输入什么数据。打开文件时，还要考虑打开的文件是否存在，如果不存在，则无法读取数据，也就没有必要进行第 2 步的操作，直接结束程序运行，所以只有在文件存在的情况下，才有必要去读数据。另外因为要把文件内容在屏幕上输出，所以应该以 r 方式打开。

第 2 步，对文件从头到尾依次读取字符，要使用字符读取函数 fgetc，读取每个字符的同时，通过字符输出函数 putchar 将该字符显示输出，那么怎么来判断文件是否读完？方法一：可在循环中用 feof 函数来判断文件是否结束作为循环条件。如果文件结束，则 feof 返回值为 1，否则为 0。方法二：通过判断每次读取的字符是否是文件结束符 EOF 来判断是否为文件尾，EOF 是在头文件 stdio.h 中定义的常量，用户可直接使用。

第 3 步，关闭文件，使用 fclose 函数关闭。

程序的参考代码如下：

```c
#include <stdio.h>

int main(void)
{
    FILE *fp;
    char inputfile[20] ;

    printf("请输入要打开文件的名字：");
    scanf("%s", inputfile);                //输入文件名
    fp=fopen(inputfile, "r");              //以只读方式打开文本文件
    if(fp == NULL)                         //文件打开失败，直接退出程序
    {
        printf("\n%s 打开失败！\n", inputfile);
        return 0;
    }
    printf("%s 文件内容：\n", inputfile);
    while(!feof(fp))                       //当文件未结束时
        putchar(fgetc(fp));                //从文件中读取字符并显示
    printf("\n");
```

```
    fclose(fp);                                 //关闭文件

    return 0;
}
```

实践：使用文件结束符 EOF 来判断文件是否结尾改写上面程序。

上面程序中的循环语句替换成：

```
char ch;
while((ch= fgetc(fp)) != EOF)                   //当文件未结束时
putchar(ch);                                    //从文件中读取字符并显示
```

上面程序中，打开的文件中如果有内容，则进行读取，那么文件内容是怎么写进去的呢？可使用 fputc() 函数向文件里写字符数据。

【**例 9-3**】从键盘输入字符，并将其写入一个文本文件，直到遇到"#"结束输入，然后再从该文件读取文件内容，并在屏幕上输出。

分析：使用字符读写函数来实现对文件的操作，主要步骤如下。

（1）输入文件名，打开该文件。

（2）用循环语句向文件里写入字符数据，直到输入"#"为止。

（3）从文件里读字符，并显示。

（4）关闭文件。

本题目要求对文件进行写和读的操作，对于第 1 步，打开文件时，应该采用哪种文件使用方式呢？"r+"还是"w+"，这里应该区分一下：当文件不存在时，"r+"不会创建该文件，而会导致调用失败，但"w+"会创建文件。当文件存在时，"r+"不会自动清空文件，新写入的数据只覆盖所占的空间，后面数据不变。但"w+"会自动把已有文件的内容清空。这里选择"w+"的文件读写方式。若想在文件尾追加内容，则需要用"a+"方式打开。

这里设计了两个函数 WriteFile() 和 ReadFile()，分别用于将字符写入文件和从文件中读取字符操作。

（1）设计函数 WriteFile()，实现使用 fputc 函数将键盘输入的字符写入文件，直到遇到字符"#"为止。

（2）设计函数 ReadFile()，实现使用文件读取函数 fgetc() 从文件读取字符，并在屏幕上输出，方法同例 9-2。

程序的参考代码如下：

```
#include <stdio.h>
void WriteFile(FILE *fp);                       //向文件里写内容
void ReadFile(FILE *fp);                        //从文件里读内容

int main(void)
{
    FILE *fp;
    char inputfile[30] ;

    printf("请输入文件名: ");
    scanf("%s", inputfile);                      //输入要打开的文件名
    fp=fopen(inputfile, "w+");
    if(fp == NULL)
    {
        printf("打开文件失败");
        return 0;
```

```
        }
        else
        {
            printf("%s 打开成功\n", inputfile);
            WriteFile(fp);                          //调用函数把字符写入文件
            ReadFile(fp);                           //调用函数读文件内容并显示
            fclose(fp);                             //关闭文件
        }

        return 0;
    }
    void WriteFile(FILE *fp)                        //向文件里写内容
    {
        char ch;

        printf("请输入文件内容，以#结束! \n");
        while ((ch = getchar()) != '#')             //从键盘读入字符，直到读入#循环结束
        {
            fputc(ch, fp);                          //向 fp 所指文件里写字符 ch
        }
        rewind(fp);                                 //将文件指针定位于文件开头
    }

    void ReadFile(FILE *fp)                         //从文件里读内容
    {
        char ch;
        printf("读取文件内容：\n");
        ch = fgetc(fp);                             //从文件读取字符
        while(ch != EOF)
        {
            putchar(ch);                            //显示字符
            ch = fgetc(fp);                         //从文件读取下一个字符
        }
        printf("\n 文件读取结束");
    }
```

> **注意**
>
> 上面程序中函数 WriteFile()里调用了文件定位函数 rewind(fp)，用于将文件位置指针移动到文件首，如果不重新定位，文件位置指针会处于文件尾部，下次读文件内容时会导致读取错误。

从上面两个例子可看出，字符读写函数适用于处理数据较少的情况，如果读写的文件数据量较大，按字符读写数据会比较麻烦，而且效率也低，C 语言提供了字符串和数据块处理函数来解决文件较长的读写操作。

2. 字符串读写函数

C 程序中，除了以字符为单位对文件进行操作，还能以字符串为单位对文件进行读写操作。fgets 和 fputs 函数正是一对从指定文件读取指定长度的字符串或将字符串作为一行写入指定文件的函数。对于较大的文件，一次读写一个字符串较方便。

（1）读字符串函数 fgets

函数原型为：

```
char *fgets(char *str, int n, FILE *fp)
```

功能：从由 fp 指定的文件中读取 n-1 个字符，并把它们存储到由 str 所指的内存地址作为开始地址的内存中去，最后加上结束符'\0'。

参数说明：str 是接收字符串的内存地址，可以是数组名，也可以是指针；n 与要读取的字符个数有关；fp 是文件指针，指出要读取字符的文件。

返回值：正常时返回字符串的内存首地址，即 str 的值；非正常时返回一个 NULL 值，此时可用 feof() 或 ferror() 函数来判别是否读取到了文件尾，还是发生了错误。例如，从以 w 方式打开的文件中读取字符串，将发生错误而返回一个 NULL 值。

（2）将字符串写入文件的函数 fputs

函数原型为：

```
int fputs(char *str, FILE *fp)
```

功能：把由 str 所指的字符串写入 fp 所指的文件中。

参数说明：str 指出要写到文件中的字符串，可以是字符串常量，也可以是字符数组名；或是字符指针名，fp 是文件指针，指出要写入字符串的文件。

返回值：输出成功时，返回 0，如往一个以"r+"或"w"方式打开的文件中写入字符串时；输出失败时，返回 EOF（-1），如往一个以"r"方式打开的文件中写入字符串时。

【例 9-4】 编程实现将一个字符串追加到指定文件中，并将文件的内容在屏幕上输出（使用字符串读写函数实现）。

分析：要在文件末尾追加字符串，需要以追加读写文本文件的方式打开文件。输入字符串，用 fputs 函数把该字符串写入文件末尾。然后循环使用 fgets，从文件中读取字符串，并输出到屏幕上，最后关闭文件。

程序的参考代码如下：

```c
#include <stdio.h>

int main(void)
{
    FILE *fp;
    char str[100] ;

    printf("请输入一个字符串：\n") ;
    gets(str) ;                          //输入要写到文件中的字符串
    char fileName[20];                   //定义存放文件名的字符数组
    printf("请输入文件所在路径及名称：\n") ;
    scanf("%s", fileName);               //输入文件所在路径及名称
    if ((fp = fopen(fileName, "a")) == NULL) //以追加方式打开指定文件
    {
        printf("打开失败!");
        return  0;
    }
    fputs(str, fp);                      //把字符数组 str 中的字符串写到 fp 指向的文件
    fclose(fp);
    if ((fp = fopen(fileName, "r")) != NULL)
    {
```

```
        printf("%s 文件内容: \n", fileName);
        while (fgets(str, sizeof(str), fp))     //从 fp 所指的文件中读取字符串存入 str 中
            printf("%s", str);                  //将字符串输出
        fclose(fp);                             //关闭文件
    }

    return 0;
}
```

【例 9-5】 编程实现文件复制（使用字符串读写函数实现）。

分析：以读方式打开源文件，以写方式打开目标文件；使用循环，从源文件中一行一行读取数据，写到目标文件中，直到文件结束。

程序的参考代码如下：

```
#include <stdio.h>
#include <stdlib.h>

int main(void)
{
    FILE    *in, *out;                          //定义两个 FILE 类型的指针变量
    char infile[50], outfile[50];               //分别存放源文件和目标文件名
    char s[256];

    printf("请输入源文件名:");
    scanf("%s", infile);                        //输入源文件所在路径及名称
    printf("请输入目标文件名:");
    scanf("%s", outfile);                       //输入目标文件所在路径及名称
    if ((in = fopen(infile, "r")) == NULL)      //以只读方式打开指定文件
    {
        printf("打开文件%s 失败\n", infile);
        exit(0);                                //退出程序
    }
    if ((out = fopen(outfile, "w")) == NULL)    //以只写方式打开指定文件
    {
        printf("不能建立%s 文件\n", outfile);
        exit(0);                                //退出程序
    }
    while (fgets(s, 256, in))                   //将 in 指向的文件的内容复制到 out 所指向的文件中
        fputs(s, out);
    printf("文件复制完成\n");
    fclose(in);                                 //关闭文件
    fclose(out);

    return 0;
}
```

3. 格式化方式读写函数

对于一些存储比较规范的数据文件，C 语言提供了格式化读写函数 fscanf 和 fprintf，用于每次按指定的格式读写文件中的数据，这两个函数与前面介绍的格式化输入/输出函数 scanf 和 printf 的功能相似，都是实现格式化读写数据的功能。两者的区别在于 fscanf 函数和 fprintf 函数的读写对象不再是键盘和显

示器，而是文件。

（1）格式读函数 fscanf

函数原型为：

```
int fscanf(FILE *fp, char *format, char *arg_list)
```

功能：从 fp 所指的文件中按 format 格式化串读入数据到 arg_list 所给的各个变量中，fscanf 遇到空格和换行时结束。这与 fgets 有区别，fgets 遇到空格不结束。

参数说明：fp 是文件指针，指出读取数据的文件；format 和 arg_list 规则与 scanf()函数中的格式串相同。

返回值：成功时，返回成功读入参数的个数；失败时，返回 EOF（-1）。

例如：fscanf(fp,"%d %s", &i, s);表示从 fp 所指的文件中读取一个整数和字符串，分别存到变量 i 和 s 中。

（2）格式写函数 fprintf

函数原型为：

```
int fprintf(FILE *fp, char *format, char *arg_list)
```

功能：将变量表列（arg_list）中的数据，按照 format 指出的格式，写入由 fp 指定的文件中。fprintf()函数与 printf()函数的功能相同，只是 printf()函数是将数据写入屏幕文件（stdout）。

参数说明：fp 是文件指针，指出将要写入数据的文件；format 和 arg_list 规则与 printf()函数中的格式串相同。

返回值：写入成功时，返回写入文件的字符个数；写入失败时，返回一个负值。

例如：fprintf(fp,"%d %c", j, ch); 表示将整型变量 j 和字符变量 ch 的值按"%d %c"的格式写到 fp 所指的文件中。

注意

格式化读写函数，除了文件指针参数外，分别与 printf 和 scanf 函数中的参数相同。

【例 9-6】用 fscanf 和 fprintf 函数实现将商品信息输入到文件、将文件内容及这些商品的总价输出到显示器上。

分析：要实现将输入的每条商品信息按格式化方式写到指定的文件中，然后按格式化方式读取文件中的每条商品信息并输出。具体步骤如下：

（1）定义一个结构体类型表示商品信息。

（2）以读写方式打开指定的文件。

（3）将输入的每条商品信息存放在一个结构体变量中，用格式化写函数 fprintf 写到文件中。

（4）用格式化读函数 fscanf 从文件中读出每条信息存到一个结构体变量中，并显示出来，同时统计这些商品的总价。

这里定义了函数 WriteFile 用于实现将键盘输入的商品信息以格式化形式写入文件中，ReadFile 函数将文件中的商品信息以格式化形式读出并显示。

程序的参考代码如下：

```
#include<stdio.h>

typedef struct Rec                    //定义结构体类型，使用 typedef 定义 Rec 为结构体类型名
{
```

```
    char id[10];
    char name[20];
    float price;
    int  count;
 }Rec;

void WriteFile(FILE *fp, int n);            //将键盘输入的商品信息写到文件
void ReadFile(FILE *fp, int n);             //从文件读出商品信息

int main(void)
{
    char filename[20];
    int n;
    FILE *fp;

    printf("请输入目标文件:\n");
    scanf("%s", filename);
    fp = fopen(filename, "w+");              //以文本读写方式打开文件
    if(fp == NULL)
    {
        printf("打开文件失败");
        return 0;
    }
    printf("请输入商品数量:\n");
    scanf("%d", &n);                         //从键盘输入
    WriteFile(fp, n);
    ReadFile(fp, n);
    fclose(fp);                              //关闭文件

    return 0;
}
void WriteFile(FILE *fp, int n)             //将键盘输入的商品信息写到文件
{
    int i;
    Rec record;

    printf("***********请输入商品数据**********\n");
    for(i = 1; i <= n; i++)                  //从键盘输入商品信息
    {
        printf("请输入序号:");
        scanf("%s", record.id);
        printf("请输入名称:");
        scanf("%s", record.name);
        printf("请输入价格: ");
        scanf("%f", &record.price);
        printf("请输入数量: ");
        scanf("%d", &record.count);
        printf("\n");
        //写入文件
        fprintf(fp,"%s %s %5.2f %d\n", record.id, record.name, record.price, record.count);
    }
```

```
}
void ReadFile(FILE *fp, int n)                    //从文件读出商品信息
{
    Rec record;
    double total = 0;

    rewind(fp);                                   //把文件内部的位置指针移到文件首
    while(fscanf(fp, "%s %s %f %d\n", record.id, record.name, &record.price, &record.count)!=EOF)
    {//输出数据
        printf("序号:%s 名称:%s 价格:%5.2f 数量:%d \n", record.id, record.name,
                record.price, record.count);
        total = total + record.price * record.count;
    }
    printf("合计:%5.2f\n", total);
}
```

程序运行结果:

```
请输入目标文件:
f:\test.txt
请输入商品数量:
2
***********请输入商品数据***********
请输入序号: 001
请输入名称: apple
请输入价格: 4
请输入数量: 2

请输入序号: 002
请输入名称: banana
请输入价格: 3
请输入数量: 3

输出文件内容:
序号 001 名称: apple 价格: 4.00 数量: 2
序号 002 名称: banana 价格: 3.00 数量: 3
合计: 17.00
```

4. 数据块的读写函数

前面给出的字符和字符串读写函数一般用于处理数据量小的文件。在一些程序设计中,经常需要处理大量的数据,C 语言提供了用于二进制文件的数据块读写函数 fread 和 fwrite,可用来读写一组数据。

函数原型为:

```
int fread(void *buffer, unsigned size, unsigned count, FILE *fp);
int fwrite(void *buffer, unsigned size, unsigned count, FILE *fp);
```

功能:①fread 的功能是从由 fp 指定的文件中,按二进制形式将 size*count 个字节的数据读到由 buffer 指定的数据区中。②fwrite 的功能是按二进制形式,将由 buffer 指定的数据缓冲区内的 size*count 个字节的数据(一块内存区域中的数据)写入由 fp 指定的文件中去。

参数说明:buffer 是一个指针,存放输入/输出数据的首地址;size 指出一个数据块的字节数,即一

个数据块的大小；count 是一次读写数据块的个数；fp 为文件指针，指向要读写的文件。

返回值：实际读写数据块的数量；若文件结束或出错，则返回 0。

【例 9-7】数据块读写函数的使用：使用数据块写函数实现将商品信息写到指定的二进制文件中，然后将文件内容及这些商品的总价输出到显示器上。

分析：程序功能与例 9-6 相似，只是采用数据块读写函数对二进制文件进行操作。

程序的参考代码如下：

```c
#include<stdio.h>
#include <stdlib.h>

typedef struct Rec                              //定义结构体类型，使用 typedef 定义 Rec 为结构体类型名
{
    char id[10];
    char name[20];
    float price;
    int  count;
}Rec;

void WriteFile(FILE *fp, int n);                //将键盘输入的商品信息写到文件
void ReadFile(FILE *fp, int n);                 //从文件读出商品信息

int main(void)
{
    char filename[20];
    int n;
    FILE *fp;

    printf("请输入目标文件:\n");
    scanf("%s", filename);
    fp=fopen(filename, "wb+");                   //以二进制读写方式打开文件
    if(fp == NULL)
    {
        printf("打开文件失败");
        exit(1);
    }
    printf("请输入商品数量:\n");
    scanf("%d", &n);                             //从键盘输入
    WriteFile(fp, n);
    ReadFile(fp, n);
    fclose(fp);                                  //关闭文件

    return 0;
}
void WriteFile(FILE *fp, int n)                  //将键盘输入的商品信息写到文件
{
    int i;
    Rec record;

    printf("***********请输入商品数据***********\n");
    for(i = 1; i <= n; i++)                      //从键盘输入商品信息
    {
        printf("请输入序号:");
```

```
        scanf("%s", record.id);
        printf("请输入名称:");
        scanf("%s", record.name);
        printf("请输入价格: ");
        scanf("%f", &record.price);
        printf("请输入数量: ");
        scanf("%d", &record.count);
        printf("\n");
        fwrite(&record, sizeof(Rec), 1, fp);   //以块的方式写入文件
    }

}
void ReadFile(FILE *fp, int n)                  //从文件读出商品信息
{
    Rec record;
    double total = 0 ;

    rewind(fp);                                 //把文件内部的位置指针移到文件首
    while(fread(&record, sizeof(Rec), 1, fp))   //以块的方式读取文件中的数据
    {
        printf("序号:%s 名称:%s 价格:%5.2f 数量:%d \n", record.id, record.name,
               record.price, record.count);     //输出数据
        total = total + record.price * record.count;
    }
    printf("合计:%5.2f\n", total);
}
```

打开你输入写入数据的文件,看一下能读懂文件的内容吗?

注意

使用 fread 和 fwrite 进行读写文件时,文件的打开方式应该是打开二进制文件,即使用文本文件,系统也会按二进制文件读写。

提示

对于文件读写函数,可以根据实际需要灵活进行选择,从功能上看,fread 函数和 fwrite 函数可以完成文件的各种读写操作。一般来说,读写函数的选择原则是根据读写的数据单位来确定。

(1)读写一个字符数据: 选用 fgetc 和 fputc 函数。

(2)读写一个字符串: 选用 fgets 和 fputs 函数。

(3)读写多个不含格式的数据块: 选用 fread 和 fwrite 函数。

(4)读写多个含格式的数据: 选用 fscanf 和 fprintf 函数。

(5)fwrite 是将数据不经转换直接以二进制的形式写入文件,而 fprintf 是将数据转换为字符后再写入文件。

9.3.2 文件的随机读写

前面介绍的文件的读写方式都是按照文件内容的前后顺序进行读写,即每次都是从文件的首部开始逐个数据读写,在顺序读写时,文件的位置指针在每次完成读写数据项后,会自动移动到该数据项末尾的位置。而在许多实际应用中,人们希望能直接读到某一个数据项,不是按照物理顺序逐个地读数据项,而是

希望可以任意指定读写位置，按照自己的要求去完成某一个数据项的读写操作，这就是文件的随机读写。

实现随机读写的关键是要按要求移动文件位置指针，称为文件的定位。C语言提供了 rewind、fseek 和 ftell 函数实现了文件的随机定位操作，可以根据需要直接读取文件任意位置的数据，而不必按顺序从前往后读取。

1. 文件定位

移动文件位置指针的函数主要有两个：rewind() 和 fseek()。

（1）文件定位到文件首的函数 rewind

前面的例 9-3、例 9-6、例 9-7 均使用了 rewind 函数，它的功能是把文件位置指针移到文件首。例如，当向文件写完数据后，在读文件之前，需要将文件位置指针重新定位到文件的首部。

函数原型为：

```
void rewind(FILE *fp);
```

功能：将文件指针 fp 指定的文件位置指针重新指向文件的首部位置。

参数说明：fp 为文件指针名。

（2）随机定位函数 fseek

函数原型为：

```
int fseek(FILE *fp, long offset, int base);
```

功能：将文件指针 fp 移到基于 base 的相对位置 offset 处，可以根据需要将文件位置指针移到任意位置。

参数说明：fp 为文件指针；offset 为相对 base 的字节位移量，这是个长整数，用以支持大于 64KB 的文件；base 为文件位置指针移动的基准位置，是计算文件位置指针位移的基点。ANSI C 定义了 base 的可能取值，以及这些取值的符号常量，如表 9-3 所示。

返回值：正常时返回当前指针位置，异常时返回-1，表示定位操作出错。

表 9-3　起始点取值

符 号 常 量	取 值	表示的起始点
SEEK_SET	0	文件首
SEEK_CUR	1	当前位置
SEEK_END	2	文件末尾

例如：

```
fseek(fp, 100L, 0);        //表示把位置指针移动到距离文件首 100 个字节处
fseek(fp, -20, 1);         //把位置指针从当前位置沿文件首方向移动 20 个字节
```

 注意

fseek() 函数一般用于二进制文件。在文本文件中由于要进行转换，往往计算的位置会出现错误。

（3）文件指针的当前位置函数 ftell

函数原型为：

```
long ftell(FILE *fp);
```

功能：获取 fp 指定文件的当前读/写位置，该位置值用相对于文件开头的位移量来表示。

参数说明：fp 为文件指针。

返回值：正常时返回位移量（这是个长整数），异常时返回-1，表示出错。

2．文件的随机读写

在移动位置指针之后，用前面介绍的任一种读写函数进行读写。由于一般是读写一个数据块，因此常用 fread 和 fwrite 函数。

【例 9-8】输出第 m 个商品信息：将商品信息文件中所有商品信息输出后，再根据输入的商品记录号 m，输出第 m 个商品信息。

分析：商品信息文件名使用 scanf 函数读入，以 rb 方式打开商品信息文件；使用例 9-7 读取商品信息并输出的方法将文件中信息输出，然后使用 fseek 将文件指针移至第 m 个记录处，使用 fread 读出数据并输出到屏幕上；最后关闭文件。

```
#include<stdio.h>
#include <stdlib.h>

typedef struct Rec                              //定义结构体类型，使用 typedef 定义 Rec 为结构体类型名
{
    char id[10];
    char name[20];
    float price;
    int  count;
}Rec;

int main(void)
{
    char filename[20];                          //存放商品信息文件名
    FILE *fp;
    int m;                                      //存放要读取的商品记录号
    Rec record;

    printf("请输入商品信息文件:\n");
    scanf("%s", filename);
    fp=fopen(filename, "rb");                    //以文本读写方式打开文件
    if(fp == NULL)
    {
        printf("打开文件失败");
        exit(1);
    }
    while(fread(&record, sizeof(Rec), 1, fp))
    {
      printf("%s 名称:%s 价格:%5.2f 数量:%d\n", record.id, record.name,
            record.price, record.count);
    }
    printf("请输入要读取的商品记录号:\n");
    scanf("%d", &m);                            //从键盘输入
    fseek(fp, (m - 1) * sizeof(Rec), 0);        //将文件位置指针移到第 m 个商品信息位置
    fread(&record, sizeof(Rec), 1, fp);
    printf("第%d 条记录\n 序号:%s 名称:%s 价格:%5.2f 数量:%d\n", m, record.id,
            record.name, record.price, record.count);
```

```
    fclose(fp);                                     //关闭文件

    return 0;
}
```

图 9-3 所示为一组测试数据的运行结果截图。

图 9-3　例 9-8 程序运行结果截图

本程序用随机读取的方法读出第 m 个商品的信息。使用函数 fseek(fp,(m-1) *sizeof(struct Rec), 0)将位置指针移到第 m-1 条记录的末尾，然后用 fread(&record, sizeof(struct Rec), 1, fp)读取第 m 条记录信息，并显示输出。

> **注意**
>
> 　C 语言中，除了通过读写操作来实现文件的复制、合并等功能，还可对文件进行创建、查找、删除等操作。与之对应的函数也是在不同的头文件里定义的。例如，创建文件函数 create 在 io.h 中定义；删除文件函数 remove 在 stdio.h 中定义；查找文件函数 searchpath 在 dir.h 中定义。

9.4　文件检测函数

C 语言中常用的文件检测函数包括 feof、ferror 和 clearerr。

1. 文件结束检测函数 feof

文件结束检测函数 feof 用于判断文件位置指针是否到达文件末尾，可用于二进制文件，也可用于文本文件。

函数的调用格式为：

feof(文件指针);

功能：如果文件结束，则返回值为 1，否则返回 0。

如下面程序代码：

```
while(!feof(fp))                                //当文件未结束
    putchar(fgetc(fp));                         //从文件中读取字符并显示
```

在实际应用中，feof 函数很重要，利用它可以很方便地判断当前的文件是否结束，从而进行不同的处理。当然也可用符号常量 EOF 来判断是否到达文件尾。

2．读写文件出错检测函数 ferror

在使用输入/输出函数进行读写操作时，如果出现错误，可以用 ferror 函数来检测读写时是否出错。函数的调用格式为：

ferror(文件指针);

功能：如返回值为 0，表示未出错，否则表示有错。

3．文件出错标志和文件结束标志置 0 函数 clearerr

clearerr 函数的调用格式为：

clearerr(文件指针);

功能：本函数用于清除出错标志和文件结束标志，使它们为 0 值。

小　　结

文件是指存储在外部介质上的一组相关数据的集合。每个文件都用一个文件名来标识。C 文件按编码方式分为二进制文件和文本（ASCII）文件；按文件的读写方式分为顺序读写文件和随机读写文件；从用户的角度来看，文件分为普通文件和设备文件。

（1）文件打开和关闭函数：文件打开函数 fopen()，文件关闭函数 fclose()。

（2）文件顺序读写函数：字符读写函数 fgetc()和 fputc()，字符串读写函数 fgets()和 fputs()，格式化读写函数 fscanf()和 fprintf()。

（3）文件随机读写函数：数据块读写函数 fread()和 fwrite()。

（4）文件定位函数：位置指针随机移动函数 fseek()，位置指针移到文件首 rewind()，获取位置指针的当前位置 ftell()。

（5）文件检测函数：文件结束检测函数 feof()，检测文件输入/输出错误函数 ferror()。

习题与实践

1．系统的标准输入文件是指（　　）。
    A．键盘　　　　　　　　B．显示器　　　　　　　　C．软盘　　　　　　　　D．硬盘

2．若执行 fopen 函数时发生错误，则函数的返回值是（　　）。
    A．地址值　　　　　　　B．0　　　　　　　　　　C．1　　　　　　　　　　D．EOF

3．若要用 fopen 函数打开一个新的二进制文件，该文件要既能读也能写，则文件方式字符串应是（　　）。
    A．"ab+"　　　　　　　B．"wb+"　　　　　　　　C．"rb+"　　　　　　　　D．"ab"

4．fscanf 函数的正确调用形式是（　　）。
    A．fscanf(fp,格式字符串,输出表列);
    B．fscanf(格式字符串,输出表列,fp);
    C．fscanf(格式字符串,文件指针,输出表列);

　D．fscanf(文件指针,格式字符串,输入表列);

5．fgetc 函数的作用是从指定文件读入一个字符，该文件的打开方式必须是（　　）。

　A．只写　　　　　　　　B．追加　　　　　　　　C．读或读写　　　　D．答案 B 和 C 都正确

6．函数调用语句：fseek(fp,-20L,2);的含义是（　　）。（这个函数能改变文件位置指针，可实现随机读写。其中，第二个参数表示以起始点为基准移动的字节数，正数表示向前移动，负数表示向后退。第三个参数表示位移量的起始点，0 表示文件首，1 表示文件当前位置，2 表示文件末尾）

　A．将文件位置指针移到距离文件首 20 字节处

　B．将文件位置指针从当前位置向后移动 20 字节

　C．将文件位置指针从文件末尾处后退 20 字节

　D．将文件位置指针移到离当前位置 20 字节处

7．利用 fseek 函数可实现的操作（　　）。

　A．fseek(文件类型指针,起始点,位移量);

　B．fseek(fp,位移量,起始点);

　C．fseek(位移量,起始点,fp);

　D．fseek(起始点,位移量,文件类型指针);

8．利用 fread(buffer,size,count,fp)函数可实现的操作有（　　）。

　A．从 fp 指向的文件中，将 count 个字节的数据读到由 buffer 指定的数据区中

　B．从 fp 指向的文件中，将 size*count 个字节的数据读到由 buffer 指定的数据区中

　C．以二进制形式读取文件中的数据，返回值是实际从文件读取数据块的个数 count

　D．若文件操作出现异常，则返回实际从文件读取数据块的个数

9．设 FILE *fp，则语句 fp=fopen("m", "ab");执行的是（　　）。

　A．打开一个文本文件 m 进行读写操作

　B．打开一个文本文件，并在其尾部追加数据

　C．打开一个二进制文件 m 进行读写操作

　D．打开一个二进制文件 m，并在其尾部追加数据

10．C 语言中根据数据的组织形式，把文件分为（　　）和（　　）两种；C 语言中标准输入文件 stdin 是指（　　），标准输出文件是指（　　）；文件可以用（　　）方式存取，也可以用（　　）方式存取。

11．C 语言中，使用（　　）函数打开文件，使用（　　）函数关闭文件。

12．C 语言中，文件位置指针设置函数是（　　）；文件指针位置检测函数是（　　）；函数 rewind() 的作用是（　　）。

13．函数 feof()用来判断文件是否结束。若遇到文件结束，函数值是（　　），否则为（　　）。

14．一条学生的记录包括学号、姓名和成绩信息，要求：

（1）格式化输入多个学生记录。

（2）利用 fwrite 将学生信息按二进制方式写到文件中。

（3）利用 fread 从文件中读出成绩并求平均值。

（4）对文件中按成绩排序，将成绩单写入文本文件中。

15．编写函数实现单词的查找，对于已打开的文本文件，统计其中含某单词的个数。

16．青年歌手大赛记分程序，要求：

（1）使用结构记录选手的相关信息。

（2）使用链表或结构数组。

（3）对选手成绩进行排序并输出结果。

（4）利用文件记录初赛结果，在复赛时将其从文件中读出，累加到复赛成绩中，并将比赛的最终结

果写入文件中。

17. 编程实现用户注册及登录操作。要求：用户的注册信息包括用户名、密码、Email 等。注册时，输入新用户名和密码，验证文件中该用户名是否存在，如存在，提示重新输入用户名及密码；否则，将该用户输入的注册信息写入文件。登录时，输入用户名和密码，从文件中核对用户名和密码是否正确，若正确，显示"登录成功"；否则，提示重新输入；输入错误三次以上，结束程序。

C 第二篇
进阶篇

第 10 章　内 存 问 题

在目前的计算机系统或嵌入式系统中，内存资源仍然是有限的。因此在任何程序设计语言中，内存的管理都是十分重要的。当然在程序设计中，有效地管理内存资源是程序员首先要考虑的问题。

10.1　程序运行需要内存

所有的程序都是为了得到一定的结果而被运行的，计算机程序其实都是计算数据，所以数据是计算机程序的重要部分。对于：计算机程序 = 代码 + 数据，宏观上可以理解为：代码是加工数据的动作，而数据是被代码加工的对象。所以程序运行的目的就是用代码对数据进行加工，从而得到我们所关注的结果或过程。

用函数来类比数据和代码，函数的形参和局部变量就是待加工的数据，函数体就是代码。函数的返回值是结果，函数体的执行是过程，下面的两个函数一个是关注结果的，另一个是关注过程的。

```c
int Max2(int x, int y)
{//执行这个函数是为了得到 x,y 中较大的值
    int max = x;

    if (y >= max )    max = y;
    return max;
}
void Max2(int x, int y)
{//执行这个函数是为了关注输出 x,y 中较大值的过程，不需要返回值
    int max = x;

    if (y >= max)  max = y;
    printf("max =  %d\n", max);
}
```

当然也有既关注结果也关注过程的函数，即函数既有返回值，同时也有输出语句。

计算机程序执行的过程，其实就是按照流程运行程序中各个函数的过程，程序是由若干个函数组成的，程序的本质是函数集，而函数的本质是加工数据。C 语言的代码就是函数。

程序为什么需要内存呢？因为内存是用来存储数据的，数据在程序中表现为变量（全局变量、局部变量）和常量（也存储在内存中）。程序越简单需要的内存就越少，而程序越庞大越复杂则需要的内存就越多。内存管理对于程序员来说是很重要的问题，有很多关键性技术其实都是为了更好地管理内存而出现的，如数据结构（是研究如何组织数据，以及采用什么方式将数据存储在内存中的）、算法（研究用更好更高效的方法加工数据的）。对计算机来说，内存容量越大，利用计算机能做的事就越多，所以都希望自己的计算机内存更大。如果内存管理不佳，可能会造成程序运行消耗过多的内存，这样迟早内存都被这个程序耗光，当没有内存可用时，程序就会崩溃。管理好内存对程序来

说是一项重要技术。

从操作系统角度上讲，操作系统掌握所有的硬件内存，操作系统把内存分成很多个页面（一般一个页面为 4KB），然后以页面为单位进行管理，页面内用更细小的方式（以字节为单位）来管理。操作系统管理内存的原理非常麻烦、复杂、不人性化，对于使用操作系统的人来说，不需要了解这些细节，因为操作系统给使用者提供了一些管理内存的接口（函数），我们只需用 API（Application Programming Interface，应用程序编程接口，是一些预先定义的函数）就可以管理内存，如在 C 语言中使用 malloc、free 这些接口来管理内存。没有操作系统时（裸机），程序需要直接操作内存，编程者需要自己计算内存的使用和安排，如果不小心用错了内存，错误结果只能自己承担。

从语言角度上讲，不同语言提供了不同的操作内存的接口，而汇编语言，根本没有任何内存管理的接口，内存管理全靠程序员，操作内存时直接使用内存地址，非常麻烦。C 语言的编译器帮我们直接管理内存地址，通过编译器提供的变量名访问内存，如果需要使用大块的内存，可通过 API（如 malloc、free）来访问系统的内存。

C++语言进一步封装了 C 语言对内存的使用，如用 new 运算符创建对象（给对象分配内存），使用完对象后，再用 delete 运算符释放该对象所占用的内存，所以 C++语言对内存的管理要比 C 语言容易一些，但仍然需要靠程序员自己来做，如程序员使用 new 创建一个对象，但用完了如果忘记 delete，则会造成这个对象占用的内存不能被释放（内存泄漏）。

Java/C#等语言不能对内存直接操作，而是通过虚拟机操作内存的，虚拟机作为程序员的代理负责处理内存的释放，如果程序申请了内存而忘记了释放，则虚拟机会帮助释放掉，听起来似乎 Java/C#比 C 和 C++要好，但是其实虚拟机回收内存需要付出一定的代价。

语言没有好坏，只能说适合不适合应用，当程序对性能非常在乎的时候（如操作系统内核）就会用 C/C++，当非常在乎开发程序的速度时，就得用 Java/C#。

10.2　内存编址、寻址

硬件角度上，内存是计算机的一个配件（内存条）；逻辑角度上，内存是可以被随机访问的（只要给一个地址，就可以访问这个内存），并且可以读写，在编程中内存天然就是用来存放变量值的。有了内存，C 语言才能定义变量，C 语言中一个变量实际就对应内存中一个连续的内存单元，连续内存单元的大小由变量定义时的类型决定。内存的逻辑抽象图如图 10-1 所示。

图 10-1　内存的逻辑抽象图

内存实际上是由有限多个内存单元格组成的，每个单元格有一个固定的地址，称为内存地址，内存地址和内存单元格都唯一对应，一个内存地址对应一个内存单元格且永久绑定。如用大楼类比内存，逻辑上的内存就像是一栋大楼，内存的单元格就好像是大楼中的一个个小房间，每个内存单元格的地址就像每个小房间的房间号，内存中存储的内容就像是住在房间中的人。

1．位、字节、字和内存位宽

内存单元的大小单位有：位（1bit）、字节（8bit）、字（一般 32bit）等。在所有的计算机中，不管 32 位系统还是 64 位系统，位永远是 1bit，字节永远是 8bit，对于字只需知道具体有多少 bit 是依赖于平台和编译器的。

从硬件角度讲，硬件内存的实现本身是有宽度的，也就是说有些内存条是 8 位，而有些是 16 位，而内存条之间可以并联，通过并联后即使 8 位的内存条也可以做出来 16 位或 32 位的硬件内存。

从逻辑角度讲，内存位宽（内存一次能传输的数据量）是任意的，甚至可有位宽是 24 位的内存（但实际上是买不到这种硬件的），不管内存位宽是多少，直接操作即可，但是操作不是纯逻辑而是需要硬件去执行的，不能为所欲为，很多操作都是受限于硬件特性的，如 24 位的内存逻辑上和 32 位的内存没有区别，但实际硬件可能是 32 位（或 64 位）的，是按照 32 位（或 64 位）硬件特性工作的。

2．内存编址

内存单元编址是以字节为单位的。如果把内存比成一栋大楼，那么这个楼里的一个个房间就是一个内存单元，这个单元的大小是固定 8bit 的，就像这个大楼里面所有房间户型都是一样的。

3．内存和数据类型的关系

C 语言中的基本数据类型有 char（也叫字节类型，即分配一个字节的类型）、short、int、long、float 和 double。在 32 位的 CPU 中，int 是 32 位，它跟 CPU 的位宽是一致的。请读者自己测试一下 64 位 CPU 中，int 是 64 位吗？

> **注意**
>
> int 的位数和 CPU 的位宽是没有必然关系的。

数据类型和内存的关系就在于：数据类型是用来定义变量的，而这些变量需要在内存中存储，运算也在内存中。所以数据类型必须和内存相匹配才能获得最好的性能，否则可能效率低或不工作。在 32 位系统中定义整型变量时最好用 int，因为这样效率高。原因是 32 位的系统本身配合的内存也是 32 位，这样的硬件配置天生就适合定义 32 位的 int 类型变量，效率最高，当然也能定义 8 位的 char 类型变量或者 16 位的 short 类型变量，但实际上访问效率不高。

4．内存对齐

在 C 语言中，int a;是定义一个 int 类型变量 a。在内存中分配 4 个字节存储 a 的数据，有两种不同内存分配思路和策略。

第一种：0 1 2 3　　　　　　　　　　　　对齐访问
第二种：1 2 3 4 或 2 3 4 5 或 3 4 5 6　　非对齐访问

内存的对齐访问不是逻辑问题，而是硬件问题。从硬件角度说，32 位的内存是 0,1,2,3 四个单元，本身逻辑上就有相关性，这 4 个字节组合起来存储 int 类型的数据，硬件上是合适的，对齐访问能配合硬件，所以效率高，而非对齐访问，和硬件本身不搭配，所以效率不高。

10.3　C语言访问内存的方式

1．通过变量名访问内存

C语言对内存地址进行了封装，用变量名来访问内存。例如：

```
int n ;
n = 6 ;
n -= 8;
```

解释如下：

其中，int n;编译器申请了一个 int 类型的内存格子，此时这个内存格子是长度为 4 个字节的内存单元，地址是确定的，但是地址只有编译器知道，我们不知道，也不需要知道，并且把符号 n 和这个格子进行了绑定。

n = 6；编译器发现要给 n 赋值，就把 6 放到 n 绑定的那个内存格子中。

n -= 8；编译器发现要给 n 减值，n -= 8 等效于 n = n - 8，编译器会先把 n 原来的数据读出来，然后再减去 8，把差（-2）写入 n 所绑定的内存格子中。

C语言中的数据类型确定了一个内存格子的长度和对内存中数据的解析方法。

数据类型决定长度：一个内存地址（如 0x20000000），本来只代表 1 个字节的长度，但实际上可通过给它的类型(int)，让它有了长度，这样这个代表内存地址的数字就能表示从这个数字开头的连续 n（4）个字节的内存格子（0x20000000 +… + 0x20000003）。

数据类型决定解析方法：如有一个内存地址（0x20000000），可通过给这个内存地址不同的类型指定对这个内存单元格子中二进制数的解析方法。如 0x20000000 是 int 类型变量的地址，则（0x20000000 +… + 0x20000003）这 4 个字节连起来共同存储了一个 int 型数据，而如果 0x20000000 是 float 类型变量的地址，则（0x20000000 +… + 0x20000003）这 4 个字节共同存储一个 float 型数据。

在 C 语言中，函数就是一段代码的封装，函数名的实质就是这段代码的首地址。所以函数名的本质也是一个内存的地址。

对于 C 程序员来讲，不需要知道变量的具体地址值是多少，只需要能够根据数据的值及取值范围，选择合适的类型定义变量存储数据即可。

2．通过指针间接访问内存

数据类型（不管是基本类型如 int、double 等，还是指针类型如 int*、double*等）只是对后面代表的内存地址的数字或符号规定了内存地址开始的内存长度及解析方法。

C语言中的指针变量，其实跟普通变量没有区别。如 int a 和 int *p，a 和 p 都代表一个内存地址（如 0x40000000），虽然长度都是 4 个字节（假设 sizeof(int)和 sizeof(int*)均为 4），但是对这个内存地址（0x40000000）的解析方法不同，a 是 int 型，解析方法是按照 int 规定的，p 是 int *类型，解析方法是按 int *规定的（0x40000000 开头的连续 4 个字节中存储了一个地址，这个地址所代表的内存单元中存放的是一个 int 类型数据）。

3. 数组方式使用内存

数组对应的内存和变量对应的内存没有本质区别，只是对地址的解析方法不同。

```
int  a;          //编译器分配 4 个字节内存单元给 a，并且把首地址和符号 a 绑定起来
int  b[10];      //编译器分配 40 个字节内存单元给 b，并且把首元素的首地址和符号 b 绑定起来
```

数组中第一个元素（b[0]）就称为首元素，每一个元素类型都是 int，其中第一个字节的地址被称为数组的首地址。

10.4　栈和堆内存管理

1. 栈内存

栈（stack）是一种具有后进先出特点的数据结构，C 语言中使用栈来保存局部变量。栈管理的内存是自动管理的小内存。C 语言中的局部变量及函数形参就是使用栈内存的。当在 C 程序中定义一个局部变量时（如 int a），编译器会在栈中通过移动栈顶指针分配一段连续空间（4 个字节）给这个局部变量，此时这一段空间（4 字节）的栈内存地址和局部变量名（a）就关联起来，对应栈的入栈操作，这里移动栈指针和内存分配是自动进行的（不需程序员写代码操作，栈会自动完成）。

当函数退出时，局部变量要消亡，对应栈的出栈操作。出栈时也是移动栈指针将栈中与 a 关联的那 4 个字节的栈空间释放。这个操作也是自动的，不用写代码干预。栈管理内存很方便，分配和最后回收都不用程序员操作，C 语言会自动完成。

> **注意**
>
> C 语言中定义局部变量时，如果未初始化，则值是随机的。

定义局部变量，其实就是在栈中通过移动栈指针，给程序提供一个内存空间和这个局部变量名绑定，因为栈内存空间是反复使用的（上次用完没清 0），所以使用栈定义的局部变量，如果不显式初始化，值就是随机的。

C 语言局部变量的初始化。例如：

```
int a = 15;
```

C 语言编译器会自动把这行转成：

```
int a;                          //局部变量定义
a = 15;                         //普通的赋值语句
```

因为栈是有大小的，所以栈管理的内存有约束。栈内存设置太小怕溢出，设置太大怕浪费内存（如定义很大的数组）。栈的溢出危害很大，一定要避免。在 C 语言中定义局部变量时，不能定义太多或者太大，如尽量不要定义 int a[10000]这样的局部数组；使用递归解决问题时，一定要注意递归层数，如下面输出 1~n 之间整数的递归函数 printN，当 n 是 1000000，会出现栈的溢出，造成程序崩溃。

```
void printN(int n)              //输出 1~n
{
    if(n)                       //如果 n>0
```

```
    {
        printN(n-1);            //输出 1~n-1
        printf("%d\n", n);      //输出 n
    }
}
```

2. 堆内存

堆（heap）是另一种内存管理方式，它管理的内存区通常叫动态内存区，内存容量很大，而且内存的需求在时间和大小上没有规律，因为操作系统上运行着的几十甚至几千个进程随时都会申请或者释放内存，申请或者释放的内存块大小是随意的。堆方式管理的内存是自由的，可随时申请、释放，而且大小也随意。堆内存是操作系统划分归给堆管理器来管理的，然后向使用者（用户进程）提供 API（如 malloc、free 等）来使用堆内存。

当程序员需要内存容量比较大时（如 int a[1000]时，最好用堆内存），或需要反复使用并释放时也需要使用堆内存；很多数据结构（如链表）的实现也是要使用堆内存的。

堆管理的内存容量通常很大（常规使用的需求容量都能满足），申请及释放都需要手工进行，即需要程序员写代码明确进行申请（使用 malloc()函数）及释放（使用 free()）。如果程序员申请内存使用后并未释放，这段内存就丢失了（因为在堆管理器的记录中，这段内存仍然属于你这个进程，但是进程自己又以为这段内存已经不用了，再用的时候又会去申请新的内存块），称为内存泄漏。在 C/C++语言中，内存泄漏是最严重的程序缺陷。

C 语言操作堆内存的接口：

（1）堆内存释放直接调用 free 即可。

```
void free(void *ptr);
```

（2）堆内存申请时，有 3 个可选用的函数：malloc、calloc 和 realloc。

```
void  *malloc(size_t size);                //申请 size 个字节的堆内存，将首地址返回
void  *calloc(size_t  nmemb, size_t size); //申请 nmemb 个单元，每个单元 size 个字节
void  *realloc(void *ptr, size_t size);    //改变原来申请空间的大小，将首地址返回
```

如申请 10 个 int 元素的内存：可以使用 malloc(10*sizeof(int));，也可以用 calloc(10,sizeof(int));。

数组定义时必须给出数组元素个数，而且一旦定义再无法更改，堆内存申请时也必须给定大小，然后一旦申请完成大小不变，如果要更改只能通过 realloc()。

int *pa = (int *)malloc(10*sizeof(int)); 通过 pa = (int *)realloc(pa, 20*sizeof(int));实现了可变长度数组的目的。

10.5　C 程序的内存五区

程序中并不是所有的变量时刻都是可见的，一些变量在整个程序中都是可见的，即全局变量；一些变量只能在一个函数中或语句块中可见，即局部变量。要很好地了解变量的属性，应先弄清楚程序在内存中的分布区域。

在执行一个 C 语言程序时，操作系统把硬盘中的数据下载到内存中，并将内存划分成五个区域，由操作系统找到 main 入口开始执行程序。此程序将拥有唯一的"内存五区"：代码区、常量区、全局数据区、堆区和栈区（也可把常量区和全局数据区归成一个区），如图 10-2 所示。

图 10-2　程序在内存中的区域图

下面代码详细给出了各变量及常量的内存分配情况：

```c
#include <stdio.h>
#include <stdlib.h>
#include <string.h>

int a = 0;                              //a 在全局初始化数据区
char *p1;                               //p1 在全局未初始化数据区
static int c = 0;                       //c 在全局初始化数据区（静态全局变量）
struct Teacher
{
    char name[20];
    int age;
    float salary;
}t1;                                    //t1 在全局未初始化数据区

int main(void)
{
    printf("p1=%d\n", p1);
    int b;                              //b 在栈区（局部变量）
    char s[] = "abc";                   //s 在栈区，"abc"在常量区（全局初始化数据区）
    char *p2;                           //p2 在栈区
    char *p3 = "123456";                //p3 在栈区，"123456"在常量区（全局初始化数据区）
    static int d = 0;                   //d 在全局初始化数据区（静态局部变量）
    struct Student
```

```
{
    char *name;                          //name 在栈区，name 指针的指向是在堆区
    int age;
    float score;
}s1;                                     //s1 在栈区
p1 = (char*)malloc(10);                  //分配得到的 10 个字节的区域在堆区
p2 = (char*)malloc(20);                  //分配得到的 20 个字节的区域在堆区
s1.name = (char *)malloc(20);            //分配得到的 20 个字节的区域在堆区
strcpy(p1, "Hello World");               //从常量区的"Hello World"复制到刚分配到的堆区
free(p1);                                //释放 p1 所占的堆区内存
free(p2);                                //释放 p2 所占的堆区内存

    return 0;
}
```

在 C 语言里，全局变量如果不初始化，则默认为 0，也就是说在全局空间里。

int x =0; 跟 int x; 的效果看起来是一样的。但其实这里面的差别很大，建议所有的全局变量都要初始化。初始化和不初始化的主要差别如下：

编译器在编译时，针对这两种情况会产生两种符号放在目标文件的符号表中，对于初始化的，叫强符号，而未初始化的，叫弱符号。

编译后在连接目标文件时，如果遇到两个重名符号，会有以下处理规则。

（1）如果有多个重名的强符号，则报错。

（2）如果有一个强符号，多个弱符号，则以强符号为准。

（3）如果没有强符号，但有多个重名的弱符号，则任选一个弱符号。

基于以上规则看下面的由两个源文件（main.c 和 fun.c）构成的程序（编译器为 gcc 3.4.6，VC 下结果不一样）：

```
//main.c
#include <stdio.h>
int x = 1;
void fun(void);
int main(void)
{
    printf("x1:%d\n", x);
    fun();
    printf("x2:%d\n", x);
    return 0;
}
//fun.c
int x = 0;
void fun(void)
{
    x = 2;
}
```

因为两个文件里面的 x 都被初始化了，所以编译出来的两个目标文件里 x 都是强符号，连接的时候会报错：multiple definition of 'x'。符合规则（1）。

把 fun.c 里面的 int x = 0; 改成 int x; 不做初始化，编译、连接无任何警告，运行结果为：

```
x:1
x:2
```

说明连接的时候以 main.c 中 x 为准，fun 函数修改的是 main.c 中定义的 x。符合规则（2）。

把 main.c 中的初始化也去掉，改成 int x; 编译、连接仍然很顺利，运行结果为：

```
x:0
x:2
```

说明 main 函数和 fun 函数修改的是同一个 x，连接器自己选择了一个 x，符合规则（3）。

大部分情况下，不希望连接器为我们做决定，所以一般认同前两个规则，至少应该给个警告，而不应该像规则（3）通过。

也许写 fun.c 的人根本不知道 main.c 里面也有一个 x，fun 函数的本意也许并不是要修改 main.c 中的 x。因为这种问题引起的程序缺陷会很难查。所以要尽量把全局变量初始化，对于不想给别的文件引用的变量，也尽量用 static 修饰。

第 11 章　简单计算问题

计算机的基本能力就是计算，所以程序设计语言的计算能力是非常重要的，C 语言无所不能的原因就在于它不仅具有丰富的数据类型，还有强大的计算能力。C 语言有 34 个运算符，在基础篇已经介绍了绝大部分运算符的使用，为了计算除了使用运算符以外，还应该了解支持数学运算的函数库，包括三角函数、双曲函数、指数函数、对数函数、幂函数、取整函数、绝对值函数等。这些函数的原型都定义在头文件 math.h 中。下面给出几个简单计算的实例。

【例 11-1】计算 IPv6 地址能分配多久。

问题描述：到 2020 年底，新增网络地址不再使用 IPv4 地址，并在 2025 年让中国 IPv6 用户成为全球最多。目前，我国三大运营商都公布了 IPv6 的时间表，预计 2019 年下半年，全国大部分宽带、移动网络都会转到 IPv6 上。下一代因特网 IPv6 的地址占 128 位（二进制位），假设以每秒 100 万个地址的速度分配，请问要分配完，需要多少年？

问题分析：IPv6 地址占 128 个二进制位，则共有 2^{128} 个地址，假设每秒分配 1000000 个地址，则分配完共需要 $\dfrac{2^{128}}{1000000}$ 秒，即 $\dfrac{2^{128}}{1000000 \times 365 \times 24 \times 60 \times 60}$ 年。

需要计算式子 $\dfrac{2^{128}}{1000000 \times 365 \times 24 \times 60 \times 60}$ 的值，显然，关键在于如何计算 2^{128}，首先考虑头文件 math.h 中是否有相应的库函数能够计算 2^{128} 的值，如果有，就直接调用；如果没有，只能自己写一个函数 MyPow（int a,int n），计算 a 的 n 次幂的值。

在 math.h 头文件中有相应的库函数 double ldexp(double x, int n)，用于计算 $x \times 2^n$，只需让 x=1.0，n=128 即可。

参考代码如下：

```c
#include <stdio.h>
#include <math.h>

int main(void)
{
    double x;                          //存放分配完 IPv6 地址所用的时间（单位为年）

    x = ldexp(1.0, 128) / 1000000 / (365 * 24 * 60 * 60);   //计算 x
    printf("%e 年\n", x);              //以指数形式输出 x 的值

    return 0;
}
```

编译运行，输出结果为：1.079028e+025 年，即 1.079028×10^{25} 年，这个结果是不是令你非常吃惊，因为计算结果告诉我们，IPv6 的地址假设以每秒 100 万个的速度进行分配，要把它分配完，则需要

10790283000000000 亿年，而科学家观察到现在宇宙的寿命才不过几百亿年！这个例子也从一个侧面看出指数级爆炸增长的威力！

 注意

库函数并不是 C 语言的组成部分，C 标准只是建议编译系统包含一些常用的库函数而已（如输入、输出），对于不同的编译系统其数学库函数是有所不同的，但也有相同部分。

【例 11-2】简单四则运算。

问题描述：编写一个程序，能随机出几道 1~10 之间整数的加法（或减法、或乘法、或除法）题给小学生作答，出题数和运算种类由输入设定，对于每道题如果学生给的答案正确，显示 ok，可以进行下一道题；如果答案不正确，则显示 no，返回重做此题，至多做 3 次，如果 3 次均没有答对，则显示计算式及答案；再继续进行下一道题。

问题分析：输入出题数 n 和运算符 op（+、-、*、/之一）后，开始出 n 道 op 运算题，每道题要先显示计算式，让学生输入答案，接着判断学生的答案是否正确，根据正确与否决定后续操作。程序的伪代码如下：

```
int n, k;                            //存放出题目数，每道题学生可输入答案次数
int a, b, ans, yans;                 //存放题中两个操作数、正确答案及学生答案
char op;                             //存放运算符
scanf("%d %c", &n, &op);             //输入题目数及运算符
while( n-- )                         //机器给学生出 n 道
{
    随机产生 a,b
    计算 a op b 的正确答案 ans
    k=3;
    while(k--)                       //每道题最多做 3 次
    {
        显示计算式子，学生输入答案 yans
        比较 ans 与 yans 是否相等，如果相等跳出循环
        否则输出 no
    }
    根据结束循环的情况，输出 ok 或给出式子及正确答案
}
```

问题一，计算机怎么出题呢？运算符由用户输入，那两个操作数是什么呢？当然不能输入，也不能在程序中用赋值方法固定操作数，这样只能随机产生了，幸好库文件 stdlib.h 中的 rand()函数能随机产生 0~32767 之间的整数，那么把产生的数又如何变成 1~10 之间的整数？利用求余思想，rand()%10+1 就可以把随机产生的数映射到 1~10 之间。另外，要达到真正随机的效果，要使用 srand(time(NULL))函数完成用当前机器的时间设置随机种子。其中 time()函数在头文件 time.h 中，关于 time()函数的用法请读者上网查找。

问题二，如何知道学生输入的答案是否正确呢？当然比较正确答案和学生输入的答案是否相等即可。用函数 int Compute(int x,char op,int y)计算 x op y 的值，并返回。因为 op 是 "+、-、*、/" 中的一个，按 op 分类，使用多分支结构 if-else if...或 switch-case 执行对应的运算。

程序的参考代码如下：

```
#include <stdio.h>
#include <stdlib.h>
#include <time.h>
```

```
int Compute(int x, char op, int y);            //计算 x op y 的值并返回

int main(void)
{
    int n, k;                                   //存放出题目数，每道题学生可输入答案次数
    int a, b, ans, yans;                        //存放题中两个操作数、正确答案及学生给的答案
    char op;                                    //存放运算符

    printf("输入题目数及运算符：\n");
    scanf("%d %c", &n, &op);                    //输入题目数及运算符
    srand(time(NULL));                          //用机器时间设置随机种子
    while(n--)
    {
        a = rand() % 10 + 1;
        b = rand() % 10 + 1;
        ans = Compute(a, op, b);                //计算 a op b 的正确答案
        k = 3 ;
        while(k--)                              //每道题至多做 3 次
        {
            printf("%d %c %d = ", a, op, b);
            scanf("%d", &yans);
            if( yans == ans)     break;         //答案正确，继续下一道题
            else          printf("no\n");       //答案不正确，输出 no，重做
        }
        if( yans != ans)                        //3 次答案都不正确，输出计算式子与正确答案
            printf("%d %c %d = %d\n", a, op, b, ans);
        else                                    //答案正确，输出 ok
            printf("ok!\n");
    }

    return 0;
}
int Compute(int x, char op, int y)
{
    int res;
    switch(op)
    {
        case '+':  res = x + y;  break;
        case '-':  res = x - y;  break;
        case '*':  res = x * y;  break;
        case '/':  res = x / y;  break;
    }

    return res;
}
```

实践： 如何实现加减乘除运算符也能随机产生呢？

> **提示**
>
> 　　一共有四种运算符，可以规定加减乘除分别对应 0~3 之间的整数，然后利用随机函数产生[0,3]之间的整数，这样再映射回去就随机产生了运算符。

提示

要随机产生[a,b]的一个整数，0≤a，b≤32767,可用 rand() % (b - a + 1) + a。

【例 11-3】表达式求值问题。

问题描述：完成不含括号的整数的加减乘除四则运算的长算式的求值，其中所有的中间结果均为整数。输入一行不含括号的加减乘除四则运算的长算式，"="代表输入结束。输出有三种情况：如果能够进行运算，则输出运算结果；如果出现除以零的情况，则输出 Divided by 0；如果运算符不是加减乘除符号，则输出 Error。

问题分析：在基础篇已经学会了形如 a op b 表达式求值问题，接下来先考虑如何实现形如 a op1 b op2 c 表达式的求值问题，其中，a、b、c 均为整型数，op1、op2 为加减乘除中的运算符，这里首先需要考虑 op1 和 op2 的优先级，如果 op1 优先级大于等于 op2 优先级，则先计算 a op1 b，再计算剩余式子；否则先计算 b op2 c，再计算剩余式子。容易得到下面的伪代码：

```
int a, b, c;
char op1, op2;
scanf("%d %c %d %c %d", &a, &op1, &b, &op2, &c);        //输入表达式 a op1 b op2 c
if(op1 或 op2 非法)
    printf("Error\n");
else
{
    if(op1 优先级>=op2 优先级 )
    {
        if(op1=='/' && b==0)
        {
            printf("Divided by 0\n");
            return 0;
        }
        else
        {   先计算 a=a op1 b,再计算 a op2 c  }
    }
    else
    {
        if(op2=='/' && c==0)
        {
            printf("Divided by 0\n");
            return 0;
        }
        else
        {   先计算 b=b op2 c,再计算 a op1 b    }
    }
    输出上面的计算结果
}
```

为了使程序更加清晰，功能独立的程序段尽量设计成函数，这里判断一个字符是否是非法运算符可设计函数 int Isop(char ch)，如果合法返回 1，否则返回 0；比较两个运算符优先级的大小，可设计函数 int Priority(char op)，返回运算符 op 的优先级，用整数代表运算符 op 优先级，数的大小代表优先级大小。计算式子 a op b 的值可设计函数：int Compute(int a, char op, int b)返回 a op b 的值。

形如 a op1 b op2 c 表达式求值的参考代码如下：

```c
#include <stdio.h>

int Isop(char ch);                          //判断 ch 是否为运算符，是返回 1，否则返回 0
int Priority(char op);                      //返回运算符 op 的优先级，整数大小代表优先级大小
int Compute(int x, char ch, int y);         //返回 x ch y 的计算结果

int main(void)
{
    int a, b, c;
    char op1, op2;

    printf("输入表达式: a op1 b op2 c= \n");
    scanf("%d %c %d %c %d", &a, &op1, &b, &op2, &c);
    getchar();                              //接收'='
    if(!Isop(op1) || !Isop(op2))            //op1 和 op2 中有一个不是"+,-,*,/", 则输出 Error
        printf("Error\n");
    else
    {
        if( Priority(op1) >= Priority(op2) )
        {//先计算 a op1 b
            if(op1 == '/' && b == 0)
            {//被 0 除情况
                printf("Divided by 0\n");
                return 0;
            }
            a = Compute(a, op1, b);
            op1 = op2;
            b = c;
        }
        else
        {//先计算 b op2 c
            if(op2 == '/' && c == 0)
            {//被 0 除情况
                printf("Divided by 0\n");
                return 0;
            }
            b = Compute(b, op2, c);
        }
    //计算上面两种情况后剩余式子
        if(op1 == '/' && b == 0)
        {//被 0 除情况
            printf("Divided by 0\n");
            return 0;
        }
        a = Compute(a,op1,b);
        printf("%d\n",a);
    }

    return 0;
}
int Isop(char ch)
{
    if(ch == '+' || ch== '-' || ch == '*' || ch == '/')
        return 1;
    return 0;
```

```
}
int Priority(char op)
{
    int res;                              //存放表示 op 优先级的整数
    switch(op)
    {//'+'和'-'的优先级一样，'*'和'/'的优先级一样
        case '+':
        case '-': res = 1;  break;
        case '*':
        case '/': res = 2;  break;
    }

    return res;
}
int Compute(int x, char ch, int y)
{
    int res;                              //存放 x ch y 的值
    switch(ch)
    {
        case '+': res = x + y;  break;
        case '-': res = x - y;  break;
        case '*': res = x * y;  break;
        case '/': res = x / y;  break;
    }

    return res;
}
```

最后再考虑如何实现不含括号的整数的加减乘除四则运算的长算式的求值问题。

在形如 a op1 b op2 c 表达式基础上实现，式子从 0＋b 开始（即设置 a=0，op1='+'，输入 b）,然后循环执行：输入 op2，如果 op2 为'='，式子输入结束，否则再输入 c，使式子变长，接着就是 a op1 b op2 c 的计算，因为每次接收的字符均为 op2，接收的操作数均为 c，所以无论先做 op1，还是先算 op2，最后结果均保证没计算的式子是 a op1 b。直到 op2 为'='式子结束。

加减乘除四则运算长算式的求值问题的完整程序，只需将形如 a op1 b op2 c 表达式求值问题的程序中的主函数进行修改。参考代码如下：

```
int main(void)
{
    int a, b, c;                          //存放操作数
    char op1, op2;                        //存放运算符和"="

    printf("输入表达式 = 结束\n");
    a = 0;
    op1 = '+';
    scanf("%d", &b);
    while(1)
    {
        op2 = getchar();
        if(op2 == '=')    break;          //如果输入"="，表达式输入结束
        else
            scanf("%d", &c);
        if(!Isop(op2))                    //输入的运算不是"+, -, *, /"
```

```
    {
        printf("Error\n");
        return 0;
    }
    if( Priority(op1) >= Priority(op2) )
    {                                      //先计算 a op1 b
        if(op1 == '/' && b == 0)
        {                                  //0 为除数情况
            printf("Divided by 0\n");
            return 0;
        }
        a = Compute(a, op1, b);
        op1 = op2;
        b = c;                             //使最后没有计算的式子是 a op1 b
    }
    else
    {                                      //先计算 b op2 c
        if(op2 == '/' && c == 0)
        {
            printf("Divided by 0\n");
            return 0;
        }
        b = Compute(b, op2, c);            //使最后没有计算的式子是 a op1 b
    }
}
//式子输入结束，计算最后剩余的式子 a op1 b 的值
if(op1 == '/' && b == 0)
{
    printf("Divided by 0\n");
    return 0;
}
a = Compute(a, op1, b);
printf("%d\n",a);                          //输出长表达式的值

return 0;
}
```

程序中涉及的三个函数，对应前面实现 a op1 b op2 c 表达式求值程序中的三个函数。四组测试用例对应的测试结果如图 11-1 所示。

图 11-1　长表达式求值程序运行结果截图

【例 11-4】多项式求值问题。

问题描述：$f(x)=a_0+a_1x+\cdots+a_nx^n$，其中 n 是多项式的阶数，$a_i$ 中存储指数为 i 的项的系数，x 是给定的 double 类型数据。已知 n,a_i 及 x 的值，求多项式 f(x) 的值。

问题分析：定义 double 类型数组 a[n+1]，存放多项式系数，采用模块化编程，定义函数 double Polyf(double a[], int n, double x) 求多项式的值。此题的关键在于如何求各项的值，下面给出四种解决方法。

方法 1：首先用头文件 math.h 中的函数 double pow(double a, double x)，求 a 的 x 次幂，很容易实现 Polyf1 函数。参考代码如下：

```
double Polyf1(double a[], int n, double x)
{//调用头文件 math.h 中的pow(x,i)求 xi 的值
    double p, term;                          //存放 f(x)的值,及 x 的 i 次幂的值

    P = a[0];
    for(int i = 1; i <= n; i++)
    {
        term = pow(x,i);
        p += a[i] * term;
    }

    return p;
}
```

分析：此函数的主要工作量是调用了 n 次库函数 pow，而 pow 在计算 x^i 时作了 i 次乘法，所以可以自己写一个循环语句求 x^i，从而得到用多项式求值的方法二。

方法 2：用循环语句求 x^i。Polyf2 函数的参考代码如下：

```
double Polyf2(double a[], int n, double x)
{//用循环计算 xi
    double p = a[0];
    double term;

    for(int i = 1; i <= n; i++)
    {
        term = 1;
        for(int j = 1; j <= i; j++)          //求 xi 的值
            term *= x;
        p += a[i] * term;
    }

    return p;
}
```

分析：方法二的效率比方法一的高一些，方法一主要慢在调用库函数上，但二者均是执行了 1+2+…+n 次乘法，n 次加法操作，如果 n 很大，效率会很低。

方法 3：发现方法二中在用循环求 x^i 的值时，可以由 x^{i-1} 的结果迭代获得，即 $x^i=x^{i-1}\cdot x$，所以可以把方法二中的内层循环省略，直接从 term = 1 开始迭代求 x^i 的值：term *= x，再将 term*a[i]加到累加器 p 中，下一项再通过 term *= x，迭代计算 x^{i+1}。对应 Polyf3 函数，其参考代码如下：

```
double Polyf3(double a[], int n, double x)
{//用迭代法计算 xi
    double p = a[0];
    double term = 1;                         //term 存放 xi 的值，初始 term=x0=1

    for(int i = 1; i <= n; i++)
    {
        term *= x;                           //xi=xi-1*x
        p += a[i] * term;
    }
```

```
    return p;
}
```

分析：方法三在执行第 i 次循环求 x^i 的值时，是在第 i-1 循环时求的 x^{i-1} 再乘以 x 得到的，所以对于 n 阶多项式，一共执行了 n 次乘法，Polyf3 函数共做了 2n 次乘法，n 次加法操作，要比方法二效率提高一个数量级。

方法 4：利用秦九韶算法，采用递推的方式将多项式 $f(x)=a_0+a_1x+\cdots+a_nx^n$ 变形为等价公式 $f(x)=a_0+(a_1\cdots+(a_{n-2}+(a_{n-1}+a_nx)x\cdots)x$，通过这个新表达式可以看出，只要从里层往外逐层（从最高一项开始迭代计算）按照如下的方式递推，便可以计算得到多项式的值：

$$R_k=a_k+R_{k+1}*x$$

所以很容易得到函数 Polyf4。其参考代码如下：

```
double Polyf4(double a[], int n, double x)
{//秦九韶的从最高阶一项开始迭代的方法
    double p = a[n];

    for(int i = n-1; i >=0; i--)
    {
        p = p * x + a[i];
    }

    return p;
}
```

分析：函数 Polyf4 只做了 n 次乘法和 n 次加法，与方法三是一个数量级的。

为了帮助读者彻底理解这四个求多项式值函数的效率区别，下面给出测试一段程序执行时间的函数 Ftick() 的代码，使用头文件 time.h 中的函数 clock()，它能捕捉从程序开始运行到 clock () 被调用时所耗费的时间，时间单位是 clock_t（即 clock tick，表示时钟打点），再利用常数 CLK_TCK（机器时钟每秒所走的时钟打点数），计算程序执行所用的具体时间。测试 fp 所指函数的执行时间参考代码如下：

```
#include <time.h>
#define K 1e6

clock_t start, end;                      //用于记录某段程序开始执行时及结束时时钟打点数
double dur;                              //记录被测试程序段运行时间，单位为秒
void Ftick(double (*fp)(double *, int, double))
{//测试 fp 所指函数的执行时间，本处是 Polyf1~Polyf4
    double sum;                          //fp 的返回值

    start=clock();                       //记录下面代码开始执行时的时钟打点数
    for(int i = 1;i <= K;i++)            //为了能测出时间，让函数 fp 执行 K 次
        sum = fp(a, N, x);
    end = clock();                       //记录上面代码结束时的时钟打点数
    dur=(double)(end - start) / CLK_TCK / K;        //计算函数 fp 执行一次的时间（秒）
    printf("f(x) = %f, time=%6.2e\n", sum, dur);   //输出 sum 及 dur
}
```

　　函数 Ftick(double (*fp)(double *,int, double))实现了测试函数 fp 的执行时间，函数的形参是一个函数指针，这个指针只能指向原型为 double Fun(double *,int, double)的函数。下面程序的主函数在调用函数 Ftick()时分别传递了 Polyf1~Polyf4，即实现了多项式求值四种方法对应函数 Polyf1~Polyf4 的执行时间。为了便于描述 f(x)中的 n 取 10，主函数的参考代码如下：

```c
#include <stdio.h>
#include <time.h>
#include <math.h>
#define N 10
#define K 1e6

void Ftick(double (*fp)(double *, int, double));
double Polyf1(double a[], int n, double x);
double Polyf2(double a[], int n, double x);
double Polyf3(double a[], int n, double x);
double Polyf4(double a[], int n, double x);
clock_t start, end;
double dur;
double a[N+1], x=1.1;

int main(void)
{
    for(int i = 0;i <= N; i++)
        a[i] = i;
    Ftick(Polyf1);
    Ftick(Polyf2);
    Ftick(Polyf3);
    Ftick(Polyf4);

    return 0;
}
```

　　把函数 Ftick()、Polyf1~Polyf4 附到主函数 main()之后便得到了 4 种方法分别实现多项求值程序的完整代码。

　　图 11-2 所示为 4 种方法求多项式值的运行时间比较图。

```
f(x)=110.000000, time=2.31e-006
f(x)=110.000000, time=6.83e-007
f(x)=110.000000, time=1.19e-007
f(x)=110.000000, time=1.42e-007
```

图 11-2　多项式求值 4 种方法运行时间比较图

　　可见，解决问题方法的效率与算法设计的巧妙程度有关。

小　　结

（1）给出几个常见的计算问题：四则运算，表达式求值，多项式求值。
（2）练习使用 math.h 中的几个数学函数。

习题与实践

1．计算机系统中的计时问题。

计算机用一个 32 位的硬件寄存器来计算计算机工作时所需要的时间，其起始时间为 1970 年 1 月 1 日 0 时 0 分 0 秒，底层硬件晶体震荡电路每 1 秒会使该寄存器加 1，请问到多少年后该寄存器会溢出？

2．求分数序列的和。

有一个分数序列 $q_1/p_1, q_2/p_2, q_3/p_3, q_4/p_4, q_5/p_5, \cdots$，其中 $q_{i+1} = q_i + p_i$，$p_{i+1} = q_i$，$p_1 = 1$，$q_1 = 2$。比如这个序列前 6 项分别是 2/1,3/2,5/3,8/5,13/8,21/13。求这个分数序列的前 n 项之和。

输入一个 n，输出一个浮点数，表示分数序列前 n 项的和，精确到小数点后 4 位。

3．求出 e 的值。

利用公式 $e = 1 + 1/1! + 1/2! + 1/3! + \cdots + 1/n!$ 求 e。

输入一行，该行包含一个整数 n（$2 \leqslant n \leqslant 15$），表示计算 e 时累加到 $1/n!$。

输出计算出来的 e 的值，要求精确到小数点后 10 位。

4．输入整数 a（1~9）及 n（<9），求 a+aa+aaa+⋯+a⋯a（最后一项是 n 位，每位均为 a）的值。

第12章　数制转换问题

目前的计算机虽然能够快速运算，但它的内部使用的数据并不像人类所熟悉的十进制数，而是使用只含 0、1 组成的二进制数。当然，我们输入到计算机的十进制数需要被转换成二进制数后再进行计算，计算后的结果又由二进制转换成我们需要的进制数，这些都是由强大的操作系统自动完成的，学习编程语言，还需要了解各种数制。数制是用一组固定的符号和统一的规则来表示数值的方法，人们通常采用的数制有十进制、二进制、八进制和十六进制。

各进制之间的区别在于：数码（各个位上的数字）范围不同，二进制的数码有 0 和 1，十六进制的数码有 0,…,9,A,…,F；基数（使用数码的个数）不同，二进制的基数是 2，十六进制的基数是 16；位权（i 位上的位权为基数的（i-1）次幂，其中从右向左分别为第 1 位，2，…）不同，如十进制数 123 中的 1 所在位上的位权是 10^2，2 所在位上的位权是 10^1，3 所在位上的位权是 10^0，二进制数 1101 中，最左边的 1 位权是 2^3，最右边的 1 的位权是 1；另外基数决定了逢几进 1，如二进制是逢 2 进 1，十进制是逢 10 进 1，十六进制自然是逢 16 进 1。

前面介绍的 printf()函数，它可以通过格式控制参数%d 输出有符号十进制整数；%u 输出无符号十进制整数；%f 十进制浮点数；%o 八进制数；%x 十六进制数。对于其他进制数没有规定控制参数。

数制转换，即进制转换。指进制（二、八、十、十六进制，逻辑上可以有其他进制）之间的相互转换，在计算机编程中很常见。数制转换需要了解数制之间的换算规则。

1．M 进制数转换成十进制数

首先把 M 进制数写成按位权系数构成的多项式 f(x)，多项式的值就是相应的十进制数，这种方法称为"按权相加"法。

对应的多项式为：$f(x) = \sum_{i=0}^{n-1} a_i x^i$　（a_i 为 i 位对应的数码，x 为 M 进制数的基数（即 M），n 为位数）

例：二进制数　　　　　　　　　　　　　　　　　十进制数

$$1000 = 0 \times 2^0 + 0 \times 2^1 + 0 \times 2^2 + 1 \times 2^3 = 8$$
$$= \sum_{i=0}^{3} a_i 2^i$$

八进制数　　　　　　　　　　　　　　　　　　十进制数

$$743 = 3 \times 8^0 + 4 \times 8^1 + 7 \times 8^2 = 483$$
$$= \sum_{i=0}^{2} a_i 8^i$$

十六进制数　　　　　　　　　　　　　　　　　十进制数

$$2AD = 13 \times 16^0 + 10 \times 16^1 + 2 \times 16^2 = 685$$
$$= \sum_{i=0}^{2} a_i 16^i$$

2. 十进制数转换成 M 进制数

以 M 是 2 为例。采用"除以 2 取余，逆序排列"法。具体做法是：用十进制整数除以 2，得到一个商和余数，余数作为二进制数的最低位；再用商除以 2，又会得到一个商和余数，余数作为二进制数的次低位，如此进行，直到商等于 0 时为止，这时的余数就是二进制的最高位。

例如，将十进制数 12 转换成对应的二进制数，过程如下：

$12 / 2 = 6$========余 0

$6 / 2 = 3$========余 0

$3 / 2 = 1$========余 1

$1 / 2 = 0$========余 1

$12 = 1100(2)$

为了区分十进制和其他进制，将在非十进制数据的后面加上括号，括号中注明进制数，二进制则标记为（2）。

下面利用 C 语言程序解决几个数制转换问题，本部分所涉及的数均为整数，数值的大小不超过 int 类型数据的范围。

【例 12-1】八进制到十进制

问题描述：把一个八进制正整数转化成十进制整数。

输入：一个八进制表示的正整数 a，a 的十进制表示的范围是（0, 65535）。

输出：一行，a 的十进制表示。

样例输入：

```
101
```

样例输出：

```
65
```

问题分析：使用"按权相加"法写成位权为 8 的几次幂的多项式展开式，然后求这个多项式的值，就得到相应的十进制。如对于一个八进制数 142，对应的十进制数可以通过计算 $2 \times 8^0 + 4 \times 8^1 + 1 \times 8^2 = 98$，所以很容易得到下面的伪代码：

```
char a[20];                    //a 存放 8 进制整数
scanf("%s", a);
求 a 对应的十进制数
```

方法 1：通过对 a 的各位上数字与位权的乘积求和，求 a 对应的十进制数。这个功能用函数 int OcToDec(char *a, int base) 完成，其中 a 存放八进制整数，base 是 a 的基数（8），下面的代码是对 a 从低位（右）向高位（左）扫描得到各个位上数字，位权从 1 开始，迭代乘以 8 得到下一位的位权。

程序的参考代码如下：

```
#include <stdio.h>
#include <string.h>
#define N 8                        //表示原整数是几进制数

int OcToDec(char *a, int base);    //将 base（8）进制数 a 转换成十进制数

int main(void)
{
```

```
    char a[20];                                  //a 存放八进制整数
    int tennum;                                  //存放 a 对应的十进制整数

    scanf("%s", a);
    tennum = OcToDec(a, N);                       //求 N(8)进制数 a 对应的十进制数
    printf("%d\n", tennum);                       //输出 a 对应的十进制数

    return 0;
}
int OcToDec(char *a, int base)                    //将 base（8）进制数 a 转换成十进制数
{
    int sum = 0;                                  // sum 存放 a 对应的十制数
    int len = strlen(a);                          //计算 a 的位数
    int weight = 1;                               //存放 base 进制数各位上的位权值
    for(int i = len - 1; i >= 0; i--)
    {
        sum += (a[i] - '0') * weight;
        weight *= base;
    }

    return sum;
}
```

方法 2：函数 int OcToDec(char *a, int base)，在按权相加时也可以从高位（左）向低位（右）扫描各位上的数，初始 sum = 0，然后每次循环执行 sum = sum * base + a[i];，其中 base 为基数 8。OcToDec()函数的参考代码如下：

```
int OcToDec(char *a, int base)                    //将 base（8）进制数 a 转换成十进制数
{
    int sum = 0;
    int len = strlen(a);

    for(int i = 0; i < len; i++)
    {
        sum = sum * base + a[i] - '0';
    }

    return sum;
}
```

上面关于函数 int OcToDec(char *a, int base)的两种实现方法效率是一样的。

求一个 M 进制数对应的十进制数，就是对"按权相加"法得到的多项式进行求值，通常用第 11 章给出的多项式求值问题的方法 3（从低位开始迭代求各位的位权，上面的方法 1 即是）和方法 4（从高位开始迭代，上面的方法 2 即是）。

【例 12-2】十进制到八进制。

问题描述：把一个十进制正整数转化成八进制正整数。

输入：一个十进制表示的整数 a（0 < a < 65535）。

输出：a 的八进制表示。

样例输入：

样例输出：

101

问题分析： 输入十进制整数 a 之后，最简单的是使用语句 printf("%o", a);即可实现，但如果要保留 a 对应的八进制数怎么办呢？下面的方法适用于将一个十进制数转换成任意的 M 进制数。采用"除以 M 取余，逆序排列"法（辗转相除，取余，逆置余数序列的过程得到新的进制的数）将十进制数转换成 M 进制数。将十进制数 d 转换成的 M 进制数存放在 Mnum 中，当 M 小于等于 10 时，Mnum 可以定义成 int 型数组，但当 M 大于 10 时，Mnum 可以定义成 char 类型，思考为什么？

将十进制数 d 转换成 M 进制数的伪代码如下：

```
int d;                                //存放已知的十进制数
char Mnum[20];                        //存放十进制对应的 M 进制数
scanf("%d", &d);
辗转执行 d 除以 M 取余，每次将余数保留到数组 Mnum 中，直到商为 0
输出 Mnum
```

采用模块化编程法，设计函数 void DToM(int d,int m,char *bnum); 完成将十进制数 d 转换成 m 进制数，存放在 bnum 串中，这样主函数只需要定义 d,输入 d,并定义一个存放八进制数的数组 char Mnum[20]，调用函数 DToM()，最后再输出 Mnum。程序的参考代码如下：

```c
#include <stdio.h>
#include <string.h>
#define M 8                           //M 存进制数

void DToM(int d, int m, char *mnum);  //将十进制数 d 转成 m 进制数，存在 mnum 中

int main(void)
{
    int d;
                                      //d 存十进制数
    scanf("%d", &d);                  //输入十进制数 d
    char Mnum[100];                   //存放 d 对应的 M 进制数
    DToM(d, M, Mnum);                 //将十进制数 d 转换成 M 进制数，存在 Mnum 中
    printf("%s\n", Mnum);             //输出 M 进制数 Mnum

    return 0;
}
void DToM(int d, int m, char *mnum)
{
    int len = 0, r ;                  //存放 mnum 的下标，及 d%m 的值

    do
    {
        r = d % m ;
        mnum[len++] = r + '0';        //将对应的整数转换成数字字符
        d /= m;
    }while(d != 0);
    mnum[len] = '\0';
    char t;
    for(int i = 0, j = len - 1;  i < j;  i++, j--)
    {//mnum 数组逆置
        t = mnum[i];  mnum[i] = mnum[j];  mnum[j] = t;
    }
}
```

实践：上面的程序如何修改可完成将一个十进制整数转换成十六进制数？

分析：首先将前面的符号常量的值修改成 16，然后函数 void DToM(int d, int m, char *mnum);中辗转执行 d 除以 M(16)取余，每次将余数保留到数组 mnum 中时，要考虑余数是否大于等于 10，如果是就要存放对应的字母，10 对应 A，11 对应 B，……。所以只需将 do...while 中的循环体修改成如下：

```
do
{
    r = d % m;
    if(r >= 10)
        mnum[len++] = r - 10 + 'A';      //将对应的整数转换成字母字符
    else
        mnum[len++] = r + '0';           //将对应的整数转换成数字字符
    d /= m;
}while(d != 0);
```

【例 12-3】 N 进制到 M 进制。

问题描述：这是一个任意进制间的转换问题，把一个 N 进制整数转化成 M 进制数。输入一个 N 进制表示的数，输出它对应的 M 进制数。

问题分析：将 N 进制数转换成 M 进制数，可借助十进制数作为中介实现。使用例 12-1 中的方法，可实现将 N 进制数转换成十进制数 d，再使用例 12-2 可将十进制数 d 转换成 M 进制数，借助这种思想把 M 进制转成 N 进制表示的数。参考伪代码如下：

```
int N, M;                        //要将 N 进制数转换成 M 进制数
char Nnum[20], Mnum[20];         //存放 N 进制数及转换后的 M 进制数
输入 N, Nnum, M
将 N 进制数 Nnum 转换成十进制数 d
将十进制数 d 转换成 M 进制数 Mnum
输出 Mnum
```

将 N 进制数 Nnum 转换成十进制数 d，使用例 12-1 的函数 int OcToDec(int *a,int i)一样的功能，只需要将名字换成见名知其义的 int NToD(char *num,int n)，完成将 n 进制数 Nnum 转换成十进制数 d；将十进制数 d 转换成 M 进制数 Mnum，直接使用例 12-2 的函数 void DToM(int d,int m,char *mnum)。程序的参考代码如下：

```
#include <stdio.h>
#include <string.h>

int NToD(char *num, int n);              //返回将 n 进制 num 转换成的十进制数
void DToM(int d, int m, char *mnum);     //将十进制数 d 转换成 m 进制数 mnum

int main(void)
{
    int N, M;                            //分别代表进制数
    char Nnum[20], Mnum[20];             //存放 N 进制数及转换后的 M 进制数

    printf("要将 N 进制数 Nnum 转换成 M 进制数\n 输入 N,Nnum,M: ");
    scanf("%d %s %d", &N, Nnum, &M);
    int d = NToD(Nnum, N);               //将 N 进制数 Nnum 转换成十进制数 d
    DToM(d, M, Mnum);                    //将十进制数 d 转换成 M 进制数 Mnum
    printf("%d 进制数%s 转换为%d 进制数为：%s\n", N, Nnum, M, Mnum);
    return 0;
```

```
}
int NToD(char *num, int n)
{
    int weight = 1, d = 0;                      //weight 存放各位的权值及 num 对应的十进制数
    int len = strlen(num);                      //计算 num 的长度

    for(int i = len - 1; i >= 0; i--)           //n 进制数 num 转换成十进制数
    {
        if(num[i] >= 'a' && num[i] <= 'z')      //将字母映射成对应的十进制数
            d += (num[i] - 'a' + 10) * weight;
        else if (num[i] >= 'A' && num[i] <= 'Z')
            d += (num[i] - 'A' + 10) * weight;
        else if (num[i] >= '0' && num[i] <= '9')
            d += (num[i] - '0') * weight;
        weight *= n;                            //向左移一位，权值变为原来的 n 倍
    }

    return d;
}
void DToM(int d, int m, char *mnum)
{
    int len = 0, r;
    do
    {
        r = d % m;
        if(r>=10)
            mnum[len++] = r - 10 + 'A';         //余数大于等于 10 时映射成字母
        else
            mnum[len++] = r + '0';              //余数小于 10 时映射成数字
        d /= m;
    }while(d != 0);
    mnum[len] = '\0';                           //千万不要漏掉串的结束符
    char t;
    for(int i = 0, j = len-1 ; i < j; i++, j--)
    { //mnum 数组逆置
        t = mnum[i];  mnum[i] = mnum[j];  mnum[j] = t;
    }
}
```

将八进制数 101 转换成十六进制数的运行结果如图 12-1 所示。

图 12-1　八进制数转换成十六进制数运行结果截图

实践：如果实现将一个二进制数转换成十六进制数呢？在十六进制的表示中，A~F 分别表示 10~15 之间的数。

分析：当然可以用例 12-3 的方法。下面代码是计算长度为 r 的二进制数串 bins 对应的十进制数。

```
while(r--)
{
    sum = sum*2+bins[i]-'0';
    i++;
}
```

另外，可以利用二进制数从右向左"四位一段"分组，最后一段可能不足四位，每段的四位二进制数就对应一个十六进制数。定义函数完成将二进制转换成十六进制：

```
void BinToHex(char *bins, char *hexs)
```

其中 bins 存放二进制数的串，hexs 存放 bins 对应的十六进制数的串。

参考代码如下：

```
#include<stdio.h>
#include<string.h>
void BinToHex(char *bins, char *hexs);

int main(void)
{
    char bins[100], hexs[100];                  //存放二进制数、十六进制数

    printf("输入一个二进制数：");
    scanf("%s", bins);
    BinToHex(bins, hexs);                       //将二进制数 bins 转换成十六进制数 hexs
    printf("二进制数%s 对应的十六进制数为：%s\n", bins, hexs);

    return 0;
}
void BinToHex(char *bins, char *hexs)
{
    int len;                                    //存放二进制数 bins 的长度

    len = strlen(bins);                         //求 bins 的长度
    int r = len % 4;                            //存放对 bins 从右向左四位一段分组后最左段长度
    int  flag = 0 ;                             //flag 标志 r 是否为 0, 1 表示不为 0, 0 表示余数为 0
    if(r)  flag = 1;                            //flag 为 1 表示最左段不足 4 位
    int  i = 0 , k = 0;
    while(bins[i])
    {
        int sum = 0;                            //存放二进制数 4 位一段对应的十进制数
        if(flag)
        {//求最左段长度不足 4 位的二进制数对应的十进制数
            while(r--)
            {
                sum = sum * 2 + bins[i] - '0';
                i++;
            }
            flag = 0;
        }
        else
        {//求长度为 4 位的二进制数对应的十进制数
            r = 4;
            while(bins[i] && r--)
            {
                sum = sum * 2 + bins[i] - '0';
                i++;
            }
        }
        //将 sum 转换成十六进制对应的字符
```

```
            if(sum >= 10)                          //值大于等于 10 时映射成字母 A~F
                hexs[k++] = sum - 10 + 'A';
            else                                   //值小于 10 时映射成对应的数字字符
                hexs[k++] = sum + '0';
        }
        hexs[k] = '\0';
}
```

图 12-2 所示为一组测试数据对应的运行结果。

输入一个二进制数：101111110100111
二进制数101111110100111对应的十六进制数为：5FA7

图 12-2 二进制数转换成十六进制数运行结果截图

二进制转换为八进制或十六进制，把要转换的二进制数从低位到高位每 3 位或 4 位一组，然后把每组二进制数转换成八进制或十六进制即可实现。1 位八进制数对应 3 位二进制数，而 1 位十六进制数对应 4 位二进制数。因此，二进制数与八进制数之间、二进制数与十六进制数之间的相互转换十分容易。

【例 12-4】确定进制问题。

问题描述：6*9 = 42 对于十进制来说是错误的，但对于十三进制来说是正确的，即 6(13) * 9(13) = 42(13)，而 42(13) = 4 * 13^1 + 2 * 13^0 = 54(10)。任务是写一段程序读入三个整数 p、q 和 r，然后确定一个进制 B（2≤B≤16）使得 p * q = r。如果 B 有很多选择，输出最小的一个。例如，p = 11，q = 11，r = 121，则有 11(3) * 11(3) = 121(3)，因为 11(3) = 1 * 3^1 + 1 * 3^0 = 4(10) 和 121(3) = 1 * 3^2 + 2 * 3^1 + 1 * 3^0 = 16(10)。对于进制 10，有 11(10) * 11(10) = 121(10)。这种情况下，应该输出 3。如果没有合适的进制，则输出 0。

输入：一行，包含三个整数 p、q、r，相邻两个整数之间用单个空格隔开。p、q、r 的所有位都是数字，并且 1≤p、q、r≤1000000。

输出：一个整数，即使得 p * q = r 成立的最小的 B。如果没有合适的 B，则输出 0。

样例输入：

```
6 9 42
```

样例输出：

```
13
```

问题分析：如果一个数是 B 进制的，则它的数码（各个位上的数字）范围是 0~B-1，基数是 B，从右向左的第 i 位（从 0 计数）的位权是 B^i。对于 2≤B≤16 的每个 B，计算 p,q,r 是 B 进制数时对应的十进制数，如果不能构成 B 进制数，设置其对应的十进制数为-1，如果 p,q,r 对应的十进制数都不是-1，再判断它们对应的十进制数是否满足 p * q 等于 r，输出最小的 B。很容易得到下面的伪代码：

```
int B;                              //存放进制数
int p, q, r;                        //分别代表式子 p * q = r 中的对应变量
int x, y, z;                        //分别存放 p,q,r 是 B 进制数时对应的十进制数
输入 p, q, r
for(B = 2; B <= 16; B++)
{
    对于 p,q,r 分别判断是否是 B 进制数，如果是，则计算其对应的十进制数，否则
        设置其对应的十进制数为-1，即求得 x,y,z
    如果 p,q,r 对应的十进制数都不是-1，判断 x*y==z 是否成立，如果成立，则退出循环
```

```
}
if(B > 16)  B = 0;
输出 B 的值
```

定义函数 int BToTen(int m,int b)，实现 m 如果是 b 进制数时返回 b 进制的 m 对应的十进制数，否则返回-1。程序的参考代码如下：

```c
#include <stdio.h>
int BToTen(int m, int b);

int main(void)
{
    int B;                              //存放进制数
    int p, q, r;
    int x, y, z;                        //分别存放 p,q,r 是 B 进制数时代表的十进制数

    scanf("%d %d %d", &p, &q, &r);
    for(B = 2; B <= 16; B++)            //枚举 B 为 2,…,16
    {
        x = BToTen(p, B);
        y = BToTen(q, B);
        z = BToTen(r, B);
        if(x != -1 && y != -1 && z != -1 && x * y == z)  //是否满足 x*y == z
            break;
    }
    if(B > 16)  B = 0;                  //2~16 之间没有满足条件的 B
    printf("%d\n", B);
}
int BToTen(int m, int b)
{
    int a = 1;                          //存放 m 进制数各位上的位权
    int ten = 0;
    while(m)
    {//从右向左求 m 各个位上的数是否为 b 进制数
        int r = m % 10;                 //求 m 各个位上的数
        if(r >= b)                      //如果 r 大于等于 b，说明 r 不是 b 进制，返回-1
            return -1;
        ten += a * r;
        a *= b;                         //用迭代法求 m 进制数的位权
        m /= 10;
    }

    return ten;
}
```

小　　结

1. 进制

计算机数据的存储及运算采用的是二进制，因为二进制运算简单、可靠、易实现，为逻辑设计提供了有利的途径。为了便于描述，又出现了八、十六进制作为二进制的缩写。

2. 数制转换

不同数制之间的转换原则遵循：若转换前两数相等，转换后仍相等。

十进制数与 M 进制数之间的转换：十进制整数转换成 M 进制整数通常采用除以 M 取余法，小数部分乘 M 取整法。

将 M 进制数转换为十进制数：使用"按权相加"法。

二进制转换成八进制数：对于整数，从低位到高位将二进制数的每三位分为一组，若不够三位时，在高位左面添 0，补足三位，然后将每三位二进制数用一位八进制数替换，小数部分从小数点开始，自左向右每三位一组进行转换即可完成。

八进制数转换成二进制数：只要将每位八进制数用三位二进制数替换，即可完成转换。

二进制与十六进制之间的转换：类似二进制转换成八进制数，每四位二进制数对应一个十六进制。

习题与实践

1. IP 地址

描述：假设正在读取表示 IP 地址的字节流。任务是将 32 个字符长的 1 和 0（位）序列转换为点分十进制格式。IP 地址的点分十进制格式是通过将 32 位字节流一次分组 8 位，并将二进制表示转换为十进制表示形成的。任何 8 位二进制数对应的十进制数都是 IP 地址的有效部分。其中二进制系统的前 8 个位置是：

2^7	2^6	2^5	2^4	2^3	2^2	2^1	2^0
128	64	32	16	8	4	2	1

输入：第一行是一个整数 N（1≤N≤9），表示要转换的字节流的数量。后面 N 行每行为一个 32 位的二进制串。

输出：输出 N 行，每行为带点的十进制 IP 地址。

样例输入：

```
4
00000000000000000000000000000000
00000011100000001111111111111111
11001011100001001110010110000000
01010000000100000000000000000001
```

样例输出：

```
0.0.0.0
3.128.255.255
203.132.229.128
80.16.0.1
```

2. 八进制小数

描述：八进制有限小数均可以用十进制有限小数精确地表示。例如，八进制里面的 0.75 等于十进制里面的 0.963125（7/8 + 5/64）。所有小数点后位数为 n 的八进制小数都可以表示成小数点后位数不多于 3n 的十进制小数。任务是写一个程序，把（0,1）之间的八进制小数转化成十进制小数。

输入：一行，包含一个八进制小数。每个小数的形式是 $0.d_1d_2d_3 \cdots d_k$，这里 d_i 是八进制数 0...7，d_k 不等于 0，而且已知 0 < k < 15。

输出：输出如下形式的一行。

0.d₁d₂d₃...dk [8] = 0.D₁D₂D₃...Dm [10]

这里左边是输入的八进制小数，右边是相等的十进制小数。输出的小数末尾不能有 0，也就是说 D_m 不等于 0。注意空格位置。

样例输入：

0.75

样例输出：

0.75 [8] = 0.953125 [10]

第 13 章　日期相关问题

在 C 语言的头文件 time.h 中，定义了日期和时间的数据类型及函数。C 语言中有两种方式表示时间日期的值：time_t 类型和 struct tm 类型。

time.h 所声明的数据类型如下：

```
typedef      long      clock_t;
typedef      __int32   __time32_t;
typedef      __time32_t time_t;
struct tm
{
    int tm_sec;                    //秒取值区间为[0,59]
    int tm_min;                    //分取值区间为[0,59]
    int tm_hour;                   //时取值区间为[0,23]
    int tm_mday;                   //一个月中的日期取值区间为[1,31]
    int tm_mon;                    //月份（从一月开始，0 代表一月）取值区间为[0,11]
    int tm_year;                   //年份，其值等于实际年份减去 1900
    int tm_wday;                   //星期取值区间为[0,6]，其中 0 代表星期天，1 代表星期一
    int tm_yday;                   //从每年 1 月 1 日开始的天数，其中 0 表示 1 月 1 日
    int tm_isdst;                  //夏令时标识符，夏令时 tm_isdst 为正；否则 tm_isdst 为 0
};
```

time_t 是一个 long 类型的值，该值对用户的意义不大，一般不能根据其值确定具体的年、月、日等数据。C 语言的函数库中有关于获取系统时间和日期的函数，可通过 time()函数获得 time_t 类型的计算机系统的当前日历时间，gmtime()函数和 localtime()函数处理日期时间都是以 time()的返回值为基础进行运算，获得 struct tm 类型的计算机系统的当前日历时间。使用 gmtime 函数或 localtime 函数可将 time_t 类型的时间日期数据转换为 struct tm 类型的数据。

- ↳ time_t time(time_t *calptr)返回 1970-1-1, 00:00:00 以后经过的秒数。
- ↳ struct tm *localtime(const time_t * calptr)将 calptr 时间数值变换成本地时间，考虑到本地时区和夏令时标志。
- ↳ struct tm *gmtime(time_t* timep); 功能与 localtime 类似，但返回的时间日期未经时区转换，是 UTC 时间（又称为世界时间，即格林尼治时间）。
- ↳ char *asctime(const struct tm *tp); 将 tp 指向的结构转换为字符串形式，如 Fri Nov 07　11:41:56 2014。
- ↳ char *ctime(const time_t *tp); 将 tp 指向的时间转换为字符串形式。它等价于 asctime(localtime(tp))。

下面的实例调用了上述的函数。

【例 13-1】输出当前计算机系统的日期及时间。

利用头文件 time.h 中的库函数 time 及 localtime 获取当前计算机系统的日期与时间。参考代码如下：

```
#include <stdio.h>
#include <time.h>

int main(void)
```

```
{
    time_t now , t1;

    t1 = time(&now);
    printf("当前日历时间:            %u（距离 1970 年 1 月 1 日 0 时的秒数）\n", t1);

    struct tm *localtp ;
    localtp = localtime(&now) ;
    printf("现在日期和时间是:        %d 年%d 月%d 日%d:%d:%d\n",  localtp->tm_year+1900,
            localtp->tm_mon+1, localtp->tm_mday, localtp->tm_hour, localtp->tm_min,
            localtp->tm_sec);
    printf("以 asctime 呈现本地时间: %s", asctime(localtp));
    printf("以  ctime 呈现本地时间: %s", ctime(&now));
    struct tm *gmtp;
    gmtp = gmtime(&now);
    printf("UTC 时间:                %s", asctime(gmtp));

    return 0;
}
```

程序的运行结果如图 13-1 所示：

当前日历时间: 1557313464（距离1970年1月1日0时的秒数）
现在日期和时间是: 2019年5月8日19:4:24
以 asctime呈现本地时间: Wed May 08 19:04:24 2019
以 ctime呈现本地时间: Wed May 08 19:04:24 2019
UTC时间: Wed May 08 11:04:24 2019

图 13-1　例 13-1 程序运行结果截图

代码分析：程序中执行语句 t1 = time(&now); 之后，t1 的值等于 now 的值，当然可以写成 t1 = time(NULL)；此时后面代码中的 now 要换成 t1，读者可以尝试修改一下。

下面给出几个关于日期的实例。

【例 13-2】n 天后日期问题。

问题描述：已知一个日期及任意正整数 n，求 n 天后的日期。

输入：4 个整数，分别是年、月、日和 n 的值。

输出：n 天后的日期，以 yyyy-mm-dd 的格式输出。

样例输入：

```
2019-2-25 5
```

样例输出：

```
2019-03-02
```

问题分析：方法 1，可通过求某一日期的下一日方法来实现，只需要循环 n 次求下一日，即可得到已知日期 n 天后的日期。所以，关键问题是如何由一个日期求下一天的日期，设计函数 Date NextDay(Date d) 或者 void NextDay(Date *pd)，求日期 d 或 pd 所指日期的下一天的日期。

其中，Date 为自定义的日期类型，有 year、month、day（对应日期的年、月、日）成员。通过返回值或指针参数返回日期 d 的下一天日期。本处设计后一个函数。

已知一个日期，如何求第二天的日期？当然如果当前日期不是月末（即日子小于本月的天数），第二天只需要将当前日期的日子加 1（即 pd->day++）即可；如果是月末但月份不是 12 月份，则下一日是下一个月的 1 日（即 pd->month++, pd->day = 1）；否则下一天的日期就是下一年的 1 月 1 日（即 pd->year++, pd->month = 1, pd->day = 1）。那么如何知道每个月的天数呢？当然与这一年是否是闰年有关，定义一个二维数组 monthdays[2][13]，存放各个月的天数，其中行标为 0 的存放非闰年各个月的天数，行标为 1 的存放闰年各个月的天数，如 monthdays[1][6]存放闰年 6 月份的天数。程序的参考代码如下：

```c
#include <stdio.h>

struct Date
{//日期结构类型
    int year, month, day;
};
typedef struct Date Date;                       //将 struct Date 定义一个同义词 Date
int IsLeap(int y);                              //判断 y 是否是闰年，是返回 1，否则返回 0
void NextDay(Date *pd);                         //将 pd 所指日期变成下一天日期
int monthdays[2][13]={{0,31,28,31,30,31,30,31,31,30,31,30,31},
                      {0,31,29,31,30,31,30,31,31,30,31,30,31} };     //每个月的天数

int main(void)
{
    Date today;                                 //存放一个日期
    int n;                                      //存放天数

    scanf("%d-%d-%d %d", &today.year, &today.month, &today.day, &n);
    for(int i=  1;i <= n;i++)                    //循环 n 次求下一天日期即得 n 天后日期
        NextDay(&today);
    printf("%d-%02d-%02d\n", today.year, today.month, today.day);

    return 0;
}
int IsLeap(int y)
{
    return y % 400 == 0 || y % 4 == 0 && y % 100 != 0 ;
}
void NextDay(Date *pd)
{
    int leap = 0;                               //存放是否是闰年，初始假设 pd->year 不是闰年
    if(IsLeap(pd->year))                        //判断 pd 所指日期那一年是否是闰年，如果是，则 leap=1
        leap = 1;
    if(pd->day < monthdays[leap][pd->month])    //如果 pd 所指日期不是月末
        pd->day++;                              //下一天日期只修改 pd->day
    else if(pd->month<12)
    {   //如果 pd 所指日期是月末，但不是年末，下一天日期为下月 1 日
        pd->month++;
        pd->day = 1;
    }
    else
    {//如果 pd 所指日期是年末，则下一天日期变为下一年的1月1日
        pd->year++;
        pd->month = 1;
        pd->day = 1;
    }
}
```

当 n 很大时，NextDay()函数就要调用 n 次，程序效率很低。

方法 2，首先计算已知日期 dd（Date 类型）是 dd.year 年的第几天，用 sumdays 表示，然后求 dd.year 年后的 sumdays+n 天的日期，求得结果即为日期为 dd 的 n 天后的日期。伪代码如下：

```
Date today;
int n;
输入一个日期及 n 值
求 today 是 today.year 年的第几天（sumdays）
计算 today.year 年后 sumdays+n 天的日期
输出所求的日期
```

求日期 dd 是 dd.year 年的第几天，定义函数 int Days(Date dd)完成。

```
int sum = 0 ;
for(int i = 1;i < dd.month;i++)
  {//求 1 月至 dd.m-1 月的总天数
      sum += monthdays[leap][i];
  }
  sum += dd.day;
```

求 dd.year 年后 sumdays + n 天的日期，设计函数 void NextNDate(int days,Date *pd)完成，通过参数返回所求日期的值。函数实现时，先确定所求的日期是哪一年，再确定是这一年的哪个月份，最后确定日子值。通过循环执行 days 减去 y 年的天数（y 从 pd->year 开始，逐步加 1），计算所求日期的年份；通过循环执行 days 减去确定的年的 m 月天数（m 从 1 开始，逐步加 1），计算所求日期的月份，最后 days 的值即为所求日期的日子值。

程序的参考代码如下：

```
#include <stdio.h>

struct Date
{//日期结构类型
    int year, month, day;
};
typedef struct Date Date;                 //将 struct Date 定义一个同义词 Date
int IsLeap(int y);                        //判断 y 是否是闰年，是返回 1，否则返回 0
int Days(Date dd);                        //返回日期 dd 是 dd.year 年的第几天
void NextNDate(int days, Date *pd);       //计算 pd->year 年后 days 天的日期
int monthdays[2][13]={{0,31,28,31,30,31,30,31,31,30,31,30,31},
                {0,31,29,31,30,31,30,31,31,30,31,30,31},} ;

int main(void)
{
    Date today;
    int n;

    scanf("%d-%d-%d %d", &today.year, &today.month, &today.day, &n);
    int sumdays = Days(today);                //求 today 是 today.year 年的第几天

    NextNDate(sumdays+n, &today);             //计算 today.year 年后 sumdays+n 天的日期
    printf("%d-%02d-%02d\n", today.year, today.month, today.day);

    return 0;
}
int IsLeap(int y)
{
    return y % 400 == 0 || y % 4 == 0 && y % 100 != 0;
```

```
}
int Days(Date dd)
{
    int sum = 0, leap = 0;                    //分别存放 dd.year 年后的天数、是否为闰年

    if(IsLeap(dd.year))
        leap = 1;
    for(int i = 1; i < dd.month; i++)        //求 1 月至 m-1 月的总天数
    {
        sum += monthdays[leap][i];
    }
    sum += dd.day;
    return sum;
}
void NextNDate(int days, Date *pd)
{
    int y, m, yeardays;

    y = pd->year;
    yeardays = 365;
    if(IsLeap(y))        yeardays = 366;
    while(days > yeardays)
    {//通过循环执行 days 减去 y 年的天数，计算所求日期的年份
        days -= yeardays;
        y++;
        yeardays = 365;
        if(IsLeap(y))        yeardays = 366;
    }
    int leap = 0;
    if(IsLeap(y))        leap = 1;
    m = 1;
    while(days > monthdays[leap][m])
    {//通过循环执行 y 年 m 月天数，计算所求日期的月份
        days -= monthdays[leap][m];
        m++;
    }
    pd->year = y;                             //分别为所求日期的年、月、日
    pd->month = m;
    pd->day = days;
}
```

请读者自己比较方法 1 和方法 2 的效率，显然方法 2 的效率要高。

实践 1：给定整数 year 及 n（不超过 year 年的天数），求 year 年的第 n 天是几月几日。

解题思路：利用上面方法 2 的函数： void NextNDate(int days, Date *pd) 可改写成 4 个参数的函数 void NextNDate(int days, int year, int *month, int *day)；此处的 year 可不用指针参数，传递 NextNDate (n, year, &month, &day)即可求得 year 年的第 n 天是几月几日。程序的参考代码如下：

```
#include <stdio.h>

int IsLeap(int y);
void NextNDate(int days, int year, int *month, int *day);
int monthdays[2][13]={{0,31,28,31,30,31,30,31,31,30,31,30,31},
                      {0,31,29,31,30,31,30,31,31,30,31,30,31}};
```

```
int main(void)
{
    int year, month, day;
    int n;

    printf("输入一个年份及 n 值: ");              //提示按 year 及 n 的值
    scanf("%d %d", &year, &n) ;
    NextNDate(n, year, &month, &day) ;           //计算 year 年后 n 天的日期
    printf("%d 年第%d 天是%02d 月%02d 日\n", year, n, month,day);    //输出日期

    return 0;
}
int IsLeap(int y)
{//闰年的年份是 400 的倍数或是 4 的倍数但不是 100 的倍数
    return y % 400 == 0 || y % 4 == 0 && y % 100 != 0;
}
void NextNDate(int days, int year, int *month, int *day)
{
    int leap = 0;                                //表示是否是闰年，1 表示是闰年，0 表示不是闰年

    if(IsLeap(year))   leap = 1;
    int m = 1;
    while(days > monthdays[leap][m])
    {//通过循环执行 y 年 m 月天数，计算所求日期的月份
        days -= monthdays[leap][m];
        m++;
    }
    *month = m; *day = days;                      //分别为所求日期的月、日
}
```

图 13-2 所示为输入 2019 60 的运行结果截图。

```
输入一个年份及n值: 2019 60
2019年第60天是03月01日
```

图 13-2　实践 1 程序的运行结果截图

实践 2：已知某一日期及 n，求 n 天前的日期。

解题思路：解题方法类似例 13-2。求 n 天前日期，仍然有两种方法。这里只介绍一种方法。

通过求给定日期的前一天日期的方法实现，循环 n 次求前一日，即得某一个日期 n 天前的日期。所以关键问题为由一个日期求前一日。设计函数 Date Yesterday(Date d); 或者 void Yestoday(Date *pd);，此函数中根据当前日期是否是 1 日，分别进行处理：如果不是 1 日，则前一天日期只需将当前日期减 1（即 pd->day--）；如果是 1 日但不是 1 月份，则前一天日期只需使当前日期月份值减 1，日期值改为前一月的月末（即 pd->month-- , pd->day = monthdays[leap][pd->month]）；如果当前日期是某年 1 月 1 日，则前一天日期为前一年 12 月 31 日。参考代码如下：

```
#include <stdio.h>
struct Date
{//日期结构类型
    int year, month, day;
};
typedef struct Date Date;                //将 struct Date 定义一个同一词 Date

int IsLeap(int y);                       //判断 y 是否是闰年，是返回 1，否则返回 0
void Yesterday(Date *pd);                //将 pd 日期变成前一天日期
```

```
int monthdays[2][13]={{0,31,28,31,30,31,30,31,31,30,31,30,31},
                      {0,31,29,31,30,31,30,31,31,30,31,30,31}};

int main(void)
{
    Date today;                               //存放当前日期
    int n;                                    //存放天数

    printf("输入一个日期(yy-mm-dd)及 n 值：");  //提示按该格式输入日期及天数
    scanf("%d-%d-%d %d", &today.year, &today.month, &today.day, &n);
    for(int i = 1; i <= n; i++)               //循环 n 次求下一天日期即得 n 天后日期
        Yesterday(&today);
    printf("%d 前的日期是%d-%02d-%02d\n", n, today.year, today.month, today.day);

    return 0;
}
int IsLeap(int y)
{
    return  y % 400 == 0 || y%4 == 0 && y % 100 != 0;
}
void Yesterday(Date *pd)
{
    int leap = 0;                                     //存放是否是闰年，假设 pd->year 不是闰年

    if(IsLeap(pd->year))                              //判断 pd 所指日期那一年是否闰年，是则 leap=1
        leap = 1;
    if( pd->day != 1)                                 //如果 pd 所指日期不是 1 日
        pd->day--;                                    //pd 的日子减 1 即为前一天日期
    else if(pd->month > 1)
    {//如果 pd 所指日期不是 1 月，则某月 1 日前一天日期为前一月的月末
        pd->month--;
        pd->day = monthdays[leap][pd->month];
    }
    else
    {//如果 pd 所指日期是某年 1 月 1 日，则前一天日期为前一年 12 月 31 日
        pd->year--;
        pd->month = 12;
        pd->day = 31;
    }
}
```

图 13-3 所示为输入 2019-4-1 40 的运行结果截图。

图 13-3 实践 2 程序的运行结果截图

请读者自己尝试使用其他方法实现本题。

【例 13-3】打印月历。

问题描述：已知 1900 年 1 月 1 日是星期一，对于给定的年月值，打印当月的月历表。

输入两个整数，第一个整数是年份 year（1900 ≤ year ≤ 2099），第二个整数是月份 month（1 ≤ month ≤ 12），中间用单个空格隔开，输出月历表。

样例输入：

```
2019 5
```

样例输出：

```
        May(2019)
Sun Mon Tue Wed Thu Fri Sat
              1   2   3   4
  5   6   7   8   9  10  11
 12  13  14  15  16  17  18
 19  20  21  22  23  24  25
 26  27  28  29  30  31
```

　　问题分析：月历表由月历头和月历主体构成。月历头第一行由输入的月 month 英文单词和（year 的值）构成，可定义一个字符型二维数组或字符指针数组存放 12 个月的英文单词，即 char months[13][15] 或 char *months[13],months[6] 存放 6 月份的单词 June。月历头的第二行是一个固定的字符串，直接用 printf 函数输出即可。月历主体分为两部分，先输出 month 月 1 日前的空白，再输出 1 至月末，输出空白和日期时要记录个数，用对 7 求余思想，以控制每行打印 7 个日期。程序的完整代码如下：

```c
#include <stdio.h>

int IsLeap(int y);                         //判断 y 年是否为闰年，是返回 1，否则返回 0
void WeekValue(int y);                      //求 y 年各个月 1 日的星期值，存到 weekofmonth 数组中
void MonCalendar(int y, int m);            //打印 y 年 m 月的月历表
int monthdays[13]={0,31,28,31,30,31,30,31,31,30,31,30,31};  //非闰年每个月的天数
int weekofmonth[13];                        //存放某年各个月 1 日是星期几

int main(void)
{
    int year, month;                       //存放要输入的年月值

    scanf("%d %d", &year, &month);         //输入年月值
    WeekValue(year);                       //用打表法求 year 年每月 1 日是星期几
    MonCalendar(year, month);              //输出 year 年 month 月的月历表

    return 0;
}
int  IsLeap(int y)
{
    return  y % 400 == 0 || y % 4 == 0 && y % 100 !=0;
}
void  WeekValue(int y)
{
    int days = 0;                          //存放 y 年各个月 1 日是 1900 年后的天数对 7 求余所得的数

    for(int i = 1900; i < y; i++)
    {
        if(IsLeap(i)) days += 366%7;
        else          days += 365%7;
    }
    if(IsLeap(y))    monthdays[2] = 29;
    for(int i = 1 ; i <= 12 ; i++)         //计算 y 年 1 至 12 月各个月 1 号的星期值
    {
        weekofmonth[i] = (days + 1) % 7;
```

```
        days += monthdays[i];
    }
}
void MonCalendar(int y, int m)
{
    //months 存放各个月英文单词串
    char months[13][15] = {"","January","February","March","April","May","June",
                "July","August","September","October","November","December"} ;

    printf("\t%s(%d)\n", months[m],y) ;              //输出 月（年）
    printf("Sun Mon Tue Wed Thu Fri Sat\n") ;        //输出星期简写
    for( int i = 0 ; i < weekofmonth[m] ; i++ )      //输出 1 日前的 w 个空白块，每个空白块为 4 个空格
        printf("    ");
    if (IsLeap(y))    monthdays[2] = 29;
    else              monthdays[2] = 28;
    int  k = weekofmonth[m];
    for( int i = 1; i <= monthdays[m]; i++ )         //输出 1 至月末日期，每 7 个换行
    {
        printf ("%3d ", i);
        k++;
        if (k % 7 == 0)    printf ( "\n" );
    }
    printf ( "\n" );
}
```

实践：输入一个年份，输出这一年各个月的月历表。

 【例 13-4】确定母亲节。

问题描述：我们知道母亲节是每年五月的第二个星期日，针对输入的年份，确定该年的哪一天是母亲节，已知 1900 年 1 月 1 日为星期一。

问题分析：因为母亲节是每年五月的第二个星期日，所以我们所要求的就是给定年份的五月第二个星期日是几号；如何求是几号呢？我们找一下规律：

如果某年的 5 月 1 日是星期一，则第二个星期日是 14 日（14-0），因为两周是 14 天，5 月第一周有 0 天在 4 月份，即 4 月 30 日是星期日；

如果 5 月 1 日是星期二，则第二个星期日是 13 日（14-1），因为 5 月第一周有 1 天在 4 月份，即 4 月 30 日是星期一；

……

如果 5 月 1 日是星期六，则第二个星期日是 9 日（14-5），说明 5 月第一周有 5 天在 4 月份，即 4 月 30 日是星期五；

如果 5 月 1 日是星期日，则第二个星期日是 8 日（14-6），说明第一周有 6 天在 4 月份，即 4 月 30 日是星期六。

所以要想求某年的母亲节是几号，只需计算这一年的 4 月 30 日是星期几（w），如果是星期日，则 w=0，这一年的母亲节是 5 月（14-w）日。有了【例 13-3】的基础，很容易计算给定日期是星期几。程序的参考代码如下：

```
#include<stdio.h>

int IsLeap(int y);                              //判断 y 年是否是闰年，是返回 1，否则返回 0
int monthdays[2][13] ={{0,31,28,31,30},{0,31,29,31,30}};
```

```
//每个月天数，行标为 0 表示非闰年的，行标为 1 表示闰年的，只关注 1~4 月份

int main(void)
{
    int year;

    printf("输入要求哪一年的母亲节日期:");
    scanf("%d", &year);
    int days=0, i;                          //存 year 年 4 月 30 日是 1900 年后多少天
    for(i = 1900; i < year; i++)
    {
        if(IsLeap(i))
            days = days + 366;
        else
            days = days + 365;
    }
    int leap = 0;
    if(IsLeap(year))  leap = 1;
    for(i = 1; i < 5; i++)
        days += monthdays[leap][i];
    int dayofweek, motherday;
    dayofweek = days % 7;                   //计算 4 月 30 日是周几
    motherday = (14 - dayofweek);           //计算母亲节是 5 月多少日
    printf("%d 年 5 月%d 号是母亲节\n", year, motherday);
    return 0;
}
int IsLeap(int y)
{
    if(y%400 == 0 || y % 4 == 0 && y % 100 != 0)
        return 1;
    else
        return 0;
}
```

图 13-4 所示为输入 2019 时的运行结果截图。

图 13-4　母亲节程序运行结果截图

实践：如果已知某一年的第几周的第几天，求出这一天的具体日期。

分析：假设已知 year 年的第 n 周的第 d 天，首先根据例 13-4，要先求出 year 年第一周有多少天在（year-1）年，即求出（year-1）年 12 月 31 日是星期几（w）；然后用公式 7*(n-1)+d-w，即求得 year 年的第 n 周的第 d 天是 year 年的第几天；最后再用例 13-2 实践 1 的方法求得 year 年的第 n 周的第 d 天的具体日期。

有了例 13-2 和例 13-4 的基础，很容易得到程序的完整代码。参考代码如下：

```
#include <stdio.h>

int IsLeap(int y);                          //判断 y 年是否是闰年
int monthdays[2][13]={{0,31,28,31,30,31,30,31,31,30,31,30,31},
                      {0,31,29,31,30,31,30,31,31,30,31,30,31} } ;

int main(void)
```

```
{
    int year, n , d ;                         //存放 year 年第 n 周第 d 天

    printf("输入年份及第几周第几天: \n");
    scanf("%d %d %d", &year, &n, &d);
    int w = 0;
    for(int i = 1; i < year; i++)             //计算 year-1 年 12 月 31 日是星期几
    {
        if(IsLeap(i))    w += 366 % 7;
        else             w += 365 % 7;
    }
    w %= 7 ;
    int days = (n - 1) * 7 + d - w;           //求 year 年第 days 天的日期
    int leap=0;                               //表示是否是闰年，1 表示是闰年，0 表示不是闰年
    if(IsLeap(year))   leap = 1;
    int m = 1;
    while(days>monthdays[leap][m])
    { //通过循环执行 y 年 m 月天数，计算所求日期的月份
        days -= monthdays[leap][m];
        m++;
    }
    printf("日期是: %d 年%d 月%d 日\n", year, m, days);

    return 0;
}
int IsLeap(int y)
{
    return y % 400 == 0 || y % 4 == 0 && y % 100 != 0;
}
```

图 13-5 所示为一组测试数据对应的输出结果截图。

```
输入年份及第几周第几天:
2019 13 4
2019年第13周第4天日期是: 3月28日
```

图 13-5　实践对应程序运行结果截图

【例 13-5】黑色星期五。

问题描述： 在西方，星期五和数字 13 都代表着坏运气，两个不幸的个体最后结合成超级不幸的一天，所以不管哪个月的 13 日恰逢是星期五就叫"黑色星期五"，对于输入的年份，如果有黑色星期五，则输出黑色星期五具体日期及个数；如果没有，则输出"无黑色星期五"。

问题分析： 利用例 13-3 的知识点，可知如果知道某日期，那么就能计算出这个日期是星期几。所以本题首先应计算出所给年份各个月 13 日是公元后的多少天，然后再判断它是否为星期五。

实现方法： 定义数组 days[2][13]，行标为 0、1 的分别存放非闰年和闰年各月 13 日是这一年的第几天，如 days[1][8]存放闰年的 8 月 13 日是这一年的第几天。参考代码如下：

```
#include <stdio.h>

int monthdays[2][13]={{0,31,28,31,30,31,30,31,31,30,31,30,31},
      {0,31,29,31,30,31,30,31,31,30,31,30,31}};
int days[2][13];                          //存放每个月 13 日是这一年的第几天
int IsLeap(int year)
{
```

```
    return    year % 4 == 0 && year % 100 != 0 || year % 400 == 0;
}
void DaysF();                               //计算 days 数组元素的值

int main(void)
{
    int year, ans = 0;                      //存放年份，以及该年黑色星期五个数
    int yeardays[2]={365, 366};             //存放非闰年、闰年一年的天数

    DaysF();                                //计算 days 数组元素的值
    printf("输入年份: ");
    scanf("%d", &year);
    int leap = 0;
    if(IsLeap(year))  leap = 1;
    int n = (year-1) * 365 + (year-1)/4 - (year-1)/100 + (year-1)/400;//求 1~year-1 天数
    for (int i = 1; i <= 12; i++)
    {
        if ((n + days[leap][i] ) % 7 == 5)
        {
            printf("%d-%02d-13\n", year, i );
            ans++;
        }
    }
    if(ans)
        printf("%d 年有%d 个黑色星期五\n", year, ans);
    else
        printf("%d 年有没有黑色星期五\n", year );

    return 0;
}
void DaysF()
{
    for(int leap = 0; leap <= 1; leap++)
    {
        days[leap][0] = 13;
        for(int m = 1; m <= 12; m++)
            days[leap][m] = days[leap][m-1] + monthdays[leap][m-1];
    }
}
```

图 13-6 所示为输入 2019 时的运行结果截图。

图 13-6　黑色星期五程序运行结果截图

小　　结

（1）如果想要获取计算机系统的当前日期和时间，只需要使用 time.h 中的 time()和 localtime()函数，如例 13-1。

（2）C 语言中没有日期类型，而日期问题又很常见，可以自己定义一个日期类型，如例 13-2 定义了一个 struct Date，定义一个二维数组存放每个月天数，如例 13-2 和例 13-3 定义了 monthdays，行标为 0 的存放非闰年各月天数，行标为 1 的存放闰年各月天数，还可将日期常用的问题编写成函数，如判断闰年，某日期是公元后多少天，某日期是星期几等。

习题与实践

1．高斯日记

大数学家高斯有个好习惯：无论如何都要记日记。他的日记有个与众不同的地方，即从不注明年月日，而是用一个整数代替，如 4210。后来人们知道，那个整数就是日期，它表示那一天是高斯出生后的第几天。这或许也是个好习惯，它时时刻刻提醒着主人：日子又过去一天，还有多少时光可以用于浪费呢？

高斯出生于：1777 年 4 月 30 日。在高斯发现的一个重要定理的日记上标注着 5343，因此可算出那天是 1791 年 12 月 15 日。

高斯获得博士学位的那天日记上标着 8113，请你算出高斯获得博士学位的年月日。

提交答案的格式是：yyyy-mm-dd，如 1980-03-21。

2．小明正在整理一批历史文献。这些历史文献中出现了很多日期。小明知道这些日期都在 1960 年 1 月 1 日至 2059 年 12 月 31 日。令小明头疼的是，这些日期采用的格式非常不统一，有采用年/月/日的，有采用月/日/年的，还有采用日/月/年的。更加麻烦的是，年份也都省略了前两位，使得文献上的一个日期存在很多可能的日期与其对应，如 02/03/04，可能是 2002 年 03 月 04 日、2004 年 02 月 03 日或 2004 年 03 月 02 日。

给出一个文献上的日期，你能帮助小明判断有哪些可能的日期对其对应吗？

输入：一个日期，格式是"AA/BB/CC"。(0 <= A, B, C <= 9)

输出：若干个不相同的日期，每个日期一行，格式是 yyyy-MM-dd。多个日期按从早到晚排列。

样例输入：

```
02/03/04
```

样例输出：

```
2002-03-04
2004-02-03
2004-03-02
```

3．计算两个日期之间的天数

描述：给定两个日期，计算相差的天数，如 2010-1-1 和 2010-1-3 相差 2 天。

输入：共两行，第一行包含三个整数 startYear、startMonth、startDay，分别是起始年、月、日；第二行包含三个整数 endYear、endMonth、endDay，分别是结束年、月、日。

相邻两个整数之间用单个空格隔开。

年份范围在 1~3000。保证日期正确且结束日期不早于起始日期。

输出：输出一个整数，即是两个日期相差的天数。

样例输入：

```
2008 1 1
2009 1 1
```

样例输出：

```
366
```

第 14 章 数 组 进 阶

在第 6 章介绍了数组的简单使用，本章通过一些实例，加深学习者对数组的深入理解，能够灵活使用数组解决问题。

14.1 筛选法的应用

【例 14-1】求 1~n 间的质数，每行输出 5 个质数。

问题描述：输入一个整数 n（≤100），求 1~n 间的所有质数并输出，按每行 5 个输出。

问题分析：前面介绍判断 m 是否为质数的方法是：通过循环穷举 2~m 中每一个 i，判断 m%i==0 是否为真，如果都不是真，则 m 是质数，否则 m 不是质数。对于 1~n 间每个数都有这样一个循环，效率很低。现在用筛选方法实现，筛选法求 1~n 间质数的思想如下：

假设所有的数都在筛子上，将非质数筛去，最后没被筛去的数就是质数，即筛去除了能被 1 和自身整除外，还能被其他至少一个数整除的数。

从小到大依次筛去质数的 2 倍，3 倍，…数。首先，将 2 的 2 倍，…，k 倍（2*k≤n）数筛去（因为它们除了能被 1 和自身整除外，还能被 2 整除，所以不是质数）；再筛去 3 的 2 倍，…，k 倍（3*k≤n）数；然后再筛 5 的 2 倍，…，k 倍数，…最后筛去 i（i*i≤n）的 k 倍数（k>1），这样剩余的数全是质数。

实现思想：定义一个数组 prime[N]（N=101），prime[i]存放 i 是否被筛去的信息（prime[i]为 0 表示 i 还没被筛去，值为 1 表示 i 被筛去了），实际 i 被筛去了说明 i 不是质数，所以如果 prime[i]最后值为 0，说明 i 就是质数。初始时，数组 prime 所有元素值全部清 0，也就是 1~n 所有数初始时都在筛子上；i 被筛去时将 prime[i]置为 1；最后遍历所有元素，将筛子上的数输出，也就是将 prime[i]为 0 的 i 输出（质数）。

筛选法求 2~30 间的质数的模拟过程如下：

第 1 步：

i=2； 由于 prime[2]=0，把 prime[4],[6], [8],..., [30]置成 1。

i=3； 由于 prime[3]=0，把 prime[6], [9], ..., [27], [30]置成 1。

i=4； 由于 prime[4]=1，不继续筛选步骤。因为 4 不是质数，4 的 2 倍，…，这些数已经在作为 4 的因子 2 的倍数筛去了，所以不用执行筛去步骤。

i=5； 由于 prime[5]=0，把 prime[10],[15],[20],[25],[30]置成 1。

i=6>sqrt(30)算法结束（即 6*6 > 30）。

第 2 步：把 prime[i]值为 0 的下标 i 输出来。

```
for(i = 1; i <= n; i++)
    if(prime[i] == 0) printf("%d ", i);
```

结果是 2   3   5   7   11
        13 17 19 23 29

程序的参考代码如下：

```
#include <stdio.h>
#include <string.h>
#define N 100

int main(void)
{
    int prime[N+1];                         //prim[i]值为 0 表示 i 在筛子上，值为 1 表示 i 不在筛子上
    int  n;

    scanf("%d", &n);                        //输入 n，求 1~n 之间的质数
    memset(prime, 0, sizeof(prime));        //将 prime 中所有元素值清 0
    prime[1] = 1;                           //1 不是质数，将 1 筛去
    for(int i = 2; i * i <= n; i++)
    { //筛去 i 的 2 倍，3 倍，…，这些数肯定不是质数
        if(prime[i] == 0)
        {// i 是质数时，才进行筛选操作
            for(int j = 2 * i;  j <= n;  j += i)
                prime[j] = 1 ;
        }
    }
    int t = 0 ;                             //统计质数个数，以控制每行输出 5 个
    for(int i = 1; i <= n; i++)
    {
        if(prime[i] == 0)                   //i 是质数，则输出，计数，一行输出 5 个
        {
            printf("%2d ", i);
            t++;
            if(t%5 == 0) printf("\n");      //一行已输出 5 个
        }
    }

    return 0;
}
```

【例 14-2】反质数。

　　问题描述： 将正整数 x 的因子个数表示为 g(x)。例如，g(1) = 1, g(4) = 3, g(6) = 4。如果对于任意正整数 y，当 0 < y < x 时，x 都满足 g(y) < g(x)，则称 x 为反质数。整数 1,2,4,6 等都是反质数。任意给定两个正整数 m, n，其中，m < n ≤ 20000000，按从小到大输出其中的所有反质数（包括 m 和 n）。如果没有，则输出大写的 NO。

　　输入一行，包含两个正整数 m 和 n，用单个空格隔开。

　　输出 m 和 n 之间的所有反质数，以逗号间隔。如果没有反质数输出，则输出 NO。

　　样例输入：

```
1 13
```

　　样例输出：

```
1,2,4,6,12
```

　　问题分析： 对于输入的 m, n，首先求出 1~n 中每个数 i 的因子数；然后再对 1~n 间每个数的因子数

进行分析，把反质数找出来。如果对于任意正整数 y，当 0 < y < x 时，x 都满足 g(y) < g(x)，则 x 是反质数，否则 x 不是反质数，在判断某数是否为反质数过程中，将在[m,n]间的反质数按样例格式输出。

首先，如何求一个数 d 的因子数呢？自然想到定义一个数组 g（动态申请大小为 n+1 个 int 的存储单元），g[d]存放 d 的因子数，如果用循环枚举法，很容易想到如下代码，求 d 的因子数 g[d]：

```c
for(i = 1; i <= d; i++)
    if(d % i == 0)  g[d]++;
```

对于 1~n 间每个数都调用上面循环，效率会很低。如何提高效率呢？可借助前面求质数的筛选思想，求 1~n 间每个数 i 的因子数。

```c
memset(g, 0, sizeof(int) * (n + 1));        //g[0]~g[n]清 0
//求 1~n 所有数的因子数
for(int i = 1; i <= n; i++)
{
    for(int j = i; j <= n; j += i)          //因为 j 为 i 的倍数，所以 j 的因子数增加 1
    {
        g[j]++;
    }
}
```

1~n 间所有数的因子数求完后，如何判断各个数是否为反质数成为了关键。因为反质数 x 对于所有的 0 < y < x，都满足 g(y) < g(x)，所以从 1 开始遍历所有数的因子数（因为某个数是否为反质数，是由它前面数的因子数决定的，如果 x 是反质数，则它的因子数大于它前面所有数的因子数，即 1~x-1 间所有的 y 有，g[y]<g[x]都成立）。

假设求 1~10 间的反质数，已求得 1~10 间各数因子数如下：

```
    i:   1  2  3  4  5  6  7  8  9  10
 g[i]:   1  2  2  3  2  4  2  4  3  4
```

可设置一个变量 maxyn（初始化为 0），记录遍历 1~n 间各个数 i 的最大因子数，当 maxyn 发生改变时，那个 i 就是反质数。如当 i=1 时，g[1]>maxyn，所以 1 是反质数，此时 maxyn = g[1] = 1；当 i=2 时，g[2]>maxyn，所以 2 是反质数，此时 maxyn = g[2] = 2；当 i=3 时，g[3]>maxyn 不成立，所以 3 不是反质数；当 i=4 时，g[4]>maxyn，所以 4 是反质数，此时 maxyn = g[4] = 3；同理 5 不是，6 是，7、8、9、10 均不是。所以 1~10 间的反质数有 1、2、4、6。下面代码段中当 g[i]>maxyn 时，i 即为反质数，同时应该修改 maxyn 值为 g[i]：

```c
//判断 1~n 哪些数为反质数
int maxyn = 0 ;
for(int i = 1; i <= n; i++)
    if(g[i] > maxyn)                         //如果 i 的因子数大于比它小的数的因子数，则 i 是反质数
        maxyn = g[i];
```

最后，需要将[m,n]间的反质数输出，数据间用逗号隔开。可定义一个标志变量 flag，标志该区间是否已发现了反质数（或者说标志是否已经输出过反质数），0 表示否，1 表示是。所以 flag 初始值应设置为 0；同时用 flag 可以控制每个数前的“，”是否输出，如果 flag 为 0 不输出（即第一个反质数前不需要有“，”），而 flag 为 1 时，需要输出反质数前的“，”。程序的参考代码如下：

```c
#include <stdio.h>
#include <stdlib.h>
#include <string.h>
```

```
int main(void)
{
    int m, n;

    printf("输入 m,n:\n");
    scanf("%d %d", &m, &n);
    //动态申请 n 个 int 元素，或全局变量处定义 int g[20000001];
    int *g = (int *) malloc (sizeof(int) * (n + 1));      //g[i]存放 i 的因子数
    memset(g, 0, sizeof(int) * (n + 1));                  //g[0]~g[n]清 0
    for(int i = 1;i <= n; i++)                            //求 1~n 所有数的因子数
    {
        for(int j = i; j <= n; j += i)                   //j 为 i 的倍数，所以 j 的因子数加 1
            g[j]++;
    }
    int maxyn = 0 ;                                      //存放最多的因子数
    int flag = 0;                                        //标志某区间是否有反质数，0 表示没有，1 表示有
    for(int i = 1; i < m; i++)
        if(g[i] > maxyn)                                 //i 的因子数大于比它小的数的因子数，则 i 是反质数
            maxyn = g[i];
    for(int i = m; i <= n; i++)
    {
        if(g[i] > maxyn)                                 //i 的因子数大于比它小的数的因子数，则 i 是反质数
        {
            maxyn = g[i];                               //修改 maxyn（目前为止数的最多因子数）
            if(flag)  printf(",");                       //判断是否输出过反质数，flag 为 0 表示没有输出过
            printf("%d", i);                             //输出反质数
            flag = 1;                                    //修改成[m,n] 中有反质数，同时表示也输出过反质数
        }
    }
    if(flag == 0)  printf("NO\n");
    free( g );                                           //释放分配给 g 的堆内存空间，否则会造成内存泄漏

    return 0;
}
```

14.2　循环数组的应用

这里所说的循环指的是一个固定大小的数组空间被循环利用，如果定义了数组 a[N]，循环利用 a[0]~a[N-1]，在使用过程中，下标的计算通常利用求余思想，能够提高效率。下面通过两个实例，介绍如何应用循环数组解决实际问题。

【例 14-3】机器翻译。

问题描述： 小晨计算机上装了一个翻译软件，原理是从头到尾依次将每个英文单词用对应中文含义替换。对每个英文单词，软件会先在内存中查找这个单词的中文含义，如果内存中有，软件就会用它进行翻译；如果内存中没有，软件就会在外存中的词典内查找，查出单词的中文含义然后翻译，并将这个

单词和译义放入内存，以备后续的查找和翻译。假设内存有 M 个单元，每个单元能存放一个单词和释义。当软件将一个新单词存入内存前，如果当前内存中已存单词数不超过 M-1，软件会将新单词存入一个未使用的内存单元；若内存中已存入 M 个单词，软件会用新单词替换最早进入内存的单词。假设一篇英语文章长度为 N 个单词。给定这篇文章，翻译软件需查找外存词典多少次？翻译开始前，内存中没有任何单词。

输入：共 2 行，第一行两个正整数 M（不超过 100）和 N，代表内存容量和文章长度，第二行为 N 个非负整数，按照文章顺序，每个数（不超过 1000）代表一个英文单词。

输出：软件需要查外存词典的次数。

样例输入：

```
3 7
1 2 1 5 4 4 1
```

样例输出：

```
5
```

问题分析：首先定义一个大小为 M 的 int 数组，用于存放表示单词的整数；然后输入 N 个单词，对于每个输入的整数（单词），如果在内存中没有找到该整数，则：

（1）要查找外存字典，记录查字典次数的计数器加 1。

（2）将输入整数（单词）放入内存中。

（3）计算下次存储单词的元素的下标。

（4）如果内存未满，内存中单词数加 1。

（5）输出查字典的次数。

程序的参考代码如下：

```
#include <stdio.h>
#include <stdlib.h>
int Search(int a[], int n, int x);              //在 n 个元素数组 a 中找 x, 找到返回 1, 否则返回 0

int main(void)
{
    int M, N;                                   //存储内存的容量及单词的个数
    int x;                                      //表示单词的整数

    scanf("%d %d", &M, &N);
    int *a = (int *)malloc(sizeof(int) * M) ;   //动态申请内存存放单词
    int n = 0 ,k = 0;                           //存入内存中的单词数、待存放内存中单词的下标
    int times = 0;                              //查外存字典次数
    while(N--)                                  //输入 N 个单词
    {
        scanf("%d", &x);
        if(!Search(a, n, x))                    //如果在内存中没有找到单词 x
        {
            times++;                            //查字典次数加 1
            a[k] = x;                           //将单词存放内存中
            k = (k + 1) % M;                    //求下次存放内存中时单词对应的下标（求余思想比较高效）
            if(n < M)    n++;                   //内存没满，内存中单词数加 1
        }
```

```
    }
    printf("%d\n", times);
    free(a) ;                          //释放 a 占用的堆内存空间

    return 0;
}
int Search(int a[], int n, int x)
{
    int i = 0;                         //从下标为 0 的元素开始与 x 比较
    while(i < n)                       //下标小于 n，即下标范围为 0~n-1
    {
        if(a[i] == x)  return 1;       //找到 x，返回 1
        i++;
    }
    return 0;                          //没有找到 x，返回 0
}
```

程序中利用了求余思想，能快速求出存放单词的下标，即 i = (i + 1)%M 替换了下面的语句：

```
if(i == M - 1)  i = 0 ;
else            i++;
```

【例 14-4】约瑟夫环问题。

问题描述： 有 n 只猴子，按顺时针方向围成一圈选大王（编号为 1~n），从第 1 号开始报数，一直数到 m，报到 m 的猴子出圈，剩下的猴子再接着从 1 开始报数。就这样，直到圈内只剩下一只猴子时，这个猴子就是猴王，编程求输入 n, m 后，输出最后猴王的编号。

输入： 两个整数，第一个是 n，第二个是 m（0 < m, n ≤ 300）。

输出： 按出圈顺序输出猴子的编号及最后猴王的编号。

问题分析： 借助数组实现，后续会使用链表给出另外一种解决方法。

（1）由于每个猴子只能是在圈内和在圈外两种状态之一，用非 0 表示在圈内，用 0 表示在圈外。使用数组存储每个猴子的编号（假设数组名为 a），初始时 a[0] 存放第 1 个猴子的编号 1，则 a[i-1] 的值为第 i 个猴子的编号 i，如果编号为 a[i] 的猴子出圈，则将其编号 a[i] 置成 0；

（2）开始时，数组元素的值为猴子编号（1~n），n 个猴子都在圈内；

（3）模拟猴子报数、出圈、选大王过程，直到圈内只剩下一个猴子为止。

算法实现：

（1）准备工作。定义大小为 n 的 int 数组 a，使用循环数组模拟 n 个猴子围成一圈。n 个猴子，下标范围是 0~n-1，a[i] 存放猴子的编号 i+1，编号为非 0 表示猴子在圈内。

（2）报数过程。j 为猴子的下标，j 的初值应该为第 1 个报数猴子的前一位下标（如果从编号为 1 的猴子开始报数，则 j = n-1），开始报数时，计算报数猴子的下标，为了表示 0 下标是 n-1 下标的下一个，报数时使用求余技术计算下标，即 j = (j + 1) % n，每次报数只数圈内的猴子，即 if(a[j]) k++；（k 为计数器）。

（3）出圈。报数为 m 的猴子出圈，则 a[j] = 0；

（4）循环（2），（3），直到圈内只有一个猴子，也就是要有 n-1 个猴子出圈。

程序的参考代码如下：

```
#include <stdio.h>
```

```c
#include <stdlib.h>

int main(void)
{
    int n, m;                              //表示 n 个猴子，报数到 m

    printf("请输入猴子数和出圈猴子报到的数：");
    scanf("%d %d", &n, &m);
    int *a = (int*)malloc(sizeof(int) * n); //动态申请内存空间
    for(int i = 0; i < n; i++)             //a[i]为标号为 i+1 猴子的状态，1 表示在圈内，0 表示已出圈
        a[i] = i + 1;
    printf("%d 个猴子出圈的顺序分别是：", n-1);
    int j = n - 1;                         //j 表示猴子的下标，初始为第一个报数猴子的前一位下标
    for(int i = 1; i < n; i++)
    {//n-1 只猴子出圈
        int k = 0;                         //报数计数器
        do
        {
            j = (j + 1) % n;               //报数猴子的下标，用求余技术
            if(a[j] != 0)                  //表示当前猴子在圈内
                k++;                       //猴子报数
        }while(k < m);                     //还没数到第 m 个猴子
        printf("%d ", a[j]);               //输出出圈猴子的编号
        a[j] = 0;                          //已数到第 m 个猴子，下标为 j 的猴子出圈
    }
    printf("\n 最后圈内剩下猴子的编号是：");
    for(int i = 0; i < n; i++)
    {
        if(a[i] != 0)
            printf("%d\n", a[i]);
    }
    free(a);                               //释放 a 占用的空间

    return 0;
}
```

图 14-1 所示为输入 10 和 3 时输出结果截图。

请输入猴子数和出圈猴子报到的数：10 3
9 个猴子出圈的顺序分别是：3 6 9 2 7 1 8 5 10
猴王的编号是：4

图 14-1　例 14-4 运行结果截图

实践：如果输入 n、m 和 p，其中 n、m 意义不变，p 为开始时第一个报数猴子的编号，程序如何修改，能找到最后猴王的编号。

 提示

上面程序中只需要将猴子下标 j 的初始改为(p − 2 + n) % n，因为编号为 p 的前一个猴子编号为 p-1（p>1 成立），对应下标为 p-2，如果 p 为 1 时，编号为 1 的前一位下标为 n-1，使用求余思想(p-2+n)%n，就不用对 p 的值分情况讨论了，提高了效率。

14.3　排序与查找

排序与查找是常用的计算机操作。很多问题都是基于排序与查找操作解决的，在数据处理中经常需要查找某一个所需要的数据，如从一个班的学生中查找符合某一条件的学生，从一批图书中查找某一本图书等，我们每天在百度、谷歌或其他网站中搜索信息，网站的搜索引擎就是使用查找匹配算法完成任务的；排序更是经常使用的操作，如对某一课程的成绩进行排序等。因此查找与排序算法成为数值与非数值算法中研究得最为成熟的两类算法，这里为了便于研究，都是对数值型数据进行排序和查找。

14.3.1　排序

排序是按关键字非递减或非递增顺序对一组记录重新进行整理（或排列）的操作，这里所有的实例如没有特殊说明均按非递减顺序排序。排序方法有很多，在第 6 章介绍了一种简单的排序方法：选择排序，这里先介绍另外两种简单排序法：冒泡排序（bubble sort）和插入排序（insert sort），再介绍一种称为"快速排序（quick sort）"的排序方法，对于这三种排序法，应掌握它们的排序思想，能够对于一组数据用它们模拟出排序过程，同时能用 C 程序描述算法，最后介绍如何使用库函数 qsort( )完成排序。

【例 14-5】冒泡排序。

为了更形象地描述冒泡排序的过程，通常将存放待排序的 N 个数据的数组 r[0]～r[N-1] 垂直排列，下标为 i 的数据被看作重量为 r[i]的气泡。根据轻气泡不能在重气泡之下的原则，从上向下（或从下向上）扫描数组 r，凡扫描到违反原则的轻气泡，就使其向上"飘浮"。使值较小的元素像气泡一样逐渐"上浮"到数组的顶部，而值较大的元素逐渐"下沉"到数组的底部。如此反复进行，直到最后任何两个气泡都是轻者在上，重者在下为止。具体的排序过程如下：

（1）排序过程

第 1 轮：从上向下扫描 N 个元素，先比较第一对相邻的元素（即第一个元素和第二个元素），如果逆序（即第一个元素大于第二个元素）则交换，使小元素向上移动，再比较第二对相邻元素，如果逆序仍交换，以此类推，直到比较最后一对相邻元素，经过这样一轮处理，小元素慢慢向上移动，而最大元素被移到了最后的位置上，这也是它最终应该在的位置（最底部），形象地描述为：最大的数像石头一样经过一轮沉到了无序区 N 个元素的底部，成为有序区的一个元素，下一轮它无须再参与比较了。

第 2 轮：对于无序区的 N-1 个元素，仍然是从第一对相邻元素到最后一对相邻元素依次比较，如果逆序就交换，与第一轮不同的是，少比较了一对，结果使第二大的元素被移到倒数第二位置上，这也是排序后它的位置，即沉到了无序区 N-1 个元素的底部。

这样重复 N-1 轮后，就有 N-1 元素沉底到对应的位置上，最后无序区剩下一个元素，排序结束。

（2）模拟过程

初始序列为 7、3、5、9、6、8 时，冒泡排序各趟的模拟过程如图 14-2 所示。

用双重循环实现冒泡排序，外层循环控制轮数，与元素个数有关，即 N 个待排序元素，需要 N-1 轮。内层循环控制需要比较的相邻元素的对数，与外层循环的轮数有关，即第 i 轮（i=1...N-1）时，内层需要比较 N-i 对相邻元素，当轮数增大时，已经找到位置的元素个数随之增大，那么内层待比较元素的对数随之减少。

初始序列	第一轮排序		第二轮排序	第三轮排序	第四轮排序	第五轮排序
7	7	3	3 3	3	3	3
3	3	5	5 5	5	5	5
5	5	7	7 6	6	6	6
9	9	6	6 7	7	7	7
6	6	8	8 8	8	8	8
8	8	9	9 9	9	9	9

图 14-2　冒泡排序各趟的模拟过程图

（3）程序设计
①定义数组。
②输入数组的元素。
③输出排序前的数组元素。
④冒泡排序。
⑤输出排序后的数组元素。

为了使程序结构更加清晰，将数组元素的输入、输出及排序均定义成函数。程序的参考代码如下：

```c
#include <stdio.h>
#define  N  6                              //数组元素个数为N

void Input(int r[], int n);                //输入数组的 n 个元素
void Output(int r[], int n);               //输出数组的 n 个元素
void BubbleSort(int r[], int n);           //使用冒泡排序方法对数组的 n 个元素进行排序
void Swap(int *pa , int *pb);              //交换 pa 和 pb 所指变量的值

int main(void)
{
  int a[N];                                //定义大小为 N 的数组

  printf("输入数组的%d 个元素: \n", N);
  Input(a, N) ;                            //输入数组的 N 个元素
  printf("排序前数组 a 的元素为:  ");
  Output(a, N);                            //输出排序前的数组元素的值
  BubbleSort(a, N);                        //冒泡排序
  printf("排序后数组 a 的元素为:  ");
  Output(a, N);                            //输出排序后的数组元素的值
```

```
        return 0;
}


void Input(int r[], int n)
{                                              //输入数组 r 的 n 个元素的值
    int i;
    for(i = 0; i < n; i++)
        scanf("%d", &r[i]);
}
void Output(int r[], int n)
{                                              //输出数组 r 的 n 个元素
    int i;
    for(i = 0; i < n; i++)
        printf("%d ", r[i]);
    printf("\n");
}
void BubbleSort(int r[],int n)
{                                              //用冒泡法对数组 r 的 n 个元素进行非递减排序
    int i, j, t;
    for(i = 1; i < n; i++)
    {//控制轮数
        for(j = 0; j <= n - 1 - i; j++)        //每一轮对无序区元素比较次数
        {                                      //依次比较相邻元素，j 为相邻元素前面元素下标
            if(r[j] > r[j+1])                  //逆序，则交换
            {
                Swap(&r[j], &r[j+1]);
            }
        }
    }
}
void Swap(int *pa , int *pb)
{
    int temp;
    temp = *pa ;
    *pa = *pb ;
    *pb = temp;
}
```

图 14-3 所示为一组测试数据的程序运行结果截图。

图 14-3   冒泡排序运行结果截图

实践 1：如果 N 个数据初始时就已经按非递减顺序排列好了，是否还需要进行 N-1 轮呢？

我们发现，前面所用的冒泡排序不论情况好坏，都要进行 N-1 轮，如上面的初始数据（7，3，5，9，

6，8）模拟过程，进行了五轮，实际上，我们发现第三轮没有任何元素进行交换，说明已经有序了，没必要再进行下一轮扫描了。所以实际上面的冒泡排序算法是可以改进的。

改进 1：如果某一轮在扫描过程中，所有相邻元素比较后，没有任何一对元素发生交换，则无须再进行下一轮扫描，所以需要设置一个标志变量 swapflag，如果有一对相邻元素发生了交换，则 swapflag=1，否则为 0，某一轮结束后如果 swapflag 值为 0，则说明已经完成排序。对应改进后的冒泡排序函数为 BubbleSort1，参考代码如下：

```
void BubbleSort1(int r[], int n)              //冒泡排序改进方法一，设置是否有交换的标记
{
    //设置 swapflag 为某轮是否有元素交换的标记，有交换则其值为 1，否则为 0
    //为了保证第一轮必须扫描，所以它的初始值设为 1
    int swapflag = 1;
    for(int i = 1; swapflag && i < n; i++)    //上一轮有元素发生了交换，本轮才进行
    {
        swapflag = 0;                         //本轮开始扫描时，先初始化为 0
        for(int j = 0; j <= n - 1 - i; j++)
        {
            if(r[j] > r[j + 1])
            {   //有元素交换
                Swap(&r[j], &r[j + 1]);
                swapflag = 1;                 //设置成有元素交换的值
            }
        }
        printf("%d 轮排序结果: ", i);
        Output(r, n);
    }
}
```

将前面冒泡排序程序参考代码中的 BubbleSort 函数换成上面的改进函数 BubbleSort1，为了模拟每轮情况，函数 BubbleSort1 中加了每轮后的排序结果。图 14-4 所示为一组测试数据运行结果截图。

图 14-4　冒泡排序改进一运行结果截图

改进 2：如果在某一轮中从某一位置开始，后面元素没有发生交换，那么下一轮也无须对这一位置后的元素再进行扫描，所以需要设置一个变量 lastSwapIndex 记录上一轮最后交换的一对元素中前面元素的下标，某一轮开始首先应该根据上一轮是否有交换及交换位置来决定此轮是否进行及比较范围。同样是上面初始数据（7，3，5，9，6，8）的模拟过程，发现第二轮最后一对交换的是第三对相邻元素即下标 2 和下标 3 的，lastSwapIndex=2，则下轮只需要扫描两对相邻元素即可。对应改进后的冒泡函数为 BubbleSort2，函数代码如下：

```
void BubbleSort2(int r[], int n)              //冒泡法改进二：记录最后交换时相邻前面元素下标
{
    //为保证第 1 轮扫描到最后一对相邻元素，int lastSwapIndex 初始设置成 n-1
```

```
    int lastSwapIndex = n-1;                        //为了观察每轮结果，用 i 记录轮数
    for(int i = 1; lastSwapIndex > 0; i++)
    {//上轮最后交换不是第一个元素和第二个元素
        int temp = -1 ;       //临时存放每轮最后一轮交换时前面元素下标，每轮先假设没有交换
        for(int j = 0; j < lastSwapIndex; j++)      //每轮只需扫描到上轮最后交换位置
        {
            if(r[j] > r[j + 1])                     //相邻元素如逆序则交换，temp = j
            {
                Swap(&r[j], &r[j + 1]);
                temp = j;
            }
        }
        printf("%d 轮排序结果: ", i);
        Output(r, lastSwapIndex + 1);               //输出本轮扫描的元素及交换后结果
        lastSwapIndex = temp;                       //本轮最后交换前面元素下标赋给 lastSwapIndex
    }
}
```

同样将最初冒泡排序完整程序的参考代码中的 BubbleSort 函数换成上面改进函数 BubbleSort2，为了模拟每轮情况，函数 BubbleSort2 中加了每轮后的排序结果。图 14-5 所示为一组测试数据运行结果截图。

图 14-5　冒泡排序改进二运行结果截图

思考： 对于初始序列中两个值相同的元素，冒泡排序后它们的相对位置是否会发生改变呢？

这是关于**排序稳定性**的问题，即在一组初始数据中，对于所有的任何两个值相同的元素 r[i],r[j]，如果 i<j，排序后两个元素分别对应 r[i'],r[j']，仍然有 i'<j'成立，则称排序是稳定的，否则是不稳定的。上面的排序算法，任何元素的移动是发生在相邻元素 r[j] > r[j+1]条件成立时，所以当 r[j] == r[j+1]为真时，没有改变它们的相对位置，所以冒泡排序是稳定的。

思考一下：第 6 章中介绍的选择排序是否是稳定的呢？

排序的稳定性有时是需要考虑的，如对一组学生（有学号、成绩）按成绩排成非递增顺序，如果两个学生成绩相同，按排序前的位置排序，这就是要求排序必须是稳定的。

实践 2： 如何修改上面的排序方法，使最小的数一轮后直接浮上来，即一轮后最小数直接到达它最终应该在的位置，而大数是慢慢下沉的呢？

> **提示**
>
> 冒泡排序的核心思想是交换，每一趟的最终结果是让无序区中最大元素交换到最终位置上，小元素慢慢上浮（或最小元素交换到最终位置上，大元素慢慢下沉），如果初始时元素已经有序，第一轮结束后就无须进行下一轮。

【例 14-6】插入排序。

（1）排序思想

每一趟将一个待排序的元素，按照其值的大小插入到有序序列的合适位置上，使有序序列长度增加 1，直到所有元素全部插入完成。

插入排序的整个排序过程可形象地用玩扑克时抓牌来模拟，假设抓牌前可看到牌堆里所有的牌，则确定了抓牌顺序之后，也就知道你会抓到哪些牌了，假设分别是 5,2,4,6,1,3。模拟一下这些牌到你手里时候变成有序的过程，用右手摸牌，左手拿牌，假设左手比较小，只能放下 6 张牌，这时候可以看看实际的抓牌流程了。抓第一张牌 5 时无所谓顺序，放在手里就好，这一张牌就是一个有序序列；抓第二张牌 2 时需要和第一张牌 5 比较，按从小到大排好顺序；抓第三张牌 4 时，需要和前面两张比较，"插入"适当的位置；后面的牌以此类推插入正确位置，最后手里的牌也就排好了顺序。需要注意，抓牌时可以将一张牌插入到两张牌之间的位置（实际上也是占用了原来牌的位置），但在内存中，数据是存放在下标连续的数组中，如果想在下标 2 和下标 3 之间插入一个数是做不到的，必须先将下标 3 对应的数往后移动，给需要插入的这个数字"腾出"空，如果移动前下标 3 后面还有元素呢？则下标为 3 后面的元素也需要向后移动，一直到后面没有需要移动的元素为止。

其实上面抓扑克牌按从小到大摆在手中的过程就是典型的直接插入排序，从第二张牌开始每次将一个新数据插入到有序序列中合适的位置上。

（2）模拟过程

初始序列为 5,2,4,6,1,3 时直接插入排序各趟的模拟过程如图 14-6 所示。

（3）算法设计

如何将上面的模拟过程转化为 C 语言描述呢？假设待排序序列为：r[0], r[1], ... , r[n-1]。

①先将这个序列中第一个元素 r[0] 视为元素个数为 1 的有序序列，其他 n-1 个元素 r[1], ... , r[n-1] 构成无序序列。

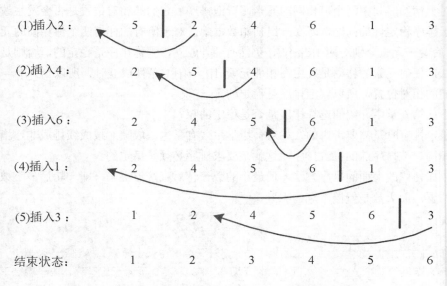

图 14-6 直接插入排序各趟的模拟过程图

266

②依次把无序序列元素插入到有序序列中，这个作为外层循环，从下标 1 扫描到 n-1。

③将每个元素插入到有序序列中。假设将 r[i]插入到序列 r[0]~r[i-1]中。由前面所述可知，插入 r[i]时，前 i-1 个数肯定已经是有序了。需要将 r[i]和 r[0]～r[i-1]进行比较，确定要插入的合适位置。这里需要一个内层循环，一般从后向前比较，即从下标 i-1 开始向 0 进行扫描。

（4）程序实现

容易得到对 n 个元素的数组 r 使用插入思想排序的伪代码

```
int  r[n];
输入 n 个元素用数组 r 存放
for(int i = 1; i < n; i++)
{
    将 r[i]插入到有序序列 r[0]~r[i-1]合适位置，使有序序列长度增加 1
}
输出排序后的结果
```

其中关键问题就是如何将一个元素 x 插入到有序序列中，使这个序列仍然有序。

一种方法是从第一个元素开始向后扫描，找 x 应该在的位置 j，然后再将位置 j 开始的后面所有元素均向后移动，通常是先将最后元素向后移，再移动倒数第二个元素，…，最后再移动位置 j 上的元素，然后再将 x 插入到位置 j 处。

另一种方法是从最后一个元素开始向前扫描，边找 x 应该在的位置，边将元素向后移动。

插入排序程序的参考代码如下：

```
#include <stdio.h>
const int N=6;
void InsertSort(int *r, int n);

int main(void)
{
    int a[] = {5, 2, 4, 6, 1, 3} ;              //为方便直接用初始化方法给数组元素赋值

    printf("排序前的序列为：") ;               //输出排序前的序列
    int n = sizeof(a) / sizeof(int) ;           //通常使用该方法计算数组中元素个数
    for(int i = 0 ; i < n ; i++)
        printf("%d ", a[i]) ;
    printf("\n" );
    InsertSort(a, n);                            //调用插入排序函数，对 a 的 n 个元素进行排序
    printf("排序后的序列为：");                  //输出排序后的序列
    for(int i = 0 ; i < n ; i++)
        printf("%d ", a[i]) ;
    printf("\n" ) ;
}
void InsertSort(int *r, int n)
{
    int x;
    for(int  i = 1 ;  i < n ; i++)
    {
        x = r[i] ;                               //找 r[i]位置时,前面元素可能向后移动,需用临时变量存 r[i]
```

```
        int j = i - 1;                          //j 记录开始扫描的元素下标，即有序区最后元素下标
        while(j >= 0 &&  x < r[j])
        {                                       //如果x<r[j]，说明 x 一定在 r[j]前面，需要继续向前扫描
            r[j + 1] = r[j];                    //将下标为 j 的元素向后移动一位
            j--;
        }
        r[j + 1] = x;                           //将 x 放置在它应该在的位置
        //执行第 i-1 趟后，即插入 r[i]序列变化，用下面输出语句模拟该趟结果
        printf("第%d 趟：插入元素%d 后，有序区变化:",i,r[i]);
        for(int k = 0 ; k < n ; k++)
        {
            printf("%d ", r[k]);
            if(k == i) printf("| ");            // | 前面为有序区
        }
        printf("\n");
    }
}
```

图 14-7 所示为程序运行结果截图。

图 14-7　插入排序程序运行结果截图

思考：这里介绍的插入排序是否是稳定的？

因为每趟确定待插入元素 x 的位置时，while(j >= 0 && x < r[j]) 这个循环条件成立时 r[j]才向后移动，而当x==r[j]成立时，元素仍然在 r[j]后面，所以这里的**插入排序是稳定的**。

> **提示**
>
> 如果初始时元素已经是排好序的，每趟只需要跟最后元素比较一次就确定插入元素的位置了，即元素基本有序时，比较次数较少。

实践：实现将一个数 x 插入到已经排好序（非递减）的 n 个元素序列中，使插入后的n+1 个元素仍然有序。

分析：上面 InsertSort()函数中 for 的循环体就是把元素 r[i]插入到 r[0]~r[i-1]有序序列中，修改成如下即可：

```
void Insert1(int *r, int n, int x)              //将 x 插入到已排好序的 n 个元素 r 数组中，使其仍有序
{//x 从最后元素开始依次与各元素比较，确定 x 应该在的位置
    int j = n-1 ;
    while(j >= 0 &&  x < r[j])                   //扫描的下标范围应该是 n-1 ~ 0
    {
        r[j + 1] = r[j];                        //将下标为 j 的元素向后移动一位
        j--;                                    //x 继续与前面元素比较
    }
    r[j + 1] = x;                               //将 x 放置在它应该在的位置
}
```

【例 14-7】快速排序。

问题描述：有 N 个整数，使用快速排序方法将它们按非递减顺序排序，并输出每轮排序结果。

问题分析：首先了解快速排序思想，给出排序过程，然后用一组数据模拟快速排序过程，最后将排序过程改写成 C 语言程序。

快速排序是对冒泡排序的一种改进，通常被认为是效率较高的排序算法。在快速排序中，元素的比较和移动是从两端向中间进行的，值较大的元素一次就能从前面移动到后面，值较小的元素一次就能从后面移动到前面，元素移动距离较远，这样减少了总的比较次数和移动次数。

（1）排序思想

采用分治法，先确定一个基准数（通常是第一个或者最后一个元素，或者是其他元素），将序列中的其他数往它两边"扔"，小于它的数都"扔"到它的左边，大于它的数都"扔"到它的右边；经过一趟排序，将待排序的元素分割成独立的三部分，即左、中、右部分，左边部分元素的值均小于等于基准元素的值，中间部分只含基准数，右边部分元素的值均大于等于基准元素的值，此时基准元素所在位置就是其排序后的位置（分治）。然后左右两部分再分别重复这个操作（递归），不停地分，直至每一个分区的基准数左边及右边最多只剩一个数为止。下标范围为[left，right]的元素快速排序的 quickSort 的伪代码如下：

```
void QuickSort(int a[] , int left, int right)
{
    if(left < right)              //区间中元素个数少于 2 个时，该区间的快速排序结束
    {
        pivot = Partition(a, left, right);   //调用 Partition 函数，求基准数所在位置
        QuickSort(a, left, pivot - 1);       //基准数左边区间进行快速排序
        QuickSort(a, pivot + 1, right);      //基准数右边区间进行快速排序
    }
}
```

快速排序中 Partition 函数确定基准数位置的方法有很多，下面给出两种常用的方法。

方法 1：左右交换法

①在待排序序列中选择一个数据作为基准值（假设选取区间最左端数据作为基准值，用 left 记录区间最左端下标），首先定义两个指针（实际是整数，为便于描述说成指针）i，j 最初分别指向待排序区间的最左端和最右端元素。

②如果 i < j，右指针 j 向左扫描找比基准值小的元素（自己模拟一下，理解为什么不可以先让左指针 i 向右扫描找比基准大的元素），找到后停止 j 的移动，接着让左指针 i 向右扫描找比基准值大的元素，找到后停止 i 的移动，然后交换 i，j 所指的数据。

③重复②过程，直到 i，j 相遇，交换 left 和 i 所指的数据。初始数据为 6，2，8，3，9，1，4，7 时，快速排序使用左右交换法的一趟的模拟过程如图 14-8 所示。

图 14-8　快速排序（左右交换法）一趟的模拟过程图

从而得到对应的 Partition1 函数的代码。参考代码如下：

```c
int Partition1(int a[], int left, int right)
{//左右交换法确定基准值位置
    int temp = a[left];                         //存放基准值
    int i = left, j = right;
    int t ;
    while(i < j)
    {//i 和 j 不同
        //必须先是 j 从右向左扫描找一个比基准值小的数
        while(i < j && a[j] >= temp) j--;
        //然后再是 i 从左向右扫描找一个比基准值大的数
        while(i < j && a[i] <= temp) i++;
        if(i < j)
        { //如果 i 和 j 没有相遇，则交换 i 和 j 所指的数据
            t = a[i];   a[i] = a[j];   a[j] = t;
        }
    }
    //交换 left(基准值下标) 和 i 所指的数据
    t = a[left];    a[left]= a[i];   a[i] = t;

    return i;
}
```

方法 2：填坑法

①在待排序序列中选择一个数据作为基准值（假设仍选取区间最左端数据作为基准值），首先将坑设

在基准值位置，定义两个指针 i、j，最初分别指向待排序区间的最左端和最右端。

②如果 i<j，则先是右指针 j 向左扫描找比基准值小的数据（思考为什么不能先是左指针向左扫描），找到后将此位置的值填入坑，并将坑的位置更新为右指针 j 所指的位置，接着左指针 i 向右扫描找比基准值大的数据，找到后将此位置的值填入坑，并将坑的位置更新为左指针 i 所指的位置。

③重复②过程，直到 i,j 相遇，此处一定是坑的位置，执行④。

④将基准数据填入坑，此时已经实现了比基准值小的数据都在基准数据左边，比基准值大的数据都在基准数据右边，此时基准数据所在的位置就是排序后它的最终位置。

初始数据为 6, 2, 8, 3, 9, 1, 4 时，快速排序使用填坑法的一趟模拟过程图 14-9 所示。

图 14-9 快速排序（填坑法）一趟的模拟过程图

从而容易得到对应的 Partition2 函数的代码。参考代码如下：

```
int Partition2(int a[], int left, int right)
{//填坑法确定基准值的位置
    int temp = a[left];                    //存放基准值
    int i = left, j =right;                //分别表示不大于基准值的元素下标、不小于基准值的元素下标
    //第 1 个坑（待放元素下标）的位置为 i（即基准值最初的位置）
    while(i < j)
    {
        while(i < j && a[j] >= temp)  j--;
```

```
        if(i < j)
            a[i] = a[j];                        //将 a[j]放入坑中，新的坑是下标 j 处
        while(i < j && a[i] <= temp)  i++;
        if(i < j)
            a[j] = a[i];                        //将 a[i]放入坑中，新的坑是下标 i 处
    }
    //当 i==j 为真时，此时 i 处即为基准值的位置
    a[i] = temp;

    return i;
}
```

代码分析：搜索待放入当前坑中的元素，必须首先从右边开始向左扫描，如果首先从左扫描，则 i 停止向前移动时，a[i] >temp，需要将 a[i]填入当前的坑中，但最初的坑应该填放不大于 temp 的元素。

（2）程序设计

使用一个 Partition 函数确定基准值位置，再递归对基准值左区间和右区间分别进行排序，直到每个区间都至多有一个数据时排序结束。可以得到快速排序程序的完整代码，为了模拟每趟划分结果，在 Partition2 函数中加了输出语句。参考代码如下：

```
#include <stdio.h>
#define N 8
void QuickSort(int a[], int left, int right);
int Partition2(int a[], int left, int right);

int main(void)
{
    int a[N]={6, 2, 8, 3, 9, 1, 4, 7};

    QuickSort(a, 0, N-1);
    for(int i = 0; i < N; i++)
        printf("%d ", a[i]);
    printf("\n");

    return 0;
}
void QuickSort(int a[], int left, int right)
{
    if(left < right)
    {
        int pivot = Partition2(a, left, right);     //计算基准值所在位置
        QuickSort(a, left, pivot - 1);              //基准值左边区间快速排序
        QuickSort(a, pivot + 1, right);             //基准值右边区间快速排序
    }
}
int Partition2(int a[], int left, int right)
{//填坑法确定基准值位置
    int temp = a[left] ;                            //存放基准值
    int i = left, j =right ;

    while(i < j)
    {
        while(i < j && a[j] >= temp)    j--;
        if(i < j)
            a[i] = a[j];                            //将 a[j]放入坑中，新的坑是下标 j 处
```

```
        while(i < j && a[i] <= temp)   i++;
        if(i < j)
            a[j] = a[i];                        //将 a[i]放入坑中，新的坑是下标 i 处
    }
    a[i] = temp ;
    //下面为了给出各趟模拟过程
    printf("[ ");
    for(int j = left; j < i; j++)
        printf("%d ", a[j]);
    printf("] ");
    printf("%d ", a[i]);
    printf("[ ");
    for(int j = i + 1; j <= right; j++)
        printf("%d ", a[j]);
    printf("] \n");

    return i;
}
```

测试数据为 6, 2, 8, 3, 9, 1, 4, 7 时各趟模拟过程如图 14-10 所示。

图 14-11 所示为使用左右交换法确定基准值位置的快速排序的各趟模拟过程。

图 14-10　填坑法确定基准值位置的　　　图 14-11　左右交换法确定基准值位置的
　　　　快速排序的各趟模拟过程　　　　　　　快速排序的各趟模拟过程

快速排序是一个非常优秀且较常用的排序方法，尤其适用于对大数据量的排序，其中用到了递归函数调用。但数据较少或数据正序或逆序时，这种方法反而不快速了。

思考： 这里的快速排序是否稳定？

因为这里不管哪种方法确定基准值的位置，元素移动范围很大，例如两个相同的元素 r[i]和 r[j]（i<j），假设它们均比最初选定的最左端的基准值小，r[j]是右端指针第一次遇到的比基准值小的数，如用挖坑法，这时 r[j]应该填入基准值所在的坑，发现 r[j]已经移到了 r[i]前面，所以快速排序是不稳定的。

> **提示**
>
> 在计算机科学及数学学科中，排序算法是常用的算法。排序的算法有很多，对空间的要求及其时间效率也不尽相同，关于更多的排序算法及算法时空特性在数据结构与算法课程中会详细讲述。

【例 14-8】使用库函数 qsort 完成排序。

qsort 是 stdlib.h 头文件中的万能排序函数，它是利用快速排序思想对数组中元素进行排序的库函数。函数原型为：

```
void qsort(void *base, size_t nmem,size_t size, int (*cmp(const void*, const void *));
```

应用 qsort 函数的难点在于正确编写 cmp 函数。典型的 cmp 的定义如下：

```
int cmp(const void *a, const void *b);
```

其中返回值必须是 int，两个参数的类型必须都是 const void *，假设是对 int 数据排序，如果是升序，

那么就是如果 a 比 b 大返回一个正值，小则返回负值，相等则返回 0，其他的类型类推。

下面用例子来说明使用 qsort 函数对不同类型的数组元素如何进行排序。函数体内要对 a,b 进行强制类型转换后才能得到正确的返回值，类型不同处理方式稍有不同，重点在于 cmp 函数的定义及 qsort 函数调用时实参的写法。对于下面几个使用 qsort 函数排序的实例，应该掌握针对不同类型数组元素排序时，cmp 函数的区别在哪里。实例都默认元素个数 N 不超过 20。

这些实例的伪代码都是：

```
定义 qsort 函数中第四个参数所指的 cmp 函数；
定义数组 s[N]；
输入 n，确定数组元素个数
输入 n 个元素
调用 qsort 函数：qsort(s,n,sizeof(s[0]),cmp);
输出排序后数组元素
```

（1）对 N 个整数按非递减顺序排序

分析：根据 qsort 函数的说明，cmp 函数的返回值为负整数时，认为 a 所指的元素比 b 所指的元素小，所以得到 int 类型数组排序对应的 cmp 函数应该为：

```c
int cmp(const void *a, const void *b)
{
    return(*(int *)a - *(int *)b) ;
}
```

参考代码如下：

```c
#include <stdio.h>
#include <stdlib.h>
#define N 20

int cmp(const void *a, const void *b)
{
    return(*(int *)a - *(int *)b);
}

int main(void)
{
    int s[N], n, i;

    printf("请输入元素个数：  ");
    scanf("%d", &n);                              //输入元素个数
    printf("请输入%d 个整数：\n", n);
    for(i = 0; i < n; i++)
        scanf("%d", &s[i]);                       //输入 n 个元素
    qsort(s, n, sizeof(s[0]), cmp);               //调用 qsort 完成对 s 的 n 个元素按非递减顺序排序
    printf("排序后结果为：");
    for(i = 0; i < n; i++)
        printf("%d ", s[i]);                      //输出排序后的元素
    printf("\n");

    return(0);
}
```

实践：读者自己完成对 N 个字符使用 qsort 函数按非递减顺序排序。

（2）对 N 个浮点数按非递减顺序排序

分析：因为 cmp 函数要求返回整数，所以需要将 cmp 函数修改成：

```
int cmp(const void *a, const void *b)
{
    return(*(double *)a > *(double *)b ? 1 : -1);
}
```

主函数中数组类型、元素输入及输出格式码修改一下即可，读者自己很容易完成。

（3）对 N 个结构体元素进行排序

问题描述：以学生（学号,年龄）结构体类型为例，按年龄非递减，如果年龄相同，则按学号升序排序。

问题分析：学生类型（Student）定义成含有 sno（学号）和 age（年龄）成员的结构体类型，然后 int cmp(const void *a, const void *b)函数体中，使用强化类型（Student *）将 a,b 转换后，再根据年龄不同和相同写出对应的返回值。程序的参考代码如下：

```
#include <stdio.h>
#include <stdlib.h>
#define N 20
typedef struct Student
{
    int  sno;
    int  age;
}Student ;
int cmp(const void *a, const void *b)
{
    Student *aa = (Student *)a;
    Student *bb = (Student *)b;
    if((aa->age) != (bb->age))          //a 和 b 的 age 不同时按 age 升序
        return aa->age - bb->age;
    else
        return aa->sno - bb->sno;       //否则按 sno 升序排序

}

int main(void)
{
    int n, i;
    Student s[N];

    printf("请输入元素个数： ");
    scanf("%d", &n);                    //输入元素个数
    printf("请输入%d 个学生信息（学号 年龄）:\n", n);
    for(i = 0; i < n; i++)              //输入 n 个元素的 sno 及 age
        scanf("%d %d", &s[i].sno, &s[i].age);
    qsort(s, n, sizeof(s[0]), cmp);
    printf("排序后结果为: \n");
    for(i = 0; i < n; i++)
        printf("%d %d\n", s[i].sno, s[i].age);
    printf("\n");

    return(0);
}
```

（4）对 N 个字符串进行排序

分析：字符串数组有两种定义方式，定义方式不同，对应的 cmp 函数不同。下面假设字符串长度不超过 20。

①二维字符数组方式

```
char s[N][21];
```

每行是一个串，cmp 函数体通过 strcmp 函数实现，即

```
return  strcmp( (char *)a , (char *)b);
```

对应程序的参考代码如下：

```
#include <stdio.h>
#include <stdlib.h>
#include <string.h>
#define N 20

int cmp(const void *a, const void *b)
{
    return strcmp((char*)a, (char*)b);          //strcmp(s1,s2)函数，如果 s1<s2，则返回负整数
}

int main(void)
{
    int n, i;
    char s[N][21];

    printf("请输入字符串的个数: ");
    scanf("%d", &n);                            //输入字符串个数
    printf("请输入%d 个字符串:\n", n);
    for(i = 0; i < n; i++)                      //输入 n 个串
        scanf("%s", s[i]);
    qsort(s, n, sizeof(s[0]), cmp);
    printf("排序后结果为: ");
    for(i = 0; i < n; i++)
        printf("%s ", s[i]);
    printf("\n");

    return(0);
}
```

②指针数组方式

如 char *s[N]={"james","henry"}，也能存放 N 个字符串，通过 s[0] ,...,s[N-1]访问各个字符串。这里有个容易混淆的地方，数组 s 每个元素的大小到底是多少呢？对 s[0]来说，到底是字符串 james 的长度 5，还是 char*的大小呢？自然应该是 char*的大小。因为 s[i]是 char * 类型，存放的是串的地址，保存的是各个字符串的地址；不能把 strcmp 本身传给 qsort，即不能写 strcmp (a, b)，因为形参是 const void* 类型，同理，写成 strcmp((char *)p, (char *)q); 也是无效的；利用 qsort 的时候传递的实参是指向这个 char*的指针，即 char **，所以在 cmp 中需要将 void* s 强制转换成 char** s，然后用*s 来表示 char*传递给 strcmp。

正确的写法应该是 strcmp(*(char **)p, *(char **)q); 先强制转换成 char**，再用*减少一层间接寻址操作，即

```c
int cmp(const void *p, const void *q)
{
        return strcmp(*(char **)p, *(char **)q);
}
```

对应的完整程序参考代码如下：

```c
#include <stdio.h>
#include <stdlib.h>
#include <string.h>
#define N 20

int cmp(const void *a, const void *b)
{
    return strcmp(*(char**)a, *(char**)b);
}

int main(void)
{                                              //每个串的长度最多 20 个字符
    int n, i;
    char *s[N];

    printf("请输入字符串的个数：");
    scanf("%d", &n);                           //输入字符串个数
    printf("请输入%d 个字符串:\n", n);
    for(i = 0; i < n; i++)                     //输入 n 个串
    {
        s[i] = (char*)malloc(21 * sizeof(char));   //每个元素至少 21 个字节空间
        scanf("%s", s[i]);
    }
    qsort(s, n, sizeof(s[0]), cmp);
    printf("排序后结果为：");
    for(i = 0;i < n; i++)
        printf("%s ", s[i]);
    printf("\n");
    for(i = 0; i < n; i++)
    free(s[i]);                                //释放元素 s[i]动态空间

    return(0);
}
```

图 14-12 所示为上面程序运行结果截图。

```
4
big small watch apple
apple big small watch
```

图 14-12　4 个串排序运行结果截图

14.3.2　查找

第 6 章已给出了一种简单查找方法，这种方法对于任何一组数据均可使用，最不好情况是需要跟所有元素比较，当数据较多时效率很低。这里介绍一种高效的查找方法：折半查找。

【例 14-9】在 n 个整数中，使用折半查找方法查找 x，输出查找结果。

（1）基本思想

首先要求查找数据中的 n 个元素必须是有序的（假设是非递减有序），设要查找的元素为 x、查找范围的第一个元素的下标为 low、最后元素的下标为 high，如果查找范围中至少有一个元素（即 low≤high），则中间元素的下标为 mid=(low+high)/2，比较 x 与 mid 对应元素的关系，如果 x 等于 a[mid]则查找成功，返回 mid+1；如果 x 小于 a[mid]，若 x 在此数组中，则其下标肯定在 low 与 mid-1 之间（执行 high=mid-1）；如果 x 大于 a[mid]，若 x 在此数组中，则其下标肯定在 mid+1 与 high 之间（执行 low=mid+1），重复折半、查找，直到 x==a[mid]为真或查找范围中没有元素（即 low≤high 为假）。如果在所给数据中没有找到 x，即 x==a[mid]值为假，则返回 0。

折半查找算法的流程如图 14-13 所示。

图 14-13　折半查找的流程图

（2）折半查找函数 BinSearch

参考代码如下：

```c
int BinSearch(int a[], int n, int x)
{
    int low, high, mid;

    low = 0; high = n - 1;
    while(low <= high)                      //查找条件是区间中至少有一个元素
    {
        mid = (low + high) / 2;             //计算查找区间中间元素的下标
        if(x == a[mid])
            return mid + 1;                 //mid 对应元素正好为要找元素，返回序号
        else if(x < a[mid]) high = mid - 1; //比中间元素小，则需要在左区间继续查找
        else low = mid + 1;                 //比中间元素大，则需要在右区间继续查找
    }

    return 0;
}
```

（3）测试程序流程

① 在主函数 main 中定义一个有 N（N=6）个元素的数组 a。

② 输入数组元素。

③ 对数组进行排序。

④ 输出排序后的数组元素。

⑤ 输入要查找的元素 x。

⑥ 在有 N 个元素的数组 a 中使用折半查找方法 x，如果找到将其序号返回，否则返回 0。

⑦ 输出是否找到的信息。

程序参考代码如下：

```c
#include <stdio.h>
#define N 6                                 //数组元素个数

void Input(int a[], int n);                 //输入数组的 n 个元素
void Output(int a[], int n);                //输出数组的 n 个元素
void BubbleSort(int a[], int n);            //对有 n 个元素的数组进行冒泡排序
int BinSearch(int a[], int n, int x);       //在数组 a 中使用折半查找方法查找 x

int main(void)
{
    int a[N], x;                            //定义一个有 N 个元素的数组 a

    printf("输入数组的%d 个元素：\n", N);
    Input(a, N);                            //输入数组的元素
    BubbleSort(a, N);                       //调用 BubbleSort 函数对数组进行排序
    printf("排序后数组 a 的元素为：\n");
    Output(a, N);                           //输出排序后的数组元素
    printf("输入要查找的元素 x: ");
    scanf("%d", &x);                        //输入要查找的元素 x

    int t=BinSearch(a, N, x);               //用折半查找法在 a 中查找 x
```

```
    //输出是否找到的信息
    if( t != 0)
        printf("查找%d 成功，序号为%d\n", x, t) ;
    else
        printf("查找%d 失败\n", x);

    return 0;
}
```

Input()、Output()及 BubbleSort()函数的定义与前面冒泡排序完整程序相同。

（4）程序运行

程序运行结果如图 14-14 所示。

图 14-14　折半查找程序运行结果示意图

14.4　二维数组的应用

二维数组实际上可以看作元素是一维数组的一维数组，即 int a[3][5]，可以看成是含有 3 个一维数组元素，每个元素是有 5 个 int 元素的一维数组。二维数组元素有两个下标，a[i][j]表示它是第 i 行第 j 列的元素。

【例 14-10】同行同列同对角线的格子。

问题描述：输入三个自然数 n（n≤10），i, j（1≤i,j≤n），输出在 n*n 格的棋盘中（行列从 1 开始），与格子（i,j）同行、同列、同一对角线所有格子的位置。如 n=4, i=2, j=3 表示了 4*4 棋盘中的第二行第三列的格子，如图 14-15 所示。

图 14-15　4*4 棋盘图

样例输入：

4 2 3

样例输出：

(2,1) (2,2) (2,3) (2,4)

```
(1,3) (2,3) (3,3) (4,3)
(1,2) (2,3) (3,4)
(4,1) (3,2) (2,3) (1,4)
```

问题分析：按描述很容易得到程序的伪代码。

```
int n, i, j;
scanf("%d %d %d", &n, &i, &j);
输出 i 行格子的位置
输出 j 列格子的位置
输出与(i,j)在同一条从左上到右下对角线上的格子的位置
输出与(i,j)在同一条从左下到右上对角线上的格子的位置
```

与（i,j）同行或同列的格子的位置很容易穷举。如何找到与（i,j）在同一对角线上格子的位置？用对角线的斜率是 1 或-1 方法找出格子位置。

如果（row,col）与（i,j）在同一条从左上到右下的对角线上，则 row-i = (col-j)，即 col = row-i + j，所以可对 for(row = 1; row<=n; row++)中每一个 row，计算出 col，如果 col>=1&&col<=n，输出（row,col）即可。

如果（row,col）与（i,j）在同一条从左下到右上的对角线上，则 row-i = (-1)*(col-j)，即 col =-row+i+j，所以可对 for(row = n; row>=1; row--)中每一个 row，计算出 col，如果 col>=1&&col<=n，输出（row,col）即可。

程序的参考代码如下：

```c
#include <stdio.h>

int main(void)
{
    int n, i, j;

    printf("输入 n,i,j:\n");
    scanf("%d %d %d", &n, &i, &j);
    for(int col = 1; col <= n; col++)          //输出与 i 在同一行的格子位置
        printf("(%d,%d) ", i, col);
    printf("\n");                              //换行
    for(int row = 1; row <= n; row++)          //输出与 j 在同一列的格子位置
        printf("(%d,%d) ", row, j);
    printf("\n");                              //换行
    for(int row = 1; row <= n; row++)
    {//输出与(i,j)在同一从左上到右下对角线上的格子位置
        int col = row - i + j;                 //row-i=col-j
        if(col >= 1 && col <= n)
            printf("(%d,%d) ", row, col);
    }
    printf("\n");                              //换行
    for(int row = n; row >= 1; row--)
    { //输出与(i,j)在同一从左下到右上对角线上的格子位置
        int col = -row + i + j;                //row-i=-(col-j)
        if(col >= 1 && col <= n)
            printf("(%d,%d) ", row, col);
    }
    printf("\n");                              //换行

    return 0;
}
```

【例 14-11】鞍点问题。

问题描述：n*m（1<n,m≤10）矩阵鞍点的定义为：在矩阵中，如果存在一个元素 a[i][j]，它是 i 行中的最大元素，同时又是 j 列中的最小元素，则 a[i][j]即是一个鞍点。鞍点可能不止一个，也可能不存在（假设矩阵中每行中各个元素均不相同）。

输入：n,m 及矩阵的元素。

输出：如果存在鞍点，输出一个鞍点所在的行、列及其值（如果存在多个，输出行号最小的）；如果不存在，输出 not found。

问题分析：查找矩阵 a 的鞍点，行号 row 从 1 开始，找出 row 行最大元素 a[row][col]，col 为第 row 行最大元素所在的列号，然后再依次查看第 col 列中各个元素是否有比 a[row][col]小的，如果没有，则说明 a[row][col]即是 col 列中的最小元素，找到了鞍点，输出鞍点信息，程序结束；否则说明 a[row][col]不是 col 列中最小元素，则 row 行没有鞍点，只能再看下一行中最大元素是否是鞍点，直到找到一个鞍点或所有行最大元素都不是鞍点为止。

程序伪代码如下：

```
int a[11][11];
int n, m;
scanf("%d %d" , &n, &m);                        //输入矩阵的行列数
输入矩阵的 n * m 个元素
for(int row = 1; row <= n; row++)
{
        找到第 row 行的最大元素 a[row][col]
        检测 a[row][col]是否为第 col 列最小值
        如果是最小的则退出循环
}
如果找到鞍点，则输出鞍点信息;
否则，输出 not find
```

为了练习一下二维数组作为函数参数，本处定义一个函数 int AnDian(int a[][N] , int *r, int *c);实现在一个二维数组（每行 N 个元素，下标从 1 开始）中查找鞍点，如果找到用*r , *c 存放鞍点行标和列标，并返回 1，否则返回 0。为了方便理解，使用一个标志变量 flag 记录是否找到鞍点。

程序的参考代码如下：

```
#include <stdio.h>
const int N=11;
int AnDian(int a[][N], int n, int m, int *r, int *c);
//在 n*m 数组 a 中找鞍点，如果找到用*r,*c 存放鞍点行号、列号，返回 1;否则返回 0

int main(void)
{
    int a[N][N], r, c;                          //r,c 分别存放鞍点的行号和列号
    int n, m;

    printf("输入 n,m 及 n*m 个矩阵的元素：\n");
    scanf("%d %d", &n, &m);
    for(int i = 1; i <= n; i++)
    {
```

```
        for(int j = 1; j <= m; j++)
            scanf("%d", &a[i][j]);
    }
    int res = AnDian(a, n, m, &r, &c);          //调用函数求鞍点
    if(res)                                      //如果有鞍点，输出鞍点行号、列号，及其值
        printf("%d %d %d\n", r, c, a[r][c]);
    else
    printf("not found\n");                       //如果没有鞍点，输出 not found

    return 0 ;
}
int AnDian( int a[][N], int n, int m, int *r, int *c)
{
    int flag = 0;                                //用于标志是否找到鞍点，0 表示还没找到，1 表示找到了
    for(int row = 1 ; row <= n;  row++)
    {
        int col = 1, j ;                         //假设 a[row][col]为第 row 行的最大元素
        for(j = 2; j <= m;  j++)
        {
            if(a[row][j] > a[row][col])   col = j;
        }
        for(j = 1; j <= n;  j++)                 //检测 a[row][col]是否为第 col 列的最小值
        {
            if(a[j][col] < a[row][col])
                break;                           //a[row][col]不是第 col 列最小值
        }
        if(j == n+1)                             // a[row][col]是第 c 列最小值
        {
            flag = 1;
            *r = row;
            *c = col;
            break;
        }
    }
    return flag;                                 //返回是否有鞍点的标志
}
```

一组测试数据的运行情况如图 14-16 所示。

图 14-16　鞍点程序运行结果截图

 提示

int AnDian(int a[][N], int n, int m, int *r, int *c)的第一个参数可以换成(int (*a)[N])。

小　结

数组和后面介绍的链表是两种基本的数据存储方式，它们在内存存储上的表现不一样。通常用它们存储一组类型相同、意义相同的数据，数组在 C 语言中有着特殊的地位，具体如下。

（1）在内存中，数组是一块连续的区域，数组的名称就是数组的首地址。

（2）数组的元素个数是固定的，数组元素的存诸单元在数组定义时分配，数组需要预留空间，在使用前要先申请占内存的大小，可能会浪费内存空间。

（3）数组中的元素顺序关系由元素在数组中的位置（即下标）确定。

（4）插入数据和删除数据效率低，插入数据时，这个位置后面的数据在内存中都要向后移。

（5）随机读取效率很高。因为数组是连续的，知道某个数据的下标，可以直接通过数组名和下标找到这个数据。

习题与实践

1. 校门外的树

描述：某校大门外长度为 L 的马路上有一排树，每两棵相邻的树之间的间隔都是 1 米。可以把马路看成一个数轴，马路的一端在数轴 0 的位置，另一端在 L 的位置；数轴上的每个整数点，即 0，1，2，…，L，都种有一棵树。

由于马路上有一些区域要用来建地铁。这些区域用它们在数轴上的起始点和终止点表示。已知任一区域的起始点和终止点的坐标都是整数，区域之间可能有重合的部分。现在要把这些区域中的树（包括区域端点处的两棵树）移走。你的任务是计算将这些树都移走后，马路上还有多少棵树。

输入：第一行有两个整数 L（1≤L≤10000）和 M（1≤M≤100），L 代表马路的长度，M 代表区域的数目，L 和 M 之间用一个空格隔开。接下来的 M 行每行包含两个不同的整数，用一个空格隔开，表示一个区域的起始点和终止点的坐标。对于 20% 的数据，区域之间没有重合的部分；对于其他的数据，区域之间有重合的情况。

输出：包括一行，这一行只包含一个整数，表示马路上剩余树的数目。

样例输入：

```
500 3
150 300
100 200
470 471
```

样例输出：

```
298
```

2. 有趣的跳跃

描述：一个长度为 n（n>0）的序列中存在"有趣的跳跃"，当前仅当相邻元素的差的绝对值经过排序后正好是从 1 到（n-1）。例如，1 4 2 3 存在"有趣的跳跃"，因为差的绝对值分别为 3,2,1。当然，任何只包含单个元素的序列一定存在"有趣的跳跃"。写一个程序判定给定序列是否存在"有趣的跳跃"。

　　输入：一行，第一个数是 n（0＜n＜3000），为序列长度，接下来有 n 个整数，依次为序列中各元素，各元素的绝对值均不超过 1000000000。

　　输出：一行，若该序列存在"有趣的跳跃"，输出 Jolly，否则输出 Not jolly。

　　样例输入：

```
4 1 4 2 3
```

　　样例输出：

```
Jolly
```

　　3．单词的长度

　　描述：输入一行单词序列，相邻单词之间由 1 个或多个空格间隔，请对应地计算各个单词的长度。注意，如果有标点符号（如连字符、逗号），标点符号算作与之相连的词的一部分。没有被空格间开的符号串，都算作单词。

　　输入：一行单词序列，最少 1 个单词，最多 300 个单词，单词之间用至少 1 个空格间隔。单词序列总长度不超过 1000。

　　输出：依次输出对应单词的长度，之间以逗号间隔。

　　样例输入：

```
She was born in 1990-01-02  and  from Beijing city.
```

　　样例输出：

```
3,3,4,2,10,3,4,7,5
```

第 15 章　字符串处理

在程序设计过程中，经常会遇到字符串处理的问题，在 C 语言中，字符串其实就是字符数组，因此可以像处理普通数组一样处理字符串，但字符串也有特殊的地方，如存储在字符数组中的字符串是以 "\0" 作为字符串结束标记的。另外，C 语言提供了大量字符串处理函数，具体可参见 www.cplusplus.com，当然如果要用到字符串处理函数，一定要包含头文件 string.h。

本章通过字符串处理编程实例，学习并掌握字符串处理编程的相关内容。

【例 15-1】统计字符数。

问题描述： 判断一个由 a~z 这 26 个字符组成的字符串中哪个字符出现的次数最多。输入数据占 1 行，是一个由 a~z 这 26 个字符组成的字符串，不超过 1000 个字符且非空。输出 1 行，包括出现次数最多的字符和该字符出现的次数，中间是一个空格。

输入样例：

```
abbccc
```

输出样例：

```
c 3
```

问题分析： 这是一个典型的字符串处理问题，可以用一个字符数组存储这一行字符串，根据问题描述，该字符串只由 a~z 这 26 个字符组成，每个字母在 ASCII 表中是连续的，因此可以用一维数组 count[26] 统计每个字母出现的次数，count[i] 表示第 i 个字母出现的次数，其中字母 a 为第 0 个字母。字母 x 与数组下标 i 之间具有对应关系：i = x-'a'。count[0] 存储的是字母 a 出现的次数。

处理的方法就是对字符数组遍历，是第 i 个字母，就让 count[i] 的值增 1，这样遍历数组结束时，也就统计出了每个字母出现的次数。之后再找出 count 数组的最大值的下标是什么，就可以输出结果了。

参考代码如下：

```c
#include <stdio.h>
#include <string.h>

int main(void)
{
    char str[1001];                        //题目中说明字符数不超过 1000
    int count[26] = {};                    //定义数组时，初始化，这种方式可让数组元素值为 0

    scanf("%s", str);
    int len = strlen(str);                 //计算字符串长度
    for(int i = 0; i < len; i++)
    {
        count[str[i] - 'a']++;
    }

    int maxIndex = 0;                      //找最大值，maxIndex 为最大值数组下标
```

```
        for(int i = 1; i < 26; i++)
        {
            if(count[i] > count[maxIndex]) maxIndex = i;
        }

        printf("%c %d\n", maxIndex+'a', count[maxIndex]);        //输出结果

        return 0;
    }
```

C 语言中的字符型用关键字 char 表示，它实际存储的是字符的 ASCII 码。字符常量用单引号引起来。在语法上可以把字符当作 int 型使用。

本例中，遍历字符数组是通过先计算出字符串长度的方式实现的。

strlen()函数是在头文件 string.h 中声明的，它可以计算出字符串的长度，该函数的原型如下：

```
size_t strlen(const char * str);
```

程序中也可不计算字符串长度来遍历字符数组，可以利用字符串的结束标志 "\0"，可以把程序中的如下代码段：

```
int len = strlen(str);                      //计算字符串长度
for(int i = 0; i < len; i++)
{
    count[str[i] - 'a']++;
}
```

改成如下代码，达到的效果是一样的：

```
for(int i = 0; str[i]; i++)
{
    count[str[i] - 'a']++;
}
```

本章通过编程实例讲解常用的字符串处理函数的具体使用。

【例 15-2】被 3 整除。

问题描述：在数学领域中，3 是一个很奇特的数字。现在给定一个很大的数字（数字长度不超过 100 位），判断其能否被 3 整除。如果这个数字能被 3 整除，则输出 YES，否则输出 NO。

输入：第一行为一个正整数 n（0 < n < 100），表示数据的组数。接下来的 n 行，每行有一个正整数。

输出：有 n 行，每行是 YES 或 NO。

输入样例：

```
2
11111111111111111111111111111
1234
```

输出样例：

```
YES
NO
```

问题分析：在程序设计中，整数类型是有范围的，如在 32 位系统中，int 通常只能存放 4 个字节的二进制整数，对于 100 位的大整数超过了各种整数类型所表示的范围，常用的方法是用字符串来表示这个大整数，串中的每个字符对应大整数的一位，访问字符串各字符时要注意把数字字母转换成数字。在

数学上有个定理，如果一个整数各位和能被 3 整除，则此整数即被 3 整除，否则不能被 3 整除，最大的 100 位整数和是 900，可用 int 数据存储各位和。

用字符串存储大整数 110134567 如图 15-1 所示。

0	1	2	3	4	5	6	7	8	9	10	11
1	1	0	1	3	4	5	6	7	\0		

图 15-1　字符串存储大整数示意图

被 3 整除问题的参考代码如下：

```c
#include <stdio.h>
#include <string.h>

int main(void)
{
    int n;                              //数据的组数
    char str[101];
    int i, len, sum = 0;
    scanf("%d", &n);
    while(n--)                          //循环 n 次
    {
        sum = 0;
        scanf("%s", str);               //输入大整数存放到字符串 str 中
        len = strlen(str);
        for(i = 0; i < len; i++)
        {
            sum += str[i] - '0';        //将各位对应字符整数累加到和 sum 中
        }
        if(sum % 3 == 0)                //输出是否能被 3 整数
            printf("YES\n");
        else
            printf("NO\n");
    }

    return 0;
}
```

【例 15-3】 487-3279。

问题描述： 企业喜欢用容易被记住的电话号码，让电话号码容易被记住的一个办法是将它写成一个容易记住的单词或短语。例如，你需要给 Waterloo 大学打电话，可以拨打 TUT-GLOP。有时，只将电话号码中部分数字拼写成单词，比如你可以通过 Gino 比萨店的电话号码 301- GINO 来订比萨。另一个方法就是把电话号码分为成组的数字，比如你可以通过必胜客的电话"三个十"号码 3-10-10-10 来订比萨。

一个七位电话号码的标准形式是 xxx-xxxx，如 123-4567。通常，电话上的数字与字母的映射关系如下。

A、B、C 映射到 2，D、E、F 映射到 3，G、H、I 映射到 4，J、K、L 映射到 5，M、N、O 映射到 6，P、R、S 映射到 7，T、U、V 映射到 8，W、X、Y 映射到 9。

Q 和 Z 并没有相关的映射，连字符不需要拨号，可以任意添加或删除。TUT-GLOP 的标准格式是 888-4567，310-GLNO 的标准格式是 310-4466，3-10-10-10 的标准格式是 310-1010。如果两个号码有相

同的格式，那么它们就是相同的拨号。假设你正在为本地的公司编写一个电话号码簿，你需要检查是否有两个或多个公司拥有相同的电话号码。

输入：第一行电话号码个数 n（最多 100 000），余下的每行是一个电话号码，这些号码为了便于记忆可能不是标准格式，但一定是合法的。

输出：对于重复出现的号码产生一行输出，输出的是号码的标准格式、紧跟一个空格，然后是它的重复次数。如果存在多个重复的号码，按照号码的字典升序输出。如果没有重复的号码，输出一行 No duplicates。

输入样例：

```
12
4873279
ITS-EASY
888-4567
3-10-10-10
888-GLOP
TUT-GLOP
967-11-11
310-GINO
F101010
888-1200
-4-8-7-3-2-7-9-
487-3279
```

输出样例：

```
310-1010 2
487-3279 4
888-4567 3
```

问题分析：为了便于记忆，将电话号码翻译成单词、短语，并进行分组。同一个电话号码有多种表示方式。为判断输入的电话号码中是否有重复号码，要解决两个问题：①将各种电话号码转换成标准格式：一个长度为 8 的字符串，前 3 个字符是数字、第 4 个字符是 '-'、后 4 个字符是数字；②根据电话号码的标准表示，搜索重复的电话号码，办法是对全部的电话号码进行排序，这样相同的电话号码就排在相邻的位置。此外，题目也要求在输出重复的电话号码时，要按照号码的字典升序输出。

用一个二维数组 telNumbers[100000][9]来存储全部的电话号码，每一行存储一个电话号码的标准表示。每读入一个电话号码，首先将其转换成标准表示，然后存储到二维数组 telNumbers 中。全部电话号码都输入完毕后，将数组 telNumbers 作为一个一维数组，其中每个元素是一个字符串，使用 stdlib.h 库文件中的 qsort()函数对其进行排序。用字符串比较函数 strcmp()比较 telNumbers 中相邻的电话号码，判断是否有重复的电话号码，并计算重复的次数。

在代码设计过程中，采用了模块化设计思想，设计了如下两个函数。

➥　把电话号码 s1 转换成标准格式 s2 的函数：void standardTel(char s1[],char s2[]);。

➥　有序字符串数组输出有重复的电话号码及次数的函数：void output(char telNumbers[][9],int n);。

standardTel()这个函数在实现时用到了 sprintf()库函数。该函数原型如下：

```
int sprintf ( char * str, const char * format, … );
```

该函数的主要功能是把格式化的数据写入某个字符串中。sprintf 是个变参函数。使用 sprintf 对于写入 str 的字符数是没有限制的，这就存在了 str 溢出的可能性，而导致程序崩溃的问题。所以一定要在调用 sprintf 之前分配足够大的空间给 str。

standardTel()函数用一个整型数组 charTonumber 表示从电话拨号盘的字母到数字的映射关系：charTonumber[i]表示字母 i+'A'映射成的数字。这种用数组表示的映射关系可以简化程序代码的实现，少写很多 if 语句。一维数组可以用作一维表格。

参考代码如下：

```c
#include <string.h>
#include <stdio.h>
#include <stdlib.h>

const int charTonumber[26] = {2,2,2,3,3,3,4,4,4,5,5,5,6,6,6,7,0,7,7,8,8,8,9,9,9,0};

int compare(const void* elem1, const void *elem2)      //两个字符串比较函数
{
    return (strcmp((char*)elem1, (char*)elem2));
}

void output(char telNumbers[][9], int n);
void standardTel(char s1[], char s2[]);                //把电话号码 s1 转换成标准格式 s2

int main(void)
{
    char a[80], b[10];
    char telNumbers[100000][9];
    int n;
    scanf("%d", &n);
    for(int i = 0; i < n; i++)
    {
        scanf("%s", a);
        standardTel(a, b);
        strcpy(telNumbers[i], b);
    }
    qsort(telNumbers, n, 9, compare);                  //排序
    output(telNumbers, n);

    return 0;
}
void standardTel(char s1[], char s2[])
{
    int len = strlen(s1), t;
    int phone_number = 0;
    for (int i = 0; i < len; i++)
    {
        if (s1[i] >= '0' && s1[i] <= '9') t = s1[i] - '0';
        else if (s1[i] >= 'A' && s1[i] <= 'Z')  t = charTonumber[s1[i] - 'A'];
        else t = -1;
        if (t != -1) phone_number = 10 * phone_number + t;
    }
    sprintf(s2,"%03d-%04d\n", phone_number/10000, phone_number%10000);
    s2[8] = '\0';                                      //别忘记放字符串结束标志
}
```

```
void output(char telNumbers[][9], int n)
{
    int flag = 1;
    int i = 0;
    while(i < n)
    {
        int j = i + 1;
        while(j < n && strcmp(telNumbers[i], telNumbers[j]) == 0) j++;
        if(j - i > 1)
        {
            printf("%s %d\n", telNumbers[i], j - i);
            flag = 0;
        }
        i = j;
    }
    if(flag)
        printf("No duplicates.\n");
}
```

【例 15-4】 删除单词后缀。

问题描述：给定一个单词，如果该单词以 er、ly 或者 ing 后缀结尾，则删除该后缀（题目保证删除后缀后的单词长度不为 0），否则不进行任何操作。

输入：输入一行，包含一个单词（单词中间没有空格，每个单词最大长度为 32）。

输出：输出按照题目要求处理后的单词。

输入样例：

```
referer
```

输出样例：

```
refer
```

问题分析：根据每个单词的最大长度可定义字符数组 word[33]，存储给定的单词，由于删除后缀后，单词必须存在，所以单词长度大于 2 时才能考虑单词中是否有后缀 er、ly，如何知道单词是否以 er 或 ly 为后缀？

方法 1：计算出单词长度 len，则后缀是 er 的单词必须满足 word[len-2]== 'e' && word[len-1]== 'r'，同理考虑其他后缀。

方法 2：可以使用函数 strncpy() 截取末尾 2 位或 3 位子串，之后用函数 strcmp() 对子串与要删除的后缀比较，如果是要删除的后缀，只需要移动字符串结束标志 "\0" 即可。strncpy 和 strcmp 的函数原型如下：

```
int strcmp ( const char * str1, const char * str2 );
```

该函数的功能是比较两个串，如果串 str1 与 str2 相等，返回 0；若串 str1 小于 str2，则返回一个负整数；若串 str1 大于 str2，则返回一个正整数。

```
char * strncpy ( char * destination, const char * source, size_t num );
```

将串 source 的前 num 个字符复制到 destination 字符数组中，要求字符数组 destination 和 source 的内存区域不能重叠。它不同于 strcpy() 函数，不会在 destination 字符数组中添加字符串结尾符 "\0"。

第二种方法比较好，参考代码如下：

```
#include <stdio.h>
```

```
#include <string.h>

int main(void)
{
    char word[33], sub[4] = {'\0'};
    scanf("%s", word);
    int len = strlen(word);                     //求单词长度 len
    if( len > 2 )                               //考虑是否有"er"或"ly" 后缀
    {
        strncpy(sub, word + len - 2 , 2);       //将单词 word 的最后两个字母复制到 sub 中
        sub[2] = '\0';
        if(strcmp(sub, "er") == 0 || strcmp(sub, "ly") == 0)   //判断 sub 与"er"或"ly"是否相同
            word[len - 2] = '\0';               //单词有后缀"er"或"ly"，去掉后缀
    }
    if( len > 3 )                               //否则考虑是否有"ing"后缀
    {
        strncpy(sub, word + len - 3, 3);
        sub[3] = '\0';
        if(strcmp(sub, "ing") == 0)
            word[len - 3]='\0';                 //去掉后缀
    }
    printf("%s\n", word);                       //输出去掉后缀后的单词

    return 0;
}
```

【例 15-5】字符串移位包含问题

问题描述：对于一个字符串来说，定义一次循环移位操作为：将字符串的第一个字符移动到末尾形成新的字符串。给定两个字符串 s1 和 s2，要求判定其中一个字符串是否是另一字符串通过若干次循环移位后的新字符串的子串。例如，CDAA 是由 AABCD 两次循环移位后产生的新串 BCDAA 的子串，而 ABCD 与 ACBD 则不能通过多次循环移位来得到其中一个字符串是新串的子串。

输入：一行，包含两个字符串，中间由单个空格隔开。字符串只包含字母和数字，长度不超过 30。

输出：如果一个字符串是另一字符串通过若干次循环移位产生的新串的子串，则输出 true，否则输出 false。

输入样例：

AABCD CDAA

输出样例：

true

问题分析：以 s1="ABCD"为例，s1 串的长度为 4，s1s1="ABCDABCD"，分析对 s1 进行循环移位结果如下。

⤵ ABCD 1 次循环移位得到 BCDA。

⤵ ABCD 2 次循环移位得到 CDAB。

⤵ ABCD 3 次循环移位得到 DABC。

⤵ ABCD 4 次循环移位得到 ABCD。（4 次循环移位后串值不变）

我们会发现如下规律：任何一个串经过 n 次循环移位后还是原来的串，n 是串的长度，也就是通过若干次循环移位最多会产生 n-1 个新串，并且这些新串是 s1s1 的子串。如果 s2 可以由 s1 循环移位得到，

那么 s2 一定是串 s1s1 的子串，基于这个原理可以给出串移位包含问题的处理步骤。

（1）比较串 s1 和 s2 的长度，如果串 s1 的长度小于串 s2 的长度，两个串交换。这步结束后保证了串 s2 的长度小于等于串 s1 的长度。

（2）串 s1 和串 s1 连接形成新串 s1s1，结果保存在串 s1 中。

串连接可以使用 strcat()函数。该函数原型如下：

```
char * strcat ( char * destination, const char * source );
```

把字符串 source 连接到字符串 destination 的后面，两个串的内存区域不能重叠，并且 destination 的空间应该足够放下两个串连接后的串，否则会出错。

因此在拼接 s1s1 时，应先把串 s1 复制到字符数组 temp 中，再使用 strcat()函数，把串 s1 连接到串 temp 后面。

（3）判断串 s2 是否为串 temp 的子串。

判断某个串是否是另一个串的子串也称为模式匹配，可以使用 strstr()函数进行模式匹配。该函数原型如下：

```
char * strstr ( const char *str1, const char *str2 );
```

该函数返回串 str2 在串 str1 中首次出现的地址。如果字符串 str2 不是字符串 str1 的子串，返回 NULL。

程序的参考代码如下：

```
#include <stdio.h>
#include <string.h>

int main(void)
{
    char s1[100], s2[40];
    char temp[100] = {0};
    scanf("%s %s", s1, s2);
    if(strlen(s1) < strlen(s2))        //如果串 s1 的长度小于串 s2 的长度，串 s1 和串 s2 交换
    {
        strcpy(temp, s1);
        strcpy(s1, s2);
        strcpy(s2, temp);
    }
    strcpy(temp, s1);
    strcat(temp, s1);                  //temp 是串 s1s1
    char *p = strstr(temp, s2);        //子串查找
    if( p )                            //s2 是 temp 的子串
        printf("true\n");
    else                               //s2 不是 temp 的子串
        printf("false\n");

    return 0;
}
```

【例 15-6】查找文本串中的单词。

一般的文本编辑器都有查找单词的功能，该功能可以快速定位特定单词在文章中的位置，有的还能统计出特定单词在文章中出现的次数。

现在编程实现这一功能，具体要求是：给定一个单词，输出它在给定的文章中出现的次数和第一次

出现的位置。注意：匹配单词时，不区分大小写，但要求完全匹配，即给定单词必须与文章中的某一独立单词在不区分大小写的情况下完全相同（参见样例 1），如果给定单词仅是文章中某一单词的一部分则不算匹配（参见样例 2）。

输入：2 行。第 1 行为一个字符串，其中只含字母，表示给定单词；第 2 行为一个字符串，其中只可能包含字母和空格，表示给定的文章。

输出：只有一行，如果在文章中找到给定单词，则输出两个整数，两个整数之间用一个空格隔开，分别是单词在文章中出现的次数和第一次出现的位置（即在文章中第一次出现时，单词首字母在文章中的位置，位置从 0 开始）；如果单词在文章中没有出现，则直接输出一个整数−1。

输入样例：

```
样例 #1:
To
to be or not to be is a question
样例 #2:
to
Did the Ottoman Empire lose its power at that time
```

输出样例：

```
样例 #1:
2 0
样例 #2:
-1
```

问题分析：为了查找指定的单词，首先要考虑的就是把文本中的每一个单词分离出来，而且单词是不区分大小写的，所以需要对文本串和待查找单词统一转换成小写字母或大写字母，可以设计一个把串中所有大写字母转换成小写字母的函数：

```
void ToLower(char *s);
```

处理很简单，只需要把大写字母的值加上一个 32 即可，因为大小写字母间的 ASCII 码值相差 32（'a'-'A'=32）。

为了获取文本串的每一个单词，可以使用一个非常好用的字符串分隔函数 strtok()。strtok()函数原型如下：

```
char * strtok ( char * str, const char * delimiters );
```

该函数的功能是分隔字符串。str 为要分隔的字符串，delimiters 为分隔符字符串（字符串中每个字符均为分隔符）。首次调用时，str 指向要分隔的字符串，之后再次调用要把 str 设成 NULL。每次调用成功则返回指向被分隔出子串起始位置（指针类型）。

因为文本串中有空格，所以使用 gets()函数读取文本串。gets()函数用来从标准输入设备（键盘）读取字符串直到回车结束，但回车符不属于这个字符串。gets()函数原型如下：

```
char * gets ( char * str );
```

查找文本串中的单词的参考代码如下：

```
#include <stdio.h>
#include <string.h>

void ToLower(char *s);                          //把串 s 中的大写字母变小写
char s1[1000000], s2[10000000];
```

```
int main(void)
{
    gets(s1);
    gets(s2);
    ToLower(s1);
    ToLower(s2);
    int t = 0;
    char* pch;
    int firstPos;
    pch = strtok(s2, " ");              //用空格分隔串
    while (pch != NULL)
    {
        if(strcmp(pch, s1) == 0)        //如果找到了要找的单词
        {
            t++;
            if(t == 1) firstPos = pch - s2;
        }
        pch = strtok (NULL, " ");
    }
    if(t > 0)
    {
        printf("%d %d\n", t, firstPos);
    }
    else printf("-1\n");

    return 0;
}
void ToLower(char *s)
{
    int len = strlen(s);
    for(int i = 0; i < len; i++)
    {
        if(s[i] >= 'A' && s[i] <= 'Z') s[i] += 32;
    }
}
```

【例 15-7】字符串加密

问题描述：现要对一个由大写字母组成的字符串进行加密，有以下两种加密方法。

（1）替换法。把一个字母替换成它之后的第 k 个字母，如 AXZ，k 取 2，加密后得到 CZB（Z 之后第二个字符为 B）。

（2）置换法。改变原来字符串中字母的顺序，如将顺序<2 3 1>应用到 ABC 上得到的密文为 BCA。（顺序<2 3 1>指将原字符串的第 2 个字符作为新字符串的第 1 个字符，将原字符串的第 3 个字符作为新字符串的第 2 个字符，以此类推）

这两种方法单独使用都很容易被人破解，所以将两种方法联合使用，对一个字符串进行两次加密，如 AXZ 在 k=2 和顺序<2 3 1>下加密得到 ZBC。

输入：包含若干组数据，每组数据一行。一组数据由三部分组成，即待加密的字符串（长度不超过30）、k、顺序。

输出：对于每组数据输出一行，为加密后的字符串。

输入样例：

```
AXZ 2 2 3 1
VICTORIOUS 1 2 1 5 4 3 7 6 10 9 8
```

输出样例：

```
ZBC
JWPUDJSTVP
```

问题分析：为了增加加密强度，要求对串采用两种方法加密，第一种方法是把一个字母替换成它之后的第 k 个字母，由于串中只有大写的英文字母，可以设置一个如下字符数组：

```
char table[]="ABCDEFGHIJKLMNOPQRSTUVWXYZ";
```

字母'Z'的下一个字母是'A'，这可以用求模运算表达，有了这个表，就可以用下面的表达式找到一个字母后面的第 k 个字母：

```
str[i] = table[(str[i] - 'A' + k) % 26]
```

其中，str[i]是串里下标为 i 的字母，str[i]-'A'可计算字母 str[i]是 26 个英文字母中的第几个，求模运算可以保证字母'Z'的下一个是字母'A'，求模运算在程序设计中非常有用。

对于第二种置换法加密方法，其实处理也很简单：只需要用指定的顺序重新安排串的字母即可，可参考代码中的注释。

程序设计时，也就是对字符串的两遍扫描，进行两次加密。具体实现看下面的参考代码：

```c
#include <stdio.h>
#include <string.h>

int main(void)
{
    char str[100], t[100];
    int a[100], k;
    const char table[] = "ABCDEFGHIJKLMNOPQRSTUVWXYZ";
    while(scanf("%s", str) != EOF)                      //多组测试，用 Ctrl-Z 结束程序
    {
        scanf("%d", &k);
        int len = strlen(str);
        for(int i = 0; i < len; i++)
            scanf("%d", &a[i]);
        for(int i = 0; i < len; i++)
            str[i] = table[(str[i] - 'A' + k) % 26];    //把一个字母替换成它之后的第 k 个字母
        for(int i = 0; i < len; i++)
            t[i] = str[a[i] - 1];                       //按指定的顺序重新排列字母
        t[len] = '\0';
        printf("%s\n", t);
    }

    return 0;
}
```

【例 15-8】过滤多余的空格。

问题描述：一个句子中也许有多个连续空格，过滤掉多余的空格，只留下一个空格。

输入：一行，一个字符串（长度不超过 200），句子的头和尾都没有空格。

输出：去掉多余空格的串。

输入样例：

Hello   world.This is   c language.

输出样例：

Hello world.This is c language.

问题分析：本例的字符串是有空格的字符串，不能使用 scanf()读取字符串，如果要读带空格的串，可以使用 gets()函数。

可以把串里的字符分为非空格字符、单词后的第一个空格、其他空格。因此可以设置两个整数下标 i,j 并初始化为 0。用 j 控制扫描到的字符，如果是前两种字符，就把 j 位置的字符放到串的 i 位置中，i 值增 1，如果是其他空格，则直接忽略，接着处理下一个字符。

如何区分单词后的第一个空格和其他空格呢？可以设置一个整型变量标识，如果为 1，则表示是单词后的第一个空格，为 0 表示为其他空格，具体如何设置可参见下面的具体代码。本问题的参考代码如下：

```
#include <stdio.h>
#include <string.h>

int main(void)
{
    char str[202];
    gets(str);                          //读取带空格的串
    int i = 0, j = 0;
    int flag = 1;
    while(str[j])                       //串扫描，如果没有到串尾
    {
        if(str[j] != ' ')              //非空格字符
        {
            str[i++] = str[j];
            flag = 1;                   //表示下次遇到空格时，是第一个空格
        }
        else if(str[j] == ' ' && flag)  //单词后的第一个空格
        {
            str[i++] = str[j];
            flag = 0;                   //表示下次遇到空格时，不是单词后的第一个空格
        }
        j++;
    }
    str[i] = '\0';                      //在串尾加字符串结束标记
    printf("%s", str);

    return 0;
}
```

【例 15-9】ISBN 号码。

问题描述：每一本正式出版的图书都有一个 ISBN 号码与之对应，ISBN 码包括 9 位数字、1 位识别码和 3 位分隔符，其规定格式如 x-xxx-xxxxx-x，其中符号"-"是分隔符（键盘上的减号），最后一位是识别码，例如 0-670-82162-4 就是一个标准的 ISBN 码。ISBN 码的首位数字表示书籍的出版语言，例如

0 代表英语；第一个分隔符"-"之后的 3 位数字代表出版社，例如 670 代表北京出版社；第二个分隔符之后的 5 位数字代表该书在出版社的编号；最后一位为识别码。

识别码的计算方法如下：

首位数字乘以 1 加上次位数字乘以 2……以此类推，用所得的结果 mod 11，所得的余数即为识别码，如果余数为 10，则识别码为大写字母 X。例如，ISBN 号码 0-670-82162-4 中的识别码 4 是这样得到的：对 067082162 这 9 个数字，从左至右，分别乘以 1,2,…,9，再求和，即 0×1+6×2+…+2×9=158，然后取 158 mod 11 的结果 4 作为识别码。

要求编写程序判断输入的 ISBN 号码中识别码是否正确，如果正确，则仅输出 Right；如果错误，则输出你认为是正确的 ISBN 号码。

输入：只有一行，是一个字符序列，表示一本书的 ISBN 号码（保证输入符合 ISBN 号码的格式要求）。

输出：共一行，假如输入的 ISBN 号码的识别码正确，那么输出 Right，否则，按照规定的格式，输出正确的 ISBN 号码（包括分隔符"-"）。

输入样例：

```
样例 #1:
0-670-82162-4
样例 #2:
0-670-82162-0
```

输出样例：

```
样例 #1:
Right
样例 #2:
0-670-82162-4
```

问题分析：这是一个比较简单的字符串处理问题，可分两步处理。首先把 ISBN 号的前 12 位中的数字字符转换成数字并按题目要求的求和规则求和，之后用这个和对 11 求模的结果与 ISBN 号的最后一位进行比较。分两种情况，如果求模结果小于 10 并且与最后一位一样，或者求模结果等于 10，而最后一位是字母 X，那就是正确的 ISBN 号。如果不是正确的 ISBN 号，那么修改最后一位，变成正确的 ISBN 号并输出。参考代码如下：

```c
#include <stdio.h>
#include <string.h>

int main(void)
{
    int c = 1, sum = 0;
    char str[20];
    scanf("%s", str);
    for(int i = 0; i < 12; i++)                //ISBN 号前 12 位中的所有数字求和
    {
        if(str[i] >= '0' && str[i] <= '9')
        {
            sum += (str[i] - '0') * c;
            c++;                               //c 表示第几个数字字符
        }
    }
    int B = sum % 11;
    int h = str[12] - '0';
```

```
        if(B == h|| B == 10 && str[12] == 'X')
        {
            printf("Right\n");
        }
        else
        {
            if(B <= 9) str[12] = '0' + B;
            else str[12] = 'X';
            printf("%s\n", str);
        }

        return 0;
}
```

【例 15-10】提取数字。

问题描述：输入一个字符串，长度不超过 30，内有数字字符和非数字字符，请找出字符串中所有由连续数字字符组成的正整数，并按出现顺序输出。

输入：一个字符串，最大长度为 100，不包含空格等空白符。

输出：按出现顺序输出字符串中包含的正整数，每个数字一行，不要输出前导 0。保证输入字符串中的正整数均在 int 范围内。

输入样例：

```
a123*0456U17960?302t0ab5876
```

输出样例：

```
123
456
17960
302
0
5876
```

问题分析：一个数字字符转换成整数，可以用这个数字字符减掉'0'字符的差值表示，例如'1' – '0' 的值是 1，两个字符相减，也就是字符 ASCII 值的相减。

字符串提取整数时，主要是通过对字符串从前向后进行扫描实现的，一旦遇到数字字符就可以进行整数提取，但本问题提取的整数输出时不能有多余的 0，所以不能简单地把连续的整数数字输出即可，比如输入样例中 0456 转换后的整数是 456，为了解决这个问题可以通过循环迭代的方法，i 是当前字符串中首次遇到的数字字符下标。

```
sum = str[i] - '0';                              //数字字符转换成对应的整数数字
int j = i + 1;
while(j < len && str[j] >= '0' && str[j] <= '9') //继续直到串尾或遇到非数字字符
{
    sum = sum*10 + str[j] - '0';                 // str[j] - '0'这个数字放在之前整数的右侧
    j++;
}
```

这样处理就可以把无用的 0 去掉。

扫描字符串可以通过数组下标来控制。另外，在程序中设置一个整数数组存储所有从串中提取的整数。程序的参考代码如下：

```c
#include<string.h>
#include<stdio.h>

int main(void)
{
    int shu[1000];                          //存储从串中提取的整数
    char str[500];
    scanf("%s", str);
    int k = 0;
    int sum = 0;
    int len = strlen(str);                  //串长度
    for(int i = 0; i < len; i++)            //串扫描
    {
        if(str[i] >= '0' && str[i] <= '9')  //一旦扫描到数字字符，提取整数开始
        {
            sum = str[i] - '0';
            int j = i + 1;
            while(j < len && str[j] >= '0' && str[j] <= '9')//继续直到串尾或遇到非数字字符
            {
                sum = sum * 10 + str[j] -'0';
                j++;
            }
            shu[k++] = sum;
            i = j;                          //修改 i 值，i 下标位置的字符或者非数字，或到串尾
        }
    }
    for(int i = 0; i < k; i++)              //输出从串里提取出来的所有整数
        printf("%d\n", shu[i]);

    return 0;
}
```

字符串提取整数问题还可以用下面的方法来实现，先对串第一遍扫描，把所有非数字字符用空格替换。这时就可以使用 strtok()函数来分隔字符串，用空格字符作为分隔符，分隔出来的每个子串都是只含有数字字符的串，可以设计一个把数字字符串转换成整数的函数，每个分隔出来的数字字符的串就可以转换成一个整数。strtok 这个函数非常有用，可以自己去体会。另外，在 stdlib.h 中有一个函数 atoi()可以把一个数字字符串转换成整数。该函数的原型如下：

```c
int atoi (const char * str);
```

程序的参考代码如下：

```c
#include<string.h>
#include<stdio.h>
#include<stdlib.h>                          //atoi()

int main(void)
{
    int shu[1000];                          //存储从字符串中提取的整数
    char str[500];
    scanf("%s", str);
    int k = 0;
    int len = strlen(str);
```

```
    for(int i = 0; i < len; i++)              //所有非数字字符用空格替换
      if(str[i] < '0' || str[i] > '9')  str[i] = ' ';

    char *pch = strtok(str, " ");             //用空格分隔字符串
    while(pch)
    {
        shu[k++] = atoi(pch);                 //atoi()函数可以把数字字符串转换成整数
        pch = strtok(NULL, " ");              //下一个子串
    }
    for(int i = 0; i < k; i++)
      printf("%d\n", shu[i]);

    return 0;
}
```

第 2 种方法要比第 1 种方法简洁，好理解。当然，这也要求程序员对 C 语言的字符串处理函数非常熟悉。

<h1 style="text-align:center">小　　结</h1>

C 语言的字符串实际上就是加上字符串结束标记 "\0" 的字符数组。程序设计中经常会遇到字符串处理问题，本章提供了 10 个字符串处理实例，目的是通过实例代码学会使用 C 语言字符串处理函数库 string.h 中的函数。

<h1 style="text-align:center">习题与实践</h1>

1．字母重排

输入为一行字符串，里面包含数字、字母（小写）等各种字符，要求把字符串里面的字母挑出来，按照 ASCII 码从小到大排序输出。

输入：为一行字符串（小于 1024 个字符），所有字母都是小写。

输出：按 ASCII 码排序的字母串

输入样例：

```
fasllafsk.afk()(das890124^&(*%^&*((hh8jjjdasj
```

输出样例：

```
aaaaaddfffhhjjjjkkllssss
```

2．浮点数格式

输入 n 个浮点数，要求把这 n 个浮点数重新排列后再输出。输入第 1 行是一个正整数 n（n≤10000），后面 n 行每行一个浮点数，保证小数点会出现，浮点数的长度不超过 50 位，注意这里的浮点数会超过系统标准浮点数的表示范围。输出 n 行，每行对应一个输入。要求每个浮点数的小数点在同一列上，同时要求首列上不会全部是空格。

输入样例：

```
2
-0.34345
4545.232
```

输出样例：

```
   -0.34345
4545.232
```

3. 字符串判等

给定两个由大小写字母和空格组成的字符串 s1 和 s2，它们的长度都不超过 100 个字符，长度也可以为 0。判断压缩掉空格并忽略大小写后，这两个字符串是否相等。

输入：两行，每行包含一个字符串。

输出：若两个字符串相等，输出 YES，否则输出 NO。

输入样例：

```
a A bb BB ccc CCC
Aa BBbb CCCccc
```

输出样例：

```
YES
```

4. 回文子串

给定一个字符串，输出所有长度至少为 2 的回文子串。回文子串即从左往右输出和从右往左输出结果是一样的字符串，例如：abba、cccdeedccc 都是回文字符串。

输入：一个字符串，由字母或数字组成。长度 500 以内。

输出：输出所有的回文子串，每个子串一行。子串长度小的优先输出，若长度相等，则出现位置靠左的优先输出。

输入样例：

```
123321125775165561
```

输出样例：

```
33
11
77
55
2332
2112
5775
6556
123321
165561
```

5. 字符串处理

给定 n 个字符串（从 1 开始编号），每个字符串中的字符位置从 0 开始编号，长度为 1~500，现有如下若干操作：

- ↘ copy N X L：取出第 N 个字符串第 X 个字符开始的长度为 L 的字符串。
- ↘ add S1 S2：判断 S1，S2 是否为 0~99999 之间的整数，若是，则将其转化为整数做加法；若不是，则做字符串加法，返回的值为一字符串。

➥ find S N：在第 N 个字符串中从左开始找寻 S 字符串，返回其第一次出现的位置，若没有找到，返回字符串的长度。

➥ rfind S N：在第 N 个字符串中从右开始找寻 S 字符串，返回其第一次出现的位置，若没有找到，返回字符串的长度。

➥ insert S N X：在第 N 个字符串的第 X 个字符位置中插入 S 字符串。

➥ reset S N：将第 N 个字符串变为 S。

➥ print N：打印输出第 N 个字符串。

➥ printall：打印输出所有字符串。

➥ over：结束操作。

其中，N,X,L 可由 find 与 rfind 操作表达式构成；S,S1,S2 可由 copy 与 add 操作表达式构成。

输入：第一行为一个整数 n（n 在 1~20 之间），接下来 n 行为 n 个字符串，字符串不包含空格及操作命令等。接下来若干行为一系列操作，直到 over 结束。

输出：根据操作提示输出对应字符串。

输入样例：

```
3
329strjvc
Opadfk48
Ifjoqwoqejr
insert copy 1 find 2 1 2 2 2
print 2
reset add copy 1 find 3 1 3 copy 2 find 2 2 2 3
print 3
insert a 3 2
printall
over
```

输出样例：

```
Op29adfk48
358
329strjvc
Op29adfk48
35a8
```

第 16 章　高精度计算问题

我们知道，计算机内部直接用 int 或 double 等数据类型存储的数据是有范围限制的，当运算数据较大时，计算机将会出现溢出情况，使得计算结果不够精确。例如，一个 20 位的十进制整数，如果用 int 类型变量存放，就会有溢出。运算数据超出了整型、实型能表示的范围，肯定不能直接用一个数的形式来表示。在运算过程中，能表示大数的数据类型有两种：整型数组和字符串。

（1）整型数组：每个元素存储 1 位，有多少位就需要多少个数组元素；每一位都是数的形式，可直接加减；运算时非常方便；但数组不能直接输入；输入时每两位数之间必须有分隔符，不符合数值的输入习惯；

（2）字符串：字符串的最大长度是多少，就可以表示多少位数字。用字符串表示数能直接输入输出；但字符串中的每一位是一个字符，必须先将它转化为数值再进行运算；运算时不方便；

通常将整型数组和字符串两者结合起来使用，用字符串读入数据，运算前转存到整型数组中。

为了能够使计算机精确地计算高位的数据，需要学习高精度运算，即大数的加、减、乘、除、求余等运算。事实上，高精度运算就是通过编程的方法，把简单数学的运算步骤在计算机上完美地演示一遍而已。本章给出几个经典的高精度计算实例，使读者掌握如何用 C 语言编程实现这类问题。

【例 16-1】高精度加法。

问题描述：求两个不超过 200 位的非负整数的和。输入两行，每行是一个不超过 200 位的非负整数，没有多余的前导 0；输出计算式及相加后的结果。结果里不能有多余的前导 0。

问题分析：首先要解决的就是**如何存储**一个不超过 200 位大整数的问题。显然，任何 C 语言的基本整数类型的变量都无法保存它。最直观的想法是可以用一个**字符串来保存**它。字符串本质上就是一个字符数组，输入的数据直接存放到字符串中。为了运算方便，将存放大整数的字符串转移到整数数组保存。同时因为两个数相加时要先个位（低位）对齐，再从低位起向高位计算，而实际上整数下标为 0 的位对应最高位，而下标最大的对应个位，所以将存放加数的串转移到整数数组 a 时，要逆置转换，即让 a[0] 存放个位数，a[1] 存放十位数……

那么**如何实现**两个大整数相加呢？方法很简单，就是模拟小学生列竖式做加法的方法，个位**对齐**，从个位开始向高位逐位**对应位相加**，和大于或等于 10 则**进位**。也就是说，用 int　a[200]保存第一个加数，用 int b[200]表示第二个加数，然后逐位相加，两数相加的结果存放在 c 中。要注意处理**进位**。观察下面两个整数竖式相加的过程。

```
        3  7  9
   +  9  9  7  6
   ----------------------------
      1  0  3  5  5
```

另外，上面第一个加数是 3 位数，第二个加数是 4 位数，两数的和比位数较大的多一位。题目中要求两个不超过 200 位整数相加，所以 a 数组长度定义为 200，结果可能会有 201 位，实际编程时，不一定要费心思考虑定义数组多大才是正好合适，稍微开大点也无所谓，以免不小心没有算准这个"正好合适"的数值，而导致数组小了，产生越界错误。

模拟两个整数竖式相加运算的过程可知：

（1）运算顺序：两个加数靠右对齐（下标为 0 表示个位）；从低位向高位运算；先计算低位再计算高位（从下标 0 开始计算）。

（2）运算规则：两个数的相同位相加，再加上从低一位获得的进位（运算前各位进位均为 0），计算出和，这个和要去掉向高一位的进位（向高位进位值=该位除以 10 所得的商）才是该位最后的值（可借助求余运算）；如 3+8+1=12，向高一位进 1，本位的值是 2。

（3）如果两个加数位数不一样多，则按位数多的进行计算。

（4）将和中的前导 0 去掉，再逆序将每位转换成字符存放到表示和的串中，并输出。

伪代码如下：

```
char str1[MAXLEN], str2[MAXLEN];          //存放两个加数的字符数组
scanf("%s %s", str1, str2);               //输入两个加数
int a[MAXLEN],b[MAXLEN], c[MAXLEN];       //存放加数及和的整型数组
两个加数串逆置存到整数数组 a,b 中，下标为 0 元素存放个位（使两个加数个位对齐）
从个位起向高位逐位相加运算，考虑进位
处理和的前导 0，并输出和
```

对应程序的参考代码如下：

```
#include <stdio.h>
#include <string.h>
#define MAXLEN 210
void Invert(char *a, int *b);             //将 a 字符串逆置转换到整数数组 b 中，下标 0 对应个位

int main(void)
{
    char str1[MAXLEN], str2[MAXLEN], str[MAXLEN];   //存放两个加数及和的串
    int a[MAXLEN], b[MAXLEN], c[MAXLEN];            //存放加数及和的整型数组

    printf("输入两个加数：\n");
    scanf("%s %s", str1,str2);
    memset(a, 0, sizeof(a));                        //数组 a,b,c 的所有元素清 0
    memset(b, 0, sizeof(b));
    memset(c, 0, sizeof(c));
    //将两个加数字符串按位逆置存放到整型数组中，下标 0 对应个位
    Invert(str1, a);
    Invert(str2, b);
    int len = strlen(str1) >= strlen(str2) ? strlen(str1) : strlen(str2);//求加数较长位数
    for(int  i = 0;i < len ; i ++ )                 //按加数位数多的位数进行计算
    {
        c[i] += a[i] + b[i] ;                       //逐位相加
        c[i+1] = c[i] / 10;                         //i 位的进位数存放到 c[i+1]上
        c[i] %= 10;                                 //i 位进位后所得的数
    }
    //和的处理，去掉前导 0，并把结果复制到串中。和的长度可能为 len+1,所以从下标 len 开始扫描是否为 0
    while(len >= 0 && c[len] == 0) len--;
    memset(str, 0, sizeof(str));
    int  i = 0;
    for(int j = len; j >= 0;j--)
        str[i++] = c[j] + '0';
```

```
        if(strlen(str) == 0)  str[0] = '0';          //结果为 0 的情况
        printf("%s + %s = %s\n", str1, str2, str);

        return 0;
    }
    void Invert(char *a, int *b)
    {
        int len = strlen(a), j = 0;
        for(int i = len - 1; i >= 0 ; i --)
            b[j++] = a[i] - '0';
    }
```

memset 函数一般用在将定义的字符串初始化为"\0"，对较大的结构体或数组进行清 0 操作的一种最快方法。

【例 16-2】高精度乘法。

问题描述：求两个不超过 1000 位的大整数的乘积。输入两行，每行是一个不超过 1000 位的整数，没有多余的前导 0；输出算式及相乘后的结果。结果里不能有多余的前导 0。

问题分析：

（1）计算前的准备工作

与例 16-1 高精度加法相同，但这里要考虑乘数可能带负号情况，定义两个长度为 1005 字符数组（负号和"\0"要占两位）str1 和 str2 存放输入的乘数，一个长度为 2005 的字符数组 str 存放待输出的乘积；再定义两个长度为 1005、一个长度为 2005 的整型数组 a、b、c 分别存放乘数、积的各个位上的数。

将串 str1 转存到整数数组 a 中，使 a[0] 对应个位数时，要考虑第一位是否为负号。如果乘数是负数，即 str1[0]=='-'成立，要考虑乘积要变号，乘数位数是串长度-1，同时转存到整数数组时要从 str1+1 开始。同理处理串 str2。

（2）乘法运算：逐位计算

数组 c 存放乘积。通过一个简单乘法运算的模拟可看出：c[0] = a[0] * b[0]；c[1] = a[0] * b[1] + a[1] * b[0];发现规律 c[i + j] += a[i] * b[j]。通过循环操作，就可把 c[i + j] 计算出来，需要指出的是，这样计算还没进行进位处理。

```
                        8    6    7
                   *    3    9    5
        ---------------------------------------------
                       40   30   35
                  72   54   63
        +    24   18   21
        ---------------------------------------------
             24   90  115   93   35
```

（3）处理进位

```
for(int i = 0; i < len1+len2; i++)              // len1 和 len2 分别为两个乘数的位数
{
    c[i+1] += c[i] / 10;
    c[i]%= 10;
}
```

```
24   90   115   93   35
----------------------------------------
3    4    2    4    6    5
```

（4）结果处理

去掉前导 0 后，将结果转换成字符串存放到积串 str 中，str[0]为最高位。

程序的参考代码如下：

```
#include <stdio.h>
#include <string.h>
#define MAXLEN 1005

void Invert(char *s, int *a);                    //将串 s 中每个数字字符转换成整数并逆置存放到 a 中
char str1[MAXLEN], str2[MAXLEN], str[2*MAXLEN];   //存放乘数及乘积对应的串
int a[MAXLEN], b[MAXLEN];                         //存放乘数的各个位
int  c[2*MAXLEN];                                 //存放乘积的各个位

int main(void)
{
    //运算前的准备，将两个乘数串逆置并转换成整数存放到数组 a,b 中
    printf("输入两个乘数：\n");
    scanf("%s %s", str1, str2);                  //以串的形式输入了两个乘数
    int len1 = strlen(str1) , len2 = strlen(str2);
    //确定积的符号
    int sign = 1, k;
    memset(a, 0, sizeof(a));
    memset(b, 0, sizeof(b));
    k = 0;
    if(str1[0] == '-')
    {
        len1--;
        sign *= -1;
        k++;
    }
    Invert(str1 + k, a);
    k = 0;
    if(str2[0] == '-')
    {
        len2--;
        sign *= -1;
        k++;
    }
    Invert(str2 + k, b);

    //逐位运算
    memset(c, 0, sizeof(c));
    for(int i = 0; i < len2; i++)
    {
        for(int j = 0; j < len1; j++)
            c[i + j] += a[j] * b[i];
    }
```

```
                //处理进位
                for(int i = 0;i < len1 + len2;i++)
                {
                    c[i + 1] += c[i] / 10;
                    c[i] %= 10;
                }

                //结果处理，将最高位（len1+len2-1）前导 0 去掉后，转换成字符存放到积串 str 中
                int i = len1 + len2 - 1, j=0;
                while(c[i] == 0)    i--;
                memset(str, 0, sizeof(str));
                for(; i >= 0; i--)
                    str[j++] = c[i] + '0';
                if(strlen(str) == 0)    str[0] = '0';
                printf("%s * %s = ", str1, str2);
                if(sign == -1)    printf("-");
                printf("%s \n", str);

                return 0;
            }

            void Invert(char *s, int *a)
            {
                int len = strlen(s), i = 0 ;

                for(int j = len - 1; j >= 0; j--)
                    a[i++] = s[j] - '0';
            }
```

【例 16-3】高精度阶乘。

问题描述：求 1000 以内整数 n 的阶乘。输入一个整数 n（0≤n≤1000）。输出 n! 的值。

问题分析：1000 以内的整数可以用 int 类型变量存储，但它的阶乘可能很大，15! 的值就已经是 13 位，如果用 int 或 long 或 long long 存放 n!，可能会造成结果的溢出，所以对于 1000 以内数的阶乘属于高精度数。前面的几个实例，已经使我们具备高精度的表示及高精度的加减法、乘法、移位、进位的基础工作。自然想到用整型数组存放 n!的各个位，假设阶乘结果不超过 3000 位，定义 int result[3000]存放 n!的各个位，result[0]对应 n!的个位数，初始时 result[0] = 1 表示累乘前的初始值，digits = 1 表示结果的位数。这里也涉及进位问题，具体的方法和手动计算 n!的方法差不多，每乘一个数 i 时，从下标 0（个位）开始遍历，遍历到下标为 digits-1 就可以了，每遍历一位，要计算当前位与 i 相乘，同时要考虑进位情况，并计算出进位值及进位后当前位的值。

程序的参考代码如下：

```
#include <stdio.h>
#include <string.h>
#define N  3000
int result[N];                              //存放 n!值的各个位上的数，result[0]存放个位

int main(void)
{
    int n ;                                 //存放 n
```

```
    printf("计算 n!，输入 n 的值：") ;          //提示输入 n
    scanf("%d", &n) ;
    memset(result, 0, N) ;
    result[0] = 1;                            //累乘器初始赋值 1
    int digits = 1;                           //存放结果的位数，初始时位数为 1
    for (int i = 2 ; i <= n; i++ )
    {//1*2*...*n
        int  jw = 0;                          //jw 存放低位向高位的进位数
        for (int j = 0; j < digits; j++)      //将 result 从个位起至最高位依次乘以 i
        {//左起第 j 位数为 result[j]，第 0 位对应个位
            int total = result[j] * i + jw;
            result[j] = total % 10;
            jw = total / 10;                  //计算进位 jw 的值
            if(j == digits - 1 && jw )        //如果第最高位有进位，则位数加 1
                digits++;
        }
    }
    char factarr[N];                          //存放 result 的串
    memset(factarr, 0, N);
    for (int i = digits - 1, j = 0; i >= 0; i--)
    {
        factarr[j++] = result[i] + '0';
    }
    printf("%d! = %s\n", n, factarr);         //输出 n!=?

    return 0;
}
```

【例 16-4】高精度除法。

（1）高精度数除以低精度数

问题描述：已知被除数为位数不超过 1000 的正整数，除数是位数小于 10 的正整数，求它们的商（取整）。

问题分析：采用整数相除的手动计算模拟法，即"按位相除法"。两个正整数做除法时，每位商的值都是 0~9 的数，每次求得的余数与后面的若干位连接后得到新的被除数，继续做除法。

程序的参考代码如下：

```
#include<stdio.h>
#include<string.h>
#define MAXLEN  1010
char str1[MAXLEN] ;                           //以串形式存放高精度被除数

int main(void)
{
    int a[MAXLEN], c[MAXLEN];                  //元素值分别存放被除数及商的各个位对应整数
    int b;                                     //存放低精度除数

    printf("输入被除数和除数：\n");
    scanf("%s %d", str1, &b);
    memset(a, 0, sizeof(a));                   //数组元素值初始化为全 0
    memset(c, 0, sizeof(c));
    int len1 = strlen(str1);
    for(int i = 0; i < len1; i++ )
        a[i] = str1[i] - '0';                 //将高精度被除数各位上的数放入 a 数组。a[0]为最高位
    int x = 0;                                 //存放每次做除法时的被除数
    for (int i = 0; i < len1; i++ )            //从高位向低位按位相除
```

```
    {
        c[i] = (x * 10 + a[i]) / b;
         x = (x * 10 + a[i]) % b;
    }
    //删除商前导 0，将商存放到串中并输出式子及商
    int len = 0;
    while (c[len] == 0 && len < len1)
        len++;
    char str[MAXLEN];                        //存放商
    memset(str, 0, sizeof(str));             //str 所有元素清成 0
    for(int i = len, j = 0; i<len1 ; i++)
        str[j++] = c[i] + '0';
    printf("%s ÷ %d = %s\n", str1, b, str);  //输出除法式子及商

    return 0;
}
```

（2）高精度数除以高精度数

问题描述： 已知被除数、除数均为位数不超过 1000 的正整数，求它们的商（取整）。

输入第 1 行是测试数据的组数 n，每组测试数据占 2 行，第 1 行是被除数，第 2 行是除数。输出 n 行，每组测试数据有一行输出，输出相应的整数商。

问题分析： 基本思想是反复用被除数减去除数，看看从被除数里最多能减去多少个除数，商就是多少。如果一个一个地减显然太慢，如何减得更快呢？以 62528（5 位数）除以 25（2 位数）为例，依次用被除数减去除数的 1000（10^3）倍，够减，则差为下次被减数，减数不变，同时商增加 1000（10^3），…，直到不够减，再将减数/10(为除数 10^2 倍)，够减，则差为下次被减数，减数不变，商增加 100，…,直到不够减，减数变为除数的 10 倍，同上，最后减数变为除数的 1 倍，够减，差为下次被减数，商增加 1，直到不够减，最后的商即为答案。

下面为高精度数除以高精度数的模拟过程，以 62528÷25 为例：

被除数： 6 2 5 2 8
  除数：   2 5

↓   （除数*10^3） 除数与被除数最高位对齐，使减法提速

被减数： 6 2 5 2 8
  减数： 2 5 0 0 0

        做减法，够减 2 次， 则商增加 2000

↓

被减数： 1 2 5 2 8
  减数：   2 5 0 0

        做减法，够减 5 次， 则商增加了 500

↓

被减数：   2 8
  减数：   2 5 0

        做减法，不够减

↓

被减数：   2 8
  减数：   2 5

↓

        做减法，够减 1 次，商增加 1

被减数：　　　　　　3

　减数：　　　　　2　5

最终商为 2000+500+1 = 2501。

算法描述如下：

（1）准备工作

定义字符数组 str1,str2 分别存放被除数和除数

定义整型数组 a,b 存放被除数和除数各个位的数值

输入被除数、除数

a,b 存储 str1,str2 各个位，下标为 0 均对应个位数

（2）连续做减法

```
len1 = strlen(str1),  len2 = strlen(str2);
```

将 b 表示的数扩大到原来的 $10^{len1-len2}$ 倍

A 表示被除数，B 表示 b 对应的数，商的最高位的位权是 $10^{len1-len2}$

```
for(int i = 0;i <= len1-len2;i++)
{
    循环做:
    {
        A - B
        如果够减，则差变为 A，商的最高位值加 1
        否则，break;
    }
    B = B/10
}
```

（3）结果处理

处理商的前导 0，并输出式子及商

算法中需要计算除数的 10^n 倍，无须做乘法，直接在除数后面补 0 即可，如需要将除数变为原来的 $10^{len1-len2}$ 倍时，假设用数组 b 存放长度为 len2 的除数，b[0]对应个位数，只需要将除数最高位上的数存放到下标为 len1-1 处，其他位依次移动；然后再将最低位后面位均赋值为 0。如前面 62528÷25 模拟过程中，将除数变成 25000，参考代码如下：

```
//从高位开始移动，使最高位下标 len2-1 的值移到下标为 len1-1 (增加了 len1-len2)
int i = len1 - 1;
for(int j = len2 - 1; j >= 0; j--)
    b[i--] = b[j];
//低位后面补 0，此时 i 的值为低位后面一位
for(; i >= 0; i--)
    b[i] = 0;
```

算法的核心是写一个大整数减法函数，然后反复调用该函数进行减法操作。设计函数 int sub(int *a, int *b, int len1, int len2)，完成长度为 len1 的 a 减去长度为 len2 的 b，如果够减，则差存放到 a 中，并返回差的长度；如果不够减，则需要将减数变为原来的 1/10，这时需要去掉减数末尾 1 个 0，即 b+1 开始的长度为 len2-1 的数就表示减数的 1/10（因为 b[0]对应减数的最低位）。所以如果需要将减数变为原来的 $1/10^i$，只需要去掉末尾 i 个 0，即 b+i 开始的长度为 len2-i 的数就表示这个数，也就是原来减数的 $1/10^i$。算法中还需要对商的值进行处理，因为最初将除数扩大到原来的 $10^{len1-len2}$，所以做减法时如果够减一次时，则商需要增加 $10^{len1-len2}$，假设整型数组 ans 各个元素存放商的各个位上的数值，只需要执行

ans[len1-len2]++，即减数为除数 1/10^i 时，如果够减，就执行 ans[len1-len2-i]++。

程序的参考代码如下：

```c
#include <stdio.h>
#include <string.h>
#define MAXLEN 1010

//sub 函数完成长度为 len1 的大整数 a 减去长度为 len2 的大整数 b
//如果不够减返回-1，正好减完返回 0，否则差存放在 a 中，并返回差的位数
int Sub(int *a,int *b, int len1, int len2);
void Invert(char *s, int *a);                    //将串 s 中各数字逆置存放到整型数组 a 中
char str1[MAXLEN], str2[MAXLEN], str[MAXLEN]; //较大的数组建议定义成全局

int main(void)
{
    int n;

    printf ("输入测试数据的组数：");
    scanf("%d", &n);
    while(n--)
    {
        scanf("%s %s", str1, str2);                           //输入被除数、除数
        int len1, len2;
        len1 = strlen(str1);
        len2 = strlen(str2);
        if(len1 < len2 || len1 == len2 && strcmp(str1,str2) < 0)  //被除数小于除数，输出 0
        {
            printf("0\n");
            continue;
        }
        //逆序存放被除数、除数、商各个位上的数字
        int a[MAXLEN], b[MAXLEN], ans[MAXLEN];
        memset(a, 0, sizeof(a));
        memset(b, 0, sizeof(b));
        Invert(str1, a);                          //被除数逆置存放到整型数组 a 中，使 a[0]对应个位
        Invert(str2, b);                          //除数逆置存放到整型数组 b 中，使 b[0]对应个位
        int times = len1 - len2;                  //确定商的最高位
        if(times > 0)                             //将除数变成与被除数一样长，最高位对齐，低位补 0
        {
            //将除数与被除数最高位对齐
            int i = len1 - 1;
            for(int j = len2 - 1 ; j >= 0; j--)
                b[i--] = b[j];
            for( ; i >= 0; i--) //除数低位补 0
                b[i] = 0;
        }
        len2 = len1;                              //目前除数的位数与被除数位数相同
        memset(ans, 0, sizeof(ans));              //ans 元素存放商的各个位，最高位下标为 times
        int templen;
        for(int i = 0; i <= times; i++)
        { /*被除数 a 减去除数 b ×(10 的 times 次方)，一直减到不够减为止，
          不够减时，再减去若干个 b ×(10 的 times-1 次方)，......*/
            while((templen = Sub(a, b + i, len1, len2 - i)) >= 0)
```

```
            {
                ans[times - i]++;
                len1 = templen;
                if(len1 < len2 - i)          break;          //不够减时
            }
        }
        //去掉商的前导 0，并逆置存放到 str 串中，输出 str
        int len = times;
        while(ans[len] == 0 && len >= 0)
            len--;
        memset(str, 0, sizeof(str));
        int i = 0;
        for(; len >= 0; len--)
         str[i++] = ans[len] + '0';
        printf("%s\n", str);
    }

    return 0;
}
void Invert(char *s, int *a)                         //将串 s 中各数字字符逆置存放到整型数组 a 中
{
    int len = strlen(s), i = 0;
    for(int j = len - 1; j >= 0; j--)
        a[i++] = s[j] - '0';
}
int Sub(int *a, int *b, int len1, int len2)
{
    int i;

    if(len1 < len2)          return -1;
    if(len1 == len2)
    {
        for(i = len1 - 1; i >= 0; i--)
        {
            if(a[i] < b[i])               //p1<p2
                return    -1;
            else if(a[i] > b[i])          //p1>p2
                break;
        }
    }
    for(i = 0; i < len1; i++)                         //要求调用本函数确保当 i>=len2 时 p2[i]＝0
    {
        a[i] -= b[i];
        if(a[i] < 0)
        {
            a[i] += 10;
            a[i+1]--;
        }
    }
    i = len1 - 1;                    //i 为最高位第一个不为 0 元素的下标
    while(i >= 0 && a[i] == 0) i--;
    if(a[i])  return  i + 1;     //返回差的位数
```

```
    return 0;                    //全部为0，说明两者相等
}
```

小　结

　　本章所涉及的主要是高精度数的运算，首先把高精度数以字符串的形式输入，然后将小学的简单数学的运算步骤在计算机上完美地演示一遍，用 C 语言描述出来。高精度数运算的关键在于熟练进行数组之间的四则运算。

习题与实践

　　1．大整数减法
　　描述：求两个大的正整数相减的差。
　　输入：共 2 行，第 1 行是被减数 a，第 2 行是减数 b（a>b）。每个大整数不超过 200 位，不会有多余的前导 0。
　　输出：一行，即所求的差。
　　样例输入：

```
99999999999999999999999999999999999999
9999999999999
```

　　样例输出：

```
99999999999999999999999990000000000000
```

　　2．大整数求模运算
　　求 A%B，其中 A,B 均是两个很大的整数，它们的长度相同，长度不大于 1000。
　　输入：A 和 B 的值，保证 A > B
　　输出：A％B，不能有前导 0
　　3．大整数的因子
　　描述：已知正整数 k 满足 $2 \leq k \leq 9$，现给出长度最大为 30 位的十进制非负整数 c，求所有能整除 c 的 k。
　　输入：一个非负整数 c，c 的位数≤30。
　　输出：若存在满足 c%k ＝ 0 的 k，从小到大输出所有这样的 k，相邻两个数之间用单个空格隔开；若没有这样的 k，则输出"none"。
　　样例输入：

```
30
```

　　样例输出：

```
2 3 5 6
```

第 17 章　位运算问题

前面学习的 C 语言的各种运算都是以字节为基本单位进行的，但在编写很多系统程序时，如驱动程序、磁盘文件管理程序等，常要求将数据按位（bit）进行运算或处理。C 语言提供了位运算功能，使得 C 语言也能像汇编语言一样可以用来编写系统程序。计算机中的数据在内存中都是以二进制形式进行存储的，位运算就是应用于整型数据，直接对整数在内存中的二进制位进行操作的运算。位运算比一般的算术运算速度要快，而且可以实现一些其他运算不能实现的功能。如果要开发高效率的程序，位运算是必不可少的。与其他高级语言相比，位运算是 C 语言的特点之一。

C 语言提供了 6 种位运算符，分别为位与（&）、位或（|）、按位取反（~）、位异或（^）、左移（<<）和右移（>>）。位运算符的优先级情况如图 17-1 所示。位运算符的优先级低于关系运算符，但高于逻辑运算符。

图 17-1　位运算符优先级

1．常见的位运算

C 语言中的位运算符、含义与功能如表 17-1 所示。

表 17-1　位运算符、含义与功能

运算符	含　义	功　　能
&	按位与	如果两个相应的二进制位都为 1，则该位的结果为 1；否则为 0
|	按位或	如果两个相应的二进制位都为 0，则该位的结果为 0；否则为 1
^	按位异或	如果两个相应的二进制位相异，则该位的结果为 1；如相同，该位结果为 0
~	按位取反	对一个二进制数按位取反，即将 0 变为 1，将 1 变为 0
<<	左移	将一个数的各二进制位全部左移 N 位，右补 0
>>	右移	将一个数的各二进制位全部右移 N 位，移到右端的低位舍弃，对于无符号数，高位补 0；对于有符号数，高位补符号位

（1）按位与（&）

按位与"&"是二元运算符，参与"&"运算的两个操作数各对应的二进制位进行位与运算，位"&"运算和逻辑"&&"非常类似，但要注意运算区别。

C 语言中不能直接使用二进制，"&"两边的操作数可以是十进制、八进制、十六进制，它们在内存中最终都是以二进制形式存储，位与就是对这些内存中的二进制位进行运算。其他的位运算符也同理。

例如，9&5，9 的二进制编码是 00001001(2)，5 的二进制编码是 00000101(2)，9&5 算式如下：

$$
\begin{array}{r}
0\ 0\ 0\ 0\ 1\ 0\ 0\ 1(2) \\
\&\ 0\ 0\ 0\ 0\ 0\ 1\ 0\ 1(2) \\
\hline
0\ 0\ 0\ 0\ 0\ 0\ 0\ 1(2)
\end{array}
$$

所以 9 & 5 = 1。

应用：位与运算经常被用于实现将某些位清 0、保留某些位及检测某些位的操作。

①特定位清 0。将 mask 的特定位设置成 0，其他位设置成 1，则 s &= mask，实现了 s 的特定位清 0。

②保留某些特定位。将 mask 中特定位设置成 1，其他位设置成 0，则 s &= mask，实现了 s 的特定位被保留。

例如：假设 a 在内存中占 2 个字节，把 a 的高八位清 0，保留低八位，可执行 a &= 0xff 运算（0xff 的二进制数为 0000 0000 1111 1111）。

③检测位。如果想知道一个变量中某一位是 1 还是 0，可以使用位&操作实现。

（2）按位或（|）

按位或"|"也是二元运算符。参与"|"运算的两操作数各对应的二进制位进行位或运算，与逻辑"||"非常类似。

例如，9|5 算式如下：

$$
\begin{array}{r}
0\ 0\ 0\ 0\ 1\ 0\ 0\ 1(2) \\
|\ 0\ 0\ 0\ 0\ 0\ 1\ 0\ 1(2) \\
\hline
0\ 0\ 0\ 0\ 1\ 1\ 0\ 1(2)
\end{array}
$$

所以 9 | 5 = 13。

位或操作的应用：经常被用于实现将一个数的某些位设置成 1。将 mask 中指定位设置成 1，其他位设置成 0，则 s |= mask，使 s 的指定位被置成 1，其他位不变

（3）按位取反（~）

按位取反"~"为一元运算符，具有右结合性。其功能是对参与运算的数先转化二进制数，然后对各二进制位按位取反。C 语言中的逻辑取反运算符为"！"。

例如：short a = 9，求~a 值。

假设 short 变量占 2 个字节，则~9 的算式如下：

$$
\begin{array}{r}
\sim\ 0\ 0\ 0\ 0\ 0\ 0\ 0\ 0\ 0\ 0\ 0\ 0\ 1\ 0\ 0\ 1(2) \\
\hline
1\ 1\ 1\ 1\ 1\ 1\ 1\ 1\ 1\ 1\ 1\ 1\ 0\ 1\ 1\ 0(2)
\end{array}
$$

可知：~a ＝ -10。

注意

① 逻辑取反：真（C 语言中非 0 即为真）变成假（0 即为假），假变成真。

② ~(~a)==a 成立，而!(!a)==a 不一定成立，因为!运算结果是 0 或 1。

（4）按位异或（^）

按位异或（简称异或），运算符"^"也是二元运算符，参与运算的两数各对应的二进制位相异或。例如 9^5 算式如下：

$$
\begin{array}{r}
0\ 0\ 0\ 0\ 1\ 0\ 0\ 1(2) \\
{}^\wedge\ 0\ 0\ 0\ 0\ 0\ 1\ 0\ 1(2) \\
\hline
0\ 0\ 0\ 0\ 1\ 1\ 0\ 0(2)
\end{array}
$$

可见 9^5=12

异或操作的应用：经常被用于实现将一个数的某些位取反的操作，mask 中特定位设置成 1，其他位设置成 0，s ^= mask 使 s 的特定位取反。

 提示

① 位与：任何位上的数与 1 "位与"无变化，与 0 "位与"变成 0。

② 位或：任何位上的数与 1 "位或"变成 1，与 0 "位或"无变化。

③ 位异或：任何位上的数与 1 "位异或"会取反，与 0 "位异或"无变化。

（5）左移（<<）

a<<n 是将 a 的各二进制位全部左移 n 位，"<<"左边是被移位对象，右边是移动的位数。左移时，高位丢弃，低位补 0。左移过程中，如果移出的数据位不是 1，则相当于乘法操作，每左移一位，相当于原值乘以 2，左移 n 位，相当于原值乘 2^n。

例如，a<<4，是把 a 的各二进制位向左移动 4 位。如 a=3，对应的二进制数为 00000011，左移 4 位后对应的二进制数为 00110000，也就是 a<<4 的值为 48，相当于 $3*2^4$。

（6）右移（>>）

a>>n 是将 a 的各二进制位全部右移 n 位，">>"左边是移位对象，右边是移动的位数。右移运算相当于除法运算，每右移一位，相当于原值除以 2，右移 n 位，相当于原值除以 2^n。

例如，设 a=15，求 a>>2

表示把 000001111 右移为 00000011（十进制 3）。

 注意

（1）对于无符号数，左移时右侧补 0，右移时左侧补 0。

（2）对于有符号数，左移时右侧补 0，右移时左侧补符号位（如果正数就补 0，负数就补 1，叫算术移位）。

（3）嵌入式中经常研究移位。

 注意

（1）位运算符可以与赋值运算符结合组成复合赋值运算符，如&=、|=、^=、<<=、>>=。

（2）两个长度不同的数据进行位运算时，系统先将两数右端对齐，然后将短的一方进行扩充。对于无符号数，按 0 扩充；对有符号数，按符号扩充。

提示

位运算中要置 1 用"位或 1"，清 0 用"位与 0"，若要取反用"位异或 1"。

2. 位运算的实例

通过掌握位运算的知识，可利用位与、位或、位异或操作，结合移位和取反操作构造特定的数，实现一些整型数的某些特定位的修改以及对寄存器的操作。下面通过实例说明，实例中如果没有特殊说明，整型数即为 int 类型数。

【例 17-1】给定一个整型数 a，设置 a 二进制表示中的 bit5 为 1，其他位不变。（对于 32 位二进制的整数，最低位为 bit0，最高位为 bit31，后面不再说明。）

问题描述：由于一个数的某位与 1 进行"位或"运算，该位结果为 1，与 0 进行"位或"运算，该位结果还是原数，所以可构造一个 bit5 为 1，其他位为 0 的整数，然后再将 a 与这个整数进行"位或"运算。通过 1<<5 可构造一个 bit5 为 1，其他位为 0 的整数。程序的参考代码如下：

```c
#include <stdio.h>

int main(void)
{
    int a = 0XC3;                    //或写成 int a = 0xc3; 为便于分析程序，直接给 a 赋值

    a |= 1 << 5;
    printf("a = %#X\n", a);          //将 a 按十六进制格式输出，字母为大写

    return 0;
}
```

运行结果为：

```
a = 0XE3
```

经分析 a=0XC3 对应的二进制数为 1100 0011，bit5 置 1，其他位不变，结果应该为 1110 0011，它对应的十六进制数即为 E3，所以运行结果与预期值是一致的。

实践：编程实现给定一个整型数 a，设置 a 的 bit5~bit10 为 1，其他位不变。

问题分析：实现方法与例 17-1 相同，只需要构造一个 bit5~bit10 为 1 的整数，然后再与 a 进行位或运算。bit5~bit10 共 6 位，低 6 位为 6 个 1 的数是 0X3F，然后将其左移 5 位，即可得到 bit5~bit10 为 1，其余位为 0 的整数。程序中关键语句为：

```c
a |= 0X3F << 5;
```

【例 17-2】给定一个整型数 a，它的 bit15 清 0，其他位不变。

问题分析：构造一个 bit15 为 0，其他位为 1 的整数，再将 a 与这个整数进行"位与"运算，即可实现将一个整型数的 bit15 清 0，其他位不变的目的。通过例 17-1 的方法，先构造 bit15 位为 1，其余位为 0 的数，再对这个数进行"位取反"操作，即可得 bit15 为 0，其他位为 1 的整数。程序的参考代码如下：

```c
#include <stdio.h>

int main(void)
{
```

```
    int a = 0xff30;                 //为便于分析程序，直接给 a 赋值
    a &= ~(1 << 15);                //将 1 左移 15 位 ，再取反构造的数与 a 位与
    printf("a = %#x\n", a);         //将 a 按十六进制格式输出，字母为小写

    return 0;
}
```

程序的运行结果为：

```
a = 0x7f30
```

a = 0xff30 对应的二进制数为 1111 1111 0011 0000，将 bit15 清 0，其余位不变，结果变为 0111 1111 0011 0000，对应的十六进制数为 0x7f30，运行结果与预期值一致。

实践： 给定一个整型数 a，它的 bit15~bit23 清 0，其他位不变。

问题分析： 结合例 17-2 和例 17-1 的实践，使用左移和位取反操作，构造一个 bit15~bit23 为 0，其余位为 1 的整数，再与 a 进行 "位与" 操作。bit15~bit23 共 9 位，可用 0x1ff<<15 先得到 bit15~bit23 为 1，其余位为 0 的数，再进行 "位取反" 运算，即可得到 bit15~bit23 为 0，其余位为 1 的整数。程序的关键语句为：

```
a &= ~(0x1ff << 15);
```

【例 17-3】 给定一个整型数 a，求 a 的 bit3~bit8 对应的整数。

问题描述： 可构造一个 bit3~bit8 为 1，其余位为 0 的整数，然后再将这个数与 a 进行 "位与" 操作，最后再将操作结果进行右移 3 位，就可得到 bit0~bit5 为原来 a 的 bit3~bit8，其余位为 0 的数，其值即为 bit3~bit8 对应的数。程序的参考代码如下：

```
#include <stdio.h>

int main(void)
{
    int a = 0xFBA;                  //为便于分析程序，直接给 a 赋值
    a &= 0x3F << 3;                 //将 0x3f 左移 3 位构造的数与 a 位与运算
    a >>= 3;                        //即可得到 a 的 bit3~bit8 对应的整数
    printf("a = %#X\n", a);         //将 a 按十六进制格式输出，字母为大写

    return 0;
}
```

程序的运行结果为：

```
a = 0X37
```

a = 0xFBA 对应的二进制数为 1111 1011 1010，所以 bit3~bit8 为 110111，即为 0x37，程序运行结果与期望值相同。

【例 17-4】 用 C 语言给一个寄存器（32 位）的 bit7~bit17 赋值 937（其余位不受影响）。

问题描述： 嵌入式程序中应用比较多，操作寄存器离不开位运算。寄存器的特点是按位进行规划和使用，但是寄存器的读写却是整体 32 位一起进行的（也就是说只想修改 bit7~bit17 是不行的，必须整体 32bit 全部写入），寄存器操作要求就是，在设定特定位时不能影响其他位。

如何做到呢？读—改—写三部曲，它的思想就是，当想改变一个寄存器中某些特定位时，不会直接去给它写，会先读出寄存器整体原来的值，在这个基础上修改想要修改的特定位，再将修改后的值整体写入寄存器，这样达到的效果是，在不影响其他位原来的值的情况下，要修改的某些位的值已经被修改

了。具体步骤如下：

第 1 步：将 bit7~bit17 清 0，不能影响其他位的值。

第 2 步：将 937 写入 bit7~bit17。

第 1 步的实现：由前面实例可知，通过构造一个 bit7~bit17 为 0，其余位为 1 的数，与寄存器的数进行"位与"操作即可实现。

第 2 步的实现：将 937<<7 所得的数再与寄存器进行"位或"运算即得。

程序的参考代码如下：

```c
#include <stdio.h>

int main(void)
{
    int a = 0xACF71;                          //为便于分析程序，直接给 a 赋值
    a &= ~(0x7FF << 7);/*0x7FF 对应的数为 111 1111 1111，左移 7 位再取反，即
            可构造一个 bit7~bit17 为 0，其余位为 1 的整数，a 与这
            个构造的数进行位与运算即可将 a 的 bit7~bit17 清 0，其
            余位不变*/
    a |= 937 << 7;                            //实现将 a 的 bit7~bit17 赋值 937 整数，其余位不变
    printf("a = %#X\n", a);                   //将 a 按十六进制格式输出，字母为大写

    return 0;
}
```

程序的运行结果为：

```
a = 0X9D4F1
```

a = 0xACF71;对应的二进制数为 1010 1100 1111 0111 0001，bit7~bit17 替成 937，而 937 对应的二进制数为 011 1010 1001，这样 a 最后值为 1001 1101 0100 1111 0001，这个数对应的十六进制数为 0x9D4F1，程序运行结果与期望值一致。

实践：用 C 语言给一个寄存器的 bit7~bit17 赋值 937，同时给 bit21~bit25 赋值 17。

问题分析：此题为例 17-4 的升级题，可用例 17-4 的方法操作两遍，这两遍代码中只是数据不同，功能是一样的。关键语句如下：

```c
//将 a 的 bit7~bit17 赋值 937
a &= ~(0x7FF << 7)
a |= 937 << 7;
//将 a 的 bit21~bit25 赋值 17
a &= ~(0x1F << 21)
a |= 17 << 21;
```

上面方法效率不高，可进行优化，将上面的两步合成一步，程序参考代码如下：

```c
#include <stdio.h>

int main(void)
{
    int a = 0xACF71;

    //将 a 的 bit7~bit17 赋值 937，同时将 bit21~bit25 赋值 17
    a &= ~((0x7FF << 7) | (0x1F << 7));
    a |= (937 << 7) | (17 << 21);
    printf("a = %#X\n", a);
```

```
    return 0;
}
```

程序运行结果为：

```
a = 0X229D4F1
```

a = 0xACF71，对应的二进制数为 0000 0000 1010 1100 1111 0111 0001，两个阴影部分别对应 bit21~bit25，bit7~bit17，分别替换成 17（对应的二进制数为 10001）、937（对应的二进制数为 011 1010 1001），最后 a 对应的二进制数为 0010 0010 1001 1101 0100 1111 0001，十六进制形式为 0X229D4F1，与程序运行结果一致。

【例 17-5】用 C 语言实现将一个寄存器的 bit7~bit17 的值加 17（其余位不受影响）。

问题描述：关键点在于不清楚寄存器的 bit7~bit17 原来的值是多少，所以要先读出来寄存器的 bit7~bit17 原来的值，再进行处理。具体步骤如下：

第 1 步：读出寄存器的 bit7~bit17 原来的值。

第 2 步：将第 1 步读出的值加上 17。

第 3 步：将寄存器的 bit7~bit17 清 0。

第 4 步：将第 2 步算的值写入 bit7~bit17。

结合例 17-3 很容易实现第 1 步，用一个临时变量 tmp 存放读出寄存器 bit7~bit17 原来的值，然后再 tmp += 17，后面步骤同例 17-4。程序的参考代码如下：

```
#include <stdio.h>

int main(void)
{
    int a = 0xACF71;                    //为便于分析程序，直接给 a 赋值
    unsigned tmp;                       //用于存放寄存器 bit7~bit17 原来的值及增加 17 后的值

    tmp = a & (0x7FF << 7);             //将 a 与 bit7~bit17 为 1 其余位为 0 的数进行位与操作
    tmp >>= 7;                          //获取 a 的 bit7~bit17 值
    tmp += 17;                          //tmp 为寄存器 bit7~bit17 最终的值
    a &= ~ (0x7FF << 7);                //将 a 的 bit7~bit17 清 0，其余位不变
    a |= tmp << 7;                      //将 bit7~bit17 赋值 tmp 整数，其余位不变
    printf("a = %#X\n", a);             //将 a 按十六进制格式输出，字母为大写

    return 0;
}
```

程序运行结果为：

```
a=0XAD7F1
```

a 对应的二进制数为 1010 1100 1111 0111 0001，阴影部分为 bit7~bit17，这部分数再加 17 变为 10 1101 0111 1，所以最后 a 对应的二进制数为 1010 1101 0111 1111 0001，对应的十六进制数为 0XAD7F1，与程序运行结果一致。

【例 17-6】使用位运算判断一个整数是奇数还是偶数。

问题描述：判断一个整数是奇数还是偶数，可以用对 2 求余的思想判断，如果这是个小整数还可以，

如果是个大整数，那么用求余思想效率就会很低，根据这个整数对应的二进制形式的末位为 0 表示偶数，为 1 表示奇数的特点，即能判断它是奇数还是偶数，利用"位与"运算检测最低位是 0 还是 1，即可知道它是偶数还是奇数。参考代码如下：

```c
#include <stdio.h>

int main(void)
{
    int a;

    printf("输入一个整数:\n");
    scanf("%d", &a);
    if((a & 1) == 0)
        printf("%d 是偶数\n", a);
    else
        printf("%d 是奇数\n", a);

    return 0;
}
```

 注意

if((a&1) == 0)中 a&1 必须加括号，因为&优先级低于==的优先级。

【例 17-7】使用位运算计算一个 int 整数的二进制数中有多少个 1。

问题描述：由于 x &= x-1 可消去 x 的二进制表示中的最后一位 1，可循环使用 x &= x-1 消去最后一位 1，计算总共消去多少次即可。

程序的参考代码如下：

```c
#include<stdio.h>
int CountOne(int a);

int main(void)
{
    int a;

    printf("输入一个整数：");
    scanf("%d", &a);
    printf("%d 的二进制表示中 1 的个数是%d\n", a, CountOne(a));

    return 0;
}
int CountOne(int a)
{
    int c = 0;                          //记录 a 的二进制表示中 1 的个数
    while(a)
    {
        c++;
        a &= a - 1;                     //可去掉 a 的二进制表示中最右边的 1
    }
    return c;
}
```

【例 17-8】使用位运算完成两个变量值的交换。

问题描述：利用两个相同的数据进行"异或"运算结果为 0，而一个数与 0 进行"异或"运算结果仍为原数，可完成两个变量值的交换。假设两个变量用 a 和 b 表示，则 a = a ^ b，b = b ^ a，完成 b 的值变为 a 的值，因为"异或"具有交换律，所以 b = b ^ a = b ^ a ^ b = b ^ b ^ a = a，同理可完成 a 的值变为 b 的值。

程序的参考代码如下：

```c
#include <stdio.h>

int main(void)
{
    int a, b;

    a = 10;
    b = 20;
    a = a ^ b;
    b = b ^ a;                          //b=b^a=b^a^b=a
    a = a ^ b;                          //a=a^b=a^b^a=b

    printf("a = %d  b=%d\n", a, b);

    return 0;
}
```

程序运行结果为：

```
a = 20  b = 10
```

完成了两个变量值的交换。

两个相同的数据进行"异或"运算结果为 0，而一个数与 0 进行"异或"运算结果仍为原数，利用"异或"操作的这一特点，可构造一个整数，作为密钥，用"异或"运算进行简单的加密和解密。

【例 17-9】一组整数中只有一个数只出现一次，其余的数都是成对出现的，请找出这个只出现一次的数。

输入：第一行一个整数 t，代表数据的组数（1≤t≤10），接下来 t 组数据，每组数据的第一行是一个整数 n（1≤n≤1000000），第二行是 n 个整数 ai（0≤ai≤1000000000），每两个整数之间有一个空格，题目保证有且仅有一个整数只出现一次，其他的整数都是出现两次。

输出：对于每组数据，输出那个只出现一次的整数。

输入样例：

```
2
5
1 2 3 1 3
7
5 6 1 3 5 1 3
```

输出样例：

```
 2
 6
```

问题分析：根据"异或"规则，相同的数"异或"为 0，0 跟任何一个整数"异或"值不变，所以可设置一个初始值为 0 的变量 num，然后与这组数中各个数依次进行"异或"运算，因为相同两个数"异或"结果为 0，这组数中成对出现的数与 num 异或后为 0，最后 num 的值就为那个只出现一次的数。

程序的参考代码如下：

```c
#include <stdio.h>
#include <stdlib.h>
int AppearOnce(int *a, int n);              //返回 n 个元素的数组 a 中只出现一次的元素

int main(void)
{
    int t, n;                               //存放测试数据的组数，及每组测试数据的元素个数

    scanf("%d", &t);
    while(t--)
    {
        scanf("%d", &n);
        int *a = (int *)malloc(sizeof(int) * n);     //动态申请能存放 n 个整型数的数组
        for(int i = 0; i < n; i++)
            scanf("%d", &a[i]);
        int OnceNum = AppearOnce(a, n);     //求 n 个元素数组 a 中只出现一次的元素
        printf("%d\n", OnceNum);
        free(a);                            //释放空间
    }

    return 0;
}

int AppearOnce(int *a, int n)
{
    int num = 0 ;

    //元素异或处理，因为相同元素异或结果为 0 ，所以 num 最后所得数为只出现一次的元素
    for(int i = 0; i < n; i++)
        num ^= a[i];

    return num;
}
```

【例 17-10】 已知一个含有 N 个整数集合，输出它的所有非空子集。

问题描述：一个集合的子集数等于集合的所有组合的和，即 N 个元素的集合的非空子集数为 $C_N^1 + C_N^2 + ... + C_N^N - 1 = 2^N - 1$ 个。用一个长度为 N 的二进制编码对集合中所有元素进行编码，最低位二进制位对应集合中第一个元素，最高位对应集合中最后一个元素，1 表示子集中含有此元素，0 表示子集中不含此元素。假如一个含有 4 个元素的集合为 {1，2，3，4}，则 0001 表示子集 {1}，0101 表示子集 {1，3}，这样含有 4 个元素集合的非空子集可以用编码 0001~1111 表示，要输出所有的子集，只需要先将每个子集用二进制编码表示出来，然后按照此编码输出子集中含有的元素即可，十进制数 1~2^4-1 恰好表示为二进制 0001~1111 这样的编码，那么含有 N 个元素的十进制数 1~2^N-1 恰好表示为 1~（1<<N）-1 这样的编码。参考代码如下：

```c
#include <stdio.h>
void SubSet(int *a, int i);                    //输出 i 对应二进制数中 1 所在位上对应元素构成的集合

int main(void)
{
    int a[]={1, 2, 3}, N;

    N = sizeof(a) / sizeof(int);
    int t = 1 << N;
    for(int i = 1; i < t; i++)                 //将 1，2，...，2N-1 的二进制数中 1 位上对应的元素输出
        SubSet(a, i);

    return 0;
}
void SubSet(int *a, int i)
{
    int k, flag = 0;                           //k 对应 a 的元素下标

    printf("{");
    k = 0;
    while(i)
    {
        if(i & 1)
        {
            if(flag)      printf(",");
            printf("%d", a[k]);
            flag = 1;
        }
        i >>= 1;
        k++;
    }
    printf("}\n");
}
```

运行结果截图如图 17-2 所示。

图 17-2　例 17-10 程序运行结果截图

小　　结

（1）位运算符包括&（按位与）、|（按位或）、^（按位异或）、~（按位取反）、<<（按位左移及）、>>（按位右移）。

（2）位运算的操作数只能是整型或字符型数据，需要把操作对象看作是由二进位组成的位串信息，

按位完成指定的运算，得到位串信息的结果。

（3）位运算主要是直接操作二进制时使用，主要目的是节约内存，使程序速度更快，在对内存要求苛刻的地方使用。

（4）移位运算与位运算结合能实现许多与位串运算有关的复杂计算。通常用移位和取反运算结合起来能构造成一个特定的数（如 s &= ~(1 << j)将变量 s 的第 j 位置成 0，其余位不变）。

习题与实践

1．已知一组整数中只有两个数只出现一次，其余的所有数都是成对出现，请找出这两个数。

2．判断一个整数是不是 2 的正整数次幂。

3．输入一个整数 a，再输入两个整数 p1,p2（p1,p2<32），输出该整数的二进制表示方法中 p1 到 p2 位对应的整数。

第 18 章　递推与递归

递推与递归是计算机算法设计中常用的方法，递推常用于数值计算中的推导，将复杂的运算化解为若干重复的简单运算，以充分发挥计算机擅长于重复处理的特点，尤其是递推数列问题。如果一个数列从某一项起，它的任何一项都可以用它前面的若干项来确定，这样的数列称为递推数列，表示某项与其前面的若干项的关系就称为递推公式，例如斐波那契数列从第 3 项开始，每一项都等于其前两项的和。

任何可以用计算机求解的问题所需的计算时间都与其规模有关。一般情况下，问题的规模越小，解决问题所需要的计算时间也越短，从而也较容易处理。要想直接解决一个较大规模的问题，有时是相当困难的。这时可以采用"分治"策略，将一个难以直接解决的大问题，分割成一些规模较小的相同问题（子问题），并找到原问题与这些较小规模子问题之间的递归关系，这时就可以应用递归思想给出问题的解决方案。从程序设计的角度看，递归是指一个过程或函数在其定义中又直接或间接调用自身的一种方法。递归策略只需少量的程序就可描述出解题过程所需要的多次重复计算，从而减少了程序的代码量。

递归算法在可计算理论中占有重要地位，它是算法设计的有力工具，对于拓展编程思路非常有用。递归算法并不涉及高深的数学知识，但初学者要建立递归思想却并不容易。

一般来说，递归需要有边界条件、递归前进段和递归返回段。当边界条件不满足时，递归前进；当边界条件满足时，递归返回。

本章重点是利用递归思想设计问题的解决方案（计算机算法），并探讨同一问题如果有递推和递归两种设计方法，哪一个效率更高。

下面通过一个大家都熟悉的数学问题求 n!，分别用递推和递归思想实现，通过这个实例先了解一下什么是递推，什么是递归。

【例 18-1】n!

自然数 1, 2, …, n 的阶乘可以形成如下序列：1!, 2!, …, (n-1)!, n!，编程输出这个序列的前 n 项。

大家都知道求 n!的数学公式：n!=(n-1)! × n。因此这个序列的第 n 项，可以用它的前一项的值乘以 n 得到，所以这个序列中的第 n 项有如下的递推公式：

$$a_n = a_{n-1} \times n$$

该序列的第一项是 1，即 $a_1=1$。

这样，就可以应用这个递推公式很容易写出输出阶乘序列前 n 项的代码。参考代码如下：

```c
#include <stdio.h>

int main(void)
{
    int n;
    int fact = 1;                    //初值
    printf("输入 n:");
    scanf("%d", &n);                 //输入 n
```

```
    for(int i = 1; i <= n; i++)
    {
        fact *= i;                          //使用递推迭代计算 i!
        printf("%d ", fact);
    }

    return 0 ;
}
```

该程序的 fact 变量是 int 型的，所以 n 值不能太大，否则会数据溢出。对于 4 位 int 型 fact，n 值应该小于等于 12。如果想要计算较大的 n!，可以把变量 fact 声明为 double。

输出阶乘序列前 n 项也可以采用递归策略，令 fact(n)为求 n!的函数，那么就会有如下的递归关系：

$$fact(n) = \begin{cases} 1 & n = 1 \\ n * fact(n-1) & n > 1 \end{cases}$$

可以把 n 看作是问题规模，n 值越大，问题越复杂，这个递归关系包括了递归边界条件，也称为递归出口，就是 fact(1) = 1，递归前进段：在调用自己的时候会把 n 值减 1，最终会减到 1，到达递归出口。

输出阶乘序列前 n 项的递归程序代码如下：

```
#include <stdio.h>

int fact(int n);                            //函数声明

int main(void)
{
    int n;

    printf("输入 n:");
    scanf("%d", &n);                        //输入 n

    for(int i = 1; i <= n; i++)
    {
        printf("%d ", fact(i));             //输出 i!
    }

    return 0 ;
}
int fact(int n)                             //求 n!的递归函数
{
    if(n <= 1)  return 1;                   //递归出口
    else return n * fact(n - 1);            //自己调用自己，递归调用
}
```

下面以求 3!为例看一下递归计算过程，目的是体会递归的含义，如图 18-1 所示。

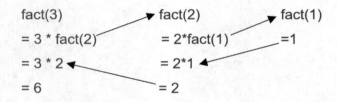

图 18-1　3!调用与返回示意图

从图 18-1 中可以看到：求 fact(3)，先要求 fact(2)；求 fact(2)，先要求 fact(1)，因为 fact(1) 为 1 的阶乘，其值为 1，到达了递归边界，递归返回。然后再用 fact(n) = n*fact(n-1) 这个递归公式，算出 fact(2) = 2，再算出 fact(3) = 6。

从这个计算过程来看，显然递归策略的代码执行效率要差很多。求 n! 这个问题，读者会认为使用递归函数没必要。但许多实际问题不可能或不容易找到显而易见的递推关系，这时递归算法就表现出明显的优越性，本章后面的实例就能较好地体现递归的这种优越性，尤其是非数值计算问题。

通过输出阶乘序列前 n 项的两个程序设计，探讨一下递归与递推的区别：

递推是从初始态出发，不断改变自己的过程。例如计算 5!，是因为知道 1! 是 1，之后 1*2 算出 2!，再 2*3 算出 3!，再 6*4 算出 4!，再 24*5 算出 5! 为 120。这个过程可以使用循环迭代的方法从 1! 开始递推，最终计算出 5!。

而递归是由终态向初态不断调用自己的过程，直到最初态（递归出口），再由初态向终态递归返回。递推是没有终态向初态递归调用这个过程的。虽然从代码看，求 fact(n) 函数没有循环语句，但递归函数执行过程中是循环迭代的：从上向下递归调用和从下向上返回结果。递归函数必须有递归出口，并且在递归调用过程中会向着递归出口前进，并且一定会到达递归出口，否则会出现死循环。

在后续的实例中，你会发现：如果一个问题用递归和递推都可以解决，推荐使用递推，因为递推的效率高很多！而有些问题容易找出递归解，较难找到递推形式的非递归解，那么就用递归解，递归描述程序具有代码简洁好理解的优点。

【例 18-2】青蛙过河。

问题描述： 有一条河，左岸有一个石墩 A，上有编号为 1,2,3,4,…,n 的 n 只青蛙，按编号顺序一个落一个，小的落在大的上面。河中有 y（≤100）片荷叶，还有 h（≤30）个石墩，右岸有一个石墩 B，如图 18-2 所示。n 只青蛙要过河（从左岸石墩 A 到右岸石墩 B），规则为：

（1）石墩上可以承受任意多只青蛙，荷叶只能承受一只青蛙（不论大小）。

（2）青蛙可以从 A 跳到 B，从 A 跳到河中的荷叶或石墩上，从河中的荷叶或石墩跳到 B 上。

（3）当一个石墩上有多只青蛙时，则上面的青蛙只能跳到比它大 1 号的青蛙上面，即 1 号青蛙只能落在 2 号青蛙上面。

对于给定的 h 和 y，请计算一下最多能有多少只青蛙可以根据以上规则顺利过河?

图 18-2　青蛙过河问题示意图

问题分析：这个问题看起来有点难，没有头绪，所以要找出问题的规律。在分析这个问题时，可以借助递归思想，也就是对原问题进行分解，找出原问题和子问题之间的递归关系。

根据最终要计算的解和已知条件，可以定义一个函数 Jump(h,y)，该函数表示河中有 h 个石墩、y 片荷叶的情况下，最多可跳过河的青蛙数。

先分析河中没有石墩的情况，即 h=0 时，河中只有 y 片荷叶。y=0 时，只会有一只青蛙由 A 跳到 B，即 Jump(0,0) = 1；当 y=1 时，可以跳过 2 只青蛙，先是 1 号青蛙从 A 跳到荷叶上，之后 2 号青蛙从 A 跳到 B 上，之后 1 号青蛙从荷叶跳到 B 上，即 Jump(0,1) = 2，同理可以推出，没有石墩时，河中只有 y 片荷叶时，先是 y 片荷叶跳上 y 只青蛙，之后(y+1)号青蛙从 A 跳到 B，之后荷叶上的 y 只青蛙按编号由大到小依次跳到 B 上，所以 Jump(0,y) = y+1。

再考虑 Jump(h,y)的一般情况，也就是河中至少有一个石墩时，可以把河中的 h 个石墩中的一个（记作石墩 C）看作是河岸上的石墩 B，这时青蛙过河问题可分解为 3 个阶段：①用河里的 h-1 个石墩，y 片荷叶，石墩 A 上会有 Jump(h-1,y)个青蛙跳到石墩 C 上；②同理，石墩 A 上会有 Jump(h-1,y)个青蛙跳到石墩 B 上；③石墩 C 上的 Jump(h-1,y)个青蛙跳到石墩 A 上，如图 18-3 所示。

图 18-3　青蛙过河问题分解为三个阶段

这 3 个阶段后，共有 2*Jump(h-1,y)个青蛙从石墩 A 上跳到了河对岸的石墩 B 上。因此可推导出如下的递推关系：

$$Jump(h,y) = 2*Jump(h-1,y)$$

其中，Jump(h-1,y)是原问题的一个子问题，表示河中 h-1 个石墩、y 片荷叶能跳过多少只青蛙。

通过上述两种情况的分析可以给出青蛙过河问题的递归关系描述：

$$Jump(h,y)=\begin{cases} y+1 & h=0 \\ 2*Jump(h-1,y) & h>0 \end{cases}$$

青蛙过河问题的递归函数参考代码如下：

```c
#include <stdio.h>

long long f(int h, int y);
```

```
int main(void)
{
    int h, y;
    scanf("%d %d", &h, &y);
    printf("%ld\n", f(h, y));

    return 0;
}
long long  f(int h, int y)
{
    if(h == 0) return y + 1;
    return 2 * f(h - 1, y);
}
```

通过参考代码看到递归函数非常简洁，只要能够得到问题的递归关系，就可以用少量代码写出递归函数来。

通过递归思想找到了问题的递归关系，这个递归关系也是递推式，所以还可以写出青蛙过河问题的递推程序。参考代码如下：

```
#include <stdio.h>

long long f(int h, int y);

int main(void)
{
    int h,y;
    scanf("%d %d", &h, &y);
    printf("%ld\n", f(h, y));

    return 0;
}
long long  f(int h, int y)
{
    long long  result = y + 1;          //河中石墩数为0时
    for(int i = 1; i <= h; i++)
        result = 2 * result;            //直接自底向上推导

    return result;
}
```

这个问题的分析过程告诉我们，递归思想在分析问题、找寻问题解时非常有效，但分析出来的递推式不一定非要用递归函数表达，在实现时，一般情况下，能用递推就不用递归。我们掌握的不是递归函数怎么写，而是建立递归关系，利用递归思想找出问题的解决方案。

下面看另外一个比较复杂的经典问题。

【例 18-3】汉诺塔问题。

问题描述：该问题源自印度古老的传说。古老的神庙门前有 3 根柱子，其中第 1 根柱子上按由大到小的顺序套着 64 个圆盘（大的圆盘在下），要求把所有的圆盘从第 1 根柱子移动到第 3 根柱子上，如图 18-4 所示。移动规则如下：

（1）可以借助第 2 根柱子。

（2）每次只能移动一个圆盘。

（3）任何时候大的圆盘都不能压在小的圆盘上面。

传说当这些圆盘被移动完毕时，世界就会灭亡。

如何利用递归解决该问题呢？思路分析如下：假设将 64 个圆盘按由小到大的顺序依次编号为 1、2、3、…、64，3 根柱子分别编号为 A、B、C，问题转化为 A 柱上有 64 个圆盘，如何借助 B 柱将它们全部移动到 C 柱上。可以分为 3 步：第一步是将编号为 1~63 的圆盘借助 C 柱移动到 B 柱上；第二步是将编号为 64 的最大圆盘直接移动到 C 柱上；第三步则是将 B 柱上的编号为 1~63 的圆盘借助 A 柱移动到 C 柱上。前两步的移动如图 18-4（b）所示。显然，其中的第一步、第三步和整个问题是类似的，只是圆盘的数量减少了 1 个。

（a）汉诺塔初始状态示意图

（b）汉诺塔前两步示意图

图 18-4　汉诺塔问题示意图

定义函数 Move(n, x, y, z) 表示完成将 n 个圆盘从 x 柱借助于 y 柱移动到 z 柱。下面用"与或结点图"描述汉诺塔问题的递归解，如图 18-5 所示。

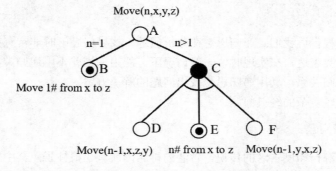

图 18-5　汉诺塔问题与或结点图

图 18-5 中的"○"表示或结点，"●"表示与结点，"◉"表示终端结点。A 结点是"或结点"，表示依据条件，或者执行 B，或者执行 C。B 是终端结点，表示 1 号盘从 x 柱移动到 z 柱。C 是"与结点"，与它关联的 D、E、F 三个结点用弧线连起来，表示从左到右地执行，D 结点表示移动 n-1 个盘子从 x 柱到 y 柱，E 结点表示 n 号盘子从 x 柱移动到 z 柱，E 结点表示移动 n-1 个盘子从 y 柱到 z 柱。

下面以 3 个盘子为例画出递归的与或结点图，如图 18-6 所示。

图 18-6　3 个盘子的汉诺塔递归的与或结点图

图 18-6 很好地表示了整个递归的移动盘子的过程，这个图很像一棵倒置的树，终端结点从左到右正好是 3 个盘子的 7 个移动步骤。n 值越大，树的深度越大，表示递归深度越大，消耗栈的空间就越多。

汉诺塔问题的参考代码如下：

```c
#include <stdio.h>

void Move(int n, char x, char y, char z);        //函数声明

int main(void)
{
    int n;

    printf("请输入盘子数：");
    scanf("%d", &n);

    printf("移动步骤如下：\n");
    Move(n, 'A', 'B', 'C');

    return 0;
}
void Move(int n, char x, char y, char z)
{
```

```
    if (n == 1)                           //递归出口
        printf("%d# from %c to %c\n", n, x, z);
    else
    {
        Move(n - 1, x, z, y);             //递归调用
        printf("%d# from %c to %c\n", n, x, z);
        Move(n - 1, y, x, z);             //递归调用
    }
}
```

当柱子上只有 3 个圆盘时，程序运行结果如图 18-7 所示。

图 18-7　圆盘数为 3 的汉诺塔问题移动步骤示意图

通过计算可以知道，对于有 n 个圆盘的汉诺塔问题，其移动所需的步骤数为 2^n-1 步。如果 n=64，则总步数为 $2^{64}-1$。假设每秒可以移动一步，则将它们全部移动完毕，大概需要 5846 亿年以上才能完成，而现今人类观察到的宇宙寿命不过才数百亿年左右。

因此，在执行例 18-3 程序时，如果输入的圆盘数为 64，则只能看到程序在不断地运行永远看不到完整的最后结果，只能将程序强制关闭。这也从一个侧面体现出有些计算问题的复杂性是非常大的，计算机也不是万能的。

汉诺塔问题较前两个问题不太容易找到非递归的算法。

【例 18-4】分解因数。

问题描述：给出一个正整数 a，要求分解成若干个正整数的乘积，即 $a = a_1 \times a_2 \times a_3 \times \cdots \times a_n$，并且 $1 < a_1 \le a_2 \le a_3 \le \cdots \le a_n$，问这样的分解的种数有多少（注意，$a = a$ 也是一种分解）。例如整数 20，可以有 4 种因数分解方法：

20 = 2*2*5

20 = 2*10

20 = 4*5

20 = 20

输入：第 1 行是测试数据的组数 n，后面跟着 n 行输入。每组测试数据占 1 行，包括一个正整数 a（1 < a < 32768）。

输出：n 行，每行输出对应一个输入。输出应是一个正整数，指明满足要求的分解的种数。

输入样例：

```
2
2
20
```

输出样例：

```
1
```

4

问题分析：通过对实例进行分析发现，如果 m 是 a 的因子，那么以 m 为因子的 a 的因子分解方法数就是 a/m 这个整数的最小因子为 m 的因子分解方法数，因为 a 的每个因子要满足 $a = a_1 \times a_2 \times a_3 \times \cdots \times a_n$，并且 $1 < a_1 \leq a_2 \leq a_3 \leq \cdots \leq a_n$。

比如对于整数 20 来说，第一个因子是 2 的因子分解方法数，也就是 20/2 = 10 的最小因子为 2 的因子分解方法数。因为整数 10 最小因子为 2 的分解有 2 种，即 $10 = 2 \times 5$、$10 = 10$，所以 20 的最小因子为 2 的因子分解方法数为 2。

如果 4 是 20 的最小因子，那么以 4 为最小因子分解方法数，也就是 20/4 = 5 的最小因子为 4 的因子分解方法数。对于整数 5 来讲，它只有一种分解方法，就是 5 = 5，所以 20 的最小因子为 4 的因子分解方法数为 1。

如果 5 是 20 的最小因子，但 20/5=4，4<5，所以不存在最小因子为 5 的 4 的因子分解方法，所以 20 的最小因子为 5 的因子分解方法数为 0。同理，20 的最小因子为 10 的因子分解方法数也为 0。

如果 20 是 20 的最小因子，最小因子与整数 a 相等，这时只有一种因子分解——20=20，也就是 20 的最小因子为 20 的因子分解方法数为 1。

所有因子分解方法数加在一起就是整数 a=20 的因子分解方法数，结果是 4。

可以从小到大枚举出整数 a 的所有因子 m（m 从 2 到 a，如果 a%m==0，则 m 是 a 的一个因子），对于每一个 m，求出 a/m 的最小因子不小于 m 的因子分解方法数，之后求和就是整数 a 的因子分解方法数。

所以设函数 f(a,m) 为整数 a 的最小因子不小于 m 的因子分解方法数，那么根据上述分析有如下的递归关系：

$$f(a,m) = \begin{cases} 1 & a = 1 \\ 0 & a < m \\ \sum_{i=m}^{a} f(a/i, i) & a > m \text{ 且} a\%i == 0 \end{cases}$$

上述递归关系中 f(a/i,i) 是 f(a,m) 的子问题。该问题有两个递归出口，在向下递归调用过程中，f(a,m) 的参数 a 的值会逐步减小，一定会到达递归出口。

应用这个递归关系，就可以很容易写出分解因数问题的递归函数。分解因数的参考代码如下：

```c
#include <stdio.h>

int  f(int a, int m);                        //因子最小为 m 的因子分解方法数

int main(void)
{
    int n, a;
    scanf("%d", &n);
    while(n--)
    {
        scanf("%d", &a);
        printf("%d\n", f(a, 2));             //a 的最小因子为 2 的因子分解方法数
    }

    return 0;
}
int  f(int a, int m)
{ //因子最小为 m 的因子分解方法数
    if(a == 1) return 1;                     //递归出口
    if(a < m) return 0;                      //递归出口
```

```
    int s = 0;
    for(int i = m; i <= a; i++)                  //对于 a 的因子从 m 开始枚举
    {
        if( a%i == 0 ) s += f(a/i, i);
    }

    return s;
}
```

因子分解这个问题相对于之前的问题要复杂得多，在应用递归思想对问题进行分析时，可以基于问题实例找问题的规律，找出子问题与原问题的关系是应用递归思想解题的关键，在设计递归算法时，对递归出口条件一定要仔细研究。

【例 18-5】整数划分问题。

将正整数 n 表示成一系列正整数之和，有

$$n = n_1 + n_2 + \cdots + n_k \quad (n_1 \geq n_2 \geq \cdots \geq n_k, k \geq 1)$$

正整数 n 的这种表示称为正整数 n 的划分。正整数 n 的不同的划分个数称为正整数 n 的划分数，记作 P(n)。

例如，正整数 6 有如下 11 种不同的划分，所以 P(6) = 11。

6

5+1

4+2,4+1+1

3+3,3+2+1,3+1+1+1

2+2+2,2+2+1+1,2+1+1+1+1

1+1+1+1+1+1

整数划分问题可以用例 18-4 的设计方法给出递归解，读者可以自己设计整数划分的递归函数，下面给出另外一种方法。

（1）q(n,1) = 1, n≥1

当最大加数 n_1 不大于 1 时，任何正整数 n 只有一种划分形式，即 n = 1+1+…+1。

（2）q(n,m) = q(n,n), m>n

最大加数 n_1 实际上不能大于 n。

（3）q(n,n) = 1 + q(n,n-1)

正整数 n 的划分由 n_1=n 的划分和 $n_1 \leq$ n-1 的划分组成。

（4）q(n,m) = q(n,m-1)+q(n-m,m), n > m > 1

正整数 n 的最大加数 n_1 不大于 m 的划分由 n_1=m 的划分和 $n_1 \leq$ m-1 的划分组成。

因此，可设计计算 q(n,m) 的递归函数。正整数 n 的划分数 p(n) = q(n,n)。整数划分问题的参考代码如下：

```
#include <stdio.h>

int q(int n, int m);

int main(void)
{
    int n;
    scanf("%d", &n);
    printf("%d\n", q(n, n));
```

```
        return 0;
    }
    int q(int n, int m)
    {
        if(n < 1 || m < 1)  return 0;
        if(n == 1 || m == 1) return 1;
        if(n < m) return q(n, n);
        if(n == m) return q(n, m - 1) + 1;
        return q(n, m - 1) + q(n - m, m);
    }
```

思考：对于下面的整数划分问题该如果设计递归算法呢？

（1）正整数 n 划分成 k 个正整数之和的划分数目。

（2）正整数 n 划分成若干个不同正整数之和的划分数目。

（3）正整数 n 划分成若干个奇正整数之和的划分数目。

【例 18-6】扩号匹配问题。

问题描述：在某个字符串（长度不超过 100）中有左括号、右括号和大小写字母；规定（与常见的算数式子一样）任何一个左括号都从内到外与在它右边且距离最近的右括号匹配。写一个程序，找到无法匹配的左括号和右括号，输出原来字符串，并在下一行标出不能匹配的括号。不能匹配的左括号用 "$" 标注，不能匹配的右括号用 "?" 标注。

输入：输入包括多组数据，每组数据一行，包含一个字符串，只包含左右括号和大小写字母，字符串长度不超过 100。

输出：对每组输出数据，输出两行，第一行包含原始输入字符，第二行由 "$" "?" 和空格组成，"$" 和 "?" 表示与之对应的左括号和右括号不能匹配。

输入样例：

```
((ABCD(x)
)(rttyy())sss)(
```

输出样例：

```
((ABCD(x)
$$
)(rttyy())sss)(
?            ?$
```

问题分析：对于每个字符串 s1，可以定义一个同等长度的字符数组 s2，s2 字符数组初始状态为空格串，例如要处理的串 s1 是 "((ABCD(x)"，这时 s2 串初始状态如图 18-8 所示，箭头为当前扫描到的字符。

下标	0	1	2	3	4	5	6	7	8	9
串 s1	(	(	A	B	C	D	(	x	)	\0
串 s2										\0

图 18-8　串 s2 初始状态为空格串

对字符串 s1 从前向后扫描，扫描过程中，如果遇到左括号，s2 串对应位置放入字符$，遇到右括号，

就要从当前位置向前找左括号，这时可以设计一个递归函数完成这个查找。图 18-9 所示是扫描到下标为 8 的时候串 s2 的状态。

下标	0	1	2	3	4	5	6	7	8	9
串 s1	(	(	A	B	C	D	(	x	)	\0
串 s2	$	$					$			\0

图 18-9　扫描串 s1 时遇到了右括号

设函数 find(pos) 表示从位置 pos 开始在串 s2 中向前找第一个遇到的$符号，返回值为第一个遇到的$符号的位置（下标），未找到返回-1，则有如下的递归关系：

$$\text{find(pos)} = \begin{cases} -1 & \text{pos} = -1 \\ \text{pos} & \text{s2[pos]} = \text{'\$'} \\ \text{find(pos}-1) & \text{s2[pos]} \neq \text{'\$'} \end{cases}$$

有了这个递归关系就可以很容易写出 find(pos) 递归函数，可参见后面的参考代码。

对于串 s1，扫描到下标为 8 位置的右括号，这时调用 find(7) 的返回值为 6，所以 s2[6] 的值被替换成空格，如图 18-10 所示。当然，如果 s1 串遇到了右括号，而 find 返回值为-1，那么相应的 s2 对应位置的字符放入"?"。

下标	0	1	2	3	4	5	6	7	8	9
串 s1	(	(	A	B	C	D	(	x	)	\0
串 s2	$	$								\0

find(7)

图 18-10　调用 find(7) 返回 s2 串的下标位置

括号匹配问题的参考代码如下：

```c
#include<stdio.h>
#include<string.h>

char s1[105], s2[105];

int find(int pos);              //从 pos 位置向前找是否有左括号，即 s2 串中的$，如果有，
                                //返回遇到的第一个$下标位置

int main(void)
{
    while(scanf("%s", s1) != EOF)
    {
        printf("%s\n", s1);
        int len = strlen(s1);
        memset(s2, ' ', sizeof(s2));        //s2 串每个字节都是空格
        for(int i = 0; i < len; i++)        //对 s1 串扫描
        {
            if(s1[i] == '(') s2[i] = '$';
            else if(s1[i] == ')')
            {
                int n = find(i-1);          //找与右括号最近的左括号
```

```
            if(n == -1) s2[i] = '?';       //如果没有
            else s2[n] = ' ';
        }
    }
    s2[len] = '\0' ;
    printf("%s\n", s2);
    }

    return 0;
}
int find(int pos)
{
    if(pos == -1) return -1;                //递归出口
    else if(s2[pos] == '$') return pos;     //递归出口
    else return find(pos - 1);              //递归调用
}
```

【例 18-7】分书问题。

问题描述： 有编号分别为 0,1,2,3,4 的 5 本书，准备分给 5 个人 A,B,C,D,E，每个人阅读兴趣可以用一个 5 行 5 列的二维数组加以描述，like[i][j] 表示第 i 个人对第 j 本书是否喜欢，喜欢值为 1，不喜欢值为 0。写一个程序，输出所有分书方案，让人人皆大欢喜。

假定 5 个人对 5 本书的阅读兴趣如图 18-11 所示。

书＼人	0	1	2	3	4
A	0	0	1	1	0
B	1	1	0	0	1
C	0	1	1	0	1
D	0	0	0	1	0
E	0	1	0	0	1

图 18-11　5 个人对 5 本书的阅读兴趣二维数组

问题分析： 可以考虑一个人一个人去分书，对于第 i 个人，如果要把第 j 本书分给他，需要满足两个条件：他喜欢第 j 本书，即 like[i][j]=1，并且第 j 本书没有分给别人，因此可以定义一个一维数组 book[5]，初始状态元素值均为 0，如果第 j 本书分出去了，book[j] 的值是 1。如果 book[j] 的值为 0，则表示第 j 本书未分配。

因此能把第 j 本书分给第 i 个人的条件是：(like[i][j] == 1 && (book[j] == 0) 成立。

因此，可以定义一个函数 Try(i)，表示尝试给第 i 个人分书，i=0,1,2,3,4。

试着给第 i 个人分书：先试分 0 号书，再分 1 号书，分 2 号书，……，这里用 j 表示书号，如果第 j 本书可以分给第 i 个人，那么需要按顺序做下面三件事。

第一件事：把第 j 本书分给第 i 个人，即 take[i] = j, book[j]=1，这里用一维数组 take[5] 记录 5 个人的分书结果。

第二件事：查看 i 值是否为 4，如果不为 4，表示尚未将所有 5 个人要的书分完，这时应递归分下一个人，即 Try(i+1)，如果 i 为 4，则应先使方案数加 1，然后输出第 n 个方案下的每个人分得的书。n 为方案数，初始值为 0。

第三件事：回溯，即让第 i 个人退回 j 书，恢复 j 尚未被选的标志，即 book[j] = 0。这是在已输出第

n 个方案后，去寻找下一个分书方案所必需的。

在递归分书过程中，i 值在增加，向递归出口前进。

如果第 j 本书可以分给第 i 个人，那么有两种可能，分给他或不分给他，先考虑分给他（book[j] = 1，take[i]=j），之后递归地去分下一个人 Try(i+1)。再考虑不分给他，这是通过回溯实现的，即让第 i 个人退回第 j 本书，恢复第 j 本书尚未被选，即 book[j] = 0。

图 18-12 给出了给第 i 个人分书的与或结点图，很清楚地描述了如何对 5 个人进行分书，并能枚举出所有的分书方案。开始时，从第 0 个人开始分书。

图 18-12　分书问题的与或结点图

有了这个与或结点图，就可以很容易写出程序的代码，主程序将分书方案号预置为 0，从第 0 个人开始试分书，调用 Try(0)。分书问题的参考代码如下：

```c
#include <stdio.h>

int take[5];                                    //take 数组记录分书方案
int n = 0;                                       //分书方案数
int like[5][5] = {{0,0,1,1,0}, {1,1,0,0,1}, {0,1,1,0,1}, {0,0,0,1,0}, {0,1,0,0,1}};
int book[5]={0,0,0,0,0};                         //book 数组记录书是否已分配

void Try(int i);                                 //给第 i 个人分书

int main(void)
{
    Try( 0 );                                    //从第 0 个人开始分书

    return 0;
}
void Try(int i)
{//给第 i 个人分书
    int j , k;
    for(j = 0; j <= 4; j++)                      //枚举思想，从第 0 本书开始看哪本书可以分给第 i 个人
    {
        if( like[i][j] == 1 && book[j] == 0)     //满足第 j 本书分给第 i 个人
        {
            take[i] = j;                         //第 j 本书分给第 i 个人
            book[j] = 1;                         //标记第 j 本书已分配，不能再分给其他人
```

```
            if(i == 4)                      //表明最后一个人也分到了自己喜欢的书
            {
                n++;                        //解决方案数加 1
                printf("第%d 个方案\n", n);   //输出分配方案
                for(int k = 0; k <= 4; k++)
                {
                    printf("%d 号书分给%c\n", take[k], (char) (k+65));
                }
                printf("\n");
            }
            else
                Try(i+1);                   //给下一个人分书

            book[j] = 0;                    //回溯，第 j 本书不分给第 i 个人
        }
    }
}
```

程序的运行结果如图 18-13 所示，分书方案共两种。

图 18-13　程序的运行结果截图

利用与或结点图可以很好地理解递归与回溯，如果某个问题需要给出多种方案，这时就可利用分书方案这个例子的设计思想进行程序设计，例如输出 n 个整数的全排列。采用递归与回溯思想的 n 个整数的全排列参考代码如下：

```
#include <stdio.h>

int take[10];                       //n 个整数的一种排列

int s = 0;                          //方案数
int n;                              //n 个整数的全排列
int number[10] = {0};               //number[j]记录整数 j 是否已分配

void Try(int i);                    //全排列的第 i 位分配整数 j

int main(void)
{
    scanf("%d", &n);
    Try( 1 );                       //从第 1 位开始分配整数

    return 0;
}
```

```
void Try(int i)
{
    int j, k;
    for(j = 1; j <= n; j++)                      //枚举思想
    {
        if( number[j] == 0)                      //满足第 j 个整数分给第 i 位
        {
            take[i] = j;
            number[j] = 1;                       //标记第 j 个整数已分配，不能再分给其他位
            if(i == n)                           //表明最后一位也分到了整数
            {
                s++;                             //解决方案数加 1
                printf("第%d 个排列： ", s);       //输出分配方案
                for(int k = 1; k <= n; k++)
                {
                    printf("%d ", take[k]);
                }
                printf("\n");
            }
            else
                Try(i+1);                        //给下一位分配整数

            number[j] = 0;                       //回溯，整数 j 不分给第 i 位
        }
    }
}
```

程序的运行结果如图 18-14 所示。其中给出了 3 个整数的全排列。程序运行时，输入的 n 值要求小于 10。读者可以自己画出全排列的与或结点图。

图 18-14　程序运行结果截图

【例 18-8】红与黑。

问题描述：有一间长方形的房子，地上铺了红色、黑色两种颜色的正方形瓷砖。你站在其中一块黑色的瓷砖上，只能向相邻的黑色瓷砖移动。编写一个程序，计算一共能够到达多少块黑色瓷砖。

输入：包括多个数据集合。每个数据集合的第一行是两个整数 W 和 H，分别表示 x 方向和 y 方向瓷砖的数量。W 和 H 都不超过 20。在接下来的 H 行中，每行包括 W 个字符。每个字符表示一块瓷砖的颜色，"."表示黑色的瓷砖，"#"表示红色的瓷砖，"@"表示黑色的瓷砖，并且你站在这块瓷砖上。该字符在每个数据集合中仅出现一次。当在一行中读入的是两个 0 时，表示输入结束。

输出：对每个数据集合，分别输出一行，显示你从初始位置出发能到达的瓷砖数，计数时包括初始位置的瓷砖。

输入样例：

```
6 9
....#.
.....#
......
......
......
......
#@...#
.#..#.
0 0
```

输出样例：

```
45
```

　　问题分析：本问题是从你所站的瓷砖位置开始移动，计算能够到达的黑色瓷砖数，而红色瓷砖是不能走的。

　　设(x,y)是目前所站的位置，从这个位置出发向前走一个瓷砖，有 4 个方向，上下左右，每个方向能走的条件是不走出矩阵范围并且所走那一块瓷砖是黑色的。为了避免走过的瓷砖被重复走过，对于走过的黑色瓷砖要变成红色。走过一块瓷砖就计数加 1，所以在开始走之前可以设置一下全局变量用于计数走过的瓷砖数。

　　设函数 DFS(x,y)表示从位置为(x,y)的黑色瓷砖处递归地向"上下左右"四个方向走，四个方向也就是点(x-1,y)、(x+1,y)、(x,y-1)、(x,y+1)，如果点的位置没走出瓷砖矩阵且是黑色，就可以向前走一格。在往四个方向走之前，要先把黑色瓷砖变为红色且走过的黑色瓷砖数增 1。红与黑问题的参考代码如下：

```c
#include <stdio.h>

int sum = 0;
char str[30][30];                        //红黑瓷砖矩阵
int w, h;

void DFS(int x, int y);                  //函数声明

int main(void)
{
    while(1)
    {
        scanf("%d%d", &w, &h);
        if(w == 0 && h == 0) break;

        int x, y;
        for(int i = 0; i < h; i++)
        {
            scanf("%s", str[i]);
            for(int j = 0; j < w; j++)
            {
                if(str[i][j] == '@')         //记录初始所在瓷砖的位置
                {
                    x = i;
                    y = j;
                }
            }
        }
```

```
        sum = 0;
        DFS(x, y);
        printf("%d\n", sum);
    }

    return 0;
}

void DFS(int x, int y)                                       //递归函数
{
    sum++;
    str[x][y] = '#';
    if(x - 1 >= 0 && str[x - 1][y] == '.') DFS(x - 1, y);    //向上走
    if(x + 1 < h && str[x + 1][y] == '.')  DFS(x + 1, y);    //向下走
    if(y - 1 >= 0 && str[x][y - 1] == '.') DFS(x, y - 1);    //向左走
    if(y + 1 < w && str[x][y + 1] == '.')  DFS(x, y + 1);    //向右走
}
```

在设计计算走过的黑色瓷砖数的递归函数时，也可以设函数 count (x,y)为从点(x,y)出发能够走过的黑色瓷砖总数，则有如下的递归关系：

$$count (x,y) = 1 + count(x-1,y) + count(x+1,y) + count(x,y-1) + count(x,y+1)$$

这里的 1 表示正走在黑色瓷砖上。

count(x-1,y)表示的是从点（x-1,y）出发能够走过的黑色瓷砖总数。

count(x+1,y)表示的是从点（x+1,y）出发能够走过的黑色瓷砖总数。

count(x,y-1)表示的是从点（x,y-1）出发能够走过的黑色瓷砖总数。

count(x,y+1)表示的是从点（x,y+1）出发能够走过的黑色瓷砖总数。

递归出口就是（x,y)不在矩阵范围或者（x,y）位置是红色瓷砖。走过的瓷砖要改成红色，避免一个黑色瓷砖被重复走过，使用这个递归式的红与黑问题的参考代码如下：

```
#include <stdio.h>

char str[30][30];                          //红黑瓷砖矩阵
int w, h;                                  //矩阵的宽和高

int count(int x, int y)
{
    if(x < 0 || x >= h || y < 0 || y >= w)     //如果走出矩阵范围
        return 0;
    if(str[x][y] == '#')                       //该瓷砖已被走过
        return 0;
    str[x][y] = '#';                           //将走过的瓷砖做标记
    return 1 + count(x - 1, y) + count(x + 1, y) + count(x, y - 1) + count(x, y + 1);
}

int main(void)
{
    while(1)                                   //多组数据
    {
        scanf("%d%d", &w, &h);
        if(w == 0 && h == 0) break;
```

```
        int x, y;
        for(int i = 0; i < h; i++)
        {
            scanf("%s", str[i]);
            for(int j = 0; j < w; j++)
            {
                if(str[i][j] == '@')            //记录初始所在瓷砖的位置
                {
                    x = i;
                    y = j;
                }
            }
            int sum = count(x, y) ;
            printf("%d\n", sum);
        }
    }
    return 0;
}
```

比较 DFS(x,y)和 count(x,y)这两个递归函数的设计，count(x,y)的递归式更好理解，递归关系更清楚。

小　　结

递推与递归是计算机算法设计的两种常用工具。递推算法的关键是用数学方法寻求一个递推公式，这个递推公式编程实现时，可以采用循环迭代的方法由初态到终态递推获得，也可以采用递归函数描述，但递推的执行效率会更高。

递归函数是可以直接调用自己或通过别的函数间接调用自己的函数。本章的实例都是直接递归。本章的重点是应用递归思想设计解决问题的算法。

推荐使用与或结点图来描述递归函数，它可以使较抽象的事情形象化和形式化，有助于对问题的分析和理解。

习题与实践

1．利用递归思想写一个选择排序函数：void selectSort(int a[],int n);并写一个 main(void)函数完成对整数数组的排序（训练递归思想）。

2．给出 4 个小于 10 的正整数，可以使用加减乘除 4 种运算以及括号把这 4 个数连接起来得到一个表达式。现在的问题是，是否存在一种方式使得到的表达式的结果等于 24。这里加减乘除以及括号的运算结果和运算的优先级与我们平常的定义一致（这里的除法定义是实数除法）。例如，对于 5,5,5,1，我们知道 5 * (5 − 1 / 5) = 24，因此可以得到 24。又如，对于 1,1,4,2，我们怎么都不能得到 24。

3．八皇后问题，是一个古老而著名的问题，是回溯算法的典型案例。该问题是国际西洋棋棋手马克斯·贝瑟尔于 1848 年提出：在 8×8 格的国际象棋上摆放八个皇后，使其不能互相攻击，即任意两个皇后都不能处于同一行、同一列或同一斜线上，问有多少种摆法。高斯认为有 76 种方案。1854 年在柏林的象棋杂志上不同的作者发表了 40 种不同的解，后来有人用图论的方法解出 92 种结果。请编程输出这 92 种方案。

4．迷宫问题：一天 Extense 在森林里探险的时候不小心走入了一个迷宫，迷宫可以看成是由 n * n 的格点组成，每个格点只有 2 种状态，即 "." 和 "#"，前者表示可以通行，后者表示不能通行。同时当 Extense 处在某个格点时，他只能移动到东南西北（或者说上下左右）四个方向之一的相邻格点上，Extense 想要从点 A 走到点 B，问在不走出迷宫的情况下能不能办到。如果起点或者终点有一个不能通行（为#），则看成无法办到。

输入：第 1 行是测试数据的组数 k，后面跟着 k 组输入。每组测试数据的第 1 行是一个正整数 n (1≤n≤100)，表示迷宫的规模是 n * n 的。接下来是一个 n * n 的矩阵，矩阵中的元素为 "." 或者 "#"。再接下来一行是 4 个整数 ha, la, hb, lb，描述 A 处在第 ha 行第 la 列，B 处在第 hb 行第 lb 列。注意，ha, la, hb, lb 全部是从 0 开始计数的。

输出：k 行，每行输出对应一个输入。能办到则输出 YES，否则输出 NO。

输入样例：

```
2
3
.##
..#
#..
0 0 2 2
5
.....
###.#
..#..
###..
...#.
0 0 4 0
```

输出样例：

```
YES
NO
```

5．魔幻的二维数组：生成一个 n*n 的二维数组，数组里面的数字从左上第一个位置开始，按照顺时针螺旋递减。如 4*4 的数组：

$$
\begin{array}{cccc}
16 & 15 & 14 & 13 \\
5 & 4 & 3 & 12 \\
6 & 1 & 2 & 11 \\
7 & 8 & 9 & 10
\end{array}
$$

编写一个生成魔幻 n*n 二维数组的递归函数，并设计 main() 函数，输入 n 值，输出 n*n 魔幻二维数组。

第 19 章　链　表

链表是通过指向结构的指针把自定义的结构类型结点串连起来，形成的复杂数据存储模式。在学习 C 语言过程中，学会使用链表存储数据解决问题，也是 C 程序员必备能力之一。

在第 8 章已经学习了什么是链表结点、头指针、单链表等相关内容。本章通过几个编程实例讲解如何创建链表、在链表中查找数据、在链表中插入结点、删除结点及链表遍历等。

本章的编程实例只涉及简单的线性链表，包括单向链表和单向循环链表，其他复杂形式的链表编程将在数据结构课程中学习到，如二叉链表、邻接表等。

【例 19-1】计算与指定数字相同的数的个数。

问题描述：输出一个整数序列中与指定数字相同的数的个数。输入包含三行：第一行为 n，表示整数序列的长度；第二行为 n 个整数，整数之间以一个空格分开；第三行包含一个整数，为指定的整数 m。输出 n 个数中与 m 相同的数的个数。

输入样例：

```
5
2 3 2 1 2
2
```

输出样例：

```
3
```

问题分析：对于这个比较简单的问题，可能首先想到的是用数组存储 n 个整数，也就是先把 n 个整数存储在数组中，之后读入整数 m，遍历数组，看有多少个与 m 相同的整数。

下面用链表来解决这个问题，先用一个单链表来存储 n 个整数。针对问题中给的输入样例可以创建如图 19-1 所示的单链表。

图 19-1　存储 5 个整数的单链表示意图

采用如图 19-1 所示进行数据存储的方式称为单链表，因为每个结点只有一个指向下一个结点的指针。链表是由结点构成的，结点可用结构类型描述。head 为链表的头指针，head 的值为第一个结点的地址，因此指向链表中的第一个结点，如果链表是空的，那么这时头指针的值为 NULL(0)。单链表的最后一个结点的指针域的值为 NULL，表示不指向任何其他结点，这也是单链表尾结点的标志，在图中用符号"^"来表示 NULL 值。

链表创建出来之后就可以对这个链表遍历了，看有多少个结点数据域的值与读到的 m 相等。

首先给出图 19-1 所示链表的结点结构类型声明：

```
typedef struct node
{
    int data;                              //数据域
```

```
        struct node *next;                          //指针域
    } Node;
```

链表中的每个结点都需要与下一个结点相连，所以结点的结构类型包含一个指向同种结构的指针，我们把这个结构称为递归结构。

在单链表中，结点由两部分组成，一个是存储数据的数据域，一个是存储下一个结点地址的指针域。

程序的参考代码如下：

```
#include <stdio.h>
#include <stdlib.h>

typedef struct node
{
    int data;
    struct node *next;
} Node;

int count(Node* head, int m);              //统计单链表 head 中结点数据域值与 m 相等的个数
void destroy(Node*);                       //释放链表所占空间

int main(void)
{
    int n, m, x;
    Node *head = NULL, *s, *tail;          //head 为头指针，tail 为尾指针
    scanf("%d", &n);                       //读入 n 值
    for(int i = 1; i <= n; i++)            //读入 n 个整数
    {
        scanf("%d", &x);
        s = (Node*)malloc(sizeof(Node));   //为读入的整数分配结点，s 指向这个结点
        s->data = x;                       //数据域赋值
        if(i == 1)                         //如果是第一个结点
            head = s;                      //头指针指向第一个结点
        else  tail->next = s;              //否则 s 链接到 tail 所指结点的后面
        tail = s;
    }
    tail->next = NULL;                     //尾结点的指针域为空

    scanf("%d", &m);
    printf("%d\n", count(head, m));
    destrory(head);
    head = NULL;

    return 0;
}

int count(Node* head, int m)
{
    int c = 0;
    Node *p = head;                        //p 指向第一个结点
    while( p )                             //当 p 不空时，即 p 指向链表中的某个结点
    {
        if(p->data == m) c++;              //找到与 m 相等的结点，计数加 1
        p = p->next;                       //p 指向下一个结点
```

```
    }
    return c;
}
void destrory(Node* head)
{
    Node *p = head, *q;                    //p 指向第一个结点
    while(p)
    {
        q = p;
        p = p->next;
        free(q);                           //释放 q 所指结点空间
    }
}
```

代码解析：

（1）创建如图 19-1 所示的单链表

首先定义一个指针变量 head，作为链表的头指针，初始值为 NULL。

接下来读 n 值，利用这个 n 值，构造一个循环 n 次的 for 循环，每循环一次读取一个整数，为这个整数动态分配结点空间，用 s 指针变量指向这个结点，之后把该结点链接到链表的尾部。当插入的是第一个结点时，由于原来链表为 NULL，也就是 head 值是空的，这时需要让 head 指向第一个结点，每插入一个结点到链表表尾后，指向链表表尾结点的指针都会指向这个新插入的结点，这里用 tail 指针变量指向表尾结点。图 19-2 所示是插入一个结点后的链表示意图。

图 19-2　一个结点的链表示意图

用这种方法创建链表称为尾插法建立链表，即每一个新结点总是链接到单链表的尾部。也可以用头插法创建链表，也就是每次把结点插入到第一个结点的前面，可以用下面的代码代替程序中的创建链表代码，不影响程序运行结果，这种头插法不需要设置指向表尾的指针。头插法创建链表的参考代码如下：

```
Node *head = NULL, *s;                     //2 个指针变量
scanf("%d", &n);                           //读入 n 值
for( int i = 1; i <= n; i++ )              //读入 n 个整数
{
    scanf("%d", &x);
    s = (Node*)malloc(sizeof(Node));
    s->data = x;
    s->next = head;                        //把 s 结点作为第一个结点插入到链表中
    head = s;
}
```

对于链表编程代码的理解，最好结合链表示意图理解指针的指向。

（2）遍历链表

遍历链表是指对链表中的每个结点都访问到，且只访问一次。

因为要统计 n 个整数中有多少个与整数 m 相等，因此需要遍历链表，因此设计函数 int count(Node*

head,int m)，完成这个统计任务，head 为链表头指针。

设一个指针变量 p，初始时先让它指向第一个结点。如果 p 的值不为空，也就是指向了链表中的某个结点，就比较该结点数据域的值是否与 m 相等，处理后再让 p 指向它的下一个结点，指向下一个结点可用语句 p = p->next 表示。当 p 为空了，说明链表遍历结束。

遍历链表是链表编程中常用的操作。

（3）程序运行结束前释放链表所占空间

函数中的局部变量和函数形参都是在栈中分配的，一旦离开函数，这些空间会被自动释放，而用 malloc()函数动态分配的空间是在堆中分配的，这个空间不会被自动释放，所以需要用 free()函数由程序员来释放。因此可以通过遍历链表的方法一个结点一个结点地释放空间。程序中的 destroy()函数就是用来进行链表空间释放的。使用链表编程要养成良好的习惯：当链表不用时，把链表所占空间释放掉，并让头指针为空。

【例 19-2】生日相同。

问题描述： 在一个有 180 人的大班级中，存在两个人生日相同的概率非常大，现给出每个学生的学号，出生月日。试找出所有生日相同的学生。

输入： 第一行为整数 n，表示有 n 个学生，n<180。此后每行包含一个字符串和两个整数，分别表示学生的学号、出生月和出生日。学号月日之间用一个空格分隔。

输出： 对每组生日相同的学生，输出一行，其中前两个数字表示月和日，后面跟着所有在当天出生的学生的学号，数字、学号之间都用一个空格分隔。对所有的输出，要求按日期从前到后的顺序输出。对生日相同的学号，按输入的顺序输出。

输入样例：

```
5
00508192 3 2
00508153 4 5
00508172 3 2
00508023 4 5
00509122 4 5
```

输出样例：

```
3 2 00508192 00508172
4 5 00508153 00508023 00509122
```

问题分析： 这个问题要比例 19-1 复杂得多，当然这个问题也要用链表来求解。上一个例题中创建的单链表是没有头结点的单链表，所以在链表为空时，头指针的值是 NULL，当插入第一个结点时需要修改头指针的值，需要写判断语句。

可以创建一个带头结点的单链表，该单链表按生日有序。所谓头结点，是指与链表结点同类型的不存储数据的一个结点，它在第一个结点前面，头指针指向这个结点，而头结点的指针域的值是第一个结点的地址，相当于第一个结点也有了前一个结点，这样，当插入第一个结点时就不需要修改头指针的值了，简化代码编写逻辑。

一个学生信息包括学号，出生月、日，因此学生的链表结点声明为：

```
typedef struct node                        //链表结点
{
    char sno[20];                          //学号
```

```
        int month;                                //出生月
        int day;                                  //出生日
        struct node *next;
} Node;
```

根据测试样例，可以建立一个按生日排序的带头结点的单链表，如图 19-3 所示。

图 19-3　按生日排序的带头结点单链表示意图

（1）创建带头结点的空单链表

设置一个头指针（Node *head），始终指向链表的头结点，头结点的指针域为空，如图 19-4 所示。

图 19-4　带头结点的空链表示意图

创建带头结点的空链表参考代码如下：

```
Node *head ;                              //定义头指针
head = (Node*)malloc(sizeof(Node));       //使用 malloc()函数动态分配头结点
head->next = NULL;                        //头结点指针域为空
```

（2）将结点插入到按生日有序的单链表中

如何在图 19-3 所示的有序单链表中插入一个结点后，链表仍然有序（按生日有序）？如图 19-5 所示，s 所指结点为要插入的结点。插入结点可分两步进行：第 1 步找插入位置，p 指针指向第一个比 s 结点生日大的结点，prep 指向 p 的前一个结点。第 2 步通过两个赋值语句完成把 s 所指结点链接到 prep 和 p 所指结点中间，这两条语句是：

```
s->next = p;
prep->next = s;
```

这两条语句执行后就是图 19-5 所示的两条虚线。原来 prep 所指结点的指针域指向 p 就被断开了。

图 19-5　结点 s 插入到链表 head 示意图

为了完成结点插入有序链表，插入后链表仍然有序，这里定义了一个函数来完成此功能。参考代码如下：

```c
void insert(Node *head, char *sNo, int m, int d)
{//head 为链表头指针, sNo 为学生学号, m,d 是学生的出生月日
    Node *p = head->next;                        //p 指向第一个结点（头结点可看作第 0 个结点）
    Node *prep = head;                           //prep 是 p 结点的前驱结点
    Node *s = (Node*)malloc(sizeof(Node));       //使用 malloc()动态分配一个结点空间
    strcpy(s->sno, sNo);
    s->month = m;
    s->day = d;                                  //结点空间的数据域赋值
    while(p != NULL)                             //找插入位置
    {
        if( p->month < s->month || p->month  == s->month && p->day <= s->day)
        {                                        //p 所指结点的生日不大于 s 所指结点的生日
            prep = p;
            p = p->next;
        }
        else  break;
    }
    s->next = p;                                 //s 结点插入到结点 prep 和 p 中间
    prep->next = s;
}
```

找插入位置是通过 while 循环来实现的，初始时，prep 指向头结点，p 指向第一个结点。只要 p 的生日不大于 s 的生日，prep 和 p 就一直后移，直到 p 所指结点的生日大于 s 所指结点的生日或 p 变空为止。

（3）遍历链表并输出生日相同的学生信息

首先设置一个指针变量 p，让它指向第一个结点，如果 p 不空，那么让 q 指向 p 的下一个结点，如图 19-6 所示。如果 q 不空，并且 p 和 q 所指结点的生日相同，那么输出生日，同时输出两个学生的学号，这时 p 不动，q 后移，重复 p 和 q 结点值的比较，直到 q 变空或 q 所指结点值与 p 结点值不同为止，这时修改 p 的值为 q 的值。整个遍历当 p 为空时结束。几乎所有的链表编程都会涉及遍历。所以说遍历是链表编程基本运算之一，一定要熟练掌握。

图 19-6　遍历链表时的 p,q 指针初始化示意图

遍历链表并输出生日相同的学生信息函数参考代码如下：

```c
void display(Node *head)
{//遍历链表并输出生日相同的学生信息
    Node *p = head->next;                        //p 指向第一个结点
    while(p != NULL)                             //遍历链表
    {
        Node *q = p->next;                       //q 是 p 的下一个结点
        if(q && q->month == p->month && q->day == p->day)
```

```
    {                                        //条件成立则表明这两个学生生日相同
        printf("%d %d %s %s ", p->month, p->day, p->sno, q->sno);
        q = q->next;
        while(q && q->month == p->month && q->day == p->day)
        {                                    //看是否还有与 p 所指结点生日相同的结点
            printf("%s ", q->sno);
            q = q->next;
        }
        printf("\n");
        p = q;
    }
    else p = p->next;
    }
}
```

有了这两个函数，下面就可以写 main 函数的代码。main()函数的代码主要分为 3 段：

（1）建立带头结点的空链表，头指针为 head。

（2）读入 n 值，接下来读取 n 个学生的信息，每读取一个学生信息，就调用 insert()函数，在 head 链表上插入该学生结点，插入后，链表仍然保持按生日有序链接。

（3）调用 display()函数，按输出结果要求输出生日相同的学生信息。

参考代码如下：

```
#include <stdio.h>
#include <stdlib.h>

int main(void)
{
    Node *head ;                             //定义头指针
    head = (Node*)malloc(sizeof(Node));      //使用 malloc()函数动态分配头结点
    head->next = NULL;                       //头结点指针域为空

    int n;
    char sno[20];
    int month, day;
    scanf("%d", &n);
    while(n--)
    {
        scanf("%s %d %d", sno, &month, &day);
        insert(head, sno, month, day);
    }

    display(head);

    return 0;
}
```

可以把几个部分综合在一起，形成整个程序的完整代码，自己在计算机上进行测试，之后大家可以思考一下，如果用数组来做这个题会怎样实现呢？实现后可以比较一下这两种存储结构的特点。

对于应用链表求解问题编程，关键在于理解在链表中如何插入结点、查找插入位置、遍历链表等，可以结合实际问题，自己画出链表示意图，帮助自己写程序时有一个清晰的思路，如果掌握了链表，你会发现链表的很多优点，例如插入元素时，不需要像数组那样有大量元素的后移操作，这对创建大量数据的有序存储非常好，例如本例创建的按生日有序的链表。

main()函数中没有链表的结点空间释放的代码，可以把例 19-1 的 destrory()函数添加到例 19-2 代码中。

【例 19-3】分数线划定。

问题描述：世博会志愿者的选拔工作正在 A 市如火如荼地进行。为了选拔最合适的人才，A 市对所有报名的选手进行了笔试，笔试分数达到面试分数线的选手方可进入面试。面试分数线根据计划录取人数的 150% 划定，即如果计划录取 m 名志愿者，则面试分数线为排名第 m*150%（向下取整）名的选手的分数，而最终进入面试的选手为笔试成绩不低于面试分数线的所有选手。现在就请你编写程序划定面试分数线，并输出所有进入面试的选手的报名号和笔试成绩。

输入：第一行，两个整数 n，m（5≤n≤5000，3≤m≤n），中间用一个空格隔开，其中 n 表示报名参加笔试的选手总数，m 表示计划录取的志愿者人数。输入数据保证 m*150%向下取整后小于等于 n。第二行到第 n+1 行，每行包括两个整数，中间用一个空格隔开，分别是选手的报名号 k（1000≤k≤9999）和该选手的笔试成绩 s（1≤s≤100）。数据保证选手的报名号各不相同。

输出：第一行，有两个整数，用一个空格隔开，第一个整数表示面试分数线；第二个整数为进入面试的选手的实际人数。从第二行开始，每行包含两个整数，中间用一个空格隔开，分别表示进入面试的选手的报名号和笔试成绩，按照笔试成绩从高到低输出，如果成绩相同，则按报名号由小到大的顺序输出。

输入样例：

```
6 3
1000 90
3239 88
2390 95
7231 84
1005 95
1001 88
```

输出样例：

```
88 5
1005 95
2390 95
1000 90
1001 88
3239 88
```

样例说明：m*150% = 3*150% = 4.5，向下取整后为 4。保证 4 个人进入面试的分数线为 88，但因为 88 有重分，所以所有成绩大于等于 88 的选手都可以进入面试，故最终有 5 个人进入面试。

问题分析：这个问题的解题思路与例 19-2 类似，也应该按选手的笔试成绩建立一个非递增的有序链表，如果成绩相同，按报名号由小到大排序。

首先根据题意，给出分数线划分问题链表结点声明：

```
typedef struct node                    //链表结点
{
    int bmh;                           //报名号
    int score;                         //笔试成绩
    struct node* next;
}Node;
```

创建有序链表的方法同例 19-2，在程序设计时同样设计了一个函数，该函数负责把一个结点插入到以 head 为头指针的带头结点单链表中，想把一个结点插入有序链表中主要分两步：

（1）按结点值找插入位置。

（2）完成插入。

根据输入样例应该创建如图 19-7 所示的有序带头结点单链表，该单链表按笔试成绩降序，如果成绩相同，则按报名号升序。

图 19-7　有序带头结点单链表示意图

有了这个有序单链表后就可以输出进入面试的名单，但链表不能直接找到第 m 个结点，所以可以应用遍历链表的策略来找到第 m 个结点，如图 19-8 所示。找到第 m 个结点后还要看后面有没有与第 m 个结点具有相同成绩的结点，计算出进入面试名单的人数，对于图 19-8 所示的链表，会计算出有 5 人进入面试名单，面试的成绩是 88。

图 19-8　p 指向第 m 个结点（m=4）示意图

有了面试成绩和进入面试的人数，就可以再次采用遍历策略输出最终的面试名单。分数线划分问题参考代码如下：

```
#include <stdio.h>
#include <stdlib.h>

typedef struct node                      //链表结点
{
    int bmh;                             //报名号
    int score;                           //笔试成绩
    struct node* next;
}Node;

void insertNode(Node *head, Node*s);     //在有序单链表中插入一个结点
void output(Node *head, int m);          //遍历链表输出结果
void destroy(Node* head);                //释放链表所占空间

int main(void)
{
    Node *head, *p, *s, *prep;
```

```
    head  = (Node*)malloc(sizeof(Node));        //创建带头结点空链表
    head->next = NULL;
    int n, m;
    scanf("%d %d", &n, &m);
    m = m * 1.5;
    for(int i = 1; i <= n; i++)                  //读入 n 个笔试者信息，创建有序单链表
    {
        s = (Node*)malloc(sizeof(Node));
        scanf("%d %d", &s->bmh, &s->score);
        insertNode(head, s);
    }
    output(head, m);
    destrory(head);

    return 0;
}
void output(Node *head, int m)
{//进入面试名单的成绩由第 m 个结点的成绩决定
    int c = 0;                                   //统计进入面试的人数
    Node* p = head->next;                        //p 指向第一个结点
    int ss;                                       //进入面试的成绩
    while(p)
    {
        c++;                                      //计数加 1
        if(c == m)                                //这时 p 指向了第 m 个结点
        {
            ss = p->score;                        //面试成绩
            Node* s = p;
            p = p->next;
            while( p->score == ss )               //把与第 m 个结点成绩相同的也统计进来
            {
                c++; p = p->next;
            }
            break;
        }
        p = p->next;
    }
    printf("%d %d\n", ss, c);
    p = head->next;                               //p 指向链表第 1 个结点
    while(p && p->score >= ss)                    //输出所有面试选手的报名号和成绩
    {
        printf("%d %d\n", p->bmh, p->score);
        p = p->next;
    }
}
void insertNode(Node* head, Node* s)
{
    Node* p = head->next;
    Node* prep = head;
    //查找插入位置
    while(p && (p->score > s->score || (p->score == s->score && p->bmh < s->bmh)))
    {
        prep = p;
```

```
        p = p->next;
    }
    s->next = p;                              //s 结点插入到 prep 和 p 中间
    prep->next = s;
}
void destrory(Node* head)
{
    Node *p = head, *q;
    while(p)
    {
        q = p;
        p = p->next;
        free(q);
    }
}
```

【例 19-4】子串计算。

问题描述: 给出一个只包含 0 和 1 的字符串(长度在 1 到 100 之间),求其每一个子串出现的次数。

输入: 一行,一个 01 字符串。

输出: 对所有出现次数在 1 次以上的子串,输出该子串及出现次数,中间用单个空格隔开。按子串的字典序从小到大依次输出,每行一个。

输入样例:

```
10101
```

输出样例:

```
0 2
01 2
1 3
10 2
101 2
```

问题分析: 编程求解子串计算问题需要解决两个问题,一个是生成所有子串,并统计每个子串出现的次数,另一个是输出时需要按字典序输出出现 2 次及 2 次以上的子串。

第一个问题可采用枚举的方法生成所有子串,可以用下面的代码实现:

```
int len = strlen(s);
for(int i = 1; i < len; i++)                  //i 表示子串长度
    for(int j = 0; j <= len-i; j++)           //j 表示子串的起始位置
    {
        memset(sub, 0, 100);                  //把放子串的字符数组清 0
        strncpy(sub, s + j, i);               //截取子串
    }
```

strncpy()函数的用法可参见第 15 章的编程实例。

第二个问题可采用带头结点单链表的方式存储所有子串及子串出现的次数,该链表结点按子串的字典序排列,这样输出时,只要从第一个结点开始遍历链表即可,把出现 2 次及 2 次以上的子串输出。

按照输入样例可以建立图 19-9 所示的带头结点单链表,head 为头指针,指向头结点。

图 19-9　子串按字典序带头结点的单链表示意图

链表的结点包含两个数据项，一个是子串，一个是子串出现的次数。可以声明如下的链表结点：

```
typedef struct node
{
    char  sub[100];                          //子串
    int count;                               //子串的次数
    struct node* next;
}Node;
```

创建带头结点单链表的过程与例 19-2 是一样的，只是在生成一子串时，要在子串链表中先进行查找，如果该子串已经在链表中了，只需要次数加 1 即可，如果在链表中不存在，那么就需要为这个子串动态生成结点，按链表的有序性，把该结点链接到链表中，这时该子串出现的次数为 1。

为此可以设计一个函数完成子串在链表中的查找及插入函数。参考代码如下：

```
void insert(Node *head, char sub[])
{//插入一个结点
    node *p = head->next;                    //p 指向第 1 个结点（头结点可看作是第 0 个结点）
    node *prep = head;                       //prep 是 p 结点的前驱结点

    while(p != NULL)                         //查找插入位置
    {
        if(strcmp(sub, p->sub) > 0 )
        {
            prep = p;
            p = p->next;
        }
        else break;
    }
    if(p && strcmp(sub, p->sub) == 0) p->count++; //sub 子串在链表中存在
    else                                     //sub 子串在链表中不存在，需要插入一个新结点
    {
        Node*s = (Node*)malloc(sizeof(Node));
        strcpy(s->sub, sub);
        s->count = 1;
        s->next = p;
        prep->next = s;                      //s 结点插入到结点 prep 和 p 中间
    }
}
```

每生成一个子串，就调用这个函数，开始时，需要建立一个带头结点的单链表。在枚举所有子串的代码中调用这个函数即可，可以参看后面的完整代码。

按字典序子串链表建立好后，就可以对这个链表进行遍历，把出现次数大于 1 的子串输出就得到了这个问题的答案，可以设计一个遍历链表的函数完成这个输出。

子串计算问题参考代码如下：

```
#include <stdio.h>
#include <stdlib.h>
#include <string.h>

typedef struct node
{
    char  sub[100];                                //子串
    int count;                                     //子串的次数
    struct node* next;
}Node;

void insert(Node *head, char sub[]);               //在链表 head 中插入 sub 串
void output(Node* head);                           //输出结果

int main(void)
{
    char s[110], sub[100];
    scanf("%s", s);
    Node* head = (Node*)malloc(sizeof(Node));      //head 为头指针，指向头结点
    head->next = NULL;                             //这时链表为空链表
    int len = strlen(s);
    for(int i = 1; i < len; i++)                   //i 表示子串长度
        for(int j = 0; j <= len - i; j++)          //j 表示子串的起始位置
        {
            memset(sub, 0, 100);                   //把放子串的字符数组清 0
            strncpy(sub, s+j, i);                  //截取子串
            insert(head, sub);                     //把子串插入到链表 head 中，已存在，只是计数加 1
        }

    output(head);

    return 0;
}
void insert(Node *head, char sub[])
{//插入一个结点
    node *p = head->next;                          //p 指向第 1 个结点（头结点可看作是第 0 个结点）
    node *prep = head;                             //prep 是 p 结点的前驱结点

    while(p != NULL)                               //查找插入位置
    {
        if(strcmp(sub, p->sub) > 0)
        {
            prep = p;
            p = p->next;
        }
        else break;
    }
    if(p && strcmp(sub, p->sub) == 0) p->count++;  //sub 子串在链表中存在
    else                                           //sub 子串在链表中不存在，需要插入一个新结点
    {
        Node*s = (Node*)malloc(sizeof(Node));
        strcpy(s->sub, sub);
        s->count = 1;
        s->next = p;
        prep->next = s;                            //s 结点插入到结点 prep 和 p 中间
```

```
    }
}
void output(Node* head)
{
    Node* p = head->next;
    while(p)
    {
        if(p->count >= 2)
            printf("%s %d\n", p->sub, p->count);
        p = p->next;
    }
}
```

【例19-5】猴子选大王（约瑟夫环问题）。

猴子选大王问题在第14章已经给出了循环数组的解决方法。本章给出循环链表的解决方法。

问题分析： 可以通过模拟的方法来找出该问题的解决方法，n 个猴子围成一圈可以应用循环链表模拟，循环链表本身就是首尾相接的，正好模拟了 n 个猴子手拉手围成一圈。如图 19-10 所示，表示有 8 个猴子围成一圈，循环单链表结点的数据域的值表示猴子的编号。

图 19-10　循环链表模拟 8 个猴子手拉手围成一圈示意图

L 是循环单链表的头指针，头指针指向第一个结点。tail 是循环链表的尾指针，尾指针所指结点的指针域指向第一个结点，这样就形成了一个首尾相连的循环单链表。这个循环单链表没有头结点。从 C 语言编程的角度，首先要给出该循环单链表的结点声明。如下所示：

```
typedef struct node
{
    int data;                    //数据域，存储猴子编号
    struct node *next;           //指针域
}Node;
```

那么如何创建该链表呢？

下面给出了创建单向循环单链表的函数，参数为整数 n，表示猴子的个数，函数返回循环单链表的尾指针，因为可以通过尾结点的指针域直接找到第一个结点。参考代码如下：

```
Node* creatList(int n)
{//创建 n 个结点的循环单链表，返回循环单链表的尾指针
    Node *L = NULL, *s, *tail, *pre;
    for(int i = 1; i <= n; i++)                    //建立循环链表，n 为猴子个数
    {
        s = (Node*) malloc(sizeof(Node));
        s->data = i;
        if(i == 1)  L = s;                         //第一个结点
        else tail->next = s;
        tail = s;
    }
    tail->next = L;                                //尾结点的指针域指向第一个结点

    return tail;                                   //返回循环链表的尾指针
}
```

下面对这个函数的实现进行分析。

如果 n=5，那么可以通过下面的图示理解 5 个结点的循环单链表的创建过程。

（1）初始时 L 为 NULL，不指向任何空间。

（2）当 i 等于 1 时，也就是 for 循环第一轮循环结束时，会创建如图 19-11 所示的链表，这时链表的头指针 L 和尾指针 tail 都指向这唯一的结点。

（3）当 i≠1 时，也就是 i≤n 时，会把新结点链接到 tail 所指结点的后面，如图 19-12 所示为 i=2 时结点链接的示意图。这个链接只需要一条赋值语句即可：tail->next = s;，当然这时新的表尾是 s，所以要执行 tail = s; 语句。如图 19-12 所示，L 值不变，还是指向第一个结点。

图 19-11　当 i=1 时创建一个结点示意图　　　　图 19-12　第 2 个结点链接到尾结点后面示意图

（4）for 循环共执行 n 次，比如 n=5 时，5 个结点都动态创建出来并依次链接到表尾，当 for 循环结束时，所创建的链表如图 19-13 所示，这时这个链表还没有首尾相连。

（5）for 循环结束后，进行链表首尾相连（tail->next = L），并返回链表的尾指针，这时这个循环单链表也就创建出来了，如图 19-14 所示。

图 19-13　for 循环执行结束时 5 个结点的链表示意图　　　图 19-14　首尾相连后循环单链表示意图

循环单链表建成后就要模拟从编号为 1 的猴子开始报数了，先是报数开始前的初始化，s 指针指向编号为 1 的结点，pre 指向最后一个结点，实际上 pre 是 s 的前一个结点，整数变量 count 初始化为 1，主要用于记录猴子报数过程中，已经报到几了，当报到 m 时，就要进行猴子出圈操作。图 19-15 表示了报数开始前的初始化情况。

图 19-15　报数前的初始化示意图

可以用下面代码模拟报数，当 count 的值为 m（如 m=3）时，停下报数。也就是如果当前报数小于 m，也就是 count<m 时，pre 和 s 指针都向后移动到下一个结点，直到 count 为 m 时，报数停止，这时 s 指向报数为 m 的结点，如图 19-16 所示。可以用 while 循环来报数。代码如下：

```
while(count < m)
{
    count++;
    pre = s;                    //pre 是 s 的前一个结点
    s = s->next;                //s 指向下一个结点
}
```

接下来就是模拟报数为 m 的猴子从圈中退出了，只要执行 pre->next = s->next，就可以把 s 所指结点从链表中删除，如图 19-17 所示。当然还应释放从这个链表删除的结点空间，这只需要执行 free(s)即可。

图 19-16　报数为 m(=3)时的示意图

图 19-17　把报数为 m 的结点从链表中删除示意图

下一步就是从 1 开始重新报数，这时要做的就是让 s 指向下一轮报数为 1 的结点，执行如下两条语句即可：

```
s = pre->next;
count = 1;
```

执行后如图 19-18 所示，这样就可以接着报数了。

下面要考虑的问题就是如何模拟选猴王结束。从循环单链表的角度看，也就是循环单链表只剩下一个结点的时候，猴王就选出来了。那么循环单链表中只有一个结点的条件是什么呢？图 19-19 表示的就是只有一个结点的循环单链表示意图。

图 19-18 删除一个结点后开始下一轮报数示意图

图 19-19 只有一个结点的单向循环链表示意图

从图 19-19 可以看出，只有一个结点的单向循环链表的判定条件是 s->next == s 为真。

这些问题解决了，就可编写一个完整的猴子选大王的代码。参考代码如下：

```
#include <stdio.h>
#include <stdlib.h>

typedef struct node
{
    int data;                          //数据域，存储猴子编号
    struct node *next;                 //指针域
}Node;

Node* creatList(int n);
int monkeyKing(int n, int m);

int main(void)
{
    int n, m;                          //n 个猴子，报到 m 出圈
    scanf("%d%d", &n, &m);

    int monkeyK = monkeyKing(n, m);

    printf("猴王的编号是：%d\n", monkeyK);
```

```
        return 0;
    }
Node* creatList(int n)
{//创建 n 个结点的循环单链表，返回循环单链表的尾指针
    Node *L = NULL, *s, *tail, *pre;
    for(int i = 1; i <= n; i++)                 //建立循环链表，n 为猴子个数
    {
        s = (Node*) malloc(sizeof(Node));
        s->data = i;
        if(i == 1)  L = s;                      //第一个结点
        else tail->next = s;
        tail = s;
    }
    tail->next = L;                             //尾结点的指针域指向第一个结点

    return tail;                                //返回循环链表的尾指针
}
int monkeyKing(int n, int m)
{
    struct node *tail;                          //循环链表尾指针
    tail = creatList(n);
    int count = 1;
    struct node *s = tail->next;                //s 指向当前正数到的猴子
    struct node *pre = tail;                    //pre 是 s 的前一个结点
    while(s->next != s)                         //多于一个结点时
    {
        while(count < m)
        {
            count++;
            pre = s ;
            s = s->next;
        }

        //数到第 m 个时删除一个结点
        pre->next = s->next;
        free(s);
        s = pre->next;
        count = 1;
    }

    return s->data;                             //s 所指结点就是猴王
}
```

思考：为什么这个循环链表没有使用头结点呢？

小 结

（1）链表属于动态数据结构。要学会链表，需要弄明白指针是怎样将一个一个结点串连到一起的。

可以用链表的示意图帮助自己理解链表所涉及的关键概念，如头指针、头结点、尾结点、尾指针、指针域等。一般情况下，编程时会使用带头结点的单链表，这样插入删除结点时不需要修改头指针的值。

（2）在使用链表时要养成良好的习惯，即在建立链表时所申请的内存空间，应该在程序结束之前用一个子程序加以释放，且将链表头指针置空。

（3）学会链表的创建过程，或者如例 19-1 那样每次链接的结点都链接到链表的尾结点后面，这时需要有一个指向尾结点的指针，或者根据问题需要建立一个有序链表，这就需要从头指针开始找插入位置。

（4）链表结点的插入和删除，重点在查找操作上。一般情况下需要两个指针变量，删除时，p 指向被删结点，prep 指向 p 的前一个结点，这样通过 prep->next = p->next 就可以把 p 结点从链表中解除下来；插入时，被插入结点用 s 指向，把 s 插入到 p 结点前面，这时需要有一个指针变量 prep 指向 p 的前一个结点，这时插入操作可通过两条语句完成：prep->next = s; s->next = p;。

（5）循环单链表与单链表的区别只在尾结点上。单链表尾结点的指针域的值为 NULL，而循环单链表的尾结点的指针域指向第一个结点或指向头结点。

习题与实践

1. 集合并运算

已知两个整数集合 A 与集合 B，且每个集合内数据是唯一的。设计程序完成两个集合的并运算：C = A∪B，并计算出集合 C 中的元素个数，要求集合 C 的元素是非递减有序的。例如 A={12, 34, 56, 11 }，B={ 34, 67, 89, 66, 12}，则 C = {11,12,34,56,66,67,89}。输入两个整数序列，每个整数序列用−1 表示结束，第一个整数序列为集合 A，第二个整数序列为集合 B，输出 C = A∪B 中集合的元素个数，并以非递减有序输出集合 C 中的所有元素。

输入样例：

```
12 34 56 11 -1
34 67 89 66 12 -1
```

输出样例：

```
7
11 12 34 56 66 67 89
```

2. 多项式的加法和乘法计算

使用带头结点的单链表存储一个多项式，设计多项式加法、乘法及显示多项式的函数，完成多项式加法和乘法计算。

（1）使用带头结点单链表存储表示一个多项式，多项式结点按指数降序链接。

（2）结点可以如下定义：

```
typedef struct node
{
    int exp;                        //指数
    int coef;                       //系数
    struct node *next;
}Node;
```

（3）设计函数 Node *add(Node*A,Node * B)完成两个多项式的加法运算。

（4）设计函数 Node *mul(Node *A, Node *B)完成两个多项式的乘法运算。

（5）设计函数 void printPolynomial(Node *head)显示输出一个多项式。

（6）要求在 main 函数中进行测试。

（7）多项式 $3x^5-7x+6$ 用一个整数序列表示为：3 5   -7 1 6 0 0 0，多项式项的指数≤100。

输入：两行，每行表示一个多项式，按多项式的指数降序输入，一个多项式的输入用 0 0 表示结束。

输出：两行，第一行为多项式的加，第二行为多项式的乘，输出形式形如 $3x^5-7x+6$。

输入样例：

```
3 5 -7 1 6 0 0 0
-4 5 2 2 7 1 2 0 0 0
```

输出样例：

```
-x^5+2x^2+8
-12^10+6x^7+49x^6-18x^5-14x^3-37x^2+28x+12
```

C 第三篇

项目篇

第 20 章　有声有色文本库

学习目标

（1）掌握 mycon 文本库的配置与使用。
（2）综合利用文本库开发各种应用。
（3）熟练应用 C 语言的各种基础知识。
（4）领悟和实践模块化程序设计方法。

　　C 程序总是由一个或多个函数构成，函数之间相互联系和作用构成了 C 程序，用以模拟客观世界。因此，C 语言程序设计的学习者主要做两件事：写自己的函数；用别人的函数。

　　函数内部封装了对数据的描述和对数据的处理逻辑。对数据的描述涉及的相关概念有常量、变量、数据类型、数组、结构体、共用体、指针、枚举、位段、文件、数据结构、数据模型（数据库）等；对数据处理涉及的相关概念有运算符、表达式（优先级、结合性、类型转换）、语句、流程控制（顺序、分支、循环）、函数、算法、架构等。

　　函数之间相互联系和作用形成程序，用以模拟客观世界。函数之间如何联系和作用，构成了对数据处理除了算法之外更为宏观的概念：系统架构。算法一般是函数内部对数据处理的微观逻辑的体现，而架构则是更为宏观面向系统的处理协作逻辑。

　　本章开始将逐渐学习和应用各种各样的函数库，并综合利用前面各章已经学习的各种语言基础知识，来实践各种各样的应用编程。本章介绍简单易懂，容易入门和提高，利于熟练训练前面各章基础知识的作者自行设计实现的有声有色的控制台字符界面函数库 mycon（My Console，我的控制台的缩写）。

20.1　mycon 库的安装配置与基本使用

20.1.1　函数库使用的核心要点

　　C 语言中使用任何函数库主要涉及两点：一个是相应的头文件（头文件里说明了这个函数库提供的各种编程接口，主要包括库提供的各种自定义数据类型和结构，以及实现各种功能函数的函数头部说明）；另一个是相应的库函数实现的二进制代码，分别以静态链接库或动态链接库的形式提供。头文件用于编译时引用相应的数据结构和类型，以及函数声明用于编译时的语法检查，库代码（静态库或动态库）用于链接时链接调用相应的函数实现。

　　如果把用户程序员自己写的函数的代码和库函数的代码直接链接成完整的最后的程序代码，称为静态链接。静态链接简单直白，运行效率高，但如果多个程序需要链接相同的库函数代码，且需同时加载到内存中运行，则每个程序都需要加载相同的一份库函数的代码，降低了内存的使用效率（内存中有多份相同的库函数的代码，消耗了宝贵的内存空间）。另外，静态链接库直接链接到最后的完整程序中，如果多个程序发布以后，库的实现有了新的更新，则必须重新链接各个程序，逐个进行重新发布。

而动态链接库在链接时并不链接完整的库实现代码，而只是在程序中填入一些对动态库调用相关的说明信息。在执行时，才根据需要动态加载相应的库的实现代码进行运行。和静态链接库相比，多个使用相同库的程序在内存中同时运行（单处理器或单核处理器上，微观上是串行，但宏观感觉是同时，这其实是并发，而不是并行，多核处理器或多处理器系统上是真正的并行）时，只需要加载一份动态库的实现代码到内存，各个程序都可以分别引用它，有效地提高了内存的利用率。同时如果库的实现有了更新，无须重新链接和发布各个应用程序，只需发布更新后的库代码即可。

因此，在使用任何第三方函数库时，第一个要点是要在程序中引入相应的头文件，即#include 头文件名，前提必须是先自行把相应的.h 头文件复制到开发环境的 include 目录下，这样编译时编译器软件才能找到这些第三方库需要的头文件，才能成功编译；第二个要点是需要将对应的库函数的二进制实现代码，即库文件（一般是.a 的静态链接库文件或者是以.dll 为扩展名的动态链接库文件）复制到特定的目录下，对于静态链接库，一般是复制到开发环境的 lib 目录下，而对于.dll 的动态链接库，一般是复制到 Windws 操作系统的系统目录下（一般是 C:\Windows\System32\这个目录下，里面有大量 Windows 系统运行所需要的各种动态链接库），这样链接程序在链接时，才能成功找到需要的函数库的实现代码。

20.1.2 mycon 库的安装配置与基本使用

由作者自行设计实现的 mycon 控制台字符界面函数库（我的有声有色控制台）非常简单，由一个头文件 mycon.h 和一个库实现代码文件 libmycon.a 构成。

库中共提供了十个对于控制台文本的操作函数，分别是设置控制台窗口的标题 set_title、设置控制台窗口的宽和高 set_size、光标定位 gotoxy、显示光标 show_cursor、隐藏光标 hide_cursor、设置字符前景色和背景色 set_color、延时 delay、播放 wav 格式的声音 play_sound、清除屏幕 cls、键盘按键接收 getkey。

库函数详细的说明如下：

```c
//改变控制台窗口大小为 width 宽, height 高
void set_size(int width, int height);

//设置控制台窗口的标题为字符串 title
void set_title(char *title);
//移动光标到坐标(x, y)处, 即 y 行 x 列
//假设窗口为 25 行 80 列, 则左上角的字符坐标为(0, 0), 右下角的字符坐标为(79, 24)
void gotoxy(int x, int y);

//隐藏光标
void hide_cursor(void);

//显示光标
void show_cursor(void);

//设置颜色函数: bcolor 背景色, fcolor 前景色
//具体颜色值参见命令行下的 color/?命令。
void set_color(int bcolor, int fcolor);

//延时函数, 单位毫秒
void delay(int dtime);
```

```
//播放 wav 格式的声音
void play_sound(const char *sndfile);

//清除屏幕
void cls(void);

//键盘按键接收，可接收光标控制键、F1~F12、Esc、空格、回车等常用键
int getkey(void);
```

mycon 库的安装配置非常简单，只需将 mycon.h 头文件复制到 Dev-C++的 include 目录下，（例如作者的计算机上是 C:\Dev-Cpp\include），然后将 libmycon.a 复制到 Dev-C++的 lib 目录下（例如作者的计算机上是 C:\Dev-Cpp\lib）即可完成库的安装配置。

读者可能安装了不同的 Dev-C++版本，但都大同小异，只需做相应的复制即可。注意，这个库是分 32 位版本和 64 位版本的，现在的计算机一般都是 64 位的，所以必须用 64 位的库，但如果你的计算机是 32 位的，则必须用 32 位的库，否则会出现问题。经过实际测试，在 64 位的 Windows10 系统下，如果你安装了 32 位的 Dev-C++，配置使用相应的 32 位的 mycon 库，也是能正常工作的。

安装配置完 mycon 库后，就可以在程序中使用它了，下面来编写我们的第一个 mycon 有声有色控制台程序，它的功能是实现带声音的打字机动画效果。

【例 20-1】带声音的打字机动画版 HelloWorld 程序（源文件文件名 hellomycon.c）。

```c
#include <stdio.h>
#include <time.h>
#include <stdlib.h>
#include <conio.h>
#include <mycon.h>
#include <string.h>

int main(void)
{
    char msg[] = "Hello,World!";
    int delaytime = 1000;                    //延时时间，单位为毫秒
    int len = strlen(msg);                   //计算好字符串的长度

    //初始化随机数种子
    srand(time(NULL));

    //设置应用程序窗口的标题
    set_title("有声有色动画版的 HelloWorld 程序");

    //设置窗口的长和宽：80 * 25
    set_size(80, 25);

    //隐藏光标
    hide_cursor();

    //清屏
    cls();

    //当没有按键时进行循环，按任意键退出循环
    while (1)
    {
```

```
        gotoxy(40 - len / 2, 11);                        //将要显示的字符串定位到屏幕的正中位置
        for (int i = 0; i < len; i++)
        {
                //设置当前字符颜色，第一个参数 0 为背景色，代表黑色
                //第二个为前景色，随机产生，值为[1..15]
                set_color(0, rand() % 15 + 1);

                //在光标当前位置输出当前字符
                printf("%c", msg[i]);

                //播放一段声音
                play_sound("Boing.wav");

                //检查是否有键按下，如果有，则退出程序
                //kbhit 函数不会阻塞，如果没有按键，则直接返回 0
                if (kbhit())
                {
                        exit(0);
                }

                //延时一段时间
                delay(delaytime);
        }

        //字符串显示完，用和字符串长度一样的多个空格清除整个字符串
        gotoxy(40 - len / 2, 11);
        for (int i = 0; i < len; i++)
        {
                printf(" ");
        }
    }

    return 0;
}
```

将程序文件命名为 hellomycon.c，然后在命令行窗口利用下面的命令进行编译链接：

```
gcc hellomycon.c -std=c99 -static -lmycon -lwinmm -o hello.exe
```

编译命令说明：

（1）-std=c99，让 gcc 编译器支持 C99 标准，例如直接可以在 for 循环中定义循环变量 i。

```
for (int i = 0; i < len; i++)
```

（2）-static，让 gcc 进行静态链接。

（3）-lmycon，注意是小写的字母 L，不是数字 1，mycon 是库的名称，让 gcc 链接时链接 mycon 库的实现代码。

（4）-lwinmm，winmm 是 Windows 的多媒体库，mycon 库中播放声音，需要链接这个库。

（5）-o hello.exe，是指定编译链接输出文件的名字，可以自己取名，不用跟源程序名一致。在 Windows 平台上，可执行文件的文件扩展名一般取名为.exe。

如果源程序没有错误，成功编译链接，生成了 hello.exe，则可以在命令行下继续运行：

```
hello
```

即输入 hello 后直接回车，就能运行第一个有声有色的动画版的控制台程序。注意，和你的 hello.exe

程序所在的同一个目录位置，必须有一个名为 Boing.wav 的声音文件，否则不能正常运行。

程序运行效果如图 20-1 所示。

图 20-1 有声有色动画版的 HelloWorld 程序运行效果

20.2 mycon 文本库的应用编程案例

20.2.1 超级赌马大赛

本节将应用 mycon 文本库开发一个简单的字符小游戏：超级赌马大赛。

项目内容：用 A、B、C 三个字符模拟参与赌博的三匹赛马，让玩家下注，输入要下注的马匹和下注金额，然后赛马开始，三匹马随机往前跑，看谁先跑到终点，如果玩家下注的马先到终点，则获胜，可以获取下注金额的赌资，否则输掉相应的金额。玩家的初始本金为 10000 元，如果游戏过程中玩家的赌资为 0，则结束游戏。运行效果如图 20-2 所示。

图 20-2 超级赌马大赛游戏的运行效果

【例 20-2】超级赌马大赛（源文件文件名 runner.c）。

程序设 3 个数组 int x[3], y[3], c[3]分别存放 3 匹马的 x 位置坐标、y 位置坐标和代表 3 匹马的字符。
由于游戏实现非常简单，所以直接给出代码。如下：

```c
/**
 * 简单赌马游戏
 * 作者: BBC 2019 年 4 月 1 日
 * 命令行编译: gcc runner.c -std=c99 -static -lmycon -lwinmm -o runner.exe
 */
#include <stdio.h>
#include <time.h>
#include <stdlib.h>
#include <mycon.h>

int main(void)
{
    int who, money, i, total;
    int x[3], y[3], c[3];
    int end;

    total = 10000;
    c[0] = 'A';
    c[1] = 'B';
    c[2] = 'C';

    set_size(80, 25);                  //设置窗口为 80 行 25 列
    set_color(3, 0xa);                 //设置窗口颜色
    cls();                             //清屏

    set_title("超级赌马大赛! ");

    while (1)
    {
        end = 0;
        for (i = 0; i < 3; i++)
        {
            x[i] = 0;
        }
        y[0] = 8;
        y[1] = 11;
        y[2] = 14;
        gotoxy(33, 1);
        printf("超级赌马大赛! ");
        for (i = 0; i < 3; i++)
        {
            gotoxy(x[i], y[i]);
            printf("%c", c[i]);
        }
        for (i = 6; i <= 15; i++)
        {
            gotoxy(75, i);
            printf("||");
```

```
    }
    gotoxy(1, 23);
    printf("你的赌资现为:%d 元!        ", total);

    while (1)
    {
        gotoxy(30, 23);
        printf("请下注: ");
        show_cursor();
        scanf("%c %d", &who, &money);
        fflush(stdin);                          //清空输入缓冲区
        if (money <= total)
        {
            break;
        }
        else
        {
            gotoxy(38, 23);
            printf("          ");
        }
    }
    srand((unsigned)time(NULL));                //初始化随机种子

    hide_cursor();                              //隐藏光标

    while (!end)
    {
        //随机选择一匹马，让其往前跑
        i = rand() % 3;
        gotoxy(x[i], y[i]);
        printf(" ");
        x[i] = x[i] + 2;
        if (x[i] > 75)
        {
            end = 1;
            gotoxy(50, 23);
            printf("本次%c 获胜! ", c[i]);
            if ((who == c[i]) || (who == (c[i] + 'a' - 'A')) )
            {
                total = total + money;
                printf("你赢了%d 元! ", money);
            }
            else
            {
                total = total - money;
                printf("你输了%d 元! ", money);
                if (total <= 0)
                {
                    gotoxy(1, 23);
                    printf("你的赌资现为:%d 元!        ", total);

                    gotoxy(30, 11);
                    printf("可怜的娃，你输光了! ");
```

```
                    getkey();
                    exit(0);
                }
            }
            gotoxy(30, 23);
            printf("                ");
        }
        gotoxy(1, 23);
        printf("你的赌资现为:%d 元! ", total);
        for (i = 0; i < 3; i++)
        {
            gotoxy(x[i], y[i]);
            printf("%c", c[i]);
        }
        delay(100);
    }
    getkey();                           //按任意键后清屏，重新开始一轮游戏
    cls();
}

getkey();                               //按任意键退出程序

return 0;
}
```

20.2.2　"弹小球"游戏

本节将应用 mycon 文本库开发一个简单的字符小游戏："弹小球"游戏。

项目内容：用光标左右键控制弹棒的移动，接住运动的小球，每接住一次得 1 分，小球运动到最上方时弹中对应的砖块，游戏中如果弹光所有的砖块，则游戏通关成功。如果小球没有被接住，落地了（到达最下面一行），则玩家任务失败，游戏结束。

游戏运行效果如图 20-3 所示。

图 20-3　"弹小球"游戏的运行效果

游戏的设计实现也比较简单，请读者直接阅读相应的源代码（代码中有丰富的注释，可以帮助你轻松读懂）。代码实现采用了全局变量，请读者思考在程序中使用全局变量的好处和坏处，并进一步思考如何不使用全局变量实现同样的功能。

　　【例 20-3】"弹小球"游戏（源文件文件名 ballgame.c）。

　　源代码如下：

```
/**
 * 项目名称：弹小球游戏
 * 开发人员：BBC
 * 开发日期：2019 年 3 月 22 日
 * 编译方法：gcc ballgame.c -o ballgame.exe -static -lmycon -lwinmm -std=c99
 */
#include <stdio.h>
#include <conio.h>
#include <stdlib.h>
#include <mycon.h>

int x, y;                                    //小球的 x 和 y 坐标
int xdir, ydir;                              //小球的 x 和 y 运动方向
int key;                                     //接收玩家按下的光标键
int bx;                                      //弹棒最左端的 x 坐标
int in;                                      //弹棒是否弹中小球
int count;                                   //玩家弹中小球次数，即得分

//绘制(x, y)位置处的砖块
void draw_one_block(int x, int y, int color)
{
    gotoxy(x, y);
    set_color(0, color);                     //背景色黑色，前景色为指定的 color 色
    printf("■");
}

//游戏结束
void end_game(void)
{
    gotoxy(33, 12);
    printf("游戏结束！你共计得%d 分！", count);

    getkey();                                //按任意键退出程序
    exit(0);
}

//绘制界面最上方的所有砖块
void draw_all_blocks(void)
{
    int x, y;

    y = 0;
    for (x = 5; x <= 75; x = x + 2)
    {
        draw_one_block(x, y, x % 16);
```

```
    }
}

//游戏初始化
void init_game(void)
{
    set_size(80, 25);                                   //设置窗口大小为 80 行 25 列
    set_color(0, 0xb);                                  //前景色为浅绿，背景色为黑色
    set_title("弹小球游戏！光标左右键控制弹棒的移动！");
    hide_cursor();                                      //隐藏光标
    cls();                                              //清除屏幕

    draw_all_blocks();                                  //绘制所有砖块

    x = 0;                                              //小球初始 x 坐标
    y = 0;                                              //小球初始 y 坐标
    xdir = 1;                                           //1 向右走，0 向左走
    ydir = 1;                                           //1 向下走，0 向上走
    in = 0;                                             //初始没有弹中
    bx = 40;                                            //弹棒最左端的初始 x 位置，y 位置永远为 24
    count = 0;                                          //弹中小球次数，即玩家得分
}

//绘制弹棒
void draw_bar(void)
{
    //用适当长度的空格清除原来的弹棒
    gotoxy(0, 24);
    printf("                                                                ");

    //在最后一行绘制新的弹棒
    gotoxy(bx, 24);
    printf("========");
}

//显示玩家得分
void show_score(void)
{
    gotoxy(0, 0);
    printf("得分：%d", count);
}

//根据玩家方向键移动弹棒
void move_bar(void)
{
    key = getkey();
    switch (key)
    {
        case 75:                                        //向左的方向键
            bx = (bx >= 4) ? bx - 4 : 0;
            break;
        case 77:                                        //向右的方向键
            bx = (bx >= 68) ? 71 : bx + 4;
```

```
    }

    draw_bar();                                   //重新绘制弹棒
}

//绘制小球
void draw_ball(void)
{
    gotoxy(x, y);
    printf("O");

    delay(100);

    gotoxy(x, y);
    printf(" ");
}

//弹中小球
void hit_ball(void)
{
    in = 0;

    //播放声音
    play_sound("Boing.wav");

    //得分加 1
    count++;

    gotoxy(x, y);
    printf("=");
}

//移动小球
void move_ball(void)
{
    if (xdir)
    {
        if (x >= 79)
        {
            xdir = 0;
            ydir ? y-- : y++;
        }
        else
        {
            x++;
        }
    }
    else
    {
        if (x <= 0)
        {
            if (count == 39)      //砖块总的数目，弹中所有砖块，游戏通关成功！
            {
```

```
                    gotoxy(33, 12);
                    printf("恭喜您通关了！");
                    getkey();
                    exit(0);
                }
                xdir = 1;
                ydir ? y-- : y++;
            }
            else
            {
                x--;
            }
        }

    if (ydir)
    {
        if (y >= 24)
        {
            if ((x < bx) || (x > bx + 8))
            {
                end_game();                      //如果小球落到屏幕底部而没有弹中，则结束
            }
            else
            {
                in = 1;                          //弹棒弹中小球
            }
            ydir = 0;
            xdir ? x-- : x++;
        }
        else
        {
            y++;
        }
    }
    else
    {
        if (y <= 0)
        {
            ydir = 1;
            xdir ? x-- : x++;
        }
        else
        {
            y--;
        }
    }

    draw_ball();                                 //绘制小球
}

int main(void)
{
    init_game();                                 //游戏初始化
```

```
    draw_bar();                                    //绘制弹棒
    while (1)
    {
        show_score();                              //显示玩家得分

        if (kbhit())                               //如果有按键，则根据玩家的方向键移动弹棒
        {
            move_bar();
        }
        if (in)
        {
            hit_ball();                            //弹中小球
        }

        move_ball();                               //移动小球
    }

    return 0;
}
```

20.2.3 "打飞机"游戏

本节将应用 mycon 文本库开发一个较为简单的字符小游戏："打飞机"游戏。

项目内容：用光标左右键控制大炮的方向（可向上、向左、向右发射炮弹），用光标上下键控制大炮的上下移动，按空格键发射炮弹，如果击中敌人飞机，得 1 分，如果不幸击中友军飞机，则得分减 1。友军飞机和敌人飞机混合出现，在大炮上方从左到右飞过。游戏运行效果如图 20-4 所示。

图 20-4 "打飞机"游戏的运行效果

【例 20-4】"打飞机"游戏（源文件文件名 skyfight.c）。

由于游戏较为简单，直接列出程序源代码。如下：

```
/**
 * 项目名称：打飞机游戏带声音版
 * 开发人员：BBC
```

```
 * 开发日期: 2019 年 1 月 22 日
 * 编译方法: gcc skyfight.c -o skyfight.exe -lmycon -lwinmm
 * 游戏说明:
 * 飞机分为敌我两种: >>>>>为友军飞机, 不能打, 打了扣分; <>-->为敌机, 可打。
 */
#include <stdio.h>
#include <mycon.h>

#define LEFT            0                   //定义火炮的方向: 向左上
#define UP              1                   //定义火炮的方向: 向正上
#define RIGHT           2                   //定义火炮的方向: 向右上
#define N               3                   //飞行物的个数
#define DTIME           (200 / N)           //飞行物飞行延时

#define KEY_LEFT        75                  //光标向左键键值
#define KEY_RIGHT       77                  //光标向右键键值
#define KEY_UP          72                  //光标向上键键值
#define KEY_DOWN        80                  //光标向下键键值

int px, py;                                 //战机的位置坐标
int rx, ry, rc;                             //子弹的位置和字符
int score;                                  //成绩: 击中字符数
int x[N], y[N], on[N];                      //飞行器的 x 和 y 坐标, on 表示击中与否: 1 表示没击中, 0 被击中
int w[N];                                   //飞行器的敌我性质: 0 表示敌人, 1 表示朋友


//画出向上的火炮
void draw_up(void)
{
    gotoxy(px - 1, py - 1);
    printf("   ");
    gotoxy(px, py - 1);
    printf("|");
    gotoxy(px, py);
    printf("0");
}

//画出向左上的火炮
void draw_left(void)
{
    gotoxy(px - 1, py - 1);
    printf("   ");
    gotoxy(px - 1, py - 1);
    printf("\\");
    gotoxy(px, py);
    printf("0");
}

//画出向右上的火炮
void draw_right(void)
{
    gotoxy(px - 1, py - 1);
    printf("   ");
```

```c
        gotoxy(px + 1, py - 1);
        printf("/");
        gotoxy(px, py);
        printf("0");
}

//绘制不同方向的大炮
void draw(int direct)
{
    switch (direct)
    {
        case UP:
            draw_up();
            break;
        case LEFT:
            draw_left();
            break;
        case RIGHT:
            draw_right();
    }
}

//发射炮弹实现射击
void fire(int direct)
{
    int i;

    srand(time(NULL));
    ry = py - 2;
    rc = 'O';
    switch (direct)
    {                                                    //炮弹的初始位置
        case UP:
            rx = px;
            break;
        case RIGHT:
            rx = px + 1;
            break;
        case LEFT:
            rx = px - 1;
    }

    play_sound("fire.wav");
    //一次炮弹运行过程
    while (1)
    {
        for (i = 0; i < N; i++)
        {
            if ((x[i] > 74) || (!on[i]))
            {                                            //飞行物飞出右边屏幕则重新生成
                x[i] = rand() % 20;
                on[i] = 1;
                w[i] = rand() % 2;
```

```
        }
        //检查炮弹是否击中飞行物
        if ((rx - x[i] <= 4) && (rx >= x[i]) && (y[i] == ry))
        {
                //击中
                on[i] = 0;
                if (!w[i])
                {
                        score++;
                }
                else
                {
                        score--;
                        if (score < 0)
                        {
                                score = 0;
                        }
                }
                return;
        }
    }

    gotoxy(rx, ry);
    printf("o");
    delay(10);
    gotoxy(rx, ry);
    printf(" ");

    ry--;
    if (ry < 0)
    {
            return;
    }
    switch (direct)
    {
            case RIGHT:
                    rx++;
                    break;
            case LEFT:
                    rx--;
    }
    }
}

int main(void)
{
    int key;                                    //接收按键
    int i;                                      //循环变量

    int direction;                             //火炮方向

    score = 0;                                 //成绩清 0
    direction = UP;                            //初始火炮向上
```

```
        px = 40;
        py = 24;

        //随机生成飞行物坐标
        srand(time(NULL));
        for (i = 0; i < N; i++)
        {
            on[i] = 1;
            x[i] = rand() % 20;
            y[i] = i * 2 + 5;
            w[i] = rand() % 2;
        }

        set_color(3, 0xa);
        cls();
        set_size(80, 25);
        set_title("我的简单空战游戏！空格键发射炮弹，光标键控制大炮方向！");
        hide_cursor();

        draw_up();                                      //画出初始时的火炮

        while (1)
        {
            for (i = 0; i < N; i++)
            {
                gotoxy(x[i], y[i]);
                if (!w[i])
                {
                    printf("<>-->");            //敌人飞机
                }
                else
                {
                    printf(">>>>>");            //友军飞机
                }

            }
            delay(DTIME);
            for (i = 0; i < N; i++)
            {
                gotoxy(x[i], y[i]);
                printf("      ");
                x[i]++;
                if ((x[i] > 74) || (!on[i]))
                {
                    x[i] = rand() % 20;
                    on[i] = 1;
                    w[i] = rand() % 2;
                }
            }

            //显示击中飞行物的个数
            gotoxy(2, 24);
```

```c
printf("击中: %d", score);

if (kbhit())
{
    key = getkey();
    switch (key)
    {
        case KEY_LEFT: //向左的光标键
            if (direction == UP)
            {
                direction = LEFT;
                draw(LEFT);
            }
            else if (direction == RIGHT)
            {
                direction = UP;
                draw(UP);
            }
            break;
        case KEY_RIGHT:                  //向右的光标键
            if (direction == UP)
            {
                direction = RIGHT;
                draw(RIGHT);
            }
            else if (direction == LEFT)
            {
                direction = UP;
                draw(UP);
            }
            break;
        case KEY_DOWN:                   //向下的光标键
            gotoxy(px - 1, py - 1);
            printf("   ");
            gotoxy(px, py);
            printf(" ");
            py++;
            if (py >= 24)
            {
                py = 24;
            }
            draw(direction);
            break;
        case KEY_UP:                     //向上的光标键
            gotoxy(px - 1, py - 1);
            printf("   ");
            gotoxy(px, py);
            printf(" ");
            py--;
            if (py <= 1)
            {
                py = 1;
            }
```

```
                    draw(direction);
                    break;
            case ' ':                        //空格发射炮弹
                    fire(direction);
                }
            }
        }
        getkey();

        return 0;
    }
```

 ### 20.2.4　"贪吃蛇"游戏

本节将应用 mycon 文本库开发一个较为复杂的字符界面小游戏："贪吃蛇"游戏。

项目内容：用光标左右键控制贪吃蛇的移动，在移动过程中吃掉食物，每吃掉一个食物，则得 1 分，同时蛇身长度加 1，贪吃蛇如果在移动中碰到墙壁，则死掉，玩家丢失一条生命值，当玩家生命值为 0 时，则游戏结束。游戏带有配置文件，可以指定游戏的一些初始参数，如蛇身的长度、初始运动方向、食物的个数、生命条数、背景颜色、墙的颜色、移动速度、输出信息的颜色等（详细的见配置文件 snake.txt 内的说明）。游戏启动时可以以命令行参数的方式指定配置文件，如果没有指定或者指定的文件读取配置信息错误，则游戏以默认的启动参数进行启动。

游戏运行效果如图 20-5 所示。

图 20-5　"贪吃蛇"游戏的运行效果

源码就是最好的文档，请读者自行阅读项目的源码，体会在程序中如何使用配置文件，如何读取配置信息，如何计时，如何用结构体封装数据，如何使用命令行参数，如何用链表组织数据，如何用函数分解任务和组织程序。

【例 20-5】"贪吃蛇"游戏（源文件文件名 snake2019.c）。

程序源代码如下：

```
/**
 * 项目名称：贪吃蛇游戏
```

```
 *  开发人员：BBC
 *  开发日期：2019 年 3 月 25 日
 *  编译方法：gcc snake2019.c -o snake.exe -static -lmycon -lwinmm -std=c99
 *  游戏说明：
 *  贪吃蛇自动移动，碰墙则死掉，共有 3 条生命，食物颜色随机产生。
 *  配置文件可用命令行参数的形式指定，如果无效，则采用默认的配置文件 snake.txt，
 *  如果默认配置文件也不存在或配置读取错误，则采用程序中默认的参数启动游戏
 */
#include <stdio.h>
#include <time.h>
#include <stdlib.h>
#include <conio.h>
#include <mycon.h>
#include <windows.h>

#define DEBUG          0                        //是否输出调试信息

#define CONFIGFILE  "snake.txt"                 //默认配置文件名

#define WIDTH          80                       //屏幕宽度
#define HEIGHT         24                       //屏幕高度
#define INITLEN        1                        //蛇身初始长度
#define STEP           1                        //蛇每次移动距离
#define MAXNUM         50                       //屏幕中最多食物数
#define NUM            5                        //屏幕中食物数
#define LIFES          3                        //蛇的生命条数
#define SPEED          100                      //蛇的移动速度（延迟时间越小越快）

#define UP             0                        //贪吃蛇移动方向：向上
#define DOWN           1                        //贪吃蛇移动方向：向下
#define LEFT           2                        //贪吃蛇移动方向：向左
#define RIGHT          3                        //贪吃蛇移动方向：向右

#define BACKCOLOR      0x3                       //背景颜色
#define WALLCOLOR      0xa                       //墙的颜色
#define SNAKECOLOR     0xe                       //蛇的颜色
#define INFOCOLOR      0xf                       //提示信息颜色

struct node                                     //蛇身结点坐标，双向链表存储
{
    int x;                                      //蛇身结点的 x 坐标
    int y;                                      //蛇身结点的 y 坐标
    struct node *next;                          //蛇头到蛇尾方向
    struct node *before;                        //蛇尾到蛇头方向
} *head, *tail, *p;                             //head: 蛇头，tail: 蛇尾，p: 工作指针

struct game_info
{
    int dx[MAXNUM], dy[MAXNUM];                 //屏幕中食物的坐标
    int score;                                  //吃到的食物数，也即玩家得分数
    int start, now, total_time;                 //计时用的初始时间、现在时间、总用时秒数
    int direction;                              //贪吃蛇当前移动方向
    int lifes;                                  //蛇的当前生命条数
```

```
    int oldx, oldy;                    //移动前原来的蛇尾坐标，供擦除蛇尾用
    int len;                           //蛇身当前实际长度（每吃一个食物增长1）
    int is_dead;                       //蛇是否碰墙死掉
    int init_snake_length;             //初始时蛇身的长度
    int init_lifes;                    //初始时蛇的生命数
    int init_speed;                    //初始时蛇的移动速度
    int init_food_number;              //初始时的食物数
    int init_back_color;               //初始时的背景色
    int init_wall_color;               //初始时边墙的颜色
    int init_snake_color;              //初始时蛇的颜色
    int init_info_color;               //游戏提示信息颜色
    int init_direction;                //初始时蛇的移动方向
};

//调试用函数
void debug(struct node *head)
{
    struct node *p = head;

    if (DEBUG)
    {
        gotoxy(0, 24);
        set_color(0x3, 0xf);
        while (p)
        {
            printf("(%d,%d) ", p->x, p->y);
            p = p->next;
        }
        getkey();
    }
}

//画出游戏边墙
void draw_wall(struct game_info *pinfo)
{
    int i;

    set_color(pinfo->init_back_color, pinfo->init_wall_color);

    for (i = 0; i < WIDTH; i += 2)
    {
        gotoxy(i, 0);
        printf("—");                   //画出上边墙
        gotoxy(i, HEIGHT - 1);
        printf("—");                   //画出下边墙
    }

    for (i = 0; i < HEIGHT; i++)
    {
        gotoxy(0, i);
        printf("│");                   //画出左边墙
        gotoxy(78, i);
        printf("│");                   //画出右边墙
```

```
        }

        gotoxy(0, 0);
        printf(" ┌ ");                                    //画出左上墙角
        gotoxy(WIDTH - 2, 0);
        printf("┐ ");                                     //画出右上墙角
        gotoxy(0, HEIGHT - 1);
        printf(" └");                                     //画出左下墙角
        gotoxy(WIDTH - 2, HEIGHT - 1);
        printf("┘ ");                                     //画出右下墙角
    }

    //显示相关信息
    void show_info(struct game_info *pinfo)
    {
        gotoxy(22, HEIGHT);
        set_color(pinfo->init_back_color, pinfo->init_info_color);
        printf("得分：%d", pinfo->score);
        gotoxy(37, HEIGHT);
        set_color(pinfo->init_back_color, pinfo->init_info_color);
        printf("用时：%d 秒", pinfo->total_time);
        gotoxy(52, HEIGHT);
        set_color(pinfo->init_back_color, pinfo->init_info_color);
        printf("生命：%2d", pinfo->lifes);
    }

    //初始化食物坐标
    void init_food(struct game_info *pinfo)
    {
        int i;

        //随机产生各个食物的坐标
        for (i = 0; i < pinfo->init_food_number; i++)
        {
            pinfo->dx[i] = (rand() % (WIDTH - 4)) + 2;
            pinfo->dy[i] = (rand() % (HEIGHT - 3)) + 1;
        }
    }

    //随机产生不等于 bcolor 的颜色
    //主要用于防止产生和背景色相同的食物
    int get_color(int bcolor)
    {
        int color;

        do
        {
            color = rand() % 16;
        }
        while (color == bcolor);

        return color;
    }
```

```
//画出食物
void draw_food(struct game_info *pinfo)
{
    int i;

    for (i = 0; i < pinfo->init_food_number; i++)
    {
        gotoxy(pinfo->dx[i], pinfo->dy[i]);
        //食物颜色随机产生
        set_color(pinfo->init_back_color, get_color(pinfo->init_back_color));
        printf("o");
    }
}

//初始化蛇身坐标
void init_snake(struct game_info *pinfo)
{
    int i;

    pinfo->len = pinfo->init_snake_length;          //蛇身初始长度

    head = NULL;
    tail = NULL;

    //蛇的初始位置在屏幕中间
    for (i = 0; i < pinfo->len; i++)
    {
        p = (struct node *)malloc(sizeof(struct node));
        p->next = NULL;
        p->before = NULL;
        p->x = (WIDTH - pinfo->len) / 2 + i;
        p->y = HEIGHT / 2;
        p->next = head;
        if (i > 0)
        {
            head->before = p;
        }
        head = p;
        if (i == 0)
        {
            tail = p;
        }
    }
    head = p;                                        //head 指向蛇头，tail 指向蛇尾
    pinfo->direction = pinfo->init_direction;        //初始化蛇的运行方向为向右
    pinfo->oldx = tail->x;                           //保存蛇尾的 x 坐标位置
    pinfo->oldy = tail->y;                           //保存蛇尾的 y 坐标位置

}

//检测是否吃到食物：1 表示吃到，0 表示没吃到；tx，ty 为新的蛇头坐标
int check_eat(struct game_info *pinfo, int tx, int ty)
```

```
{
    int i, j;

    //遍历每一个食物，检测食物是否和蛇头坐标一致
    for (i = 0; i < pinfo->init_food_number; i++)
    {
        if ((pinfo->dx[i] == tx) && (pinfo->dy[i] == ty))
        {
            //已经吃到食物，得分加 1
            pinfo->score++;
            //显示新的得分
            show_info(pinfo);
            //重新生成一个食物
            pinfo->dx[i] = (rand() % (WIDTH - 4)) + 2;
            pinfo->dy[i] = (rand() % (HEIGHT - 3)) + 1;
            //绘制新生成的食物
            gotoxy(pinfo->dx[i], pinfo->dy[i]);
            //食物颜色随机产生
            set_color(pinfo->init_back_color, rand() % 16);
            printf("o");

            return 1;
        }
    }

    return 0;
}

//画出贪吃蛇
void draw_snake(struct game_info *pinfo)
{
    int i;

    //debug(head);
    set_color(pinfo->init_back_color, pinfo->init_snake_color);
    p = head;
    while (p)
    {
        gotoxy(p->x, p->y);
        printf("#");
        p = p->next;
    }
    gotoxy(pinfo->oldx, pinfo->oldy);
    set_color(pinfo->init_back_color, pinfo->init_back_color);
    printf(" ");

    //debug();
}

//擦除贪吃蛇
void erase_snake(struct game_info *pinfo)
{
    int i;
```

```
    p = head;
    set_color(pinfo->init_back_color, pinfo->init_back_color);
    while (p)
    {
        gotoxy(p->x, p->y);
        p = p->next;
        printf(" ");
    }
    gotoxy(pinfo->oldx, pinfo->oldy);
    printf(" ");

    //释放蛇对应的数据结构

    p = head;
    while (head)
    {
        p = head->next;
        free(head);
        head = p;
    }
    head = NULL;
    tail = NULL;

    //debug();

    draw_wall(pinfo);                                   //重画边框墙面
}

//获取游戏启动时的时间
void get_start_time(struct game_info *pinfo)
{
    SYSTEMTIME system_time;                             //计时用的数据结构
    //获取本地时间
    GetLocalTime(&system_time);

    pinfo->start = system_time.wMinute * 60 + system_time.wSecond;
}

//获取现在的时间，计算游戏已用时秒数，使用了 Windows 的 API 函数
void get_now_time(struct game_info *pinfo)
{
    SYSTEMTIME system_time;                             //计时用的数据结构

    GetLocalTime(&system_time);

    pinfo->now = system_time.wMinute * 60 + system_time.wSecond;
    pinfo->total_time = pinfo->now - pinfo->start;
}

//结束游戏，显示成绩
void game_over(struct game_info *pinfo)
{
```

```
        erase_snake(pinfo);
        show_info(pinfo);

        gotoxy(WIDTH / 2 - 11, HEIGHT / 2);
        set_color(pinfo->init_back_color, pinfo->init_info_color);
        printf("游戏结束！你总计得到%d 分！", pinfo->score);

        getkey();                                    //按任意键退出游戏
        exit(0);                                     //退出游戏
}

//贪吃蛇死掉一次后重启
void restart(struct game_info *pinfo)
{
        void start_game(struct game_info *);

        erase_snake(pinfo);
        init_snake(pinfo);
        draw_snake(pinfo);
        show_info(pinfo);
        start_game(pinfo);
}

//贪吃蛇撞墙死掉一次
void die_once(struct game_info *pinfo)
{
        //debug();
        pinfo->lifes--;
        pinfo->is_dead = 0;
        if (!pinfo->lifes)                           //是否还有生命
        {
                game_over(pinfo);                    //无生命则结束
        }
        else
        {
                restart(pinfo);                      //否则重启游戏
        }
}

//根据方向键移动贪吃蛇；贪吃蛇移动规则：擦除蛇尾，添加蛇头
//如果玩家没有按键，则按蛇的当前移动方向自动移动
void move_snake(struct game_info *pinfo)
{
        int i, key;                                  //key：玩家按键
        int tx, ty;                                  //临时变量

        int directkey[4] = {72, 80, 75, 77};         //依次为上下左右光标键键值

        pinfo->is_dead = 0;                          //是否撞墙

        if (!kbhit())
```

```
{
    delay(pinfo->init_speed);                    //自动移动时每次延迟指定的时间
    key = directkey[pinfo->direction];
}
else
{                                                //玩家按键则不延时
    key = getkey();
}

switch (key)                                     //根据按键更改新的蛇头结点
{
    case 75:                                     //向左的光标键
        pinfo->direction = LEFT;
        tx = head->x - STEP;
        ty = head->y;
        if (tx < 2)                              //撞左边墙
        {
            tx = 2;
            pinfo->is_dead = 1;
        }
        break;
    case 77:                                     //向右的光标键
        pinfo->direction = RIGHT;
        tx = head->x + STEP;
        ty = head->y;
        if (tx > WIDTH - 3)
        {                                        //撞右边墙
            tx = WIDTH - 3;
            pinfo->is_dead = 1;
        }
        break;
    case 80:                                     //向下的光标键
        pinfo->direction = DOWN;
        ty = head->y + STEP;
        tx = head->x;
        if (ty > HEIGHT - 2)
        {                                        //撞下边墙
            ty = HEIGHT - 2;
            pinfo->is_dead = 1;
        }
        break;
    case 72:                                     //向上的光标键
        pinfo->direction = UP;
        ty = head->y - STEP;
        tx = head->x;
        if (ty < 1)
        {                                        //撞上边墙
            ty = 1;
            pinfo->is_dead = 1;
        }
        break;
```

```
        default:                                          //按其他键无效返回
            return;
    }
    //debug();
    //改变结点(tx, ty)为新的蛇头
    p = (struct node *)malloc(sizeof(struct node));
    p->x = tx;
    p->y = ty;
    p->next = head;
    head->before = p;
    head = p;


    pinfo->oldx = tail->x;                                //保存原来的蛇尾坐标
    pinfo->oldy = tail->y;

    if (pinfo->is_dead)
    {
        die_once(pinfo);                                  //蛇碰墙生命数减1，长度归为初始值
    }


    //检测是否吃到食物，没吃到则去掉原来的蛇尾，如果吃到
    //则不删除蛇尾，从而使蛇身长度加1
    //贪吃蛇移动原则为：删除蛇尾，添加蛇头
    if (!check_eat(pinfo, tx, ty))
    {
        p = tail->before;
        p->next = NULL;
        free(tail);
        tail = p;
        p = NULL;
    }


    //debug();
    //绘制移动后的贪吃蛇
    draw_snake(pinfo);
}

//游戏默认参数配置
void default_config(struct game_info *pinfo)
{
    pinfo->init_snake_length = INITLEN;
    pinfo->init_lifes = LIFES;
    pinfo->init_speed =SPEED;
    pinfo->init_food_number = NUM;
    pinfo->init_back_color = BACKCOLOR;
    pinfo->init_wall_color = WALLCOLOR;
    pinfo->init_snake_color = SNAKECOLOR;
    pinfo->init_info_color = INFOCOLOR;
    pinfo->init_direction = RIGHT;
}
```

```c
//初始化配置信息，如果读取配置文件有误，则采用默认配置信息
void init_config(struct game_info *pinfo, int argc, char *argv[])
{
    FILE *fp;

    if (argc == 2)   //有命令行参数则处理，argv[1]应为指定的配置文件名
    {
        if ((fp = fopen(argv[1], "r")) == NULL)      //指定的配置文件不存在
        {
            if ((fp = fopen(CONFIGFILE, "r")) == NULL) //读默认的配置文件
            {
                default_config(pinfo);                 //没有或配置文件出错，则采用默认配置信息
            }
            else if (fscanf(fp, "%d%d%d%d%d%d%d%d%d", \
                    &pinfo->init_snake_length, &pinfo->init_lifes, &pinfo->init_speed, \
                    &pinfo->init_back_color, &pinfo->init_wall_color, \
                    &pinfo->init_snake_color, &pinfo->init_info_color, \
                    &pinfo->init_food_number, &pinfo->init_direction) != 9)
            {
                default_config(pinfo);                 //配置文件读取错误，则采用默认配置信息
            }
        }
        else
        {
            if (fscanf(fp, "%d%d%d%d%d%d%d%d%d", &pinfo->init_snake_length, \
                &pinfo->init_lifes, &pinfo->init_speed, &pinfo->init_back_color, \
                &pinfo->init_wall_color,&pinfo->init_snake_color, \
                &pinfo->init_info_color, &pinfo->init_food_number, \
                &pinfo->init_direction) != 9)
            {
                default_config(pinfo);                 //配置文件读取错误，则采用默认配置信息
            }
        }
    }
    else                                               //无命令行参数，则采用默认的配置文件
    {
        if ((fp = fopen(CONFIGFILE, "r")) == NULL)
        {
            default_config(pinfo);                     //没有或配置文件出错，则采用默认配置信息
        }
        else if (fscanf(fp, "%d%d%d%d%d%d%d%d%d", &pinfo->init_snake_length, \
                &pinfo->init_lifes, &pinfo->init_speed, &pinfo->init_back_color, \
                &pinfo->init_wall_color, &pinfo->init_snake_color, \
                &pinfo->init_info_color, &pinfo->init_food_number, \
                &pinfo->init_direction) != 9)
        {
            default_config(pinfo);                     //配置文件读取错误，则采用默认配置信息
        }
    }

    //程序中以下 3 个参数会发生变化
```

```
        pinfo->len = pinfo->init_snake_length;
        pinfo->direction = pinfo->init_direction;
        pinfo->lifes = pinfo->init_lifes;

        fclose(fp);
}

//游戏初始化
void init_game(struct game_info *pinfo, int argc, char *argv[])
{
        //初始化配置信息（配置文件为 snake.txt，无或错，则默认配置）
        init_config(pinfo, argc, argv);

        //初始化游戏计时时间
        pinfo->total_time = 0;

        //初始化玩家得分
        pinfo->score = 0;

        //初始化窗口大小为 25 行 80 列
        set_size(80, 25);

        //利用背景色清屏
        set_color(pinfo->init_back_color, pinfo->init_back_color);
        cls();

        //更改控制台窗口的标题
        set_title("贪吃蛇游戏！");

        //初始化随机数种子
        srand((unsigned)time(NULL));

        //隐藏光标
        hide_cursor();

        //画出边墙
        draw_wall(pinfo);

        //初始化蛇身坐标
        init_snake(pinfo);

        //debug(head);

        //画出贪吃蛇
        draw_snake(pinfo);

        //初始化食物坐标
        init_food(pinfo);

        //画出食物
        draw_food(pinfo);
```

```
        //获取游戏启动时间
        get_start_time(pinfo);

        //显示相关信息
        show_info(pinfo);
    }

    //启动贪吃蛇游戏
    void start_game(struct game_info *pinfo)
    {
        while (1)
        {
            move_snake(pinfo);                    //移动一次贪吃蛇

            get_now_time(pinfo);                  //获取现在的时间
            show_info(pinfo);                     //更新游戏相关信息
        }
    }

    int main(int argc, char *argv[])
    {
        struct game_info info;                    //封装所有游戏相关信息

        init_game(&info, argc, argv);             //游戏初始化

        start_game(&info);                        //启动游戏

        return 0;
    }
```

20.2.5 "推箱子"游戏

本节将应用 mycon 文本库开发一个完整的字符界面小游戏："推箱子"游戏。

项目内容：用光标左右键控制代表玩家的小人的移动，在移动过程中把箱子推到指定的目标位置，当所有的箱子都推到位后，则本关通关成功，进入下一关。在游戏进行中，按 Q 键可以返回主菜单，按 R 键可以重启本关，按 N 键进入下一关，按 O 键可以打开或关闭音效，按 Esc 键可以撤销最后一步，注意，只能撤销一步，不能连续撤销。

启动时可以选择开始游戏直接进入第一关，也可以选择指定的关数，直接进入第 N 关。游戏具有记录玩家移动步数和当前所花时间的功能。

游戏主要的数据结构是二维数组，所有的游戏地图都用二维数组表示（哪是墙，哪是玩家，哪是空位置，哪是箱子，哪是推好位置的箱子等），游戏用的地图文件在 map.dat 文件中，这是一个文本文件，可以用记事本或 EditPlus 类似的软件把它打开，进行查看。每一关的数字地图用 16*16 的二维数组表示，文件中共 100 关。这个游戏地图数据来自网络，在此特别感谢该地图数据的原作者。

游戏运行效果如图 20-6 和图 20-7 所示（源文件文件名：boxgame.c）。

图 20-6　"推箱子"游戏的主菜单

图 20-7　"推箱子"游戏的主界面

【例 20-6】"推箱子"游戏（源文件文件名 boxgame.c）。

游戏源代码如下（请根据源码中的注释认真阅读理解）：

```
/**
 * 项目名称：推箱子游戏。
 * 开发日期：2019 年 1 月 27 日。
 * 作　　者：BBC
 * 项目说明：
 *   1. 按 Esc 键可以撤销最后一步操作，按 R 键可重启本关，游戏总共 100 关。
 *   2. 游戏地图为 16 行 16 列。
 *   3. 游戏地图中的数值的含义：
 *      0 代表空地，1 代表墙，2 代表未放箱子的目标，
 *      3 代表箱子，4 代表玩家，5 代表已放箱子的目标
 *   4. 具有统计玩家移动步数和计时功能，可开启或关闭音效。
 * 命令行编译：gcc boxgame.c -o box.exe -lmycon -lwinmm -std=c99
 */
#include <stdio.h>
```

```
#include <stdlib.h>
#include <string.h>
#include <conio.h>
#include <mycon.h>
#include <time.h>

#define LAST            100                     //游戏总关数

//地图的行数和列数
#define MAP_ROW         16
#define MAP_COL         16

//定义按键值
#define KEY_UP          72                      //向上光标键
#define KEY_DOWN        80                      //向下光标键
#define KEY_LEFT        75                      //向左光标键
#define KEY_RIGHT       77                      //向右光标键
#define KEY_ESC         27                      //按 Esc 键撤销上一步操作

//定义游戏进行时的操作
#define KEY_RETURN      1                       //返回主界面
#define KEY_NEXT        2                       //进入下一关
#define KEY_RETRY       3                       //重启本关

//定义地图中的状态
#define SPACE           0                       //空地
#define WALL            1                       //墙壁
#define TARGET          2                       //目标位置
#define BOX             3                       //箱子
#define PLAYER          4                       //玩家小人
#define TARGET_IN       5                       //箱子已经推到目标位置


//定义玩家输入选择
#define STARTGAME       '1'                     //开始游戏第 1 关
#define STARTGAMEN      '2'                     //选择游戏第 n 关
#define EXITGAME        '3'                     //退出游戏

//定义玩家操作控制方向
#define UP              1                       //向上↑
#define RIGHT           2                       //向右→
#define DOWN            3                       //向下↓
#define LEFT            4                       //向左←


//函数声明

//启动游戏
void StartGame();

//游戏主界面，每次通关后返回本界面
int ShowMainMenu();
```

```
//进行游戏第 n 关
void StartLevel(int n);

//玩家游戏过程，map 为当前游戏地图，initmap 为初始游戏地图
//MAP_COL 为游戏地图的列数
int PlayGame(int map[][MAP_COL], int initmap[][MAP_COL], int nboxes, int n);

//显示游戏地图，map 为当前游戏地图，当前为第 n 关，MAP_COL 为游戏地图的列数
int PrintMap(int map[][MAP_COL], int n);

/**
 * 玩家移动处理，只修改当前的游戏地图对应的元素数值
 * map 为当前游戏地图，initmap 为初始游戏地图，MAP_COL 为游戏地图的列数
 * playerx，playery 为玩家当前坐标，direction 为移动方向（上 UP、下 DOWN、左 LEFT、右 RIGHT）
 * nsteps 代表当前玩家本关已经移动的步数
 * ismusicon 代表是否播放音效（1 表示播放，0 表示关闭）
 */
void MoveBox(int map[][MAP_COL], int playerx, int playery, int direction, \
             int initmap[][MAP_COL], int *nsteps, int ismusicon);

//主函数
int main(void)
{
    StartGame();
}

//游戏主控流程
void StartGame()
{
    int choice;            //选择的主操作：1-进入游戏第 1 关，2-选指定的关卡，3-退出游戏
    int nchoice;           //选择的关卡数 n

    do
    {
        choice = ShowMainMenu();                    //显示游戏主菜单界面，返回玩家选择

        switch (choice)
        {
            case STARTGAME:                         //键盘输入 1，开始第 1 关游戏
                StartLevel(1);
                break;
            case STARTGAMEN:                        //键盘输入 2，选择游戏的 1 到 8 关之一
                printf("\n\n\t\t\t\t\t 请选择游戏关数（1-%d）：", LAST);
                while (1)
                {
                    gotoxy(57, 16);
                    scanf("%d", &nchoice);
                    fflush(stdin);
                    //清除输入的关数
                    gotoxy(57, 16);
                    printf("    ");
                    if ((nchoice >= 1) && (nchoice <= LAST))
                    {
```

```
                                      StartLevel(nchoice);
                                      break;
                              }
                              else
                              {
                                      gotoxy(57, 14);
                                      printf("     ");          //删除错误的输入
                                      gotoxy(57, 14);
                              }
                      }
                      break;
               case EXITGAME:                              //键盘输入 3，则退出游戏*/
                      cls();
                      gotoxy(30, 11);
                      printf("欢迎下次再来玩本游戏！");
                      delay(2000);
                      set_color(0, 7);                    //恢复命令行窗口的黑底白字
                      cls();

                      exit(0);
            }
      }
   while (1);
}

//显示游戏主菜单界面，返回玩家输入的选择
int ShowMainMenu()
{
      int choice = 0;

      cls();                                       //清屏

      set_color(0, 0xe);                           //设置游戏主菜单的颜色

      set_title("推箱子游戏");                      //设置窗口标题
      set_size(80, 26);

      //显示游戏主菜单
      printf("\n\n\n\n\n\n\t\t\t\t 欢迎光临推箱子游戏!\n\n");
      printf("\t\t\t\t1-----开始新游戏\n\n");
      printf("\t\t\t\t2-----选择指定关数\n\n");
      printf("\t\t\t\t3-----退游戏\n\n");
      printf("\t\t\t\t 请输入您的选择（1-3）: ");

      show_cursor();                               //显示光标

      while (1)
      {
            choice = getche();

            if ((choice >= '1') && (choice <= '3'))
            {
                    printf("\b");
```

```
                return choice;
            }
            else
            {
                printf("\b \b");                        //删除错误的输入
            }
        }
    }
}

//显示游戏地图，参数 n 代表游戏第 n 关
int PrintMap(int map[][MAP_COL], int n)
{
    int nsucc = 0;                                      //已正确放入预定位置的箱子数
    int x, y;                                           //绘制地图的左上角的起点位置坐标

    hide_cursor();                                      //隐藏光标


    x = 25;                                             //初始起点为第 1 行第 25 列（DOS 窗口中的行和列）
    y = 1;

    for (int i = 0; i < MAP_ROW; i++)
    {
        for (int j = 0; j < MAP_COL; j++)
        {
            gotoxy(j * 2 + x, i + y);                   //图形字符▓等都占 2 个字符的宽度，所以乘 2
            switch (map[i][j])
            {
                case 0:                                 //墙外空地
                    printf("  ");
                    break;
                case 1:
                    set_color(0, 14);                   //墙
                    printf("▓");
                    break;
                case 2:
                    set_color(0, 11);                   //目的地
                    printf("○");
                    break;
                case 3:                                 //箱子
                    set_color(0, 11);
                    printf("●");
                    break;
                case 4:                                 //代表玩家的小人
                    set_color(0, 10);
                    printf("♀");
                    break;
                case 5:                                 //箱子推到目的地后的显示图形
                    nsucc++;
                    set_color(0, 9);
                    printf("☆");
                    break;
            }
```

```
        }
    }
    printf("\n");
    printf("\n");

    set_color(0, 14);
    gotoxy(0, 17);
    printf("\t\t 您当前正在第%d 关!\n\n", n);
    printf("\t\t 玩家:♀ 墙壁:▓ 箱子:● 目标:○ 到达目标:☆\n\n");
    printf("\t\t 上:↑ 下:↓ 左:← 右:→ 返回主界面: Q 切换音效: O\n\n");
    printf("\t\t 下一关: N  重启本关: R  悔一步（不能连续悔）: ESC\n\n");

    return nsucc;                              //返回已正确放入预定位置的箱子数
}

//开始进行游戏第 n 关
void  StartLevel(int n)
{
    int initmap[MAP_ROW][MAP_COL];            //表示原始地图
    int nboxes;                               //nboxes 用来统计本关中箱子的数量
    int i, j;
    FILE *fp;                                 //操作地图文件的文件指针
    char line[80];                            //读取地图一行的缓冲区
    char *token;                              //解析地图每一行的 token
    int map[MAP_ROW][MAP_COL];                //第 n 关的游戏地图
    int nlines;                               //用于连续读取游戏地图 MAP_ROW 行的计数器
    int tn;                                   //用于读取第 n 关地图的计数器

    i = 0;                                    //地图二维数组的行下标
    j = 0;                                    //地图二维数组的列下标
    tn = n;
    nboxes = 0;
    nlines = 0;

    //打开当前目录下的游戏地图文件 map.dat（一个文本文件）
    if ((fp = fopen("map.dat", "rt")) == NULL)
    {
        printf("游戏地图文件 map.dat 没有找到！ ");

        delay(2000);

        exit(0);                              //退出程序
    }

    //printf("读取第%d 关地图: \n", n);
    while (!feof(fp))
    {
        //跳过前面的 n-1 关的地图
        while (tn > 0)
        {
            //读取每关地图前的引导兼分隔行=====
            fgets(line, 80, fp);
```

```
            //本行含有===则为引导兼分隔行
            if (strstr(line, "="))
            {
                    tn--;
            }
        }

        //开始读取地图行
        fgets(line, 80, fp);
        if (!strstr(line, "="))
        {
            nlines++;
            if (nlines > MAP_ROW)
            {
                    break;
            }

            //将地图行用逗号、空格和换行符隔开的数值存入对应的游戏地图数组中
            token = strtok(line, ", \n");
            while (token != NULL)
            {
                    map[i][j] = atoi(token);
                    j++;
                    token = strtok(NULL, ", \n");
            }

            //行数加 1
            i++;

            //列下标回到行首
            j = 0;
        }
    }

fclose(fp);                                   //地图文件读完，关闭文件

for (i = 0; i < MAP_ROW; i++)
{
    for (j = 0; j < MAP_COL; j++)
    {
        initmap[i][j] = map[i][j];
        if (map[i][j] == TARGET || map[i][j] == TARGET_IN)  //统计箱子个数
        {
                nboxes++;
        }
    }
}

//如果不是最后一关，则进入下一关，否则提示返回游戏主菜单界面
int ret = PlayGame(map, initmap, nboxes, n);

switch (ret)
{
```

405

```
                case KEY_NEXT:
                    if (n != LAST)
                    {
                        StartLevel(n + 1);              //不是最后一关，则进入下一关
                    }
                    else                                //是最后一关，则返回主界面
                    {
                        cls();
                        gotoxy(20, 11);
                        printf("已经是最后一关，2 秒后将返回游戏主界面！");
                        delay(2000);
                    }
                    break;
                case KEY_RETRY:
                    StartLevel(n);                      //重启本关
                    return;
                default:                                //返回游戏主界面
                    return;
            }
        }


//游戏操作过程，nboxes 代表箱子个数，当前游戏位于第 n 关
//返回值：KEY_NEXT-直接进入下一关，KEY_RETURN-返回游戏主菜单界面，
//KEY_RETRY-重启本关
int PlayGame(int map[][MAP_COL], int initmap[][MAP_COL], int nboxes, int n)
{
    int i, j;
    int playerx, playery;                           //玩家的 x,y 位置坐标
    char op;                                        //游戏操作所按下的方向键
    int nsucc = 0;                                  //成功推达目的地的箱子个数

    //用于撤销上一步操作的相关临时存储变量
    int lastpx, lastpy;                             //上一步玩家的 x,y 位置坐标
    char oplast;                                    //上一步的操作方向键
    int nsucclast;                                  //上一步时已经成功推达目的地的箱子个数
    int cur, next, nnext;                           //上一步的当前、下一步、下下一步的 map 地图元素值
    int isFirst = 1;                                //按 Esc 键之前是否有其他操作

    long starttime, endtime;                        //用于统计玩家本关用时的起止时间
    int nsteps = 0;                                 //用于统计玩家移动的步数
    int ismusicon = 1;                              //是否打开音效，1 表示打开，0 表示关闭

    starttime = time(NULL);
    while (1)
    {
        //循环遍历游戏地图，寻找玩家的位置
        for (i = 0; i < MAP_ROW; i++)
        {
            for (j = 0; j < MAP_COL; j++)
            {
                //地图中元素数值为 6 的代表了玩家的位置
                if (map[i][j] == PLAYER)
                {
```

```
                    break;
            }
        }
        if (j < MAP_COL)
        {
            break;
        }
    }

    //将地图数组中的玩家的 x,y 坐标赋值给 playerx 和 playery
    playerx = i;
    playery = j;

    //保存用于撤销上一步时已经成功推达的箱子的个数
    nsucclast = nsucc;

    //打印当前游戏第 n 关的游戏地图
    nsucc = PrintMap(map, n);

    //已经成功将所有箱子都推达目的地，则闯关成功
    if (nsucc == nboxes)
    {
        endtime = time(NULL);
        gotoxy(34, 17);
        printf("恭喜您移动%d 步用时%d 秒第%d 关闯关成功！！\n", nsteps, \
            (endtime - starttime), n);
        if (ismusicon)
        {
            play_sound("over.wav");             //播放过关的声音
        }
        delay(3000);                            //延时 3 秒进入下一关

        return KEY_NEXT;
    }
    else                                        //还有箱子没有推达目的地
    {
        //如果玩家没有按键
        while (!kbhit())
        {
            delay(100);
            gotoxy(34, 17);
            endtime = time(NULL);
            printf("您已移动%d 步，用时%d 秒！                    \n", \
                nsteps, (endtime - starttime));
        }

        op = getch();                           //继续读取玩家键盘输入

        //输入大写 N 或小写 n 都直接进入游戏下一关
        if ((op == 'n') || (op == 'N'))
        {
            return KEY_NEXT;
        }
```

```
        else if ((op == 'o') || (op == 'O'))
        {
                ismusicon = !ismusicon;//切换音效
        }
        else if ((op == 'q') || (op == 'Q'))
        {
                //输入大写 Q 或小写 q 则返回主菜单界面
                return KEY_RETURN;
        }
        else if ((op == 'R') || (op == 'r'))
        {
                //输入大写 R 或小写 r 则重启本关
                return KEY_RETRY;
        }
}


//玩家操作输入键
switch (op)
{
        case KEY_UP:                                    //向上的光标键
                cur = map[playerx][playery];            //保存当前位置值
                next = map[playerx - 1][playery];       //保存下一个位置值
                nnext = map[playerx - 2][playery];      //保存下下一个位置值
                oplast = op;                            //保存当前方向值
                lastpx = playerx;                       //保存当前玩家的 x 坐标
                lastpy = playery;                       //保存当前玩家的 y 坐标
                MoveBox(map, playerx, playery, UP, initmap, &nsteps, ismusicon);
                isFirst = 0;                            //按 Esc 键前已有别的操作，可以撤销
                break;
        case KEY_RIGHT:                                 //向右的光标键，和上面类似的处理
                cur = map[playerx][playery];            //保存当前位置值
                next = map[playerx][playery + 1];
                nnext = map[playerx][playery + 2];
                oplast = op;
                lastpx = playerx;
                lastpy = playery;
                MoveBox(map, playerx, playery, RIGHT, initmap, &nsteps, ismusicon);
                isFirst = 0;
                break;
        case KEY_DOWN:                                  //向下的光标键，和上面类似的处理
                cur = map[playerx][playery];
                next = map[playerx + 1][playery];
                nnext = map[playerx + 2][playery];
                oplast = op;
                lastpx = playerx;
                lastpy = playery;
                MoveBox(map, playerx, playery, DOWN, initmap, &nsteps, ismusicon);
                isFirst = 0;
                break;
        case KEY_LEFT:                                  //向左的光标键，和上面类似的处理
                cur = map[playerx][playery];
                next = map[playerx][playery - 1];
```

```
                            nnext = map[playerx][playery - 2];
                            oplast = op;
                            lastpx = playerx;
                            lastpy = playery;
                            MoveBox(map, playerx, playery, LEFT, initmap, &nsteps, ismusicon);
                            isFirst = 0;
                            break;
                    case KEY_ESC:                              //如果前面有操作，按 Esc 键则撤销上一步操作
                            if (!isFirst)                      //否则前面没有操作，按 Esc 键无效果
                            {
                                    isFirst = 1;
                                    nsteps--;                  //玩家移动步数减 1
                                    gotoxy(34, 17);
                                    endtime = time(NULL);
                                    printf("您已移动%d 步，用时%d 秒！                    \n", \
                                            nsteps, (endtime - starttime));

                                    //撤销上一步操作，恢复相关的变量值（根据上一步操作进行反向恢复）
                                    nsucc = nsucclast;
                                    playerx = lastpx;
                                    playery = lastpy;
                                    map[playerx][playery] = cur;

                                    switch (oplast)
                                    {
                                            case KEY_UP:
                                                    map[playerx - 1][playery] = next;
                                                    map[playerx - 2][playery] = nnext;
                                                    break;
                                            case KEY_DOWN:
                                                    map[playerx + 1][playery] = next;
                                                    map[playerx + 2][playery] = nnext;
                                                    break;
                                            case KEY_LEFT:
                                                    map[playerx][playery - 1] = next;
                                                    map[playerx][playery - 2] = nnext;
                                                    break;
                                            case KEY_RIGHT:
                                                    map[playerx][playery + 1] = next;
                                                    map[playerx][playery + 2] = nnext;
                                                    break;
                                    }
                            }
                    }
            }
}

//玩家方向移动，处理对应的游戏地图数组
void MoveBox(int map[][MAP_COL], int playerx, int playery, int direction, \
            int initmap[][MAP_COL], int *nsteps, int ismusicon)
{
    int nextplayerx, nextplayery;                  //玩家下一步要走的位置坐标
    int nnextplayerx, nnextplayery;                //玩家下下一步要走的位置坐标
```

```c
switch (direction)
{
    case UP:                                 //向上移动
        nextplayerx = playerx - 1;
        nextplayery = playery;
        nnextplayerx = playerx - 2;
        nnextplayery = playery;
        break;
    case RIGHT:                              //向右移动
        nextplayerx = playerx;
        nextplayery = playery + 1;
        nnextplayerx = playerx;
        nnextplayery = playery + 2;
        break;
    case DOWN:                               //向下移动
        nextplayerx = playerx + 1;
        nextplayery = playery;
        nnextplayerx = playerx + 2;
        nnextplayery = playery;
        break;
    case LEFT:                               //向左移动
        nextplayerx = playerx;
        nextplayery = playery - 1;
        nnextplayerx = playerx;
        nnextplayery = playery - 2;
}

//对游戏地图进行相应处理
//判断玩家下一步要走的位置
switch (map[nextplayerx][nextplayery])
{
    case WALL:                               //下一位置是墙，不能移动
        break;
    case SPACE:                              //下一位置为墙内空地
    case TARGET:                             //下一位置为空的目的地
        //玩家移动步数加1
        (*nsteps)++;
        if (ismusicon)
        {
            play_sound("go.wav");            //播放移动的声音
        }
        map[nextplayerx][nextplayery] = PLAYER; //将玩家移动到下一位置
        if ((initmap[playerx][playery] == TARGET)
                || (initmap[playerx][playery] == TARGET_IN))
        {
                                             //将玩家所在位置初始为空目的地或满目的地
                                             //玩家移动后此处恢复为空目的地
            map[playerx][playery] = TARGET;
        }
        else
```

```
        {
                                              //玩家所在位置初始为墙内空地、箱子或者玩家
                                              //玩家移动后此处恢复为墙内空地
                map[playerx][playery] = SPACE;
        }
        break;
case BOX:                                     //下一位置是箱子和下一位置是已放好箱子的目的地
case TARGET_IN:
        if (map[nnextplayerx][nnextplayery] == TARGET)
        {
                //下下位置为空目的地，箱子和玩家一起移动，箱子推达目的地
                map[nnextplayerx][nnextplayery] = TARGET_IN;
                map[nextplayerx][nextplayery] = PLAYER;
                //玩家移动步数加 1
                (*nsteps)++;
                if (ismusicon)
                {
                        play_sound("go.wav");     //播放移动的声音
                }
        }
        else if (map[nnextplayerx][nnextplayery] == SPACE)
        {
                //下下位置为空地，箱子和玩家一起移动，箱子落入空地
                map[nnextplayerx][nnextplayery] = BOX;
                map[nextplayerx][nextplayery] = PLAYER;
                //玩家移动步数加 1
                (*nsteps)++;
                if (ismusicon)
                {
                        play_sound("go.wav");     //播放移动的声音
                }
        }
        else
        {       //下下位置为墙、箱子或者满目的地，不能移动，直接退出
                break;
        }
        if ((initmap[playerx][playery] == TARGET)
            || (initmap[playerx][playery] == TARGET_IN))
        {
                //玩家所在位置初始为空目的地或满目的地
                //玩家移动后此处恢复为空目的地
                map[playerx][playery] = TARGET;
        }
        else
        {
                //玩家所在位置初始为墙内空地、箱子或者玩家
                //玩家移动后此处恢复为墙内空地
                map[playerx][playery] = SPACE;
        }
    }
}
```

小　结

本章详细地讲解了作者自行设计实现的控制台文本函数库 mycon 的安装配置及应用编程。首先介绍了使用各种第三方函数库的核心要点（引用头文件和链接库实现代码），然后介绍了 mycon 库的安装配置及基本使用，最后利用 mycon 库设计实现了有声有色的打字机动画效果的 HelloWorld 程序、超级赌马大赛游戏、弹小球游戏、打飞机游戏、贪吃蛇游戏、推箱子游戏。涉及软件开发中的配置文件的读取、系统的初始化、系统的架构与组织、内存数据的组织与处理、动画的基本原理等。

习题与实践

1. 利用 mycon 库设计实现各种动画效果的字符广告跑马灯、字符雨等。

2. 利用 mycon 库设计实现字符秒表：按 p 暂停，按 s 开始，按 c 清除。

3. 利用 mycon 库设计实现多种形式的键盘打字练习软件。

4. 请完善推箱子游戏，让玩家可以无限制地撤销上一步移动。再进一步完善推箱子游戏，可以以文件的形式记录玩家在每关通关成功时的移动操作全过程（将成功的通关操作过程记录下来，以供以后查看或进行动态演示）。

5. 请利用 mycon 库设计实现如下几个小游戏：走迷宫、五子棋、俄罗斯方块、小鸡过马路等。

6. 发挥你的想象力，尽可能地用字符设计出各种漂亮的字符界面，如字符菜单、字符输入框等，如果有可能，百度一下各种各样的非图形界面的小程序或小软件。

7. 思考软件开发中用户界面设计的基本原则和核心要点有哪些。

第 21 章　开源图形库 EGE

学习目标

（1）掌握开源图形库 EGE 的配置与使用。
（2）综合利用 EGE 图形库开发各种应用。
（3）熟练应用 C 语言的各种基础知识。
（4）领悟和实践模块化程序设计方法。

上一章学习了作者自行设计实现的控制台文本库 mycon 的配置与使用，在编写贪吃蛇、打飞机、推箱子等项目的过程中融会贯通了前面所学的 C 语言的各种基础知识。本章将介绍开源图形库 EGE 的配置与使用，并用 EGE 库开发具有简单图形界面的应用程序。

21.1　EGE 使用基础

21.1.1　EGE 简介

EGE 的全称是 Easy Graphics Engine，即简单图形引擎。其设计目标是为 Windows 平台下 C 语言学习者提供一个类似于早期 DOS（Disk Operating System，磁盘操作系统，微软公司在 Windows 之前的一个命令行字符界面的操作系统）环境下类似 TC（Turbo C，DOS 环境下一个好用简单易学的 C 语言学习开发环境，现在已较少使用）中的 BGI（Borland 公司的图形接口）。它的图形函数使用方法都和 TC 中的类似，非常简单，容易上手。它支持多种 C 语言开发环境，如微软的 VC 系列，同时也支持 MingGW 编译器和使用 MingGW 编译器的 IDE，如 Dev-C++、Code::Blocks、Eclipse for C/C++等。目前最新版本为 EGE19.01。

关于 EGE 的进一步的详细说明以及库的文档及示例程序，请百度 EGE 图形库，自行查看。

21.1.2　EGE 的配置与基本使用

EGE 库的配置非常简单，首先从网上百度 EGE 图形库并下载相应的压缩包文件，如作者目前使用的 EGE12.11，然后进行解压缩（如果你的计算机中没有安装相应的压缩和解压缩软件，请自行百度 winrar 或 winzip 等压缩解压缩软件并安装）。解开以后，把 include 目录下所有的文件都复制到 Dev-C++的 include 目录下，例如作者的 Dev-C++目录是 C:\Dev-Cpp\include，然后将 lib 目录下对应版本目录下的静态实现库文件 libgraphics.a 复制到 Dev-C++的 lib 目录下，例如作者复制的是 mingw3.5 目录下的 libgraphics.a 文件，复制到的位置是 C:\Dev-Cpp\lib（这个需根据你的 Dev-C++版本来选择正确的目录和文件）。解压后的目录中有一个 man 目录和 demo 目录，分别是 EGE 库的帮助文档和示例程序，大家可以慢慢阅读参考。学会阅读各种开源库的帮助文档和示例程序，可以帮助你快速掌握该库的基本用法。

EGE 库中提供了众多的库函数，大致分为如下几类：绘图环境相关、颜色表示相关、绘制图形相关、文字输出相关、图像处理相关、键盘鼠标输入相关、时间相关、数学运算相关、随机函数及其他一些辅助功能。这些库函数的详细介绍及用法，建议多阅读库的帮助文档和示例程序代码。

读者可能安装了不同的 Dev-C++版本，但都大同小异，只需做相应的复制即可。注意，这个库是分 32 位版本和 64 位版本的，现在的计算机一般都是 64 位的，所以必须用 64 位的库，但如果你的计算机是 32 位的，则必须用 32 位的库，否则会出现问题。

上述工作完成后，EGE 图形库就准备就绪，可以使用了。在此特别感谢 EGE 库的开发维护者，正是他们的辛勤努力和无私奉献，众多的 C 语言初学者才有了在 Windows 平台下快速简单上手和使用图形编程的无限可能性。下面来编写我们的第一个 EGE 图形程序，它的功能是实现图形方式的打字机动画效果。

注意，EGE 图形编程的基本步骤（和 TC 的图形编程类似）：首先用 initgraph 初始化图形模式；然后利用各种图形函数绘制图形；最后关闭图形模式 closegraph。

【例 21-1】图形打字机动画版的 HelloWorld 程序（源文件文件名 helloege.c）。

```c
//第一个 EGE 图形窗口程序
#include <string.h>
#include <graphics.h>

int main(void)
{
    //初始化窗口为 640*480 大小
    initgraph(640, 480);

    //设置窗口标题
    setcaption("Hello,EGE!我的第一个 EGE 图形程序！");

    //先画一个矩形，以便于看出背景色的问题
    setfillcolor(EGERGB(0x0, 0x80, 0x80));
    bar(0, 0, 640, 480);

    //文字背景色（注意 setfontbkcolor 函数也会同时改变文字背景色）
    setfontbkcolor(EGERGB(0x80, 0x00, 0x80));

    //设置字体，第一个参数是字体的高度（像素），第二个参数是字体的宽度，
    //第二个参数如果为 0，就使用默认比例值
    //如果高度为 12，即相当于小五号字，或者 9 磅字，实际的换算就自己完成吧
    setfont(72, 0, "宋体");

    //设置文字背景填充方式为透明，默认为 OPAQUE 不透明
    setbkmode(TRANSPARENT);
```

```
    randomize();                                        //初始化随机数种子

    char msg[] = "Hello,EGE!";                          //待显示的字符串
    int len = strlen(msg);                              //获取字符串长度
    int width = textwidth("h");                         //获取字符的宽度
    int x = 320 - len / 2 * width;                      //让字符串水平居中
    int y = 180;                                         //字符串的垂直位置

    for (int i = 0; i < len; i++)
    {
        //随机文字颜色
        setcolor(EGERGB(random(255), random(255), random(255)));

        outtextxy(x, y, msg[i]);
        delay(500);
        x = x + width;
    }

    //等待用户按键
    getch();

    //关闭图形界面
    closegraph();

    return 0;
}
```

将程序文件命名为 helloege.c，然后在命令行窗口利用下面的命令进行编译链接：

```
 g++ helloege.c -lgraphics -lgdi32 -limm32 -lmsimg32 -lole32 -loleaut32 -lwinmm -luuid -mwindows
-o helloege.exe。
```

编译命令说明：

（1）g++，用 g++编译器编译，它支持编译 C++程序，因为 EGE 库的底层实现用到了 Windows API 和一些 C++的东西，所以不能再用 gcc 编译链接。

（2）helloege.c 是待编译的源程序文件名。

（3）-lgraphics -lgdi32 -limm32 -lmsimg32 -lole32 -loleaut32 -lwinmm -luuid -mwindows，这一大堆对各种库的链接引用，初学者不用管它，照着输入即可，还是因为 EGE 库的实现利用了 Windows API 的各种链接库，没有它们 EGE 不能工作。

（4）-o helloege.exe，是指定编译链接输出文件的名字，可以自己取名，不用跟源程序名一致，在 Windows 平台，可执行文件的文件扩展名一般取名为.exe。

如果你的源程序没有错误，成功编译链接，生成了 helloege.exe，则可以在命令行下继续运行：

```
helloege
```

即输入 helloege 后直接回车，就能运行咱们的第一个图形打字机动画版的程序。

程序运行效果如图 21-1 所示。

图 21-1　图形打字机动画版的 Hello, EGE！程序运行效果

21.2　EGE 的应用编程案例

21.2.1　汉字点阵显示及变换

本节将应用 EGE 图形库开发一个以图形方式查看汉字点阵信息的小工具。

程序启动时，将以图形输入框的形式接收用户的输入（庆幸，EGE 库直接提供了！），并且具有输入容错功能，即用户输入的字符串中第一个字符如果不是汉字，则继续提示输入，直到输入的串中第一个字符是汉字为止。然后程序从汉字库文件 HZK16.txt 中读取该串中第一个字符（必须是汉字）的点阵信息，以图形方式显示在程序窗体中，并可以通过上下左右光标键对点阵进行上下左右旋转变换。按 n 或 N 键可以继续输入查看下一个汉字的点阵信息，按 Esc 键则退出整个程序。

程序的运行效果如图 21-2 和图 21-3 所示。

图 21-2　输入待查看点阵汉字的运行效果

图 21-3　图形方式显示汉字点阵的运行效果

　　整个项目的技术难点何在？一是汉字相关的知识，二是点阵信息如何进行上下左右旋转变换，三是如何利用 EGE 加载和显示图片。

　　先解决第一个技术难点：汉字在计算机中是如何存储表示并以点阵的形式显示的？

　　关于汉字的存储表示，有相应的国家标准，即国标 GB2312—1980。在这个标准中，将常用的数千个汉字及一些图形符号按拼音分别排列，分为 94 个区，每个区 94 个汉字或图形符号（请自行百度 GB2312—1980 区位编码表），这个就是汉字的区号和位号，例如汉字"中"字位于第 54 区第 48 位，则它的区号为 54，位号为 48。将该汉字的区号和位号分别加上十六进制的 0xa0，即得到汉字的内码（即汉字在计算机内的存储表示编码），如"中"字的内码为 0xD6、0xD0（一个汉字占 2 个字节），合在一起用十六进制表示为 0xD6D0。反过来，知道了汉字的内码，每个字节减去 0xa0，就得到了汉字对应的区号和位号。

　　本项目中采用的汉字字库文件为 16*16 点的 HZK16.txt，即一个汉字以 16 行 16 列的点阵形式显示，每个点存储为二进制的 1 个比特，1 表示显示该点，0 表示该点不显示，为空白，这样实际上，一行的 16 个点就构成了 2 个字节，一共 16 行，所以一个汉字的点阵信息，按从上到下、从左到右，一共有 32 个字节。这 32 个字节的信息就存储在 16*16 点的 HZK16.txt 文件中，存储的具体方式是按照 GB2312—1980 编码表中的顺序，即位于第 1 区第 1 位的符号首先存储在该文件的前 32 个字节（它们相对于文件头的偏移地址为 0~31），位于第 1 区第 2 位的符号存储在接下来的 32 个字节（它们相对于文件头的偏移地址为 32~63），以此类推，直到所有汉字存储完毕。根据这个存储规律，如果我们知道了汉字的内码（汉字在计算机内的存储，如以字符数组的形式存储在某个数组中，则数组中连续的两个字符就是该汉字的内码），就可以每个字节（字符）值减去十六进制的 0xa0，从而得到该汉字的区号和位号，有了这个区号和位号，就可以算出这个汉字的 32 个字节的点阵信息在文件中相对于文件头的偏移。这个公式为：(94 * (区号-1) + (位号-1)) * 32L。

　　通过前面章节学过的文件随机访问的知识，可以从文件头偏移公式计算出来那个值，从而把文件的读写指针移动到该汉字 32 个字节的点阵信息的第一个字节位置处，然后通过块读，一次读出 32 个字节，存放到数组 mat 中。mat 的定义如下：

```
unsigned char mat[16][2];
```

　　注意 C 语言中类型 char 是带符号的，其取值范围为[-128, 127]，由于汉字的内码或点阵信息都是不带符号的，所以可以通过 unsigned char 类型来处理，该类型的取值范围为[0, 255]。

至此，本项目的第一个难点解决了。

接下来看第二个难点，如何对存储在二维数组 mat 中的汉字点阵进行上下翻转显示、左右翻转显示，其实就是如何以双重或多重循环的形式改变显示方式而已，而数组 mat 本身根本就不用动。请读者先自行思考，如何实现（比如读取某个汉字的点阵，以正常方式显示在字符方式下，以上下镜像的方式显示在字符方式下，以左右镜像的方式显示在字符方式下），这对于锻炼你的逻辑思维能力很有帮助。

至于第三个难点，建议读者认真阅读 EGE 的帮助文档和示例程序，就会发现，利用 EGE 加载一个图片，并显示在窗体某个位置，真的是非常简单的事。

技术难点都解决了，下面就建议直接阅读整个程序的源代码（当然，最好最理想的学习方法是先不看这个源代码，先尝试自己编写，看能不能实现出来，实在不行了，经过了 N 多折磨后，再来部分参考教材的源代码，这样可以极大地锻炼编程能力和逻辑思维能力）。在阅读源代码时，注意以上的技术难点是如何用代码实现的。

【例 21-2】汉字点阵显示及变换。

程序的完整源代码如下：（源文件文件名 showhzdots.c）

```
/**
 * 项目名称：汉字点阵显示及变换。
 * 开发日期：2019 年 4 月 2 日。
 * 作    者：BBC
 * 项目说明：
 *     从字库文件中读取单个汉字的点阵以图形方式显示，
 *     并可以通过上下左右光标键控制进行上下左右旋转变换。
 *     按 n 或 N 键可以输入查看下一个汉字的点阵信息。
 *     按 Esc 键退出程序。
 * 命令行编译: g++ showhzdots.c -lgraphics -lgdi32 -limm32 -lmsimg32 -lole32
 *             -loleaut32 -lwinmm -luuid -mwindows -o showhzdots.exe
 */
#include <graphics.h>
#include <stdlib.h>
#include <conio.h>
#include <stdio.h>
#include <string.h>

#define LEFT      293                              //EGE 中向左光标键的键值
#define UP        294                              //EGE 中向上光标键的键值
#define RIGHT     295                              //EGE 中向右光标键的键值
#define DOWN      296                              //EGE 中向下光标键的键值
#define ESC       27                               //EGE 中 Esc 键的键值
#define NEXTn     110                              //EGE 中输入 n 键的键值
#define NEXTN     78                               //EGE 中输入 N 键的键值

//读取 msg 数组中第一个字符（汉字占 msg[0]和 msg[1]）的点阵到数组 mat 中
void load_dots_from_file(unsigned char mat[][2], unsigned char msg[])
{
    FILE *fphzk; //指向打开的汉字库文件 hzk16.txt 的文件指针

    if ((fphzk = fopen("hzk16.txt", "rb")) == NULL)    //只读二进制文件的方式打开
    {
```

```
        printf("汉字库文件 hzk16.txt 读取错误! ");
        exit(0);
    }

    //通过汉字的内码，每个字节减去 0xA0，得到汉字的区号和位号
    int i = msg[0] - 0xa0;
    int j = msg[1] - 0xa0;                              //获得区码 i 与位码 j

    //SEEK_SET 代表从文件头开始移动读写指针
    fseek(fphzk, (94 * (i - 1) + (j - 1)) * 32L, SEEK_SET);
    //读取当前文件读写指针所指的连续 32 个字节的数据（某个汉字的点阵）
    fread(mat, 32, 1, fphzk);

    /**
```

　　说明：汉字库 HZK16.txt 文件中，每个汉字的字模信息为 16 * 16，即一个汉字占 16 * 2 = 32 个字节。字库文件中的字模信息从第 1 区第 1 位的字符开始，顺序存储，因此知道了某个汉字的区号 i 和位号 j，可以计算出该汉字在字库文件中相对于文件首部的偏移位置。例如，第 1 区第 1 位的字符，在 HZK16.txt 文件中占 32 个字节，其相对于文件头部的偏移为 0,1,2,3,…,31。第 1 区第 2 位的字符，偏移分别为 32,33,…,63，以此类推。国家标准 GB2312—1980 中，将汉字及一些图形符号分为 94 个区，每个区 94 个汉字或图形符号，将这个区号和位号分别加上 0xa0，就得到了该汉字在计算机内存或磁盘上的存储编码（称为内码），反过来，知道了汉字的内码，每个字节减去 0xa0，就得到了汉字对应的区位码（区号和位号），而知道了区号和位号，就可以计算出相对于文件头的偏移量，从而找出该汉字的点阵信息。*/

```
    fclose(fphzk);
}

//向上变换汉字点阵
void rotate_up(unsigned char mat[][2], PIMAGE imgblock, PIMAGE imgball)
{
    //让 16 * 16 的汉字点阵在窗口正中显示，
    //整个窗口 36 * 22 张 35 * 35 像素的图片可完全填满
    //所以 x 坐标为(36 - 16) / 2 * 35 = 350，同理 y 坐标为(22 - 16) / 2 * 35 = 105
    int x = 350;
    int y = 105;

    for (int j = 0; j < 16; j++)
    {
        for (int i = 0; i < 2; i++)
        {
            for (int k = 0; k < 8; k++)
            {
                if (mat[j][i] & (0x80 >> k))            //测试为 1 的位则显示
                {
                    putimage(x + i * 35, y + j * 35, imgball);
                }
                else
                {
                    putimage(x + i * 35, y + j * 35, imgblock);
                }
                //x = 200 + (i * 8 + k + 1) * 12;
                x = x + 35;
            }
            x = x - 35;
        }
```

```
            x = 350;
        }
    }

//向下变换汉字点阵
void rotate_down(unsigned char mat[][2], PIMAGE imgblock, PIMAGE imgball)
{
    //让 16 * 16 的汉字点阵在窗口正中显示
    //整个窗口 36 * 22 张 35 * 35 像素的图片可完全填满
    //所以 x 坐标为(36 - 16) / 2 * 35 = 350，同理 y 坐标为(22 - 16) / 2 * 35 = 105
    int x = 350;
    int y = 105;

    for (int j = 15; j >= 0; j--)
    {
        for (int i = 0; i < 2; i++)
        {
            for (int k = 0; k < 8; k++)
            {
                if (mat[j][i] & (0x80 >> k))            //测试为 1 的位则显示
                {
                    putimage(x + (i * 8 + k) * 35, y, imgball);
                }
                else
                {
                    putimage(x + (i * 8 + k) * 35, y, imgblock);
                }
            }
        }
        y = y + 35;
    }
}

//向左旋转变换汉字点阵
void rotate_left(unsigned char mat[][2], PIMAGE imgblock, PIMAGE imgball)
{
    //让 16 * 16 的汉字点阵在窗口正中显示
    //整个窗口 36 * 22 张 35 * 35 像素的图片可完全填满
    //所以 x 坐标为(36 - 16) / 2 * 35 = 350，同理 y 坐标为(22 - 16) / 2 * 35 = 105
    int x = 350;
    int y = 105;

    for (int i = 1; i >= 0; i--)
    {
        for (int k = 7; k >= 0; k--)
        {
            for (int j = 0; j < 16; j++)
            {
                if (mat[j][i] & (0x80 >> k))            //测试为 1 的位则显示
                {
                    putimage(x + j * 35, y, imgball);
                }
                else
```

```
                {
                    putimage(x + j * 35, y, imgblock);
                }
            }
            y = y + 35;
        }
    }
}

//向右旋转变换汉字点阵
void rotate_right(unsigned char mat[][2], PIMAGE imgblock, PIMAGE imgball)
{
    //让 16 * 16 的汉字点阵在窗口正中显示
    //整个窗口 36 * 22 张 35 * 35 像素的图片可完全填满
    //所以 x 坐标为(36 - 16) / 2 * 35 = 350，同理 y 坐标为(22 - 16) / 2 * 35 = 105
    int x = 350;
    int y = 105;

    for (int i = 0; i < 2; i++)
    {
        for (int k = 0; k < 8; k++)
        {
            for (int j = 15; j >= 0; j--)
            {
                if (mat[j][i] & (0x80 >> k))          //测试为 1 的位则显示
                {
                    putimage(x + (16 - j) * 35, y, imgball);
                }
                else
                {
                    putimage(x + (16 - j) * 35, y, imgblock);
                }
            }
            y = y + 35;
        }
    }
}

//绘制空白的背景图片，整个窗口设计为 36 * 22 张大小为 35 * 35 像素的图片正好完全覆盖
void draw_blank_board(PIMAGE imgblock)
{
    for (int i = 0; i < 36; i++)
    {
        for (int j = 0; j < 22; j++)
        {
            putimage(i * 35, j * 35, imgblock);
        }
    }
}

int main(void)
{
    PIMAGE imgball;                              //小球图片，图片为 35 * 35 像素大小
```

```
PIMAGE imgblock;                                        //空白图片，图片为 35 * 35 像素大小
int isquit = 0;                                         //是否退出程序：0 表示不退出，1 表示退出

unsigned char mat[16][2];                               //存储待查看的汉字的 16 * 16 的点阵字模
unsigned char msg[100];                                 //待显示的汉字的临时存储区，只显示第一个汉字
char str[100];                                          //EGE 输入框临时存储缓冲区

//设置整个窗口为 36 * 22 张图片大小，即 1260 * 770 像素大小
initgraph(1260, 770);

cleardevice();
setcaption("汉字点阵显示及变换（光标上下左右键控制），n 或 N 键查询下一个汉字，ESC 键退出程序！");

//加载图片
getimage(imgball = newimage(), "ball.png");
getimage(imgblock = newimage(), "block.gif");

while (!isquit) //当不想退出时，可以反复查看多个汉字的点阵信息
{
    //利用 EGE 库提供的输入框输入待查的汉字，可以输入多个字符
    //但只查第一个字符（必须是汉字）的点阵
    //进行输入容错处理，输入的字符串第一个字符必须是汉字
    //否则继续输入，直到输入第一个字符是汉字为止
    while (1)
    {
        inputbox_getline("请输入一个汉字",
                "请输入待查看点阵的汉字，输入完请回车",
                str,
                sizeof(str) / sizeof(*str));

        //一个汉字在内存中占 2 个字节，每个字节的最高二进制位都是 1
        //看成无符号整数，都大于等于 0x80。
        if (((unsigned char)str[0] >= 0x80) && ((unsigned char)str[1] >= 0x80))
        {
            break;
        }
    }
    //将待查看的第一个是汉字的字符串复制到 msg 数组中
    //数组前两个元素为第一个汉字的内码
    strcpy((char *)msg, str);

    draw_blank_board(imgblock);                         //绘制空白的背景图片

    //读取字符串 msg 中第一个字符（应为汉字）的点阵信息到 mat 数组中
    load_dots_from_file(mat, msg);

    rotate_up(mat, imgblock, imgball);                  //初始向上正常显示汉字的点阵

    while (1)
    {
```

```
        int ch = getch();                               //接收用户的键盘输入

        if (ch == NEXTn || ch == NEXTN)                 //按 n 或 N 键返回查询下一个汉字
        {
            break;
        }

        draw_blank_board(imgblock);                     //绘制空白的背景图片

        switch (ch)
        {
            case ESC:
                isquit = 1;                             //输入 Esc 键退出程序
                break;
            case LEFT:
                rotate_left(mat, imgblock, imgball);    //按光标向左键，向左旋转
                break;
            case RIGHT:
                rotate_right(mat, imgblock, imgball);   //按光标向右键，向右旋转
                break;
            case UP:
                rotate_up(mat, imgblock, imgball);      //按光标向上键，向上旋转
                break;
            case DOWN:
                rotate_down(mat, imgblock, imgball);    //按光标向下键，向下旋转
        }
        if (isquit)
        {
            break;                                      //退出循环
        }
    }
}

closegraph();                                           //关闭图形模式
return 0;
}
```

代码读完了，请继续深入思考，在实际的项目开发中，如何进行输入容错处理，如何进行输入的数据校验（非空校验、输入必须是汉字、必须是数字、日期必须符合规定的格式等），以及输入数据的类型转换（EGE 的图形输入框中输入的都是字符串，如果要想转换为整数或浮点数，该怎么实现呢？例如利用 EGE 编写一个简单程序，输入圆的半径，计算输出圆的面积，或者是输入职工工资，计算输出应缴个人所得税。）

21.2.2　水平跑马灯广告牌

本节将应用 EGE 图形库开发一个简单的水平跑马灯广告牌，用户输入待发布的广告信息（必须全为汉字或英文全角字符，否则必须重新输入），系统进行水平来回移动显示整条广告，并且在移动过程中将逐字变换颜色。

项目的技术要点如同本章的上一个案例，采用图形输入框输入待显示的广告信息，并进行输入数据校验，保证输入的字符串中每个字符必须为汉字或全角英文字符或标点，然后读取 HZK16.txt 点阵文件，取出每个串中所有字符的点阵信息（每个字符为 16*16 点阵），并实现水平左右移动，并在移动中实现逐字变换颜色（本例中为逐字红色显示）。

系统运行效果如图 21-4 所示。

图 21-4　水平跑马灯广告牌的运行效果

【例 21-3】水平跑马灯广告牌。

系统较为简单，直接给出源代码。请自行思考如何实现，然后再阅读下面的源码：（源文件文件名 hzpmdad.c）

```
/**
 * 项目名称：水平跑马灯广告牌。
 * 开发日期：2019 年 4 月 2 日。
 * 作    者：BBC
 * 项目说明：
 *    从字库文件中读取广告字符串中所有字符的点阵以图形方式显示,
 *    广告水平左右移动，并在移动过程中逐字变换颜色。
 * 命令行编译：g++ hzpmdad.c -lgraphics -lgdi32 -limm32 -lmsimg32 -lole32 -loleaut32
 *            -lwinmm -luuid -mwindows -o hzpmdad.exe
 */
#include <graphics.h>
#include <stdlib.h>
#include <conio.h>
#include <stdio.h>
#include <string.h>

#define DELAYTIME 50                                        //广告移动延时，单位为毫秒

//输入要显示的广告信息（全是汉字或全角英文字符）到 msg 数组中
void getinput(unsigned char msg[])
{
    char str[100];
    int isinputok = 0;                        //是否输入全是汉字字符（英文必须为全角方式输入）

    //利用 EGE 库提供的输入框输入待显示的汉字或全角英文字符串,
    //进行输入容错处理，输入的字符串如果不满足条件,
    //则继续输入，直到输入正确为止。
    while (!isinputok)
    {
        inputbox_getline("跑马灯广告发布系统",
        "请输入待发布的广告信息\n 必须全为汉字或全角英文字，输入完请回车",
        str,
        sizeof(str) / sizeof(*str));

        //一个汉字在内存中占 2 个字节，每个字节的最高二进制位都是 1
        //看成无符号整数，都大于等于 0x80
```

```
            isinputok = 1;
            for (int i = 0; i < strlen(str); i++)
            {
                if ((unsigned char)str[i] < 0x80)
                {
                    //检测输入串是否全为汉字或全角英文字符
                    //若有一个不是，则输入失败
                    isinputok = 0;
                    break;
                }
            }
        }

    strcpy((char *)msg, str);//将输入成功的待显示字符串复制到数组 msg 中
}

//读取广告 msg 字符串中所有字符的点阵信息到 mat 数组中
void getmat(unsigned char mat[], unsigned char msg[])
{
    FILE *HZK;
    int i, j, k;
    unsigned char *p = mat;

    if ((HZK = fopen("hzk16.txt", "rb")) == NULL)
    {
        outtextxy(10, 10, "汉字库文件读取失败!");
        exit(0);
    }

    for (k = 0; k < strlen((char *)msg) / 2; k++)
    {
        i = msg[k * 2] - 0xa0;
        j = msg[k * 2 + 1] - 0xa0;           //*获得区码与位码
        fseek(HZK, (94 * (i - 1) + (j - 1)) * 32L, SEEK_SET);
        fread(p + k * 32, 32, 1, HZK);
    }

    fclose(HZK);
}

//显示广告信息 msg，其字符点阵在数组 mat 中
void showad(unsigned char mat[], unsigned char msg[])
{
    int i, j, k, t;                          //一些临时变量
    int x = 50;                              //最左上角像素的初始 x 坐标和 y 坐标
    int y = 100;
    int step = 4;                            //每次移动的距离，单位像素
    int xdir = 1;                            //水平运动方向（1 表示向右，-1 表示向左）
    int tx = x;                              //临时保存初始位置
    int lx = x;                              //临时保存初始位置
    int cur = 0;                             //当前字符变红色

    while (!kbhit())//按任意键退出程序
    {
        for (i = 0; i < 16; i++)             //控制输出 16 行
```

```
{
    //输出一行中的所有字符，一个汉字在 strlen 统计时占 2 个长度
    for (j = 0; j < strlen((char *)msg) / 2; j++)
    {
        for (t = 0; t < 2; t++)          //输出一个字符的 2 个字节
        {
            for (k = 0; k < 8; k++)      //输出一个字节的 8 个像素点
            {
                if (mat[j * 32 + i * 2 + t] & (0x80 >> k))
                {
                    if (j == cur)
                    {
                        //输出红色的像素点
                        putpixel(x, y, RGB(0, 0, 255));
                    }
                    else
                    {
                        //输出黄色的像素点
                        putpixel(x, y, RGB(0, 255, 255));
                    }
                }
                else
                {
                    putpixel(x, y, RGB(0, 0, 0));    //输出背景黑色的像素点
                }
                x = x + step;                //相邻两个像素点之间的距离
            }
        }
        x = x + step;                        //汉字字间距
    }
    lx = x;
    x = tx;
    y = y + step;                            //像素行间距
}
cur++;                                       //当前为红色的汉字的下标
if (cur > strlen((char *)msg) / 2)
{
    cur = 0;
}
y = 100;
x = tx + xdir * step;
tx = tx + xdir * step;
delay(DELAYTIME);


for (i = 0; i < 16; i++)
{
    if (xdir == 1)
    {
        //清除原来的左边第一列像素
        putpixel(x - step, y, RGB(0, 0, 0));
        y = y + step;
    }
    else
    {
```

```
                        //清除原来的右边第一列像素
                        putpixel(lx - step, y, RGB(0, 0, 0));
                        y = y + step;
                    }
                }

                //到达右边界则换向向左移动
                if (tx > (1280 - (strlen((char *)msg) / 2) * (16 * step) - \ (strlen((char *)msg) / 2 - 1) * step))
                {
                    xdir = -1;
                }

                //到达左边界则换向向右移动
                if (x < 10)
                {
                    xdir = 1;
                }
                y = 100;
            }
        }

        int main(void)
        {
            unsigned char mat[672];                  //最多 20 个汉字，每个汉字 32 字节，多一个 32 作为余量
            unsigned char msg[41];                   //最多 20 个汉字，如有英文字母，请用全角方式输入

            initgraph(1280, 300);

            cleardevice();
            setcaption("跑马灯广告发布系统");

            getinput(msg);                           //获取待显示的字符串（必须全为汉字或全角英文）

            getmat(mat, msg);                        //获取字符串中所有字符的点阵信息保存到 mat 中

            showad(mat, msg);                        //显示跑马灯广告

            closegraph();

            return 0;
        }
```

请在上面跑马灯效果的基础上，继续发挥你的想象力，设计实现各种各样的跑马灯广告效果，例如逐字放大、逐字跳动、整体变色等。

21.2.3 环形跑马灯广告牌

本节将应用 EGE 图形库开发一个稍微有点难度的环形跑马灯广告牌，用户输入待发布的广告信息（必须全为汉字或英文全角字符，否则必须重新输入），系统进行环状显示整条广告，并且进行同心的放大和缩小。

项目的技术要点如同本章的上一个案例，采用图形输入框输入待显示的广告信息，并进行输入数据校验，保证输入的字符串中每个字符必须为汉字或全角英文字符或标点，然后读取 HZK16.txt 点阵文件，

取出每个串中所有字符的点阵信息（每个字符为 16*16 点阵），并实现环状显示，并进行放大和缩小。

项目难点在于根据广告字符串的字符数，计算每个汉字的 16*16 像素点的显示坐标（不是最左上角的那个像素的坐标，而是显示一个汉字的像素块的中心点坐标），另外，汉字点阵显示的放大或缩小效果由增大或减少像素点之间的间距实现。可以先尝试自行设计实现，然后再带着问题阅读下面的源代码。

注意，本案例窗口大小为 1280 * 800，所以圆心坐标为（640, 400），假设圆的半径为 r，则可以通过下面的公式计算出每个汉字在窗口中进行显示的中心点的坐标：

```
// M_PI 为 math.h 中定义的圆周率常量
x = (int)(640 + r * sin(2 * M_PI / len * i));
//i 指示当前为第几个汉字字符（从 0 到串中汉字总数-1）
y = (int)(400 - r * cos(2 * M_PI / len * i));
```

每个汉字 16*16 点阵像素显示，像素之间的距离为 gap（单位也是像素），所以一个汉字一行 16 个像素点，中间有 15 个间距，所以一行实际占用的像素点数为 size = 15 * gap + 16，这也是一个汉字像素显示块的宽和高，由此可以计算出该汉字显示的最左上角的那个像素点的坐标（x – size / 2, y – size / 2）。

系统运行效果如图 21-5 所示。

图 21-5　环形跑马灯广告牌的运行效果

【例 21-4】环形跑马灯广告牌。

程序源代码如下：（源文件文件名 hzpmdadcircle.c）

```
/**
 * 项目名称：环形跑马灯广告牌。环形广告放大缩小过程中不清除，只在最大时清除。
 * 开发日期：2019 年 4 月 2 日。
 * 作    者：BBC
 * 项目说明：
 *    从字库文件中读取广告字符串中所有字符的点阵以图形方式显示
 * 命令行编译：g++ hzpmdadcircle.c -lgraphics -lgdi32 -limm32 -lmsimg32 -lole32
 *              -loleaut32 -lwinmm -luuid -mwindows -o hzpmdadcircle.exe
 */
#include <graphics.h>
#include <stdlib.h>
#include <math.h>
```

```
#include <conio.h>
#include <stdio.h>
#include <string.h>

#define DELAYTIME 50                                          //广告移动延时，单位为毫秒

//输入要显示的广告信息（全是汉字或全角英文字符）到 msg 数组中
void getinput(unsigned char msg[])
{
    char str[100];
    int isinputok = 0;                                        //是否输入全是汉字字符（英文必须为全角方式输入）

    //利用 EGE 库提供的输入框输入待显示的汉字或全角英文字符串
    //进行输入容错处理，输入的字符串如果不满足条件
    //则继续输入，直到输入正确为止
    while (!isinputok)
    {
        inputbox_getline("跑马灯广告发布系统",
                "请输入待发布的广告信息\n 必须全为汉字或全角英文字，输入完请回车",
                str,
                sizeof(str) / sizeof(*str));

        //一个汉字在内存中占 2 个字节，每个字节的最高二进制位都是 1
        //看成无符号整数，都大于等于 0x80
        isinputok = 1;
        for (int i = 0; i < strlen(str); i++)
        {
            if ((unsigned char)str[i] < 0x80)
            {
                //检测输入串是否全为汉字或全角英文字符
                //若有一个不是，则输入失败
                isinputok = 0;
                break;
            }
        }
    }

    strcpy((char *)msg, str);                                 //将输入成功的待显示字符串复制到数组 msg 中
}

//读取广告 msg 字符串中所有字符的点阵信息到 mat 数组中
void getmat(unsigned char mat[], unsigned char msg[])
{
    FILE *HZK;
    int i, j, k;
    unsigned char *p = mat;

    if ((HZK = fopen("hzk16.txt", "rb")) == NULL)
    {
        outtextxy(10, 10, "汉字库文件读取失败!");
        exit(0);
    }

    for (k = 0; k < strlen((char *)msg) / 2; k++)
    {
```

```
            i = msg[k * 2] - 0xa0;
            j = msg[k * 2 + 1] - 0xa0;                    //*获得区码与位码
            fseek(HZK, (94 * (i - 1) + (j - 1)) * 32L, SEEK_SET);
            fread(p + k * 32, 32, 1, HZK);
        }

        fclose(HZK);
}

//显示广告信息 msg，其字符点阵在数组 mat 中
//(x,y)最左上角像素的初始 x 坐标和 y 坐标
//gap 为像素点之间的间距
void showonechar(int x, int y, int gap, unsigned char mat[], \
                 unsigned char msg[], color_t color)
{
    int i, j, k, t;                                   //一些临时变量

    for (i = 0; i < 16; i++)                          //控制输出 16 行
    {
        t = x;
        for (j = 0; j < 2; j++)                       //输出一个字符的 2 个字节
        {
            for (k = 0; k < 8; k++)                   //输出一个字节的 8 个像素点
            {
                if (mat[i * 2 + j] & (0x80 >> k))
                {
                    putpixel(x, y, color);            //输出黄色的像素点
                }
                else
                {
                    putpixel(x, y, RGB(0, 0, 0));     //输出背景黑色的像素点
                }
                x = x + gap;                          //相邻两个像素点之间的距离
            }
        }
        x = t;
        y = y + gap;                                  //像素行间距
    }
}

//显示广告信息 msg，其字符点阵在数组 mat 中
void showad(unsigned char mat[], unsigned char msg[])
{
    int x, y;

    int len = strlen((char *)msg) / 2;
    randomize();                                      //初始化随机数种子
    color_t bkcolor = RGB(0, 0, 0);                   //背景黑色
    int gap = 5;                                      //像素间距
    int r = 300;                                      //初始圆的半径大小
    int dir = 1;                                      //半径放大方向：1 表示减小，-1 表示增大
    int size;                                         //一个汉字显示时占的像素宽或高

    while (1)
    {
```

```
        for (int i = 0; i < len; i++)
        {
            //(x,y)为一个汉字显示的像素矩形块的中心点的坐标
            x = (int)(640 + r * sin(2 * M_PI / len * i));
            y = (int)(400 - r * cos(2 * M_PI / len * i));

            //一个汉字显示的像素块大小
            //一个汉字 16 * 16 点阵，加上像素点的间距
            //16 个点有 15 个间距，间距大小为 gap
            size = 15 * gap + 16;

            //随机生成一个和背景色不同的颜色
            color_t color = RGB(random(255), random(255), random(255));
            while (color == bkcolor)
            {
                color = RGB(random(255), random(255), random(255));
            }

            //显示一个字符
            showonechar(x - size / 2, y - size / 2, gap, &mat[i * 32], &msg[i * 2], color);
        }

        delay(100);

        r = r - 20 * dir;                        //更改半径大小

        if (r <= 30)                             //到达最小，开始换为增大的方向
        {
            r = r + 20 * dir;                    //恢复上次的 r，保证 r 不小于 30
            dir = -1;
            delay(1000);                         //最小时多延时 1 秒后清屏
            cleardevice();
        }
        else if (r >= 300)                       //到达最大，开始换为缩小的方向
        {
            dir = 1;
            delay(1000);                         //最大时多延时一秒后清屏
            cleardevice();
        }

        gap = r / 70 + 1;                        //适当更改点阵中像素的间距
    }
}

int main(void)
{
    unsigned char mat[672];                      //最多20个汉字，每个汉字32字节，多一个32作为余量
    unsigned char msg[41];                       //最多20个汉字，如有英文字母，请用全角方式输入

    initgraph(1280, 800);

    cleardevice();
    setcaption("跑马灯广告发布系统");

    getinput(msg);                               //获取待显示的字符串（必须全为汉字或全角英文）
```

```
        getmat(mat, msg);                        //获取字符串中所有字符的点阵信息保存到 mat 中

        showad(mat, msg);                        //显示环形广告

        getch();

        closegraph();

        return 0;
}
```

思考：如果环形广告不是沿半径方向放大和缩小，而是沿环形进行顺时针或逆时针旋转，如何实现？如何在放大缩小的同时进行旋转呢？请设计更多的环形广告效果。

21.2.4 七段数码管日期时间

本节将应用 EGE 图形库开发一个以七段数码管的方式显示当前年月日时分秒的程序，该程序还能非精确地统计程序启动以来的大概时间（单位为毫秒）。

程序运行效果如图 21-6 所示。

图 21-6 七段数码管日期时间的运行效果

项目的技术要点有两点：一是和时间相关（如何获取当前时间（现在的年月日时分秒），如何统计程序自启动以来已经运行的时间（毫秒数）？）；二是如何用二进制位来存储表示七段数码管。

C 语言中和时间相关的函数都在头文件 time.h 中，常用的有两个，一个是 time，它返回从 1970 年 1 月 1 日 0 时 0 分 0 秒到现在的秒数（一个长整数），另一个是 clock，它返回从 1970 年 1 月 1 日 0 时 0 分 0 秒到现在的滴答数，在 time.h 文件中，还定义了一个常量 CLOCKS_PER_SEC，它用来表示一秒钟会有多少个时钟滴答。在 time.h 头文件中，上述相关的函数及常量定义如下：

```
clock_t  clock (void);
time_t  time (time_t*);

#define  CLOCKS_PER_SEC  ((clock_t)1000)
#define  CLK_TCK         CLOCKS_PER_SEC
```

```
#ifndef _TIME_T_DEFINED
typedef   long time_t;
#define _TIME_T_DEFINED
#endif

#ifndef _CLOCK_T_DEFINED
typedef   long clock_t;
#define _CLOCK_T_DEFINED
#endif
```

因此，当程序启动时调用 clock，记录一下当时的滴答数，然后在当前再次运行 clock，记录一下当前的滴答数，用当前的滴答数减去启动时的滴答数，就可以得到程序已运行的滴答数，即毫秒数（一个 long 型的长整数），用这个除以 CLOCKS_PER_SEC，就能得到已经运行的秒数。这个可以用于统计某段代码或算法运行所花费的时间，可用于性能比较及算法性能优化。

和时间相关的另一个问题，如何获取当前的日历时间，即当前的年月日时分秒呢？其实有了自 1970 年 1 月 1 日 0 时 0 分 0 秒以来的毫秒数，就可以通过相应的运算计算出现在的年月日时分秒，先思考如果自己编程实现类似的计算，你能实现出来吗？当然，在实际的软件开发中，如何获取当前的日历时间（年月日时分秒等）是一个经常碰到的问题，所以 C 标准库中已经提供了相应的函数来完成类似的转换，即将滴答数转换为年月日时分秒，显然日历信息内容较多，如现在的年份、月份、日、小时、分钟、秒、星期几等，转换后放哪儿呢？最好用一个结构体来存储相应的信息（实现相关的信息封装，同时也便于整体处理），这就是 time.h 头文件中定义好的 struct tm 结构体。程序源代码如下：

```
/*
 * A structure for storing all kinds of useful information about the
 * current (or another) time.
 */
struct tm
{
    int    tm_sec;          /* Seconds: 0-59 (K&R says 0-61?) */
    int    tm_min;          /* Minutes: 0-59 */
    int    tm_hour;         /* Hours since midnight: 0-23 */
    int    tm_mday;         /* Day of the month: 1-31 */
    int    tm_mon;          /* Months *since* january: 0-11 */
    int    tm_year;         /* Years since 1900 */
    int    tm_wday;         /* Days since Sunday (0-6) */
    int    tm_yday;         /* Days since Jan. 1: 0-365 */
    int    tm_isdst;        /* +1 Daylight Savings Time, 0 No DST,
                             * -1 don't know */
};
```

通过阅读头文件源码我们知道，返回的年份必须加上 1900，月份必须加上 1，这样处理后的年份和月份才和日常生活中的一致（否则 1 月变成 0 月了，显然和习惯不吻合）。

C 标准库中提供了一个 localtime 函数来将滴答数转换为日历时间相关的 tm 结构体：

```
struct tm*  localtime (const time_t*);
```

程序中获取当前日历时间的典型代码如下：

```
struct tm *now;            //定义一个指向结构体 tm 的指针 now
time_t systime;            //定义一个 time_t 类型的变量，用以接收秒数
...
```

```
time(&systime);              //获取从 1970 年 1 月 1 日 0 时 0 分 0 秒到现在的秒数
now = localtime(&systime);//将上面的值转换成年月日时分秒（一个结构体）
```

然后程序中就可以通过结构体指针 now 来访问某个具体的日历时间信息，如当前的年份 now->tm_year + 1900，当前的月份 now->tm_mon + 1，当前的日期 now->tm_mday 等。

关于时间的问题解决了（更深入的关于日期时间的话题请阅读 time.h 头文件以及百度相关知识来深入学习），接下来本项目的另一个难点是如何存储表示七段数码管数字 0~9。一个比较好的方案是采用二进制比特位来存储表示，设计方案如下：

对于每个七段数码管数字显示的七段，从上到下，从左到右，分别对应一个字节（8 个二进制比特位）的低 7 位，字节的最高位固定为 0。给这七段数码管按从上到下，从左到右，进行位置编号，分别为 1~7 号，如下：

```
    1
 2   3
    4
 5   6
    7
```

这七段分别对应一个字节的低 7 位，即 07654321（各段序号在二进制中的比特位置）。

例如，数字 0 对应的七段数码管及其二进制位为：

```
  -    1   <--最低比特位，这一段要显示，则该位为 1，否则为 0
|   |  11
       0
|   |  11
  -    1   <--七段中对应的最高比特位
       0   <--字节的最高位固定为 0
```

因此，其对应的二进制位为 01110111（从下往上看，从右向左看），即 0x77。

再如，数字 3 对应的七段数码管及其二进制位为：

```
  -    1   <--最低比特位，这一段要显示，则该位为 1，否则为 0
    |  01
  -    1
    |  01
  -    1   <--七段中对应的最高比特位
       0   <--字节的最高位固定为 0
```

因此，其对应的二进制位为 01101101，即 0x6d。

依此方法，可以依次计算出数字 0~9 分别对应的十六进制编码数值，将它们存储在一个字符数组中，方便用循环进行统一处理：

```c
char dot[] = {0x77, 0x24, 0x5d, 0x6d, 0x2e, 0x6b, 0x7b, 0x25, 0x7f, 0x6f};
```

请自行在稿纸上计算一下每个数字的二进制编码，再转换为十六进制编码。

弄懂了上面的两个技术难点，下面就可以轻松实现整个项目任务。

【例 21-5】七段数码管日期时间。

程序源代码如下：（源文件文件名 ledclock.c）

```c
/**
 * 项目名称：图形方式绘制七段数码管显示当前日期时间。
 * 开发日期：2019 年 4 月 3 日。
```

```
 * 作    者：BBC
 * 项目说明：
 *    获取系统当前的年月日时分秒并以七段数码管的形式进行图形方式显示。
 *    并演示如何统计程序已经启动运行的时间（毫秒数）。
 * 命令行编译：g++ ledclock.c -lgraphics -lgdi32 -limm32 -lmsimg32 -lole32 -loleaut32
 *              -lwinmm -luuid -mwindows -o ledclock.exe
 */
#include <graphics.h>
#include <time.h>
#include <stdio.h>

//显示左上角坐标为(x,y)的一个七段数码管数字的七段
void show(int x, int y, char ch)
{
    int width = textwidth("▮");                //获取字符的宽度

    //xyprintf(10, 60, "width: %3d", width);

    //经过测试，空白管输出 4 个空格看起来最漂亮
    //利用二进制位运算测试某位（即七段中的某段是否点亮）是否为 1
    //涉及的位运算：&位与（逻辑乘法）、>>右移
    xyprintf(x + width, y, (ch & 1) ? "—": "    ");
    xyprintf(x, y + width, ((ch >> 1) & 1) ? "▮": "    ");
    xyprintf(x + 2 * width, y + width, ((ch >> 2) & 1) ? "▮" : "    ");
    xyprintf(x + width, y + 3 * width, ((ch >> 3) & 1) ? "—" : "    ");
    xyprintf(x, y + 4 * width, ((ch >> 4) & 1) ? "▮" : "    ");
    xyprintf(x + 2 * width, y + 4 * width, ((ch >> 5) & 1) ? "▮" : "    ");
    xyprintf(x + width, y + 5 * width, ((ch >> 6) & 1) ? "—" : "    ");
}

//显示左上角坐标为(x,y)的冒号分隔符
void showsemicolon(int x, int y)
{
    int width = textwidth("▮");                //获取字符的宽度

    xyprintf(x + width, y + 2 * width, "·");
    xyprintf(x + width, y + 3 * width, "·");
}

//显示当前日期和时间
void showdatetime()
{
    struct tm *now;
    time_t systime;                             //typedef    long time_t;
    clock_t start, end;                         //typedef    long clock_t;

    /*
     * 以下是 time.h 头文件中关于 struct tm 结构体的定义
     * A structure for storing all kinds of useful information about the
     * current (or another) time.
     struct tm
     {
```

```
    int tm_sec;                              // Seconds: 0-59 (K&R says 0-61?)
    int tm_min;                              // Minutes: 0-59
    int tm_hour;                             // Hours since midnight: 0-23
    int tm_mday;                             // Day of the month: 1-31
    int tm_mon;                              // Months *since* january: 0-11
    int tm_year;                             // Years since 1900
    int tm_wday;                             // Days since Sunday (0-6)
    int tm_yday;                             // Days since Jan. 1: 0-365
    int tm_isdst;                            // +1 Daylight Savings Time, 0 No DST,
                                             // -1 don't know
};
*/
int year, month, day, hour, minute, seconds;
int leftupx = 100;                           //开始显示的最左上角的 x 坐标
int leftupy = 300;                           //开始显示的最左上角的 y 坐标
int width = textwidth("|");                  //获取一个字符的宽度

//xyprintf(10, 10, "width: %3d", width);


//数字 0~9 的七段数码管编码
//七段数码管的七段，从上到下，从左到右，
//分别对应一个字节的低 7 位，字节的最高位固定为 0
//    1
// 2  3
//    4
// 5  6
//    7
//这七段分别对应一个字节的低 7 位，即 07654321
//（各段序号在二进制中的比特位置）
//例如，数字 0 对应的七段数码管及其二进制位为：
//    -    1  <--最低比特位，这一段要显示，则该位为 1，否则为 0
//   |  |  11
//    0
//   |  |  11
//    -    1  <--七段中对应的最高比特位
//         0  <--字节的最高位固定为 0
//其对应的二进制位为 01110111，即 0x77
//再如，数字 3 对应的七段数码管及其二进制位为：
//    -    1  <--最低比特位，这一段要显示，则该位为 1，否则为 0
//      |  01
//    -    1
//      |  01
//    -    1  <--七段中对应的最高比特位
//         0  <--字节的最高位固定为 0
//其对应的二进制位为 01101101，即 0x6d
char dot[] = {0x77, 0x24, 0x5d, 0x6d, 0x2e, 0x6b, 0x7b, 0x25, 0x7f, 0x6f};


//统计程序初始时间
start = clock(); //返回从 1970 年 1 月 1 日 0 时 0 分 0 秒到现在的毫秒数（滴答数）


while (!kbhit())                             //按任意键退出程序
{
```

```
time(&systime);                                    //获取从 1970 年 1 月 1 日 0 时 0 分 0 秒到现在的秒数
now = localtime(&systime);                         //将上面的值转换成年月日时分秒（一个结构体）

//为什么年份要加 1900？
year = now->tm_year + 1900;
//为什么月份要加 1？答案请参考前面关于 struct tm 结构体的定义
month = now->tm_mon + 1;

day = now->tm_mday;
hour = now->tm_hour;
minute = now->tm_min;
seconds = now->tm_sec;

//显示年份（4 个数字依次显示）
show(leftupx, leftupy, dot[year / 1000]);
show(leftupx + 15 * width, leftupy, dot[year % 1000 / 100]);
show(leftupx + 30 * width, leftupy, dot[year / 10 % 10]);
show(leftupx + 45 * width, leftupy, dot[year % 10]);

//显示分隔符
showsemicolon(leftupx + 60 * width, leftupy);

//显示月份（2 个数字依次显示）
show(leftupx + 75 * width, leftupy, dot[month / 10]);
show(leftupx + 90 * width, leftupy, dot[month % 10]);

//显示分隔符
showsemicolon(leftupx + 105 * width, leftupy);

//显示日期（2 个数字依次显示）
show(leftupx + 120 * width, leftupy, dot[day / 10]);
show(leftupx + 135 * width, leftupy, dot[day % 10]);

//显示分隔符
showsemicolon(leftupx + 150 * width, leftupy);

//显示小时（2 个数字依次显示）
show(leftupx + 165 * width, leftupy, dot[hour / 10]);
show(leftupx + 180 * width, leftupy, dot[hour % 10]);

//显示分隔符
showsemicolon(leftupx + 195 * width, leftupy);

//显示分钟（2 个数字依次显示）
show(leftupx + 210 * width, leftupy, dot[minute / 10]);
show(leftupx + 225 * width, leftupy, dot[minute % 10]);

//显示分隔符
showsemicolon(leftupx + 240 * width, leftupy);
```

```
        //显示秒（2 个数字依次显示）
        show(leftupx + 255 * width, leftupy, dot[seconds / 10]);
        show(leftupx + 270 * width, leftupy, dot[seconds % 10]);

        end = clock(); //返回从 1970 年 1 月 1 日 0 时 0 分 0 秒到现在的滴答数

        //统计某件事所花费的时间（大致，不精确，
        //但可以用于算法性能比较等要求不太严格的场合）
        //%010d 格式控制符，输出 10 位整数的宽度，
        //10 前面的 0 表示不足 10 位，则在前面补 0
        xyprintf(10, 10, "程序已经运行%010d 毫秒！", (end - start));

        delay(1000);
    }
}

int main(void)
{
    initgraph(1280, 800);

    cleardevice();
    setcaption("图形数码管日期时间");
    setcolor(RGB(255, 0, 255));

    //显示当前日期和时间
    showdatetime();

    closegraph();

    return 0;
}
```

21.2.5 "推箱子"游戏

前面的章节已经利用作者自行设计实现的 mycon 文本库开发了字符版本的功能完备的"推箱子"游戏，本节将利用 EGE 图形库来开发一个简化图形版的"推箱子"游戏。之所以说是简化版的，因为只实现了基本的游戏功能，且地图仅有 8 关，不能撤销上一步，也不能直接选关。

本项目旨在介绍如何利用 EGE 构建基本的图形界面，至于推箱子游戏的完整的功能实现，可参考前面字符界面版本的自行完善实现。

另外还要提醒注意的是，本游戏的 8 关游戏地图和前面章节的字符版本的游戏地图完全不同，采用的是 10 行 12 列的游戏地图。

读完源代码之后，请思考，前面版本的"推箱子"和本章介绍的图形版本的"推箱子"有哪些地方是相同的，哪些地方是不同的，进而深入思考一下，在实际的项目开发中，要考虑哪些方面的东西（诸如界面设计（是字符还是图形），业务逻辑（如推箱子的处理逻辑），数据存储组织等），在这些东西中，哪些是最为重要和本质的，哪些只是外在的表现。

游戏运行效果如图 21-7 所示。

图 21-7 EGE 版推箱子游戏的运行效果

【例 21-6】EGE 版的"推箱子"游戏。

程序源代码如下：（源文件文件名 BoxGame.c）

```
/**
 * 项目名称：EGE 版的推箱子游戏。
 * 开发日期：2019 年 3 月 30 日。
 * 作    者：BBC
 * 项目说明：
 *    不能悔步不能选关，请关注界面及基本功能实现。
 *    更完善的功能如选关、撤销上一步、播放音乐等请读者自行完善。
 *    注意：项目采用的图片均为 35 * 35 像素的，读源码时注意此点！
 * 命令行编译：g++ BoxGame.c -lgraphics -lgdi32 -limm32 -lmsimg32 -lole32 -loleaut32
 *             -lwinmm -luuid -mwindows -o BoxGame.exe
 */
#include <graphics.h>
#include <conio.h>
#include <stdio.h>
#include <ege/fps.h>

#define LAST          8                      //游戏总关数

#define MAP_ROW       10                     //地图的行数和列数
#define MAP_COL       12

//定义地图中的状态
#define SPACE_OUT     0                      //墙外空地
#define WALL          1                      //墙壁
#define SPACE         2                      //墙内可行走的空地
#define TARGET        3                      //目标位置
#define BOX           4                      //箱子
#define TARGET_IN     5                      //箱子已经推到目标位置
#define PLAYER        6                      //玩家小人
```

439

```
//定义按键值（EGE 中 msg.key 的值）
#define KEY_UP        37              //向上光标键
#define KEY_LEFT      38              //向左光标键
#define KEY_DOWN      39              //向下光标键
#define KEY_RIGHT     40              //向右光标键

//定义玩家操作控制方向
#define UP        1                   //向上↑
#define RIGHT     2                   //向右→
#define DOWN      3                   //向下↓
#define LEFT      4                   //向左←

//墙、空地、玩家、箱子、推好的箱子等界面元素的图像
PIMAGE imgblock;
PIMAGE imgplayer;
PIMAGE imgwall;
PIMAGE imgball;
PIMAGE imgbox;
PIMAGE imgboxin;
key_msg msgk;                         //EGE 中接收的键盘消息

int map[MAP_ROW][MAP_COL];            //第 n 关的游戏地图
int initmap[MAP_ROW][MAP_COL];        //第 n 关的初始游戏地图

//初始化游戏第 n 关（n=1-8）
void game_init(int n)
{
    initgraph(805, 630);              //设置窗口宽度与高度

    char msg[200] = "";
    sprintf(msg, "EGE 推箱子游戏---当前正在第%d 关！", n);
    setcaption(msg);                  //设置窗口标题

    setrendermode(RENDER_MANUAL);

    int x = 0;
    int y = 0;
    int initmap[MAP_ROW][MAP_COL];    //表示原始地图
    int nboxes;                       //nboxes 用来统计本关中箱子的数量
    int i, j;
    FILE *fp;                         //操作地图文件的文件指针
    char line[80];                    //读取地图一行的缓冲区
    char *token;                      //解析地图每一行的 token

    int nlines;                       //用于连续读取游戏地图 MAP_ROW 行的计数器
    int tn;                           //用于读取第 n 关地图的计数器

    i = 0;                            //地图二维数组的行下标
    j = 0;                            //地图二维数组的列下标
    tn = n;
    nboxes = 0;
    nlines = 0;
```

```
//加载游戏用图片
getimage(imgblock = newimage(), "block.bmp");
getimage(imgplayer = newimage(), "player.bmp");
getimage(imgwall = newimage(), "wall.bmp");
getimage(imgball = newimage(), "ball.bmp");
getimage(imgboxin = newimage(), "boxin.bmp");
getimage(imgbox = newimage(), "box.bmp");

//打开当前目录下的游戏地图文件 map.dat（一个文本文件）
if ((fp = fopen("map.dat", "rt")) == NULL)
{

    exit(0);                                        //退出程序
}


while (!feof(fp))
{
    //跳过前面的 n-1 关的地图
    while (tn > 0)
    {
        //读取每关地图前的引导兼分隔行=====
        fgets(line, 80, fp);

        //本行含有===则为引导兼分隔行
        if (strstr(line, "="))
        {
            tn--;
        }
    }

    //开始读取地图行
    fgets(line, 80, fp);
    if (!strstr(line, "="))
    {
        nlines++;
        if (nlines > MAP_ROW)
        {
            break;
        }

        //将地图行用逗号、空格和换行符隔开的数值存入对应的游戏地图数组中
        token = strtok(line, ", \n");
        while (token != NULL)
        {
            map[i][j] = atoi(token);           //字符串转换为整数
            j++;
            token = strtok(NULL, ", \n");
        }

        //行数加 1
        i++;

        //列下标回到行首
```

```
                j = 0;
            }
        }

        fclose(fp);                                    //地图文件读完，关闭文件

        for (i = 0; i < 23; i++)
        {
            for (j = 0; j < 18; j++)
            {
                putimage(i * 35, j * 35, imgblock);
            }
        }

        int startx = 7 * 35;
        int starty = 3 * 35;


        for (i = 0; i < MAP_ROW; i++)
        {
            for (j = 0; j < MAP_COL; j++)
            {
                switch (map[i][j])
                {
                    case 0:                            //墙外空地
                        putimage(startx + i * 35, starty + j * 35, imgblock);
                        break;
                    case 1:
                        putimage(startx + i * 35, starty + j * 35, imgwall);
                        break;
                    case 2:                            //墙内可行走空地
                        putimage(startx + i * 35, starty + j * 35, imgblock);
                        break;
                    case 3:
                        putimage(startx + i * 35, starty + j * 35, imgball);
                        break;
                    case 4:                            //箱子
                        putimage(startx + i * 35, starty + j * 35, imgbox);
                        break;
                    case 5:                            //箱子推到目的地后的显示图形
                        //nsucc++;
                        putimage(startx + i * 35, starty + j * 35, imgboxin);
                        break;
                    case 6:                            //代表玩家的小人
                        putimage(startx + i * 35, starty + j * 35, imgplayer);
                        break;
                }
            }
        }
    }

    //玩家方向移动，处理对应的游戏地图数组
```

```
void movebox(int map[][MAP_COL], int playerx, int playery, int direction,
             int initmap[][MAP_COL])
{
    int nextplayerx, nextplayery;                    //玩家下一步要走的位置坐标
    int nnextplayerx, nnextplayery;                  //玩家下下一步要走的位置坐标

    switch (direction)
    {
        case UP:                                     //向上移动
            nextplayerx = playerx - 1;
            nextplayery = playery;
            nnextplayerx = playerx - 2;
            nnextplayery = playery;
            break;
        case RIGHT:                                  //向右移动
            nextplayerx = playerx;
            nextplayery = playery + 1;
            nnextplayerx = playerx;
            nnextplayery = playery + 2;
            break;
        case DOWN:                                   //向下移动
            nextplayerx = playerx + 1;
            nextplayery = playery;
            nnextplayerx = playerx + 2;
            nnextplayery = playery;
            break;
        case LEFT:                                   //向左移动
            nextplayerx = playerx;
            nextplayery = playery - 1;
            nnextplayerx = playerx;
            nnextplayery = playery - 2;
    }

    //对游戏地图进行相应处理
    //判断玩家下一步要走的位置
    switch (map[nextplayerx][nextplayery])
    {
        case WALL:                                   //下一位置是墙，不能移动
            break;
        case SPACE:                                  //下一位置为墙内空地
        case TARGET:                                 //下一位置为空的目的地
            map[nextplayerx][nextplayery] = PLAYER;  //将玩家移动到下一位置
            if ((initmap[playerx][playery] == TARGET)
                || (initmap[playerx][playery] == TARGET_IN))
            {
                //将玩家所在位置初始为空目的地或满目的地
                //玩家移动后此处恢复为空目的地
                map[playerx][playery] = TARGET;
            }
            else
            {
                //玩家所在位置初始为墙内空地、箱子或者玩家
                //玩家移动后此处恢复为墙内空地
```

```
                map[playerx][playery] = SPACE;
            }
            break;
        case BOX:      //下一位置是箱子和下一位置是已放好箱子的目的地
        case TARGET_IN:
            if (map[nnextplayerx][nnextplayery] == TARGET)
            {
                //下下位置为空目的地，箱子和玩家一起移动，箱子推达目的地
                map[nnextplayerx][nnextplayery] = TARGET_IN;
                map[nextplayerx][nextplayery] = PLAYER;
            }
            else if (map[nnextplayerx][nnextplayery] == SPACE)
            {
                //下下位置为空地，箱子和玩家一起移动，箱子落入空地
                map[nnextplayerx][nnextplayery] = BOX;
                map[nextplayerx][nextplayery] = PLAYER;
            }
            else
            {  //下下位置为墙、箱子或者满目的地，不能移动，直接退出
                break;
            }
            if ((initmap[playerx][playery] == TARGET)
                || (initmap[playerx][playery] == TARGET_IN))
            {
                //玩家所在位置初始为空目的地或满目的地
                //玩家移动后此处恢复为空目的地
                map[playerx][playery] = TARGET;
            }
            else
            {
                //玩家所在位置初始为墙内空地、箱子或者玩家
                //玩家移动后此处恢复为墙内空地
                map[playerx][playery] = SPACE;
            }
        }
}

//查找已成功推好的箱子数，参数 n 代表游戏第 n 关
int findsucc(int map[][MAP_COL], int n)
{
    int nsucc = 0;  //已正确放入预定位置的箱子数

    for (int i = 0; i < MAP_ROW; i++)
    {
        for (int j = 0; j < MAP_COL; j++)
        {
            if (map[i][j] == 5)
            {
                nsucc++;
            }
        }
    }
```

```
        return nsucc;                          //返回已正确放入预定位置的箱子数
}

//重绘第 n 关的游戏界面
void repaint(int map[][MAP_COL])
{
    int i, j;

    for (i = 0; i < 23; i++)
    {
        for (j = 0; j < 18; j++)
        {
            putimage(i * 35, j * 35, imgblock);
        }
    }

    int startx = 7 * 35;
    int starty = 3 * 35;


    for (i = 0; i < MAP_ROW; i++)
    {
        for (j = 0; j < MAP_COL; j++)
        {
            switch (map[i][j])
            {
                case 0:                         //墙外空地
                    putimage(startx + i * 35, starty + j * 35, imgblock);
                    break;
                case 1:
                    putimage(startx + i * 35, starty + j * 35, imgwall);
                    break;
                case 2:                         //墙内可行走空地
                    putimage(startx + i * 35, starty + j * 35, imgblock);
                    break;
                case 3:
                    putimage(startx + i * 35, starty + j * 35, imgball);
                    break;
                case 4:                         //箱子
                    putimage(startx + i * 35, starty + j * 35, imgbox);
                    break;
                case 5:                         //箱子推到目的地后的显示图形
                    //nsucc++;
                    putimage(startx + i * 35, starty + j * 35, imgboxin);
                    break;
                case 6:                         //代表玩家的小人
                    putimage(startx + i * 35, starty + j * 35, imgplayer);
                    break;
            }
        }
    }
}
```

```
//启动游戏第 n 关
int start_level(int n)
{
    game_init(n);

    /////////////////////////////////
    int i, j;
    int playerx, playery;                        //玩家的 x，y 位置坐标
    int nsucc = 0;                               //成功推达目的地的箱子个数

    int nboxes = 0;
    int nsteps = 0;                              //玩家已走步数

    for (i = 0; i < MAP_ROW; i++)
    {
        for (j = 0; j < MAP_COL; j++)
        {
            initmap[i][j] = map[i][j];
            if (map[i][j] == TARGET || map[i][j] == TARGET_IN)    //统计箱子个数
            {
                nboxes++;
            }
        }
    }

    double starttime = fclock();
    double nowtime = 0.0;

    for(; 1; delay_fps(60))                      //设置一秒刷新 60 次
    {
        //循环遍历游戏地图，寻找玩家的位置
        for (i = 0; i < MAP_ROW; i++)
        {
            for (j = 0; j < MAP_COL; j++)
            {
                //地图中元素数值为 6 的代表了玩家的位置
                if (map[i][j] == PLAYER)
                {
                    break;
                }
            }
            if (j < MAP_COL)
            {
                break;
            }
        }

        //将地图数组中的玩家的(x,y)坐标赋值给 playerx 和 playery
        playerx = i;
        playery = j;

        //查找当前成功推好的箱子数
        nsucc = findsucc(map, n);
```

```
        //已经成功将所有箱子都推达目的地，则闯关成功
        if (nsucc == nboxes)
        {
            //exit(0);                            //成功通关

            n++;
            return n;
        }

        while (kbmsg())                          //获取键盘消息
        {
            msgk = getkey();

            if (msgk.msg == key_msg_down)
            {
                //xyprintf(10, 10, "key: %3d", msgk.key);
                //getch();
                switch (msgk.key)
                {
                    case KEY_LEFT:                //向左的光标键
                        movebox(map, playerx, playery, LEFT, initmap);
                        nsteps++;                 //玩家行走步数加 1
                        break;
                    case KEY_UP:                  //向上的光标键
                        movebox(map, playerx, playery, UP, initmap);
                        nsteps++;                 //玩家行走步数加 1
                        break;
                    case KEY_RIGHT:               //向右的光标键
                        movebox(map, playerx, playery, RIGHT, initmap);
                        nsteps++;                 //玩家行走步数加 1
                        break;
                    case KEY_DOWN:                //向下的光标键
                        movebox(map, playerx, playery, DOWN, initmap);
                        nsteps++;                 //玩家行走步数加 1
                        break;
                }
                repaint(map);
            }
        }
        nowtime = fclock() - starttime;
        char msg[200] = "";
        sprintf(msg, "EGE 推箱子游戏---当前正在第%d 关，已行走%03d 步，\用时%.0f 秒! ", n, nsteps, nowtime);
        setcaption(msg);
    }
}

int main(void)
{
    int n = 1;                                   //当前关数
    char msg[200] = "";

    while (n <= LAST)                            //游戏地图中共有 8 关
```

```
    {
        n = start_level(n);
        sprintf(msg, "恭喜第%d 关通关成功, 3 秒后将自动进入下一关! ", n - 1);

        setcaption(msg);                            //设置窗口标题
        delay(3000);
    }

    sprintf(msg, "恭喜游戏通关成功, 3 秒后将自动退出! ");
    setcaption(msg);
    delay(3000);

    closegraph();

    return 0;
}
```

21.2.6 "扑克牌 21 点" 游戏

本节将利用 EGE 图形库来开发 "扑克牌 21 点" 游戏。游戏规则非常简单：玩家和计算机对玩，交替要牌，然后玩家可以随时选择不再继续要牌，从而进行大小比较（当玩家不继续要牌时，计算机可以根据一定的策略选择要不要继续要牌，本例选择策略很简单，当计算机的当前总点数小于等于 16 时继续要，否则结束要牌）。如果一方的总点数大于 21 点，则撑死了，如果对方没撑死（小于等于 21 点），则对方获胜，如果对方也撑死，则平局。如果双方都没有大于 21 点，则比较大小，点数大的一方获胜，点数相同，则平局。

游戏具有图形界面，启动时加载扑克牌的图片，进行洗牌，然后模拟玩家和计算机要牌过程（玩家必须单击鼠标左键开始要下一张牌，单击鼠标右键结束要牌，进行比较大小），当玩家和计算机都不要牌时，一轮结束，进行评判计分并显示相应的输赢信息。延时 2 秒后游戏自动进入下一轮。玩家可随时关闭程序窗口退出游戏。

本项目旨在介绍如何利用 EGE 构建基本的图形界面，以及鼠标在项目开发中的简单使用。项目的技术难点在于模拟扑克牌的洗牌过程以及鼠标的使用。

关于第一个难点：如何洗牌？项目采用了一个 53 个元素的整型数组 poker，其中 poker[0]没有用上，用 poker[1]到 poker[52]来模拟一副扑克的 52 张牌（大小王在游戏中不用），数组元素的值就是下标的值，即首先将 poker[i] = i，然后让 i 从 1 到 52 进行一轮循环，循环体中随机产生一个[1..52]的下标 j，将当前元素 poker[i]和 poker[j]交换，这样循环结束，就完成了一副扑克的洗牌过程。

玩家和计算机轮流要牌时，设置一个下标变量 index，初始指向第一张扑克，即 index=1，然后随着要牌的进行不断加 1，当到达 52 时，重洗一副扑克牌，将 index 重置为 1。

由于项目具有图形界面，如何把每一张要的扑克显示到图形界面上，需要将该张扑克映射成其对应的扑克图片，如何映射呢？这 52 张扑克牌对应的图片都保存在 images 目录下，图片命名有规律，按黑红梅方（编号 1~4），再按点数（编号 1~13），分别命名为 1-1.gif、1-2.gif、…、1-13.gif、2-1.gif、2-2.gif、…、4-13.gif。大家先自行思考如何映射，然后再阅读源码。

图形界面涉及另一个问题是要在窗体上某些特定的位置显示特定的图形元素（如图片、文字等），这些位置的坐标是根据多种因素综合考量的（如窗体的大小、图片的大小、字体的大小、相互间的间距等，所以这些值并不是那么容易得到，需要进行多次反复的测试和尝试，这一点可能导致大家在阅读源码时会感到迷惑，为什么要用这个坐标呢？为什么要用这个数呢？所以在此先行说明，大家在实践中多编写一些图形界面的程序，就能对这一点有较深的体会）。

游戏最终运行效果如图 21-8 所示。

图 21-8 扑克牌 21 点游戏的运行效果

【例 21-7】 EGE 实现的"扑克牌 21 点"游戏。

程序源代码如下：（源文件文件名 game21point.c）

```
/**
 * 项目名称：21 点扑克牌游戏。
 * 开发日期：2019 年 4 月 5 日。
 * 作    者：BBC
 * 项目说明：
 * 命令行编译：g++ game21point.c -lgraphics -lgdi32 -limm32 -lmsimg32 -lole32
 *            -loleaut32 -lwinmm -luuid -mwindows -o game21point.exe
 */
#include <graphics.h>
#include <math.h>
#include <stdio.h>

#define   N  52                          //一副扑克牌的总张数

typedef struct
{
    int hs;                              //花色 1~4 代表黑红梅方
    int ds;                              //点数 1~13，分别代表 A、1、2、…、10、J、Q、K
                                         //点数为-1 表示不要牌了
} PK;                                    //代表一张扑克牌的结构体类型

//洗牌：将一副牌随机打乱
void shuffle(int poker[])
{
    //洗牌
    //初始化阵列
```

449

```
    for (int i = 1; i <= N; i++)
        poker[i] = i;

    //洗牌过程
    for (int i = 1; i <= N; i++)
    {
        int j = random(N);
        if (j == 0)
            j = 1;
        int tmp = poker[i];
        poker[i] = poker[j];
        poker[j] = tmp;
    }
}

//模拟发一张牌
PK getNextHand(int poker[], int *index)
{
    static PK pk;                                    //一张扑克牌

    (*index)++;
    if (*index > N)
    {
        *index = 1;
        //洗牌
        shuffle(poker);
    }

    pk.hs = (poker[*index] - 1) / 13 + 1;
    pk.ds = (poker[*index] % 13) == 0 ? 13 : (poker[*index] % 13);

    return pk;
}

//玩家要牌，返回要的扑克牌，如果点数为-1，表示玩家不继续要了
PK playergo(int ppoints, int cpoints, int poker[], int *index)
{
    static PK pk;
    if (ppoints > 21)                              //玩家撑死则要牌结束
    {
        pk.hs = 1;
        pk.ds = -1;                                //点数为-1表示玩家要牌结束
        return pk;
    }

    return getNextHand(poker, index);
}

//计算机要牌，返回要的扑克牌，如果点数为-1，表示计算机不继续要了
PK computergo(int ppoints, int cpoints, int poker[], int *index)
{
    static PK pk;
```

```
    if (cpoints <= 16)                       //如果计算机总点数小于 16 点，则继续要一张牌
    {
        pk = getNextHand(poker, index);

    }
    else                                     //计算机的点数大于 16，要牌结束
    {
        pk.hs = 1;
        pk.ds = -1;                          //点数为-1 表示玩家要牌结束
    }

    return pk;
}

//加载所有的扑克牌图片，imgpoker[0]为背面扑克，
//imgpoker[1]...imgpoker[52]为 52 张扑克牌，不算大王小王
void loadimages(PIMAGE imgpoker[])
{
    char str[50];                            //临时字符串缓冲区

    //加载游戏用图片
    for (int i = 1; i <= 4; i++)
    {
        for (int j = 1; j <= 13; j++)
        {
            sprintf(str, "images/%d-%d.gif", i, j);
            getimage(imgpoker[(i - 1) * 13 + j] = newimage(), str);
        }
    }

    getimage(imgpoker[0] = newimage(), "images/rear.gif");
}

void start()
{
    //游戏界面元素的图像文件
    PIMAGE imgpoker[N + 1];
    int poker[N + 1];                        //一副扑克牌
    int index = 1;                           //指示当前的牌在数组中的下标，poker[0]没有用上
    char str[50];                            //临时字符串缓冲区
    PK cpk, ppk;                             //计算机要的牌 cpk 和玩家要的牌 ppk
    int turn = -1;                           //该谁拿牌：1 表示玩家，0 表示计算机
                                             //-1 代表现在谁也不能要牌（玩家必须点击鼠标后才能要牌）
    mouse_msg mouse = {0};                   //鼠标消息结构体

    int x = 10;                              //第一张扑克牌左上角的 x 坐标
    int y = 100;                             //第一张扑克牌左上角的 y 坐标

    int tipx = 10;                           //显示计算机当前点数的消息的左上角 x 坐标
    int tipy = 10;                           //显示计算机当前点数的消息的左上角 y 坐标

    int ppoints = 0;                         //玩家当前总点数
    int cpoints = 0;                         //计算机当前总点数
```

```
    int pcount = 0;                          //玩家当前总共要的牌数
    int ccount = 0;                          //计算机当前总共要的牌数

    int count = 0;                           //游戏总轮数
    int cscore = 0;                          //计算机获胜轮数
    int pscore = 0;                          //玩家获胜轮数

    int isplayerok = 0;                      //玩家是否要牌（1 表示要牌结束，0 表示还需要要牌）
    int iscomputerok = 0;                    //计算机是否要牌（1 表示要牌结束，0 表示还需要要牌）

    setfont(16, 0, "宋体");

    shuffle(poker);                          //洗牌

    loadimages(imgpoker);                    //加载所有扑克图片

    //初始时显示玩家和计算机当前的总点数以及游戏进行的总体信息
    xyprintf(tipx, tipy + 200, "玩家当前的总点数：%2d", ppoints);
    xyprintf(tipx, tipy, "计算机当前的总点数：%2d", cpoints);
    sprintf(str, "游戏进行%03d 轮，玩家赢%03d 轮，输%03d 轮，平%03d 轮", count,
            pscore, cscore, (count - pscore - cscore));
    xyprintf(280, 430, str);

    //显示计算机和玩家处的 8 张图片为背景的扑克牌
    for (int i = 0; i < 8; i++)
    {
        //一张扑克牌宽*高=71*96 像素，故显示宽度设置为 78，
        //让水平两张牌直接有点间距
        putimage(x + i * 78, 70, imgpoker[0]);
        putimage(x + i * 78, 270, imgpoker[0]);
    }

    //游戏总循环
    for ( ; is_run(); delay_fps(60))
    {
        //如果有鼠标消息并且玩家要牌还未结束
        while (mousemsg() && !isplayerok)      //请参见 EGE 文档
        {
            mouse = getmouse();                //获取鼠标消息

            if (mouse.msg == mouse_msg_down)   //是否有鼠标键按下
            {
                //按右键玩家结束要牌
                if (mouse.flags == mouse_flag_right)
                {
                    isplayerok = 1;
                    turn = 0;                  //看计算机是否要牌
                    break;
                }
                else                           //按左键玩家继续要牌
                {
                    if (!isplayerok)
```

```
        {
            turn = 1;                     //玩家可以要牌了
        }
        break;
        }
    }
}
//玩家要牌
if (!isplayerok && (turn == 1))
{
    ppk = playergo(ppoints, cpoints, poker, &index);      //玩家要牌
    if (ppk.ds > 0)
    {
        ppoints = ppoints + ppk.ds;
        xyprintf(tipx, tipy + 200, "玩家当前的总点数：%2d", ppoints);
        putimage(x + pcount * 78, 270, imgpoker[(ppk.hs - 1) * 13 + ppk.ds]);

        pcount++;
        if (ppoints > 21)
        {
            isplayerok = 1;               //玩家撑死了，不能要了
        }
    }
    else                                  //点数小于 0，说明要牌结束
    {
        isplayerok = 1;
    }

    if (!iscomputerok)                    //如果计算机要牌未结束
    {
        turn = 0;                         //则该计算机要牌了
    }
    else                                  //计算机要牌结束
    {
        //*则该玩家要，但玩家必须点击鼠标左键后才能继续要下一张牌
        turn = -1;
    }
}

//如果计算机还要牌且该计算机要牌了
if (!iscomputerok && (turn == 0))
{
    if (isplayerok)
    {
        //如果玩家已经要牌结束，则计算机连续要，直到不要为止
        while (!iscomputerok)
        {
            //计算机要牌
            cpk = computergo(ppoints, cpoints, poker, &index);
            if (cpk.ds > 0)
            {
                cpoints = cpoints + cpk.ds;
                if (cpoints > 16)
```

```
                    {
                        iscomputerok = 1;
                    }
                    if (!iscomputerok)
                    {
                        xyprintf(tipx, tipy, "计算机当前的总点数：%2d", \cpoints);
                        putimage(x + ccount * 78, 70, imgpoker[(cpk.hs - 1) * 13 + cpk.ds]);
                    }
                    else
                    {
                        //最后一张牌保密
                        xyprintf(tipx, tipy, "计算机当前的总点数：XX");
                        iscomputerok = 1;
                    }

                    ccount++;                      //计算机要的牌数加1
                }
                else
                {
                    //计算机要牌结束，最后一张牌保密不显示，且不显示点数
                    iscomputerok = 1;
                    xyprintf(tipx, tipy, "计算机当前的总点数：XX");
                }
            }
        }
        else   //玩家要牌还没结束，则计算机要一把
        {
            //计算机要牌
            cpk = computergo(ppoints, cpoints, poker, &index);
            if (cpk.ds > 0)
            {
                cpoints = cpoints + cpk.ds;
                if (cpoints > 16)
                {
                    iscomputerok = 1;
                }
                if (!iscomputerok)
                {
                    xyprintf(tipx, tipy, "计算机当前的总点数：%2d", cpoints);
                    putimage(x + ccount * 78, 70, imgpoker[(cpk.hs - 1) * 13\
                    + cpk.ds]);
                }
                else
                {
                    //最后一张牌保密
                    xyprintf(tipx, tipy, "计算机当前的总点数：XX");
                    iscomputerok = 1;
                }

                ccount++;                      //计算机要的牌数加1
            }
            else
            {
```

```
                    //计算机要牌结束，最后一张牌保密不显示，且不显示总点数
                    iscomputerok = 1;
                    xyprintf(tipx, tipy, "计算机当前的总点数：XX");
                }
                turn = -1;                          //必须按鼠标左键才能开始玩家要牌
            }
        }
        //玩家和计算机都要牌结束
        if (isplayerok && iscomputerok)
        {
            count++;                                //游戏轮数加 1

            xyprintf(tipx, tipy + 200, "玩家当前的总点数：%2d", ppoints);
            xyprintf(tipx, tipy, "计算机当前的总点数：%2d", cpoints);

            //进行本轮评价计分
            if ((cpoints > 21) && (ppoints > 21))
            {
                sprintf(str, "玩家和计算机都撑死了，本轮平局！");
            }
            else if ((cpoints > 21) && (ppoints <= 21))
            {
                sprintf(str, "本轮计算机撑死了，玩家获胜！");
                pscore++;                           //玩家获胜轮数加 1
            }
            else if ((ppoints > 21) && (cpoints <= 21))
            {
                sprintf(str, "本轮玩家撑死了，计算机获胜！");
                cscore++;                           //计算机获胜轮数加 1
            }
            else if ((cpoints <= 21) && (ppoints <= 21))
            {
                if (cpoints < ppoints)
                {
                    sprintf(str, "本轮玩家获胜！");
                    pscore++;                       //玩家获胜轮数加 1
                }
                else if (cpoints > ppoints)
                {
                    sprintf(str, "本轮计算机获胜！");
                    cscore++;                       //计算机获胜轮数加 1
                }
                else
                {
                    sprintf(str, "本轮平局了！");
                }
            }

            //输出本轮评判信息
            xyprintf(tipx, tipy + 420, str);
```

```c
                    //输出显示计算机要的最后一张扑克牌
                    putimage(x + (ccount - 1) * 78, 70, imgpoker[(cpk.hs - 1) * 13 + cpk.ds]);
                    //输出总的游戏信息
                    sprintf(str, "游戏进行%03d 轮，玩家赢%03d 轮，输%03d 轮，\
                        平%03d 轮", count, pscore, cscore, (count - pscore - cscore));
                    xyprintf(280, 430, str);

                    //延时两秒后重启下一轮游戏
                    delay(2000);

                    //重启下一轮
                    turn = -1;                                  //首先按鼠标左键才开始玩家先要牌

                    //清除数据，准备进入下一轮
                    ppoints = 0;                                //玩家总点数清 0
                    cpoints = 0;                                //计算机总点数清 0

                    //清除玩家和计算机的扑克牌，全部显示为背景扑克牌图片
                    for (int i = 0; i < 8; i++)
                    {
                        putimage(x + i * 78, 70, imgpoker[0]);
                        putimage(x + i * 78, 270, imgpoker[0]);
                    }

                    pcount = 0;                                 //玩家要的牌数清 0
                    ccount = 0;                                 //计算机要的牌数清 0

                    isplayerok = 0;                             //玩家要牌未结束
                    iscomputerok = 0;                           //计算机要牌未结束

                    xyprintf(tipx, tipy + 200, "玩家当前的总点数：%2d", ppoints);
                    xyprintf(tipx, tipy, "计算机当前的总点数：%2d", cpoints);

                    //清除上一轮的评判信息
                    xyprintf(tipx, tipy + 420, "%31s", " ");
                }
            }
        }

int main(void)
{
    randomize();                                        //初始化随机数种子
    initgraph(640, 480);

    setbkcolor(RGB(0x33, 0x99, 0x00));
    setcolor(RGB(0xff, 0xff, 0xff));
    cleardevice();
    setcaption("21 点扑克牌游戏（鼠标左键继续要牌，鼠标右键结束要牌！）");
    start();                                            //启动游戏
```

```
    closegraph();

    return 0;
}
```

小　结

　　本章介绍了开源的 EGE 图形库的配置及基本应用编程。首先介绍了 EGE 的由来和设计目标，然后讲解了 EGE 库的配置及基本使用，最后利用 EGE 库设计实现了汉字点阵显示及变换、水平跑马灯广告牌、环形跑马灯广告牌、七段数码管日期时间、EGE 版的推箱子游戏以及用鼠标操作的扑克牌 21 点游戏。对读者来说，本章的技术关注点主要就是学习如何利用开源图形库构建基本的图形软件界面以及如何利用键盘鼠标等和用户交互。另外还附加学习了汉字的相关知识（如汉字的内码、区位号、汉字点阵显示及字库文件等）、日期相关的函数用法（获取日历时间和统计运行时间）以及利用二进制进行七段数码管的存储表示和相应的位运算等。在本章的项目开发中，大家要深刻体会一维、二维数组及多重循环在业务处理中的应用。

习题与实践

　　1. 深入阅读 EGE 图形库的帮助文档及示例程序，初步掌握各种库函数的使用。

　　2. 利用 EGE 图形库设计实现更为完善的推箱子游戏，如可以选关、播放音乐、游戏主界面等。

　　3. 利用 EGE 图形库设计实现各种动画效果的字符广告跑马灯、字符雨等。

　　4. 利用 EGE 图形库设计实现如下几个小游戏：走迷宫、五子棋、俄罗斯方块、贪吃蛇、中国象棋等。

　　5. 思考为什么用 EGE 图形库还是不能实现像 Windows 应用程序那样具有图形菜单、工具条、按钮、对话框等元素的完善的图形用户界面。如果要做到这一点，需要学习些什么呢？有兴趣的读者可以深入学习 Windows API 编程（对初学者难度较大）。

　　6. 请百度搜索，还有哪些类似 EGE 的开源图形库可以供 C 语言学习者学习和使用。

第 22 章　编程访问网络

学习目标

（1）掌握网络相关的基本概念。

（2）掌握利用 Windows Sockets 进行网络编程的步骤。

（3）会利用 TCP 和 UDP 协议进行基本的网络编程。

本章将简要介绍网络相关的基本概念以及如何利用 Windows Sockets 套接字进行基本的网络编程，从而实现各种跨地域的数据通信应用。

22.1　网　络　基　础

22.1.1　网络的引入

计算机网络是一个非常复杂的系统，由众多的硬件、软件组成。它引入的根本目的是实现跨地域的通信及应用。

22.1.2　网络的基本概念

凡是能够连接到网络中进行通信的设备，称为**主机**（host）。主机可以是计算机，也可以是手机等智能移动设备或智能家电等。通信的第一步，就是收发双方的识别。可以通过**域名**或 **IP 地址**来识别主机。域名是一个字符串，主要是方便人识别用的，如中国教育部主机的域名为 www.edu.cn。域名的分配是全球统一进行的，有专门的机构进行，是不会相互命名冲突的。而 IP 地址，如 192.168.1.10，是给网络底层软件使用的，在通信时，网络软件都使用 IP 地址。IP 地址分为 IPv4 地址和 IPv6 地址，本章主要介绍的是 IPv4 的网络编程，故使用的地址均为 IPv4 地址。一个合法的 IPv4 地址是由点分开的 4 个十进制整数构成的串，每个整数的范围为[0..255]，即合法的 IPv4 地址的范围为 0.0.0.0~255.255.255.255。

通信的时候需要进行将域名解析为对应的 IP 地址的过程，称为**域名解析**，因为底层网络软件工作时必须使用 IP 地址。

网络通信的本质并不是主机与主机通信，而是主机上运行的某个通信进程（正在执行的程序称为进程）与另外一台主机上运行的通信进程之间的通信，这种通信以双方收发数据包的形式进行。为了识别收发双方的进程，引入了端口的概念。**端口**是一个范围为[0..65535]的整数，标识了内存中某个通信进程收发数据包的队列。例如，80 端口通常用来标识 Web 服务器进程，21 端口一般用来标识文件传输服务 ftp 服务器的进程。一般来说，小于 1024 的端口，由系统或一些常用的网络应用占用，称为熟知端口，我们自己编写的网络程序一般不能使用它们，而应该在大于 1024 的端口号中选择，同时要避免和别的常用软件的端口号发生冲突，一旦冲突，网络通信没法正常进行。

主机的 IP 地址加上端口，就构成了通信双方在网络上的 ID 身份证，称为 **Socket 套接字**。通过收发双方的套接字，就可以进行数据包的传递，从而实现远程通信。本章的网络编程，就是利用套接字进行。

收发双方能够准确无误识别后，就可以进行通信了，这种通信的核心原理可以由两个词概括：**存储转发**和**包交换**。发送方将要发送的消息分割成一个一个的数据包，加上相应的各层的控制信息（如收发双方的 IP 地址、数据校验等），然后将这些数据包选择不同的路由发送到下一跳通信结点，中间的通信结点收到数据包后，先进行排队存储，然后查找路由表，将它转发出去，这样的中继结点可能有多个（负责寻找路由的设备称为**路由器**），最终到达目的地结点，然后由接收方将分割的数据包再重组为原来的消息。在存储转发的过程中，可能会出现数据包的丢失、出错、失序（丢失了顺序，各个数据包不一定先发先至），必须采取相应的技术手段来处理，如超时重传、差错校验、给数据包编号、拥塞控制、流量控制等。

网络上的两个通信进程如何进行数据包的收发，涉及非常多的细节，这些细节实现，称为**网络协议**（**Protocol**）。协议包括三方面：语法、语义及时序。语法是指双方收发的数据包中有哪些字段，每个字段占多少二进制位等；语义是指每个字段的含义，即每个字段是干什么用的，如源 IP 地址、目的 IP 地址、检校字段等；时序是指收发双方如何进行交互，如果正常收到，如何回应，如果数据包丢失，如何知道又如何重传以及发生更多的情况如数据包丢失、数据包失序、数据包出错等，如何处理。这些协议细节的目的，就是保证**端到端**（**end to end**）的可靠的数据包通信。

由于网络协议要处理的细节非常复杂，所以不可能由一个协议来完成所有的任务，只能分而治之，将网络软硬件进行分层，每层处理各自相对独立的任务，各层又相互协作，最终完成跨地域进行可靠通信的任务。现今统领全球互联网的是 **TCP/IP 协议栈**，是由众多的协议构成的，它主要由四层组成，从下到上分别为：

（1）**网络接口层**。负责处理物理相邻的两个结点之间的通信细节，负责把数据包从物理相邻的一个结点无差错地发送到另一个结点，涉及具体的通信介质（如双绞线、同轴电缆、光纤、各种无线和移动通信介质等）以及底层（网络接口层有时又细分为物理层和链路层）数据包（称为帧）的收发（收发双方的物理地址识别、解析转换、数据帧开始结束的标识、校验等）。

（2）**网络层**。也称 IP 层。负责将数据包（称为 IP 数据包）从源主机发送到目标主机，涉及如何选择路由等核心问题。

（3）**传输层**。典型的协议有 **TCP**（**Transmission Control Protocol**）协议和 **UDP**（**User Datagram Protocol**）协议，负责将数据包（称为 TCP 或 UDP 数据报）进行端（发送方进程）到端（接收方进程）的传递。它整合下面的各层，为上面的应用层提供各种端到端的传输服务，如可靠的面向连接的流式传输控制协议 TCP 和不可靠的无连接的用户数据报 UDP 服务等。提供的传输服务的质量，称为 **QoS**（**Quality of Service，即服务质量**）。本章的网络编程，主要就在这个层次进行，利用传输层提供的 TCP 和 UDP 进行网络编程。

（4）**应用层**。在下面各层的支撑下，设计实现各式各样的网络应用，应用层传输的数据包称为报文或消息 Message。典型的网络应用有文件传输协议 FTP、Web 应用（Web 也称 WWW，即 World Wide Web，俗称万维网，由超文本传输协议 HTTP 负责在浏览器和 Web 服务器之间传递由超文本标记语言 HTML 书写的网页文件，而 HTML 负责组织和发布各种资源，如文本、图形、图像、音频、视频等）、电子邮件、在线视频、即时通信、远程方法调用、分布式集群计算、移动互联网、云计算、物联网等。

另外，在利用网络传输时，还涉及**网络字节序**的概念。由于参与网络通信的主机种类众多，仅就各自在内存中存储表示多字节整数，如 0x12345678，就可能有不同的存储方案，一种称为小端机，将该整数的高字节（本例为 0x12，两位十六进制的数就占一个字节）存放在地址大的一端，低字节（本例为 0x78）存放在地址小的一端；而另一种称为大端机，将该整数的高字节（本例为 0x12）存放在地址小的一端，低字节（本例为 0x78）反而存储在地址大的一端。典型的 Intel 系列的计算机采用的是小端机存储方式，而网络上传递的字节顺序却是大端机的方式，所以在数据包的发送和接收时，就必然存在本地存储字节顺序与网络字节顺序的转换问题。这涉及几个进行字节序转换的函数，如 htonl（将主机字节序的 u_long 转换为网络字节序）、htons（将主机字节序的 u_short 转换为网络字节序）。ntohl 和 ntohs 正好实现相反的功能：ntohl 为将网络字节序的 u_long 转换为主机字节序，ntohs 为将网络字节序 u_short 转换为主机字节序。

更加详细而深入的网络基础知识，请深入阅读相应的专业书籍。

22.2　Windows Sockets 套接字编程基础

22.2.1　Windows Sockets 套接字

为了支持进行网络应用程序开发，Windows 操作系统提供了称为 Sockets 套接字的网络编程接口，其实就是一大帮的各种和网络编程相关的库函数，当前主流是 WinSock2 的 2.2 版。它利用动态链接库 ws2_32.dll 和 ws2_32.lib 来实现，涉及相应的头文件为 winsock2.h。对于初学者来说，学习和使用它们有着相当的难度（归根到底，是缘于使用这些 API 函数需要相应的领域背景知识，如前面介绍的 IP 地址、域名、端口、TCP、UDP 等），因此，本章的重点在于让读者对如何利用 C 语言进行网络编程有个初步的认识，而千万不要纠结于太多的细节。在学习中，首要的是明确方向，然后才是实现细节。

Socket 套接字编程主要有三种：面向连接的可靠的 TCP 流式套接字编程；无连接的不可靠的 UDP 数据报套接字编程；更为底层的原始套接字编程。其中，原始套接字编程涉及更多更底层的东西，可用来伪造数据包、捕获数据包，进行协议分析、过滤处理等，本章不会涉及，如有兴趣，可以百度相应的专业书籍深入学习。

22.2.2　Windows Sockets 套接字编程步骤

Windows 操作系统环境下的套接字编程主要步骤如下：

（1）初始化 WinSock 的 DLL 动态链接库，使用 WSAStartup 函数。

（2）创建套接字，进行地址、端口、协议等的绑定，涉及 socket、bind 函数。

（3）进行套接字的监听、连接，涉及 listen、accept、connect 等函数。

（4）进行数据包的收发通信，涉及 send、recv 函数。

（5）关闭相应的套接字，涉及 closesocket、shutdown 函数。

（6）注销和释放相应的动态链接库资源，使用 WSACleanup 函数。

22.3 Windows Sockets 套接字编程案例

22.3.1 查询主机名对应的 IP 地址

本节将完成查询本机或指定主机的 IP 地址信息。要查询的主机名通过命令行参数的形式输入，localhost 代表本地主机自己。程序用法及运行效果如图 22-1 所示。

图 22-1　查询主机名对应的 IP 地址程序 getbyname 用法及运行效果

【例 22-1】查询主机名对应的 IP 地址（源文件文件名 getbyname.c）。

```
/**
 * 项目名称：查询本机或指定主机的 IP 地址信息
 * 开发日期：2019 年 4 月 18 日
 * 开发人员：BBC
 * 联系方式：QQ-75852585
 * 编译方法：gcc getbyname.c -lws2_32 -o getbyname.exe
 * 运行方法：getbyname 要查询 IP 地址的主机名（localhost 则查询本机的 IP 地址）
 * 在文件 winsock2.h 头文件中：
 * struct        hostent {                           //host entry 结构体，记录主机的如下信息：
 *    char       *h_name;                            //地址的正式主机名
 *    char       **h_aliases;                        //主机别名，是一个以 NULL 结束的别名数组
 *    short      h_addrtype;                         //地址类型，通常是 AF_INET
 *    short      h_length;                           //地址的字节长度
 *    char       **h_addr_list;                      //一个以网络字节顺序表示的以 NULL 结束的主机地址列表
 *    #define h_addr h_addr_list[0]                  //定义列表项的第一项为默认主机地址 h_addr
 * };
 *
 */
#include <stdio.h>
#include <winsock2.h>

int main(int argc, char *argv[])
{
     //声明和初始化变量
```

```
    WSADATA wsaData;
    int retvalue;
    DWORD errcode;
    int i = 0;
    struct hostent *remotehost;
    char *host_name;
    struct in_addr addr;
    char **palias;

    char local_host[256];

    //验证命令行参数的合法性
    if (argc != 2)
    {
        printf("用法：getbyname 主机名\n        getbyname localhost\
            查询本地主机的 IP 地址");

        return 1;
    }

    //对 Windows Sockets 的动态链接库 WS2_32.dll 进行初始化
    retvalue = WSAStartup(MAKEWORD(2, 2), &wsaData);
    if (retvalue != 0)
    {
        printf("WSAStartup 失败：%d\n", retvalue);

        return 1;
    }

    //如果查询本地主机的 IP，则获取本机的主机名
    if (strcmp(argv[1], "localhost") == 0)
    {
        retvalue = gethostname(local_host, sizeof(local_host));
        if (retvalue != 0)
        {
            printf("获取本地主机名失败：%d\n", retvalue);

            return 1;
        }

        host_name = local_host;             //将本地主机的主机名作为查询主机名
    }
    else                                    //否则查询指定主机的 IP 地址
    {
        host_name = argv[1];
    }

    printf("主机名：%s\n", host_name);
    remotehost = gethostbyname(host_name);

    //对返回的结果进行判断
    if (remotehost == NULL)
    {
        errcode = WSAGetLastError();
        if (errcode == WSAHOST_NOT_FOUND)
```

```
    {
        printf("主机没有找到！");

        return 1;
    }
    else if (errcode == WSANO_DATA)
    {
        printf("没找到相应的数据记录！");

        return 1;
    }
    else
    {
        printf("函数调用失败：%ld\n", errcode);

        return 1;
    }
}
else
{
    //输出地址类型和地址长度
    printf("查询结果：\n");
    printf("\t 主机名：%s\n", remotehost->h_name);

    for (palias = remotehost->h_aliases; *palias != 0; palias++)
    {
        printf("\t 别名 #%d：%s\n", ++i, *palias);
    }

    printf("\t 地址类型：");
    switch (remotehost->h_addrtype)
    {
        case AF_INET:
            printf("AF_INET\n");
            break;
        case AF_NETBIOS:
            printf("AF_NETBIOS\n");
            break;
        default:
            printf("%d\n", remotehost->h_addrtype);
            break;
    }
    printf("\t 地址长度：%d\n", remotehost->h_length);

    //如果返回的是 IPv4 地址，则输出查询到的结果
    i = 0;
    if (remotehost->h_addrtype == AF_INET)
    {
        while (remotehost->h_addr_list[i] != 0)
        {
            addr.s_addr = *(u_long *)remotehost->h_addr_list[i++];
            printf("\tIP 地址#%d：%s\n", i, inet_ntoa(addr));
        }
    }
    else if (remotehost->h_addrtype == AF_NETBIOS)
```

```
        {
            printf("返回的是 NETBIOS 地址");
        }
    }

    //释放 WinSock 动态链接库相关的资源
    WSACleanup();

    return 0;
}
```

22.3.2 UDP 实现的点对点聊天

UDP 称为用户数据报协议（User Datagram Protocol），它是一种无连接的、不可靠的端到端的数据包传输协议，由于它不需要像 TCP 一样需要采取更多额外的保障可靠性的技术手段，如超时重传、建立连接、拆除连接等，所以实时性相对 TCP 来说较好，适用于一些对及时性要求较高，但对可靠性没有太高要求的应用，如即时通信等。常用的 QQ 通信软件就是用 UDP 实现的。

UDP 的编程分为发送方和接收方，由于通信双方无须事先建立连接，所以在通信时，接收方要先准备好，发送方才能发送数据包，否则数据包就可能丢掉了。

一个典型的利用 UDP 协议进行通信的例子如下：

本例将循环运行的一方称为服务器，另一方称为客户端。服务器先启动运行，然后等待客户端发送数据包，一旦收到，服务器也发送一个数据包给客户端，然后客户端收到后打印相应的消息并退出程序。而服务器一直运行，等待下一个客户端发来消息并简单回应。读者可以在此程序基础上进行扩展：客户端发送工资数据，服务器计算个人所得税并将计算结果反馈给客户端；客户端发送请求数据，服务器返回当前的日期时间等诸如类似的各种网络服务。

程序的运行效果如图 22-2 和图 22-3 所示。

服务器：一直运行，不退出。

客户端：发送接收一次信息即退出。可多次运行连接服务器。

图 22-2　UDP 服务器运行效果

图 22-3　UDP 客户端运行效果

【例 22-2】UDP 实现的点对点聊天。

UDP 服务器方（源文件名 udps.c）：

```
/**
```

```
 * 编译命令: gcc udps.c -lws2_32 -o us.exe
 */
#include <stdio.h>
#include <winsock2.h>

int main(int argc, char* argv[])
{
    //已经连接并服务过的客户端数目
    int nclients = 0;

    //设定 socket 版本为 2.2
    WORD sockVersion = MAKEWORD(2, 2);

    //初始化动态链接库 ws2_32.dll，协商版本
    WSADATA wsaData;
    if (WSAStartup(sockVersion, &wsaData) != 0)
    {
        return 0;
    }

    //创建 socket 套接字，指定使用 UDP 协议
    SOCKET serversocket = socket(AF_INET, SOCK_DGRAM, IPPROTO_UDP);
    if (serversocket == INVALID_SOCKET)
    {
        printf("socket 创建错误! ");

        return 0;
    }

    //填充相关地址信息，绑定 IP 地址、协议及端口
    struct sockaddr_in serveraddr;
    //使用 TCP/IP 协议栈
    serveraddr.sin_family = AF_INET;
    //将端口 8888 转换为网络字节序
    serveraddr.sin_port = htons(8888);
    //绑定本地 IP 地址，可使用本机的任何 IP 地址
    serveraddr.sin_addr.S_un.S_addr = INADDR_ANY;

    //绑定 socket 套接字与地址
    if (bind(serversocket, (struct sockaddr *)&serveraddr, sizeof(serveraddr))  \
        == SOCKET_ERROR)
    {
        printf("绑定地址错误! ");

        closesocket(serversocket);

        return 0;
    }

    struct sockaddr_in clientaddr;
    int naddrlen = sizeof(clientaddr);
    while (1)
    {
```

```
        char recvData[256];//设置接收数据包的缓冲区（假设要接收的信息不超过 255 字节，再加串结束符）

        //接收 UDP 的数据包
        int ret = recvfrom(serversocket, recvData, 256, 0,  \
                        (struct sockaddr *)&clientaddr, &naddrlen);
        if (ret > 0)
        {
            recvData[ret] = '\0';                    //填充字符串结束符'\0'
            printf("客户端%s 发来消息：", inet_ntoa(clientaddr.sin_addr));
            printf(recvData);                        //输出接收到的消息
        }

        nclients++;                                  //已服务的客户端数目加 1
        char sendData[256];

        //构造要发送的数据包
        sprintf(sendData, "您好，第%03d 号客户，很高兴为您提供服务。\n", nclients);

        //发送数据包
        sendto(serversocket, sendData, strlen(sendData), 0,  \
            (struct sockaddr *)&clientaddr, naddrlen);
    }

    closesocket(serversocket);                   //关闭套接字
    WSACleanup();                                //清理释放相关资源

    return 0;
}
```

UDP 客户端方（源文件名 udpc.c）：

```
/**
 * 编译命令: gcc udpc.c -lws2_32 -o uc.exe
 */
#include <stdio.h>
#include <winsock2.h>

int main(int argc, char* argv[])
{
    //设定 socket 版本为 2.2
    WORD socketVersion = MAKEWORD(2, 2);

    //初始化动态链接库 ws2_32.dll，协商版本
    WSADATA wsaData;
    if (WSAStartup(socketVersion, &wsaData) != 0)
    {
        return 0;
    }

    //创建 socket 套接字，指定使用 UDP 协议
    SOCKET clientsocket = socket(AF_INET, SOCK_DGRAM, IPPROTO_UDP);

    //填充服务器相关地址信息，绑定 IP 地址、协议及端口
```

```
struct sockaddr_in serveraddr;
//使用 TCP/IP 协议栈
serveraddr.sin_family = AF_INET;
//将端口 8888 转换为网络字节序
serveraddr.sin_port = htons(8888);
//绑定本地 IP 地址 127.0.0.1，可根据需要，改为你自己的主机的 IP 地址。
serveraddr.sin_addr.S_un.S_addr = inet_addr("127.0.0.1");
int len = sizeof(serveraddr);

//构造要发送的数据包
char *sendData = "你好，我是客户端。\n";

//发送数据包
sendto(clientsocket, sendData, strlen(sendData), 0,  \
        (struct sockaddr *)&serveraddr, len);

char recvData[256];                            //设置接收数据包的缓冲区（假设要接收的信息不超过
                                               //255 字节，再加串结束符）

//接收 UDP 的数据包
int ret = recvfrom(clientsocket, recvData, 256, 0,  \
                    (struct sockaddr *)&serveraddr, &len);

if (ret > 0)
{
    recvData[ret] = '\0';                      //填充字符串结束符'\0'
    printf("服务器回应：%s", recvData);        //输出收到的数据包消息
}

closesocket(clientsocket);                     //关闭套接字
WSACleanup();                                  //清理释放相关资源

return 0;
}
```

改造上述程序，引入多线程（保证在发送数据的时候也能够及时接收对方发来的数据），即可利用 UDP 实现简单的点对点字符界面聊天工具。先启动服务器，然后启动客户端，双方可以直接输入要聊的信息，回车即可发送。发送 bye 则退出聊天。系统运行效果如图 22-4 和图 22-5 所示。

图 22-4 UDP 多线程点对点聊天服务器端运行效果　　图 22-5 UDP 多线程点对点聊天客户器端运行效果

【例 22-3】UDP 多线程点对点聊天。

程序源代码如下：
服务器端：源文件名 udps.c。

```c
/**
 * 编译命令：gcc udps.c -lws2_32 -lmycon -lwinmm -o us.exe
 */
#include <stdio.h>
#include <winsock2.h>
#include <mycon.h>

struct sockaddr_in serveraddr;
struct sockaddr_in clientaddr;
int nclientaddrlen = sizeof(clientaddr);
char sendData[256];
char recvData[256];
SOCKET serversocket;
int isrunning = 1;

//接收消息的函数，单独一个线程中运行
void receive_msg()
{
    while (1)
    {
        //接收来自聊天对方的消息
        int ret = recvfrom(serversocket, recvData, 256, 0, \
                        (struct sockaddr *)&clientaddr, &nclientaddrlen);
        if (ret > 0)
        {
            recvData[ret] = '\0';                    //填充字符串结束符'\0'
            printf("来自%s 的新消息：%s\n", inet_ntoa(clientaddr.sin_addr), recvData);

            //如果消息是 bye，则退出聊天
            if (!strcmp(recvData, "bye"))
            {
                isrunning = 0;
                printf("系统退出！");

                return;
            }
        }
    }
}

int main(int argc, char* argv[])
{
    set_title("基于 UDP 的简单聊天程序服务器端");   //设置窗口标题
    set_size(80, 25);                               //设置窗口为 80 * 25
    cls();                                          //清屏
    printf("天天聊天室欢迎你！\n\n");

    //初始化动态链接库 ws2_32.dll，协商版本
    WSADATA wsaData;
    WORD sockVersion = MAKEWORD(2, 2);
```

```
if (WSAStartup(sockVersion, &wsaData) != 0)
{
    return 0;
}

//创建套接字
serversocket = socket(AF_INET, SOCK_DGRAM, IPPROTO_UDP);
if (serversocket == INVALID_SOCKET)
{
    printf("Socket 创建错误!");

    return 0;
}

//绑定协议、端口和地址
serveraddr.sin_family = AF_INET;
serveraddr.sin_port = htons(6666);              //将端口 6666 转换为网络字节序
serveraddr.sin_addr.S_un.S_addr = INADDR_ANY;
if (bind(serversocket, (struct sockaddr *)&serveraddr, \
    sizeof(serveraddr)) == SOCKET_ERROR)
{
    printf("绑定地址和端口错误!");

    closesocket(serversocket);

    return 0;
}

//启动接收消息线程
_beginthread(receive_msg, 0, NULL);

while (1)
{
    if (!isrunning)
    {
        break;
    }

    //从键盘接收要发送的消息
    gets(sendData);

    //发送聊天消息
    sendto(serversocket, sendData, strlen(sendData), 0, \
        (struct sockaddr *)&clientaddr, nclientaddrlen);

    //如果是 bye，则退出聊天
    if (!strcmp(recvData, "bye"))
    {
        isrunning = 0;
        printf("系统退出! ");
        break;
    }
}

//结束接收消息的线程
```

```
        _endthread();

        //关闭套接字并清理释放相关资源
        closesocket(serversocket);
        WSACleanup();

        return 0;
}
```

客户端（源文件 udpc.c）：

```
/**
 * 编译命令：gcc udpc.c -lws2_32 -lmycon -lwinmm -o uc.exe
 */
#include <stdio.h>
#include <winsock2.h>
#include <mycon.h>

struct sockaddr_in serveraddr;
int nserveraddrlen = sizeof(serveraddr);
SOCKET clientsocket;
char sendData[256];
char recvData[256];
int isrunning = 1;

//接收消息的函数，单独一个线程中运行
void receive_msg()
{
    while (1)
    {
        //接收来自聊天对方的消息
        int ret = recvfrom(clientsocket, recvData, 256, 0, \
            (struct sockaddr *)&serveraddr, &nserveraddrlen);
        if (ret > 0)
        {
            recvData[ret] = '\0';                    //填充字符串结束符'\0'
            printf("来自%s 的新消息：%s\n", inet_ntoa(serveraddr.sin_addr), recvData);

            //如果消息是 bye，则退出聊天
            if (!strcmp(recvData, "bye"))
            {
                isrunning = 0;
                printf("系统退出！");

                return;
            }
        }
    }
}

int main(int argc, char* argv[])
{
    set_title("基于 UDP 的简单聊天程序客户端");    //设置窗口标题
    set_size(80, 25);                           //设置窗口为80 * 25
```

```
cls();                                          //清屏
printf("天天聊天室欢迎你! \n\n");

//初始化动态链接库 ws2_32.dll，协商版本
WSADATA wsaData;
WORD socketVersion = MAKEWORD(2, 2);
if (WSAStartup(socketVersion, &wsaData) != 0)
{
    return 0;
}

//创建套接字
clientsocket = socket(AF_INET, SOCK_DGRAM, IPPROTO_UDP);

//绑定协议、端口和地址
struct sockaddr_in server;
server.sin_family = AF_INET;
server.sin_port = htons(6666);                  //聊天端口
server.sin_addr.S_un.S_addr = inet_addr("127.0.0.1");   //聊天服务器 IP 地址
int len = sizeof(server);

//启动接收消息线程
_beginthread(receive_msg, 0, NULL);

while (1)
{
    if (!isrunning)
    {
        break;
    }

    //从键盘接收要发送的消息
    gets(sendData);
    //发送聊天消息
    sendto(clientsocket, sendData, strlen(sendData), 0,  \
            (struct sockaddr *)&server, len);

    //如果是 bye，则退出聊天
    if (!strcmp(recvData, "bye"))
    {
        isrunning = 0;
        printf("系统退出! ");
        break;
    }
}

//结束接收消息的线程
_endthread();

//关闭套接字并清理释放相关资源
closesocket(clientsocket);
WSACleanup();
```

```
    return 0;
}
```

22.3.3　TCP 实现的点对点聊天

TCP，称为传输控制协议（Transmission Control Protocol），是一种流式的面向连接的可靠的传输协议，为了保障可靠性，采用了众多的技术手段，如建立连接、拆除连接、超时重传、差错检校、拥塞控制、流量控制等。它的编程也分为服务器端和客户端，和 UDP 不同，TCP 服务器端必须先创建监听套接字，然后在该监听套接字上进行监听，等待 TCP 客户端连接，一旦有客户端连接，则生成一个新的 socket，然后双方可以利用这个新生成的 socket 进行双向通信，而监听套接字继续原来的监听。TCP 客户端则比较简单，直接连接服务器端，连接成功，则利用该连接套接字进行数据的收发。和上一节的 UDP 类似，先利用 TCP 实现一个简单的通信的小例子，运行效果如图 22-6 和图 22-7 所示。

图 22-6　TCP 服务器运行效果　　　　　　　　图 22-7　TCP 客户端运行效果

【例 22-4】TCP 实现的点对点聊天。

服务器端（源文件名 tcps.c）：

```
/**
 * 编译: gcc tcps.c -lws2_32 -o tcps.exe
 */
#include <stdio.h>
#include <winsock2.h>

int main(int argc, char* argv[])
{
    //已经连接并服务过的客户端数目
    int nclients = 0;

    //初始化动态链接库 ws2_32.dll，协商版本
    WORD sockVersion = MAKEWORD(2, 2);
    WSADATA wsaData;
    if (WSAStartup(sockVersion, &wsaData) != 0)
    {
        return 0;
    }
```

```
//创建 socket 套接字，指定使用 TCP 协议
SOCKET listensocket = socket(AF_INET, SOCK_STREAM, IPPROTO_TCP);
if (listensocket == INVALID_SOCKET)
{
    printf("创建 socket 失败！");

    return 0;
}

//填充服务器相关地址信息，绑定 IP 地址、协议及端口
struct sockaddr_in server;
server.sin_family = AF_INET;
server.sin_port = htons(8888);
server.sin_addr.S_un.S_addr = INADDR_ANY;

if (bind(listensocket, (LPSOCKADDR)&server, sizeof(server)) == SOCKET_ERROR)
{
    printf("绑定地址失败！");

    return 0;
}

//开始监听
if (listen(listensocket, 6) == SOCKET_ERROR)
{
    printf("监听失败！");

    return 0;
}

//循环接收数据
SOCKET clientsocket;
struct sockaddr_in clientaddr;
int nclientaddrlen = sizeof(clientaddr);
char recvData[256];

while (1)
{
    printf("等待连接...\n");
    clientsocket = accept(listensocket, (SOCKADDR *)&clientaddr, \
                    &nclientaddrlen);
    if (clientsocket == INVALID_SOCKET)
    {
        printf("接受客户端连接错误！");
        continue;
    }

    printf("客户端%s 连接成功！\n", inet_ntoa(clientaddr.sin_addr));
    //接收数据
    int ret = recv(clientsocket, recvData, 256, 0);
    if (ret > 0)
    {
        recvData[ret] = '\0';                    //填充字符串结束符'\0'
        printf(recvData);
    }
```

```
        nclients++;                          //已服务的客户端数目加 1
         char sendData[256];                 //构造要发送的数据包
        sprintf(sendData, "您好，第%03d 号客户，很高兴为您提供 TCP 服务。\n", \nclients);

        //发送数据
        send(clientsocket, sendData, strlen(sendData), 0);

        //关闭套接字
        closesocket(clientsocket);
    }

    //关闭服务器套接字，清理并释放相关资源
    closesocket(listensocket);
    WSACleanup();

    return 0;
}
```

客户端（源文件名 tcpc.c）：

```
/**
 * 编译: gcc tcpc.c -lws2_32 -o tcpc.exe
 */
#include <winsock2.h>
#include <stdio.h>

int main(int argc, char* argv[])
{
    //初始化动态链接库 ws2_32.dll，协商版本
    WORD sockVersion = MAKEWORD(2, 2);
    WSADATA data;
    if (WSAStartup(sockVersion, &data) != 0)
    {
        return 0;
    }

    //创建 socket 套接字，指定使用 TCP 协议
    SOCKET clientsocket = socket(AF_INET, SOCK_STREAM, IPPROTO_TCP);
    if (clientsocket == INVALID_SOCKET)
    {
        printf("创建 socket 失败! ");

        return 0;
    }

    //填充服务器相关地址信息，绑定 IP 地址、协议及端口
    struct sockaddr_in serveraddr;
    serveraddr.sin_family = AF_INET;
    serveraddr.sin_port = htons(8888);
    serveraddr.sin_addr.S_un.S_addr = inet_addr("127.0.0.1");
    if (connect(clientsocket, (struct sockaddr *)&serveraddr,  \
        sizeof(serveraddr)) == SOCKET_ERROR)
    {
        printf("连接服务器失败! ");
```

```
        closesocket(clientsocket);

        return 0;
    }

    //构造要发送的数据包
    char *sendData = "你好，TCP 服务器，我是客户端。\n";

    //发送数据
    send(clientsocket, sendData, strlen(sendData), 0);

    char recvData[256];
    int ret = recv(clientsocket, recvData, 256, 0);
    if (ret > 0)
    {
        recvData[ret] = '\0';                    //填充字符串结束符'\0'
        printf("服务器回应：%s", recvData);      //输出收到的数据包消息
    }

    //关闭服务器套接字，清理并释放相关资源
    closesocket(clientsocket);
    WSACleanup();

    return 0;
}
```

22.3.4   TCP 实现的远程文件上传

简单改写上节的 TCP 通信例子程序，就可以利用 TCP 实现多个客户端向服务器端远程上传文件。程序的运行效果如图 22-8 和图 22-9 所示。

图 22-8   TCP 文件上传服务器端运行效果

图 22-9   TCP 文件上传客户端运行效果

【例 22-5】TCP 实现的远程文件上传。

服务器端（源文件 server.c）：

```
/**
 * 编译方法：gcc server.c -lws2_32 -o server.exe
```

```c
 */
#include <stdio.h>
#include <stdlib.h>
#include <winsock2.h>

#define MAX_SIZE   10240
#define PORT        8888

void serveoneclient(void *s);
void reportconnectinfo(SOCKET s);
int main(int argc, char *argv[])
{
    WSADATA wsaData;
    SOCKET listensocket, acceptsocket;
    static SOCKET *psocket;
    struct sockaddr_in serveraddr;
    struct sockaddr_in clientaddr;
    int nclientnaddrlen;

    WSAStartup(0x202, &wsaData);

    listensocket = socket(AF_INET, SOCK_STREAM, 0);

    memset((void *)&serveraddr, 0, sizeof(serveraddr));
    serveraddr.sin_family = AF_INET;
    serveraddr.sin_addr.s_addr = inet_addr("0.0.0.0");
    serveraddr.sin_port = htons(PORT);

    bind(listensocket, (struct sockaddr *)&serveraddr, sizeof(serveraddr));

    //winsock2.h 中有#define SOMAXCONN 0x7fffffff /* (5) in WinSock1.1 */
    listen(listensocket, SOMAXCONN);
    printf("服务器已启动，监听于端口%d! \n", PORT);

    while (1)
    {
        nclientnaddrlen = sizeof(clientaddr);

        memset((void *)&clientaddr, 0, nclientnaddrlen);
        acceptsocket = accept(listensocket, (struct sockaddr *)&clientaddr,  \&nclientnaddrlen);
        psocket = &acceptsocket;

        printf("客户端(%s:%d)已连接!\n", inet_ntoa(clientaddr.sin_addr),  \ntohs(clientaddr.sin_port));

        //启动线程处理一个客户端的上传
        _beginthread(serveoneclient, 0, (void *)psocket);
        Sleep(1000);

        //输出双方的 IP 地址及端口信息
        reportconnectinfo(acceptsocket);
    }
```

```
        closesocket(listensocket);
        WSACleanup();

        return 0;
}

//处理客户端文件上传的线程
void serveoneclient(void *s)
{
        printf("\n\n\n 创建新线程成功! \n\n\n");
        char filename[MAX_PATH];
        char data[MAX_SIZE];
        int i;
        char ch;
        FILE *fp;
        printf("接收文件名\n");

        memset((void *)filename, 0, sizeof(filename));
        for (i = 0; i < sizeof(filename); i++)
        {
                if (recv(*(SOCKET *)s, &ch, 1, 0) != 1)
                {
                        printf("接收失败或客户端已关闭连接\n");
                        closesocket(*(SOCKET *)s);
                        return;
                }
                if (ch == 0)
                {
                        break;
                }
                filename[i] = ch;
        }
        if (i == sizeof(filename))
        {
                printf("文件名过长\n");
                closesocket(*(SOCKET *)s);
                return;
        }
        printf("文件名%s\n", filename);
        fp = fopen(filename, "wb");
        if (fp == NULL)
        {
                printf("无法以写方式打开文件\n");
                closesocket(*(SOCKET *)s);
                return;
        }
        printf("接收文件内容");
        memset((void *)data, 0, sizeof(data));
        while (1)
        {
                i = recv(*(SOCKET *)s, data, sizeof(data), 0);
                putchar('.');
```

```
        if (i == SOCKET_ERROR)
        {
            printf("\n 接收失败，文件可能不完整\n");
            break;
        }
        else if (i == 0)
        {
            printf("\n 接收成功\n");
            break;
        }
        else
        {
            fwrite((void *)data, 1, i, fp);
        }
    }
    //printf("%s", data);
    fclose(fp);
    _endthread();
    closesocket(*(SOCKET *)s);
}

//输出连接双方的 IP 地址和端口信息
void reportconnectinfo(SOCKET s)
{
    struct sockaddr_in addr;
    int naddrlen;

    naddrlen = sizeof(addr);
    memset(&addr, 0, naddrlen);
    getsockname(s, (struct sockaddr*)&addr, &naddrlen);
    printf("服务器：（%s: %d）\n", inet_ntoa(addr.sin_addr), ntohs(addr.sin_port));
    naddrlen = sizeof(addr);
    memset(&addr, 0, naddrlen);
    getpeername(s, (struct sockaddr*)&addr, &naddrlen);
    printf("客户端：（%s: %d）\n", inet_ntoa(addr.sin_addr), ntohs(addr.sin_port));
}
```

客户端（源文件 upload.c）：

```
/**
 * 编译方法：gcc upload.c -lws2_32 -o upload.exe
 */
#include <stdio.h>
#include <stdlib.h>
#include <winsock2.h>

#define MAX_SIZE  10240
#define PORT        8888

int main(int argc, char *argv[])
{
    char filename[81];
    char ip[81];
```

```
if (argc != 3)
{
    printf("使用方式： upload 文件名 服务器 IP 地址\n");
    exit(1);
}

strcpy(filename, argv[1]);
strcpy(ip, argv[2]);

WSADATA wsaData;
SOCKET clientsocket;
FILE *fp;
struct sockaddr_in serveraddr;
char data[MAX_SIZE];
int i;
int ret;

if ((fp = fopen(filename, "rb")) == NULL)
{
    printf("无法打开文件%s\n", filename);

    exit(1);
}

WSAStartup(0x202, &wsaData);

clientsocket = socket(AF_INET, SOCK_STREAM, 0);

memset((void *)&serveraddr, 0, sizeof(serveraddr));
serveraddr.sin_family = AF_INET;
serveraddr.sin_addr.s_addr = inet_addr(ip);
serveraddr.sin_port = htons(PORT);

if (connect(clientsocket, (struct sockaddr *)&serveraddr, sizeof(struct sockaddr_in)) \
    == SOCKET_ERROR)
{
    printf("连接服务器失败\n");
    fclose(fp);
    closesocket(clientsocket);
    WSACleanup();

    exit(1);
}
printf("发送文件名…\n");
send(clientsocket, filename, strlen(filename), 0);
send(clientsocket, "\0", 1, 0);
printf("发送文件内容");

while (1)
```

```
{
    memset((void *)data, 0, sizeof(data));
    i = fread(data, 1, sizeof(data), fp);
    if (i == 0)
    {
        printf("\n 发送成功\n");
        break;
    }
    ret = send(clientsocket, data, i, 0);
    putchar('.');
    if (ret == SOCKET_ERROR)
    {
        printf("\n 发送失败，文件可能不完整\n");
        break;
    }
}

fclose(fp);
closesocket(clientsocket);
WSACleanup();

return 0;
}
```

22.3.5　TCP 实现的多人聊天室

本节将利用 TCP 实现一个简单的聊天室，利用作者自行设计的 mycon 文本库构建基本的聊天字符界面，系统实现了公聊、私聊、上线通知、离线通知等基本功能。**但系统仍然存在 bug，抛砖引玉，请在此基础上思考如何编写出真正功能完善的聊天室。**

系统运行方法：先启动聊天服务器，然后启动客户端，输入服务器 IP 地址和聊天昵称，然后进入聊天室，输入聊天消息进行公聊。按 Tab 键，可以选择私聊对象，按 Enter 键确认，然后进入私聊状态，要取消私聊，回到公聊状态，按 Esc 键。

聊天信息格式设计如下：

公共聊天：0:发送方:消息内容

私人聊天：1:发送方:接收方:消息

上线消息：2:上线方

离线消息：3:离线方

在线用户列表：4:在线用户 1:在线用户 2:

消息类型：0-公聊, 1-私聊, 2-上线, 3-离线, 4-在线用户列表

例如：

```
0:bbc:msg                              //公聊，bbc 发送消息 msg
1:bbc:abc:msg                          //私聊，bbc 给 abc 发消息 msg
2:bbc                                  //bbc 上线
3:bbc                                  //bbc 离线
4:user1:user2:                         //在线用户列表：user1、user2、…
```

系统运行效果如图 22-10~图 22-14 所示。

图 22-10　TCP 聊天室服务器端运行效果

图 22-11　TCP 聊天室客户端 1 运行效果

图 22-12　TCP 聊天室客户端 2 运行效果

图 22-13　TCP 聊天室客户端 3 运行效果

图 22-14　TCP 聊天室客户端 1 离线运行效果

【例 22-6】TCP 实现的多人聊天室。

服务器端源文件：newserver.c。

```
/**
 * 编译命令：gcc newserver.c -lws2_32 -static -lmycon -std=c99 -o server.exe
 */
#include <stdio.h>
#include <string.h>
#include <stdlib.h>
#include <winsock2.h>

#define N 10
```

```
typedef struct clientinfo
{
    SOCKET socket;
    char name[81];
} User;                                  //记录在线用户名和 socket
User clients[N];                         //所有的聊天客户端的数组
int nclients = 0;                        //当前在线人数
CRITICAL_SECTION cs;                     //临界区解决互斥访问问题

//处理收到的各种信息
void processMsg(SOCKET clientsocket, char message[], int msglen)
{
    int mtype = message[0] - '0';        //消息类型：0-公聊,1-私聊,2-上线,3-离线
    char ulists[N * 81];

    char from[81];                       //消息发送方
    char to[81];                         //消息接收方
    char who[81];                        //上线或离线方
    char msg[81];                        //消息本身
    int nquit;                           //离线人数
    int ret;
    int i;
    int k = 0;

    nquit = 0;

    EnterCriticalSection(&cs);           //互斥访问临界区

    switch (mtype)
    {
    case 0:                              //处理公聊消息
        for (i = 0; i < nclients; i++)
        {
            ret = send(clients[i].socket, message, strlen(message) + 1, 0);
            if (ret == SOCKET_ERROR)
            {
                //发送失败，客户端关闭，则删除对应的客户端
                clients[i].socket = NULL;
                nquit++;
            }
        }
        break;
    case 2:                              //处理上线消息
        strcpy(who, message + 2);
        for (i = 0; i < nclients; i++)
        {
            if (clients[i].socket == clientsocket)//上线人
            {
                strcpy(clients[i].name, who);
                strcpy(ulists, "4:");
                //发送在线用户列表
                for (int j = 0; j < nclients; j++)
```

```
                {
                    strcat(ulists, clients[j].name);
                    strcat(ulists, ":");
                }
                send(clients[i].socket, ulists, strlen(ulists) + 1, 0);
            }

            ret = send(clients[i].socket, message, strlen(message) + 1, 0);
            if (ret == SOCKET_ERROR)
            {
                                            //发送失败，客户端关闭，则删除对应的客户端
                clients[i].socket = NULL;
                nquit++;
            }

        }
        break;
case 3:                                     //处理离线消息
        for (i = 0; i < nclients; i++)
        {
            if (clients[i].socket != clientsocket)
            {
                ret = send(clients[i].socket, message, strlen(message) + 1, 0);
                if (ret == SOCKET_ERROR)
                {
                    //发送失败，客户端关闭，则删除对应的客户端
                    clients[i].socket = NULL;
                    nquit++;
                }
            }
        }
        break;
case 1:                                     //处理私聊消息
        //提取私聊发送方
        for (i = 2; i < msglen; i++)
        {
            if (message[i] != ':')
            {
                from[k] = message[i];
                k++;
            }
            else
            {
                from[k] = '\0';
                break;
            }
        }
        //提取私聊接收方
        k = i;
        int t = 0;
        for (i = k + 1; i < msglen; i++)
        {
            if (message[i] != ':')
```

```
            {
                to[t] = message[i];
                t++;
            }
            else
            {
                to[t] = '\0';
                break;
            }
        }
        //拼接私聊消息
        strcpy(msg, from);
        strcat(msg, ":");
        strcat(msg, message + i + 1);        //提取私聊消息

        for (i = 0; i < nclients; i++)
        {
            if (strcmp(clients[i].name, to) == 0)
            {
                //printf("s:%s\n", msg);
                ret = send(clients[i].socket, msg, strlen(msg) + 1, 0);
                if (ret == SOCKET_ERROR)
                {
                    //发送失败，客户端关闭，则删除对应的客户端
                    clients[i].socket = NULL;
                    nquit++;
                }
                break;
            }
        }
    }


    //处理离线
    while (nquit)
    {
        for (int i = 0; i < nclients; i++)
        {
            if (clients[i].socket != NULL)
            {
                continue;
            }
            else
            {
                //删除空的已经下线的客户端
                for (int j = nclients - 2; j >= i; j--)
                {
                    clients[j].socket = clients[j + 1].socket;
                    strcpy(clients[j].name, clients[j + 1].name);
                }
                nquit--;
                break;
            }
        }
    }
```

```
    }

    LeaveCriticalSection(&cs);                    //离开临界区
}

//接收客户端所有消息的线程
void receive_msg_thread(SOCKET clientsocket)
{
    char message[81];
    int msglen;

    while (1)
    {
        memset(message, 0, sizeof(message));///接收消息

        msglen = recv(clientsocket, message, sizeof(message), 0);
        if (SOCKET_ERROR == msglen)
        {
            for (int i = 0; i < nclients; i++)
            {
                if (clients[i].socket == clientsocket)
                {
                    printf("客户%s 离线！当前在线人数%d 人\n", clients[i].name, \nclients - 1);
                    strcpy(message, "3:");
                    strcat(message, clients[i].name);
                    nclients--;
                    processMsg(clientsocket, message, strlen(message) + 1);
                    break;
                }
            }
            closesocket(clientsocket);

            return;
        }

        message[msglen] = '\0';
        printf("%s\n", message);

        //处理接收的各种消息
        processMsg(clientsocket, message, msglen);
    }
}

int main(void)
{
    WSADATA wsaData;                        //存放套接字信息的结构
    SOCKET serversocket;                    //服务器套接字
    SOCKET clientsocket;                    //客户端套接字

    //第一步：初始化套接字并协商版本
    //该函数的第一个参数指明程序请求使用的 Socket 版本
    //其中，高位字节指明副版本，低位字节指明主版本
    //第二个参数返回请求的 socket 版本信息
```

```
if (WSAStartup(MAKEWORD(2, 2), &wsaData))
{
    printf("WSAStartup 出错，错误代码：%d\n", WSAGetLastError());

    return -1;
}

//第二步：创建套接字，指定协议类型
//AF_INET 代表一个地址族,SOCK_STREAM 表示为 TCP 协议的流服务,IPPROTO_TCP 的值为 6
serversocket = socket(AF_INET, SOCK_STREAM, IPPROTO_TCP);
if (serversocket == INVALID_SOCKET)
{
    printf("socket 初始化失败，错误代码：%d\n", WSAGetLastError());
    return -1;
}

//第三步：设置服务器地址
SOCKADDR_IN serveraddr;                     //服务端地址
USHORT port = 6789;                         //服务端口
serveraddr.sin_family = AF_INET;            //连接协议
serveraddr.sin_port = htons(port);          //服务器监听端口
//任何客户端都能连接这个服务器
serveraddr.sin_addr.S_un.S_addr = htonl(INADDR_ANY);

//第四步：绑定服务器地址端口
if (SOCKET_ERROR == bind(serversocket, (SOCKADDR *)&serveraddr, \
            sizeof(serveraddr)))
{
    printf("绑定失败，错误代码：%d\n", WSAGetLastError());
    closesocket(serversocket);

    return -1;
}

//第五步：监听有无客户端连接
if (SOCKET_ERROR == listen(serversocket, 1))
{
    printf("监听失败，错误代码：%d\n", WSAGetLastError());
    closesocket(serversocket);
    WSACleanup();

    return -1;
}

SOCKADDR_IN clientaddr;                      //客户端地址
int clientaddrlen = sizeof(clientaddr);

//第六步：聊天主循环
printf("天天聊天室服务器端启动成功，欢迎畅聊！\n\n");

//初始化临界区
InitializeCriticalSection(&cs);
```

```
    //服务器端主循环
    while (1)
    {
        //accept 会阻塞，直到有客户端来连接为止
        clientsocket = accept(serversocket, (SOCKADDR*)&clientaddr, &clientaddrlen);
        if (clientsocket == INVALID_SOCKET)
        {
            printf("接收客户端连接失败，错误代码：%d\n", WSAGetLastError());
            closesocket(serversocket);
            WSACleanup();

            return -1;
        }

        EnterCriticalSection(&cs);              //互斥进入临界区

        clients[nclients].socket = clientsocket;
        nclients++;                            //在线人数加 1
        printf("当前在线人数：%d 人。\n", nclients);

        LeaveCriticalSection(&cs);             //离开临界区

        //第七步：启动接收消息并发送消息的线程
        _beginthreadex(NULL, 0, &receive_msg_thread, clientsocket, NULL, 0);
    }

    return 0;
}
```

客户端源文件（newclient.c）：

```
/**
 * 编译命令: gcc newclient.c -lws2_32 -static -lmycon -lwinmm -o client.exe -std=c99
 */
#include <stdio.h>
#include <conio.h>
#include <mycon.h>
#include <winsock2.h>

#define N 10                                //最大在线人数

char *users[N] = {NULL};                     //在线用户列表
int nusers = 0;                              //当前在线人数
int index = 0;                               //私聊对象选择
int startx = 2;                              //信息区行坐标
int isprivate = 0;                           //是否处于私聊状态：1 表示是，0 表示否

//显示输出在线用户列表
void showusers()
{
    set_color(0, 7);
    int k = 0;

    //输出在线用户列表
```

```
    for (int i = 0; i < N; i++)
    {
        gotoxy(68, 4 + k);
        if (users[i] != NULL)
        {
            printf("%5s    ", users[i]);
            k++;
        }
    }

    //输出剩下的空白
    for (int i = nusers; i < N; i++)
    {
        gotoxy(68, 4 + k);
        printf("%5s    ", " ");
        k++;
    }

    //显示当前信息接收对象
    if (!isprivate)
    {
        gotoxy(68, 23);
        printf("给所有人");

    }
}

//限制输入 len 个字符到 msg 缓冲区中
void getInput(char *msg, int len)
{
    fflush(stdin);

    int t = 0;
    for (int i = 0; i < len; i++)
    {
        t = getch();
        if (t == 9)                          //Tab 键
        {
            showusers();
            gotoxy(68, 4 + index);
            set_color(7, 0);
            printf("%5s    ", users[index]);
            return;
        }
        if (t == 27)                         //Esc 键
        {
            showusers();
            index = 0;
            gotoxy(68, 23);
            set_color(0, 7);
            printf("给所有人");
            set_color(7, 0);
            gotoxy(15, 23);
            isprivate = 0;
```

```
            return;
        }
        if (t == 224)
        {
            t = getch();
            if (t == 72)                    //光标向上键
            {
                index--;
                index = (index + nusers) % nusers;
            }
            if (t == 80)                    //光标向下键
            {
                index++;
                index = index % nusers;
            }
            showusers();
            gotoxy(68, 4 + index);
            set_color(7, 0);
            printf("%5s    ", users[index]);
            return;
        }
        if (t != '\r' && t != '\n')         //输入回车键
        {
            putchar(t);
            msg[i] = t;
        }
        else
        {
            if (i > 0)
            {
                msg[i] = '\0';
                return;
            }
            else
            {
                gotoxy(68, 23);
                set_color(0, 7);
                printf("%8s", users[index]);
                isprivate = 1;              //进入私聊状态
                set_color(7, 0);
                return;
            }
        }
    }
}

//在(x,y)处绘制宽 width、高 height 的字符矩形框
void draw_box(int x, int y, int width, int height)
{
    gotoxy(x, y);
    printf(" ┌");

    for (int i = 0; i < width; i++)
    {
```

```c
        printf("—");
    }

    printf("┐ ");

    for (int i = 1; i <= height; i++)
    {
        gotoxy(x, y + i);
        printf("│");

        gotoxy(x + width * 2 + 2, y + i);
        printf("│");
    }

    gotoxy(x, y + height + 1);
    printf("└");

    for (int i = 0; i < width; i++)
    {
        printf("—");
    }

    printf("┘ ");
}

int drawui(void)
{
    char msg[100];

    set_title("天天聊天室！");
    set_size(80, 25);
    show_cursor();
    cls();

    gotoxy(30, 1);
    printf("天天聊天室欢迎你！");
    gotoxy(0, 4);
    draw_box(0, 2, 31, 19);              //绘制消息区矩形框
    draw_box(66, 2, 5, 19);              //绘制在线用户列表区矩形框

    gotoxy(68, 3);
    printf(" 在线用户");

    showusers();                          //显示所有在线用户列表

    gotoxy(77, 1);
    printf("↑");

    gotoxy(77, 23);
    printf("↓");

    gotoxy(1, 23);
    printf("输入聊天内容：");
```

```
        set_color(7, 0);
        printf("                                              ");


        gotoxy(68, 23);
        set_color(0, 7);
        printf("给所有人");

        gotoxy(15, 23);

        return 0;
    }

//聊天客户端接收线程，用于接收服务器端发来的各种消息
void receive_msg_thread(SOCKET clientsocket)
{
    char message[81];                      //消息缓冲区
    char name[81];                         //解析姓名的缓冲区
    int msglen;                            //消息长度
    int mtype;                             //消息类型：0-公聊,1-私聊,2-上线,3-离线,4-在线用户列表
    int i;                                 //临时变量

    while (1)
    {
        memset(message, 0, sizeof(message)); //接收消息

        msglen = recv(clientsocket, message, sizeof(message), 0);
        if (SOCKET_ERROR == msglen)
        {
            printf("接收消息失败，错误代码：%d\n", WSAGetLastError());
            closesocket(clientsocket);
            WSACleanup();

            return;
        }

        message[msglen] = '\0';

        startx++;
        startx = startx % 22;
        if (startx == 0)
        {
            startx = 3;
            for (i = 3; i <= 21; i++)
            {
                set_color(0, 7);
                gotoxy(3, i);
                printf("%28s", "");
            }
        }
        gotoxy(3, startx);
        set_color(0, 7);

        mtype = message[0] - '0';
```

```
if (mtype == 2)                              //上线消息
{
    int find = 0;                            //查找是否已经在在线列表中
    for (int k = 0; k < nusers; k++)
    {
        if (strcmp(users[k], message + 2) == 0)
        {
            find = 1;
            break;
        }
    }
    printf("%s 上线了! ", message + 2);
    if (!find)                               //如果该用户没在在线用户列表中，则加入
    {
        users[nusers] = (char *)malloc(strlen(message + 2) + 1);
        strcpy(users[nusers], message + 2);

        nusers++;
        for (int k = nusers; k < 10; k++)
        {
            users[k] = NULL;
        }
        showusers();
    }

    set_color(7, 0x3);
    gotoxy(15, 23);
    continue;
}
if (mtype == 3)                              //处理用户离线消息
{
    printf("%s 离线了! ", message + 2);

    if (strcmp(message + 2, users[index]) == 0) //私聊人离线，改为公聊
    {
        isprivate = 0;
    }

    for (i = 0; i < N; i++)
    {
        if ((users[i] != NULL) && (strcmp(message + 2, users[i]) == 0))
        {
            users[i] = NULL;
            break;
        }
    }

    nusers--;
    showusers();
    set_color(7, 0x3);
    gotoxy(15, 23);
    continue;
}
```

```c
if (mtype == 4)                          //处理在线用户列表
{
    int n = 0;
    int j = 0;

    //逐个解析在线用户信息，加入到在线用户列表中
    for (i = 2; i < msglen; i++)
    {
        if (message[i] != ':')
        {
            name[j] = message[i];
            j++;
        }
        else
        {
            name[j] = '\0';
            if (users[n] != NULL)
            {
                free(users[n]);
            }
            users[n] = (char *)malloc(strlen(name) + 1);
            strcpy(users[n], name);
            n++;
            j = 0;
        }
    }
    nusers = n;
    for (i = nusers; i < N; i++)
    {
        if (users[i] != NULL)
        {
            free(users[i]);
        }
    }
    showusers();
    set_color(7, 0x3);
    gotoxy(15, 23);
    continue;
}

if (mtype == 0)                          //处理公聊消息
{
    printf("%s", message + 2);
    set_color(7, 0x3);
    gotoxy(15, 23);
    continue;
}

//处理私聊消息
//提取发信人
int j = 0;
for (i = 0; i < msglen; i++)
{
```

```
                if (message[i] != ':')
                {
                    name[j] = message[i];
                    j++;
                }
                else
                {
                    name[j] = '\0';
                    break;
                }
            }

            printf("%s 偷偷对你说: %s", name, message + i + 1);

            //光标回到输入框中
            set_color(7, 0x3);
            gotoxy(15, 23);
        }
}

int main(void)
{
    WSADATA wsaData;                          //存放套接字信息的结构
    SOCKET clientsocket;                      //客户端套接字

    //第一步：初始化套接字并协商版本
    //该函数的第一个参数指明程序请求使用的 Socket 版本
    //其中，高位字节指明副版本，低位字节指明主版本
    //第二个参数返回请求的 socket 版本信息
    if (WSAStartup(MAKEWORD(2, 2), &wsaData))
    {
        printf("WSAStartup 出错，错误代码: %d\n", WSAGetLastError());

        return -1;
    }

    //第二步：创建套接字，指定协议类型
    //AF_INET 代表一个地址族，SOCK_STREAM 表示为 TCP 协议的流服务，IPPROTO_TCP 的值为 6
    clientsocket = socket(AF_INET, SOCK_STREAM, IPPROTO_TCP);
    if (clientsocket == INVALID_SOCKET)
    {
        printf("socket 初始化失败，错误代码: %d\n", WSAGetLastError());
        return -1;
    }

    //第三步：输入服务器 IP 地址和聊天用户名
    //输入服务器 IP 地址
    printf("请输入聊天服务器的 IP 地址: ");
    char ip[81];
    memset(ip, 0, sizeof(ip));
    gets(ip);

    //输入聊天的用户名
```

```
printf("请输入聊天用户名：");
char name[81];
memset(name, 0, sizeof(name));
gets(name);

//第四步：设置服务器地址，填充服务器地址结构
SOCKADDR_IN serveraddr = { 0 };                    //服务端地址
USHORT serverport = 6789;                           //服务端端口
serveraddr.sin_family = AF_INET;
serveraddr.sin_port = htons(serverport);            //服务器端口
serveraddr.sin_addr.S_un.S_addr = inet_addr(ip);   //服务器地址

printf("正在连接聊天服务器......\n");
//第五步：连接聊天服务器
if (SOCKET_ERROR == connect(clientsocket, (SOCKADDR*)&serveraddr, \
    sizeof(serveraddr)))
{
    printf("连接聊天服务器失败，错误代码：%d\n", WSAGetLastError());
    closesocket(clientsocket);
    WSACleanup();

    return -1;
}

printf("成功连接到聊天服务器（IP 地址：%s，端口：%d）\n\n", \
    inet_ntoa(serveraddr.sin_addr), htons(serveraddr.sin_port));

//第六步：启动接收消息的线程
_beginthreadex(NULL, 0, &receive_msg_thread, clientsocket, NULL, 0);

//第七步：主线程中聊天循环
char message[2048];
char msg[100];
int sendmsglen;

//拼接上线消息
char onlinemsg[81];
strcpy(onlinemsg, "2:");
strcat(onlinemsg, name);

//绘制聊天字符界面
drawui();

//发送用户上线消息
send(clientsocket, onlinemsg, strlen(onlinemsg), 0);

//设置聊天标题区
set_color(0, 7);
gotoxy(30, 1);
printf("天天聊天室欢迎你%s！", name);

//聊天主循环
while (1)
```

```
{
    set_color(7, 0x3);
    gotoxy(15, 23);
    //限制字符输入数的方法
    //fgets(msg, 20, stdin);
    //scanf("%20s", msg);
    memset(msg, '\0', sizeof(msg));
    getInput(msg, 50);
    gotoxy(15, 23);
    printf("                                                    ");

    memset(message, 0, sizeof(message));
    if (!isprivate)
    {
        //公聊，组装公聊消息：0:发信人:消息
        strcpy(message, "0:");
        strcat(message, name);
        strcat(message, ":");
    }
    else
    {
        //私聊，组装私聊消息：1:发信人:接收人:消息
        strcpy(message, "1:");
        strcat(message, name);
        strcat(message, ":");
        strcat(message, users[index]);
        strcat(message, ":");
    }

    if (strlen(msg) > 0)
    {
        strcat(message, msg);

        //发送消息
        sendmsglen = send(clientsocket, message, strlen(message) + 1, 0);
        if (SOCKET_ERROR == sendmsglen)
        {
            printf("发送消息失败，错误代码：%d\n", WSAGetLastError());
            closesocket(clientsocket);
            WSACleanup();

            return -1;
        }
    }
}

//第八步：关闭套接字，清理相关资源
closesocket(clientsocket);
WSACleanup();

system("pause>nul"); //暂停，看清错误原因

return 0;
}
```

小　结

本章介绍了计算机网络的基本工作原理及核心概念，以及如何利用 C 语言进行 Windows Sockets 套接字编程，来实现点对点聊天、文件远程传输、多人聊天室等基本的网络通信应用。主要目的是引导读者入门基本的网络编程领域，为读者打开一扇窗，为后续深入的学习明确方向和奠定基础。

习题与实践

1. 思考为什么要引入计算机网络，以及网络要解决的核心问题有哪些。
2. 百度一下计算机网络技术有哪些前沿领域。
3. 百度深入学习 TCP/IP 协议栈。
4. 百度什么是网络协议分析、什么是 Sniffer 嗅探器。
5. 思考如何利用 C 语言编程下载某个网站中的网页以及网页中的图片文件。
6. 百度学习什么是网络爬虫，要编写网络爬虫，需要学习哪些方面的知识。
7. 思考众多的在线视频网站用到了哪些传输协议。
8. 深入思考你心目中完美的计算机网络是怎么样的。

第 23 章　编程访问数据库

学习目标

（1）掌握数据库的核心思想和基本概念。

（2）初步掌握 MySQL 的安装和初步使用。

（3）学会使用基本的 SQL 语句。

（4）学会使用 C 语言编程访问 MySQL 数据库。

本章将介绍数据库的核心思想和相关概念、MySQL 数据库的安装和初步使用、基本的 SQL 语句以及利用 C 语言编程访问 MySQL 数据库，通过对数据库中数据的增删改查，从而实现各式各样具有不同业务逻辑的实用系统，如标准化考试系统、同学通讯录等。

23.1　数据库基础

23.1.1　数据库的引入

1．为什么要引入数据库

（1）早期的程序：代码+数据。都在内存中，两者不分离。

特点：数据量小，不能持久存储，不能反复处理，很难在程序间共享。

（2）文件阶段的程序：代码+数据。数据持久化为文件。

特点：代码和数据分离，数据能永久存储，能进行反复处理，可在程序间共享数据。但程序需处理如何访问文件的物理细节，涉及大量重复的容易出错的代码，开发效率较低。

（3）数据库阶段的程序：程序和数据完全分离。

特点：数据高度结构化、大量持久存储、便于共享、由数据库管理系统 DBMS（DataBase Management System）软件管理数据库文件的物理细节，开发人员可以通过数据库管理系统提供的编程接口方便高效安全地访问到需要的数据。

简而言之，引入数据库的主要目的：大量存储、持久性存储、代码和数据分离、便于共享、便于反复处理、便于分工协作、提高了开发效率。

2．数据库涉及的核心问题

（1）效率问题：大量数据中如何存取需要的数据？

涉及物理文件的存储组织以及内存缓冲区的组织和管理（通常采用高效的数据结构+算法）。

（2）安全问题：大量数据价值很高，如何保证数据的安全可靠和可用性是个大问题。在计算机系统中，一定要时时牢记：数据的价值要远远大于软硬件的价值！系统主要采用的技术有冗余备份与数据恢复、数据加密解密、访问权限控制等。

（3）并发访问：由于数据价值巨大，因此更要充分发挥数据的价值，进行广泛的共享。但如何控制成千上万甚至更多的用户进行的高强度并发访问，同时隔离无授权或恶意的用户访问是系统必须考虑的一个核心问题。

安全面临的各种威胁：物理安全（地震火灾等）、逻辑安全（黑客病毒等恶意破坏或篡改数据，误操作或数据库设计不合理等导致的诸如一致性问题等）。系统主要的安全手段：日志系统、冗余备份、并发访问控制、数据一致性完整性检校、数据加密解密等。

3. 数据库系统的构成

完整的数据库系统涉及使用系统的各种用户（如普通用户、系统管理员等）、构成系统的各种计算机软硬件（最为关键的是数据库管理系统软件 DBMS）、大量数据组成的数据库及各种使用数据库的规章制度。

数据库系统基本结构：用户 <—> 程序 <—> DBMS <—> 数据库（物理数据）。

其中涉及的相关术语解释如下：

- 数据库系统 DBS：DataBase System。
- 数据库 DB：DataBase（大量、持久、共享的高度结构化的外存数据集合）。
- 数据库管理系统 DBMS：DataBase Management System。
- 数据库管理员 DBA：DataBase Administrator。

目前各种常见的关系型 DBMS：

- 大型：Oracle、DB2、SyBase。
- 中型：MySQL、SQL Server。
- 小型：SQLite。

目前各种常见的非关系型 DBMS：MongoDB、Redis、HBase、LevelDB 等。

4. 现在主流的关系数据库系统的数据模型

一个数据库 DataBase 由一张或若干张表 Table（关系）组成，表之间可以有也可以没有关系或关联。关联的类型：一对一、一对多、多对多。

表的构成：

```
    sno        sname      sdept
    =================================
    20190001   张三        计算机系
    20190002   李四        软件工程系
```

（1）行：表中的每一行，也称为元组 Tuple、行 Row 或记录 Record。

（2）列：表中每一列，也称为字段 Field、列 Column 或者属性 Attribute。

不同的列拥有相同或不同的数据类型：数值型（整型、浮点型）、字符串型（定长、变长）、日期时间型、货币型、对象类型（文本对象、二进制对象）等。在这方面，各种不同的关系型数据库系统都大同小异。

（3）键：能够唯一标识记录的字段或字段的组合称为键 Key。可能有多个键，每个称为候选键，可以选取其中唯一的一个键作为主键 Primary Key。在一个表中，如果一个字段或字段的组合是另外一张表的主键，则称为该字段或字段的组合为外键 Foreign Key。

5. 程序员如何使用数据库

数据库的 CRUD 四种操作：增、删、改、查。

➷ C：Create 创建、增加。

➷ R：Retrievial 存取、查询。

➷ U：Update 修改。

➷ D：Delete 删除。

人或程序—>SQL—>数据库管理系统（DBMS）—>数据库（DB）。

SQL：Structured Query Language（结构化查询语言）。

SQL 已经形成国际标准，可以在各个 DBMS 之间通用。但各个 DBMS 之间的 SQL 不完全一样，允许扩展实现自己特色的 SQL，称为不同 DBMS 的方言。

SQL 按其功能分为四大部分：

（1）数据定义语言（Data Definition Language，DDL）：用于定义、撤销和修改数据模式（数据库、表、视图、存储过程、触发器等）。

（2）查询语言（Query Language，QL）：用于查询数据。

（3）数据操纵语言（Data Manipulation Language，DML）：用于增、删、改数据。

（4）数据控制语言（Data Control Language，DCL）：用于数据访问权限的控制。

下面是程序员使用数据库时还会涉及的各种核心概念：存储过程、触发器、索引、事务（ACID 属性）、权限管理等。事务的 ACID 属性：A（原子性）、C（一致性）、I（隔离性）、D（持久性）。

关于数据库理论的进一步深入学习，请参阅相关的专门书籍。

23.1.2 MySQL 数据库的安装与使用初步

1. MySQL 的安装及基本配置步骤

百度下载 MySQL 的安装包 mysql-5.5.20-win32.exe，虽然有最新的版本，但推荐下载 5.5 或 5.6 版本。双击开始安装。一路 Next，接受授权协议，中间可以选择典型安装 Typical 或完全安装 Complete，安装完成后开始数据库服务器实例配置，一路 Next 默认往下，最后执行配置和应用安全策略。如果出来四个绿勾，则安装成功；否则安装失败，请百度如何正确卸载 MySQL，需删除相应的目录，清除相应的注册表选项后再重装。

在安装配置过程中要特别注意下面几个选择页面：

第一个是将 MySQL 的 3306 端口加入防火墙的排除名单勾上，即允许访问 MySQL，如图 23-1 所示。

第二个是手动设置数据库的编码，推荐设置为 gbk 或 utf-8，以支持汉字存储，如图 23-2 所示。

图 23-1 MySQL 安装要点 1　　　　　　　　图 23-2 MySQL 安装要点 2

第三个是将 MySQL 的 bin 目录加入 path 环境变量中,这样在命令行下任意目录下都可以执行 MySQL 提供的一些命令行程序。勾选 Include Bin Directory in Windows PATH,如图 23-3 所示。

第四个是设置数据库超级用户 root 账号的密码,学习者建议输入 root 作为学习编程时的密码(简单易记),但如果用于生产实际时,必须设置复杂不易破解的密码,以保障系统和数据的安全性,如图 23-4 所示。

图 23-3　MySQL 安装要点 3

图 23-4　MySQL 安装要点 4

安装完成后,默认开机自动启动 MySQL 数据库服务器,如果没有自动启动(在命令行下连不上 MySQL 服务器),则可以手动启动。方法:在"我的电脑"图标上单击鼠标右键,选择"管理",双击右边的"服务和应用程序",再双击"服务",在服务中找到 MySQL,单击鼠标右键,在弹出的快捷菜单中选择"启动"即可启动 MySQL 服务器,如图 23-5 和图 23-6 所示。

图 23-5　手动启动 MySQL 要点 1

图 23-6　手动启动 MySQL 要点 2

2. MySQL 的基本操作

可以通过基本的命令行连接并执行对应的 SQL 语句来操纵数据库,也可以通过各种图形化的前端工具如 MySQL-Front、Navicat 等来操纵数据库。建议初学者先通过命令行学习和掌握基本的 SQL 语句,夯实基础,然后再在实际开发中利用前端图形化的工具来提高开发效率。关于各种图形化工具的使用,非常简单,请读者自行百度学习,下面只介绍如何用命令行执行 SQL 语句来操纵 MySQL 数据库,涉及的数据库为同学录 txl,只有一张表,表名也叫 txl,里面有四个字段,全是 varchar 可变长字符串类型,分别是姓名、住址、电话号码和工作单位。

数据库名:txl;数据表:txl(name,address,phone,workfor)。

各种常用的操作 MySQL 数据库的命令行 SQL 语句如下:

（1）连接登录 MySQL 服务器：mysql -u 账号 -p 密码 -hMySQL 服务器所在的主机的 IP 地址（u:user p:password h:host）。

（2）查看当前有哪些数据库：show databases。

（3）打开某个数据：use 数据库名。

（4）查看当前打开的数据库中有哪些表：show tables。

（5）查询某个表中所有的数据：select * from 表名（*代表所有的字段）。

（6）查询某个表的结构（有哪些字段，每个字段的数据类型、主键等 desc：describe 描述）：desc 表名。

（7）创建数据库：create database 数据库名。

（8）创建表（在当前打开的数据库中）：create table 表名(字段 1 类型,字段 2 类型,…,字段 n 类型)。

例如：create table user(username varchar(20) not null primary key, password varchar(20));

等价于

create table user(username varchar(20) not null, password varchar(20), primary key (username));

说明：not null 非空约束，primary key：主键，varchar(20)：可变字符串，最大长 20 字符。

（9）向表中插入数据：insert into 表名 values(字段 1 的值,字段 2 的值,...,字段 n 的值)。

例如：insert into user values('bbc', 'bbc');

字符串用单引号括起来，如'bbc'。

（10）退出与 mysql 服务器的连接：quit。

（11）删除某条记录：delete from 表名 where 删除条件。

例如：delete from user where password = 'bbc';

（12）删除某张表：drop table 表名。

（13）删除某个数据库：drop database 数据库名。

一个完整的使用 SQL 语句连接数据库并进行 CRUD 增删改查操作的例子如下：

在 Windows 系统上，找到"我的电脑"，单击"运行"，输入 cmd 并回车，开启命令行窗口（不同版本的 Windows 系统大同小异，都是运行 C:\Windows\System32\cmd.exe 这个程序启动命令行窗口，cmd 也正是英文 command 命令的缩写）。

然后按照下面的示例步骤输入对应的命令，按 Enter 键执行对应的操作，如图 23-7~图 23-11 所示（假设安装时 root 账号的密码为 root。注意，学习时密码可以设置得简单易记，但在实际生产一定要复杂，难以猜测和破解！）。

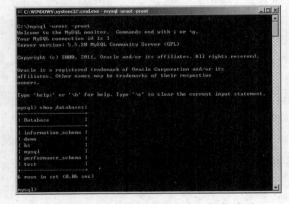

图 23-7　MySQL 数据库的命令行操作演示 1

图 23-8　MySQL 数据库的命令行操作演示 2

图 23-9　MySQL 数据库的命令行操作演示 3　　　　图 23-10　MySQL 数据库的命令行操作演示 4

图 23-11　MySQL 数据库的命令行操作演示 5

第 1 步：连接 MySQL 数据库服务器，命令为 mysql -uroot -proot。

第 2 步：查看有哪些数据库可用，命令为 show databases;（默认输入英文分号结束）。

第 3 步：创建同学录数据库 txl，命令为 create database txl;。

第 4 步：打开同学录数据库，命令为 use txl;。

第 5 步：在同学录 txl 数据库中创建表，表名 txl，具有 name、addr、phone、workfor 四个字段，全为 varchar 类型，主键为 name 字段，命令为 create table txl(name varchar(50) primary key, addr varchar(50), phone varchar(50), workfor varchar(50));。

第 6 步：查看表 txl 的表结构，命令为 desc txl;。

第 7 步：输入测试数据，命令为 insert into txl values('张三', '北京市', '12345678', '清华大学');。

第 8 步：查看表 txl 中的数据，命令为 select * from txl;。

重复第 7 步，输入更多的测试数据，命令：

➜ insert into txl values('李四', '上海市', '888888888', '上海交通大学');。

➜ insert into txl values('王五', '北京市', '1111111111', '北京大学');。

➜ insert into txl values('柳六', '西安市', '999999999', '西安交通大学');。

注意，按光标上下键可以选择你刚用过的历史命令，在此基础上可以利用光标左右键移动进行更改，然后再输入并按 Enter 键执行更改后的命令，从而减少输入的字符数。

第 9 步：再次查看表 txl 中的数据，命令为 select * from txl;。

第 10 步：修改王五的电话号码为 66666666，命令为 update txl set phone='66666666' where name='王五';。

第 11 步：再次查看表 txl 中的数据，命令为 select * from txl;。

第 12 步：删除王五的记录信息，命令为 delete from txl where name='王五';。

第 13 步：再次查看表 txl 中的数据，命令为 select * from txl;。

此时表中已无王五的信息。

上面已经练习了命令行下连接 MySQL 数据库，执行各种基本的 SQL 语句（创建数据库、创建表、增删改查记录等），更多更复杂的 SQL 语句的深入学习，请百度相应的课程或资料自行学习。

23.1.3　C 语言访问 MySQL 数据库的配置

在 Dev-C++下利用 C 语言编程访问 MySQL 数据库，需要做相应的配置，然后才能正常编译和链接相应的 API 库。方法如下：

（1）将 C:\Program Files\MySQL\MySQL Server 5.5\include 目录下所有的文件目录复制到 C:\Dev-Cpp\include 目录下。

（2）将 libmysql.a 文件复制到 C:\Dev-Cpp\lib 目录下。

（3）将 C:\Program Files\MySQL\MySQL Server 5.5\lib 目录下的 libmysql.dll 文件复制到 C:\WINDOWS\system32 目录下。

（4）利用 gcc 命令行编译 C 语言访问 MySQL 的程序：

```
gcc dbtest.c -I"C:\Dev-Cpp\include" -L"C:\Dev-Cpp\lib" -o dbt.exe -lmysql
```

如何生成 libmysql.a 文件：（作者已经生成了该文件，可以直接用，不用做下面的步骤！如果没有，则需先完成如下操作）

（1）下载一下 MinGW 工具包，下载地址是 http://prdownloads.sourceforge.net/mingw/mingw-utils-0.2.tar.gz?download。

（2）解压，将此工具包中的 bin 目录加入系统环境变量的 Path 变量。

（3）在 MySQL 开发包的 lib 目录下，即 libmysql.lib 和 libmysql.dll 的所在目录，运行 reimp -d libmysql.lib，得到导出文件 LIBMYSQL.def。

（4）在此目录运行 MinGW GCC 本身自带的命令：dlltool -k -d libmysql.def -l libmysql.a，得到最后需要链接的库文件 libmysql.a。

23.2　C 语言数据库编程案例

23.2.1　标准化考试系统

本节将利用 MySQL 数据库实现一个简单的标准化考试系统。系统题库中存储了待考试的试题，均为单选题，记录了每道题的题干、ABCD 选项的内容以及正确的答案。系统启动将读取题库中每道试题，并让考生作答，并提示正确还是错误，同时计分。整套题都答完了，给出本次测试的最后得分。

数据库设计如下：数据库名为 ks，数据表名为 tm，表中各字段如图 23-12 所示。

图 23-12　简单考试系统的表结构

程序的运行效果如图 23-13 和图 23-14 所示。

图 23-13　简单考试系统的运行效果 1　　　　图 23-14　简单考试系统的运行效果 2

【例 23-1】标准化考试系统（源文件文件名 dbtest.c）。

程序的完整源代码如下：

```c
/**
 * 项目名称：标准化考试系统 MySQL 版
 * 功能介绍：用数据库存储试题信息
 * 开发日期：2019 年 4 月 6 日
 * 作    者：BBC
 * 编译命令：gcc dbtest.c -I"c:\dev-cpp\include" -L"C:\dev-cpp\lib" -o test.exe -lmysql
 */
#include <stdio.h>
#include <string.h>
#include <stdlib.h>
#include <windows.h>
#include <mysql.h>

char sql[1000];                          //用于存放 SQL 语句的字符数组
char host[] = "localhost";               //MySQL 主机名
char dburl[] = "ks";                     //数据库名
const char username[] = "root";          //连接数据库的合法用户名
const char password[] = "root";          //密码
```

505

```
unsigned int port = 3306;                        //MySQL 的连接端口，默认是 3306
MYSQL *conn;                                      //MySQL 连接指针
MYSQL_RES *res;                                   //MySQL 结果集
MYSQL_ROW row;                                    //行变量

//初始化链接数据库，获得链接对象 conn
void init()
{
    //在 Windows 系统运行时，要选择 gbk 字符集，以显示中文
    if ((conn = mysql_init((MYSQL *)0))           //初始化 MySQL
        && (mysql_options(conn, MYSQL_SET_CHARSET_NAME, "gbk") == 0)
        //开始连接 MySQL
        && mysql_real_connect(conn, host, username, password, dburl, port, NULL, 0))
    {
        system("cls");
        printf("\t 简单考试系统欢迎你！\n\n");
    }
    else
    {
        //如果连接数据库失败
        printf("连接数据库失败。\n");
        mysql_close(conn);
        printf("按任意键退出。\n");
        getch();

        exit(0);
    }
}

//退出程序
void doQuit()
{
    if (conn != NULL)
    {
        mysql_close(conn);                        //关闭数据库连接
    }
    printf("\n 欢迎下次使用本系统，再见！");
    exit(0);
}

//开始测试
void test()
{
    int sn = 1;                                   //题的序号
    int i;
    int score = 0;                                //得分
    char ra[] = {'A', 'B', 'C', 'D'};

    strcpy(sql, "select * from tm");              //生成读取的 MySQL 语句

    if (mysql_query(conn, sql))                   //执行查询
    {
        printf("抱歉，题库为空。\n");
```

```
        return;
    }
    else
    {
        //如果读取成功
        res = mysql_store_result(conn);          //取结果集到 res 中
        i = (int)mysql_num_rows(res);            //取结果集中的记录数到 i 中
        printf("题库中共有%d 道题目！\n", i);
        while (1)
        {
            row = mysql_fetch_row(res);
            if (row == NULL)
            {
                break;
            }
            system("cls");
            printf("\t 简单考试系统欢迎你！\n\n");
            printf("%03d. ", sn);
            printf("%s ", row[0]);
            printf("%s\n\n", row[1]);
            printf("A. %s\n", row[2]);
            printf("B. %s\n", row[3]);
            printf("C. %s\n", row[4]);
            printf("D. %s\n\n", row[5]);
            printf("请输入你的答案：");
            char choice = getchar();
            fflush(stdin);

            int xsanswer;

            switch (choice)
            {
                case 'A':
                case 'a':
                    xsanswer = 1;
                    break;
                case 'B':
                case 'b':
                    xsanswer = 2;
                    break;
                case 'C':
                case 'c':
                    xsanswer = 3;
                    break;
                case 'D':
                case 'd':
                    xsanswer = 4;
                    break;
            }

            if (xsanswer == atoi(row[6]))
            {
                printf("\n 恭喜本题答对了！\n");
```

```
            score++;
        }
        else
        {
            printf("\n 抱歉，本题答错了，本题正确答案为%c！\n",  \ra[atoi(row[6]) - 1]);
        }
        sn++;
        getch();
    }
    printf("\n");
}

//释放结果集
mysql_free_result(res);

printf("在%d 道题中，你答对了%d 道！", sn - 1, score);
getch();
}

int main(void)
{
    init();                                    //初始化连接数据库

    test();

    doQuit();

    return 0;
}
```

23.2.2 同学通讯录系统

本节将通过 MySQL 数据库实现一个同学通讯录系统，能够对同学的信息进行基本的增删改查，主要目的是演示如何通过 C 语言编程实现对数据库的基本操作：增删改查。

数据库设计如下：数据库名为 txl，数据表名为 txl，表中各字段如图 23-15 所示。

图 23-15 同学通讯录数据库表结构

系统运行效果如图 23-16~图 23-20 所示。

图 23-16　同学通讯录查看所有同学　　　　　　图 23-17　同学通讯录查找同学

图 23-18　同学通讯录修改同学　　　　　　图 23-19　同学通讯录添加同学

图 23-20　同学通讯录删除同学

【例 23-2】同学通讯录系统（源文件文件名 txldb.c）。

系统较为简单，直接给出源代码。请先自行思考如何实现，然后再阅读下面的源码：

```
/**
* 项目名称：同学通讯录系统 MySQL 版
* 功能介绍：用数据库存储同学录信息（完整的增、删、改、查功能）
* 开发日期：2019 年 4 月 6 日
```

```
 * 作    者: BBC
 * 编译命令: gcc txldb.c -I"c:\dev-cpp\include" -L"C:\dev-cpp\lib" -o txldb.exe -lmysql
 */
#include <stdio.h>
#include <string.h>
#include <stdlib.h>
#include <windows.h>
#include <mysql.h>

#define OP_INSERT   1                       //增加某个同学
#define OP_QUERY    2                       //查找某个同学
#define OP_UPDATE   3                       //修改同学信息
#define OP_DELETE   4                       //删除某个同学
#define OP_LIST     5                       //列出所有同学
#define OP_QUIT     0                       //退出系统

#define DEBUG       0                       //是否输出调试用的 SQL 语句信息：1 表示输出，0 表示不输出

typedef struct
{
    char name[100];                         //同学姓名
    char addr[100];                         //家庭住址
    char phone[100];                        //联系电话
    char workfor[100];                      //工作单位
} TX;                                       //定义一名同学的结构体

char sql[1000];                             //用于存放 SQL 语句的字符数组
char host[] = "localhost";                  //MySQL 主机名
char dburl[] = "txl";                       //数据库名
const char username[] = "root";             //连接数据库的合法用户名
const char password[] = "root";             //密码
unsigned int port = 3306;                   //MySQL 的连接端口，默认是 3306
MYSQL *conn;                                //MySQL 连接指针
MYSQL_RES *res;                             //MySQL 结果集
MYSQL_ROW row;                              //行变量

//函数声明
void showMenu();
void doChoice(int);
int getChoice();
void doQuit();
void doInsert();
void doUpdate();
void doQuery();
void doDelete();
void doListAll();
void init();

int main(void)
{
    int choice;                             //用户的功能选择
```

```
    init();                                    //初始化链接同学录数据库

    while (1)
    {
        //显示功能主菜单
        showMenu();

        //获取用户功能选择
        choice = getChoice();

        //根据选择执行相应的功能
        doChoice(choice);

        //暂停，让用户看清楚，按任意键继续
        system("pause>nul");
    }

    return 0;
}

//初始化链接数据库，获得链接对象 conn
void init()
{
//在 Windows 系统运行时，要选择 gbk 字符集，以显示中文
if ((conn = mysql_init((MYSQL *)0))          //初始化 MySQL
        && (mysql_options(conn, MYSQL_SET_CHARSET_NAME, "gbk") == 0)
        //开始连接 MySQL
        && mysql_real_connect(conn, host, username, password, dburl, port, NULL, 0))
    {
        printf("连接成功！");
    }
    else
    {
        //如果连接数据库失败
        printf("连接数据库失败。\n");
        mysql_close(conn);
        printf("按任意键退出。\n");
        getch();

        exit(0);
    }
}

//显示程序主界面菜单
void showMenu()
{
    system("cls"); //调用 DOS 命令 cls 清屏
    printf("====同学录管理信息系统====\n");
    printf("\t1. 增加同学信息\n");
    printf("\t2. 查找同学信息\n");
```

```
        printf("\t3. 修改同学信息\n");
        printf("\t4. 删除同学信息\n");
        printf("\t5. 列出所有同学\n");
        printf("\t0. 退出系统\n");
        printf("=======================\n");
        printf("请输入你的选择（0-5）: ");
}

//退出程序
void doQuit()
{
    if (conn != NULL)
    {
        mysql_close(conn);                   //关闭数据库连接
    }
    printf("\n 欢迎下次使用本系统，再见! ");
    exit(0);
}

//插入一条同学信息
void doInsert()
{
    TX p; //临时工作变量

    printf("处理增加......\n");
    printf("姓名: ");
    scanf("%s", p.name);
    printf("住址: ");
    scanf("%s", p.addr);
    printf("电话: ");
    scanf("%s", p.phone);
    printf("单位: ");
    scanf("%s", p.workfor);

    sprintf(sql, "insert into txl(name, addr, phone, workfor) values('%s', '%s', '%s', '%s')", \
            p.name, p.addr, p.phone, p.workfor);//生成插入的 MySQL 语句

    if (DEBUG)                               //是否输出调试用的 SQL 语句信息
    {
        printf("sql=%s\n", sql);
    }

    if (mysql_query(conn, sql))              //执行查询
    {
        printf("姓名为%s 的同学信息加入同学录失败! \n", p.name);
    }
    else
    {
        printf("姓名为%s 的同学信息成功添加到同学录中! \n", p.name);
    }
}
```

```
//修改一名同学信息
void doUpdate()
{
    char tname[100];                     //临时存放输入的姓名
    int i;
    int find = 0;                        //是否找到该同学
    TX p;                                //临时工作变量

    printf("处理修改......\n");
    printf("请输入要修改的同学姓名：");
    scanf("%s", tname);

    sprintf(sql, "select * from txl where name='%s'", tname);//生成读取的 MySQL 语句

    if (DEBUG)                           //是否输出调试用的 sql 语句信息
    {
        printf("sql=%s\n", sql);
    }

    if (mysql_query(conn, sql))//执行查询
    {
        printf("抱歉，姓名为%s 的同学还没登入同学录中。\n", tname);
        return;
    }
    else
    {
        //如果读取成功
        res = mysql_store_result(conn);      //取结果集到 res 中
        i = (int)mysql_num_rows(res);        //取结果集中的记录数到 i 中
        //printf("共有%d 条记录。\n", i);
        if (i == 0)
        {
            printf("抱歉，姓名为%s 的同学还没登入同学录中。\n", tname);
            return;
        }
        while (1)
        {
            row = mysql_fetch_row(res);
            if (row == NULL)
            {
                break;
            }
            printf("你找的同学信息如下：\n");
            printf("=============================================\
                    ==========================\n");
            printf("姓名: %s\t", row[0]);
            printf("住址: %s\t", row[1]);
            printf("电话: %s\t", row[2]);
            printf("单位: %s\n", row[3]);
            printf("=============================================\
```

```
                        ==========================\n");
        }
    }

    //释放结果集
    mysql_free_result(res);

    //输入修改后的信息
    printf("\n 请输入修改后的信息：\n");
    printf("姓名: ");
    scanf("%s", p.name);
    printf("住址: ");
    scanf("%s", p.addr);
    printf("电话: ");
    scanf("%s", p.phone);
    printf("单位: ");
    scanf("%s", p.workfor);

    //执行更新，生成更新的 MySQL 语句
    sprintf(sql, "update txl set name='%s', addr='%s', phone='%s', workfor='%s' where \
            name='%s'", p.name, p.addr, p.phone, p.workfor, tname);

    if (DEBUG)                              //是否输出调试用的 SQL 语句信息
    {
        printf("sql=%s\n", sql);
    }

    if (mysql_query(conn, sql))             //执行查询
    {
        printf("修改姓名为%s 的同学的信息失败！", tname);
    }
    else
    {
        printf("姓名为%s 的同学的信息已经成功修改！", tname);
    }
}

//列出所有同学信息
void doListAll()
{
    TX p;                                   //临时工作变量
    int i;

    strcpy(sql, "select * from txl");       //生成读取的 MySQL 语句

    if (DEBUG)                              //是否输出调试用的 sql 语句信息
    {
        printf("sql=%s\n", sql);
    }

    if (mysql_query(conn, sql))             //执行查询
```

```
    {
        printf("抱歉，同学录为空。\n");
        return;
    }
    else
    {
        //如果读取成功
        res = mysql_store_result(conn);        //取结果集到 res 中
        i = (int)mysql_num_rows(res);          //取结果集中的记录数到 i 中
        printf("同学录中共有%d 个同学的信息：\n", i);
        while (1)
        {
            row = mysql_fetch_row(res);
            if (row == NULL)
            {
                break;
            }
            printf("=============================================\
                    =========================\n");
            printf("姓名：%s\t", row[0]);
            printf("住址：%s\t", row[1]);
            printf("电话：%s\t", row[2]);
            printf("单位：%s\n", row[3]);
        }
        printf("=============================================\
                =========================\n");
    }

    //释放结果集
    mysql_free_result(res);
}

void doQuery()
{
    char tname[100]; //临时存放输入的姓名
    int i;
    int find = 0;    //是否找到该同学
    TX p; //临时工作变量

    printf("处理查询......\n");
    printf("请输入同学姓名：");
    scanf("%s", tname);

    sprintf(sql, "select * from txl where name='%s'", tname);//生成读取的 MySQL 语句

    if (DEBUG)                                      //是否输出调试用的 SQL 语句信息
    {
        printf("sql=%s\n", sql);
    }

    if (mysql_query(conn, sql))                     //执行查询
```

515

```
    {
        printf("抱歉，姓名为%s 的同学还没登入同学录中。\n", tname);
        return;
    }
    else
    {
        //如果读取成功
        res = mysql_store_result(conn);              //取结果集到 res 中
        i = (int)mysql_num_rows(res);                //取结果集中的记录数到 i 中
        //printf("共有%d 条记录。\n", i);
        if (i == 0)
        {
            printf("抱歉，姓名为%s 的同学还没登入同学录中。\n", tname);
            return;
        }

        while (1)
        {
            row = mysql_fetch_row(res);
            if (row == NULL)
            {
                break;
            }
            printf("你找的同学信息如下：\n");
            printf("=========================================\
                    =========================\n");
            printf("姓名：%s\t", row[0]);
            printf("住址：%s\t", row[1]);
            printf("电话：%s\t", row[2]);
            printf("单位：%s\n", row[3]);
            printf("=========================================\
                    =========================\n");
        }
    }

    //释放结果集
    mysql_free_result(res);
}

void doDelete()
{
    char tname[100];                        //临时存储欲删的同学姓名
    int i;
    int find = 0;                           //是否找到该同学
    TX p; //临时工作变量

    printf("处理删除......\n");
    printf("请输入同学姓名：");
    scanf("%s", tname);

    sprintf(sql, "delete from txl where name = '%s'", tname);//生成插入的 MySQL 语句
```

```
    if (DEBUG)                                  //是否输出调试用的 SQL 语句信息
    {
        printf("sql=%s\n", sql);
    }

    if (mysql_query(conn, sql))                 //执行查询
    {
        printf("抱歉，姓名为%s 的同学还没登入同学录中。\n", tname);
    }
    else
    {
        //增删改影响的条数，另外 mysql_num_rows();查询到的条数
        if (mysql_affected_rows(conn))
        {
            printf("姓名为%s 的同学信息已经成功从同学录中删除！\n", tname);
        }
    }
}

int getChoice()
{
    int choice;

    scanf("%d", &choice);

    return choice;
}

void doChoice(int choice)
{
    //printf("正在处理第%d 个选择!\n", choice);

    switch (choice)
    {
        case OP_INSERT:
            doInsert();
            break;
        case OP_QUERY:
            doQuery();
            break;
        case OP_UPDATE:
            doUpdate();
            break;
        case OP_DELETE:
            doDelete();
            break;
        case OP_LIST:
            doListAll();
            break;
        case OP_QUIT:
```

```
            doQuit();
        }
    }
}
```

小　　结

本章介绍了数据库的核心思想和基本概念、MySQL 数据库的安装及基本使用，并利用 C 语言编程实现了对 MySQL 数据库的基本的增删改查操作。主要目的是介绍数据库的入门知识和利用 C 语言编程访问数据库的基本知识，关于数据库更进一步的理论学习和编程实践需要读者进行更深入的学习。

习题与实践

1．思考为什么要引入数据库，以及数据库要解决的核心问题有哪些。

2．百度一下前沿的数据库技术方向有哪些。

3．深入学习 SQL 语句的知识。

4．深入学习数据库中的核心概念：存储过程、触发器、索引、事务（ACID 属性）、权限管理等。

5．本章通过 C 语言编程实现了对数据库的增删改查，你能利用它实现各式各样的实用化的系统吗（公积金查询、高考成绩发布、股票信息查询、114 查号台、带数据库的聊天系统等）？

6．百度学习更多的关于 C 语言编程访问数据库的知识和技能。

第 24 章　综合实践应用

学习目标

（1）综合利用 C 语言知识点编写各种实用程序。

（2）领悟编程思想，实践编程方法，接触各种新领域。

前面的章节基本覆盖了 C 语言编程的各个方面：语言基础知识、算法逻辑训练、各种 API 函数（标准库函数、文本库、图形库、网络、数据库）应用。

本章将综合利用前面各章已经学习的知识，来实践编写各种各样的实用程序。

24.1　英语单词标准化测试系统

本节将实现一个简单的英语单词标准化测试系统。

1. 系统设计思路

创建一个英语单词中英文含义对照的单词库文件，系统启动时读取相应的单词的中英文含义，在内存中构造相应的数据结构，然后顺序测试每个单词的含义。

2. 系统难点

（1）单词库文件构造好后应该加密，这样测试者就不能查看该文件获取答案。

（2）对于每个单词的测试，其中包含的 4 个单选项都是随机从该文件的所有单词中选取的，如何保证这 4 个选项不重复并且必须包含正确的选项呢？

（3）由于单词库文件中每一行为一个单词，格式为"英文=中文"，读取一行后如何以等号"="为分隔符解析出该单词对应的英文含义和中文含义呢？

系统实现的步骤如下：

第一步：先创建要测试的单词中英文对照库文件，该文件的格式为每行一个单词，格式为"英文=中文"。

单词库文件为文本文件 test.dat，其内容如下。

Hyper Text Markup Language=超文本标记语言
Uniform Resource Locator=统一资源定位器
title=标题,头衔,称号
tag=标签,符签
map=地图
area=面积
shape=形状

coordinates=坐标,同等的,并列的使协调

behavior=行为

alternate=轮流的,交替的

说明

（1）注意最后一行不要有换行符。

（2）要测试的单词数由用户自行设定，但至少要大于 5 个单词。

（3）每行一个单词，中英文由等号"="隔开，英文在前，中文在后。

第二步：运行 jm.exe，对第一步完成的单词库文件进行加密，得到测试用的题库文件 test.dat。此时该文件已经不能用"记事本"之类的文本文件编辑器打开正常查看。

说明

该步将对原单词库文件进行简单加密，加密后文件名不变。加密算法采用最简单的算法，将单词库文件中除换行符之外的所有字符都异或上一个密钥 CODE（0x3b）。

第三步：运行 wordtest.exe，进行单词测试。

说明

（1）测试可以选择两种类型：由中文选英文或由英文选中文。

（2）答题时输入大小写字母均可。例如，输入"a"和输入"A"效果相同。

（3）每答一题，系统会给出正确与否的提示，按任意键进行下一题的测试。

测试时，首先调用 init 函数读取单词库文件中的数据到内存数据结构 word 数组中（在这之前先进行除换行符之外的所有字符都异或上一个密钥 CODE（0x3b）进行解密）。数组每个元素为一个结构体，包含一个单词的完整信息：英文含义和中文含义。接下来就进行单词库文件中每个单词的顺序测试。测试时可选择两种测试类型：根据中文选择英文；根据英文选择中文。测试每个单词时，首先根据测试类型输出相应的题干，然后产生 4 个互不相同的随机整数，用于指示 4 个单选项在 word 数组中的下标位置。接着随机产生一个 0～3 的整数，用于确定正确选项在 4 个单选项中的位置，即正确答案到底是放在 A、B、C 还是 D 中。最后输出 4 个单选项，提示用户输入测试答案，并进行正确性判定，按任意键进行下一题测试，直到整个单词库文件中的单词全部测试完毕为止。

系统运行效果如图 24-1～图 24-6 所示。

图 24-1　系统运行界面

图 24-2　英文找中文界面

图 24-3　输入正确选项界面

图 24-4　输入错误选项界面

图 24-5 测试结束界面　　　　　　　　　图 24-6 中文找英文界面

系统完整的代码包含两个文件，即 jm.c（用于加密单词库文件）和（wordtest.c 用于进行单词测试）。

【例 24-1】英语单词测试系统。

加密单词库文件 jm.c 的内容如下：

```c
/**
 * 本程序用于将对应的单词测试文件进行简单加密处理，以供测试用。
 */
#include <stdio.h>
#include <stdlib.h>

#define CODE  0x3b                      //加密密钥
#define MAXLEN 100                      //单词库文件中一行的最大长度，也是单词库文件中最大单词数

void encryption()                       //将单词库文件进行加密
{
    FILE *fp1, *fp2;
    char fname[50];
    char ch;

    printf("请输入待加密用的单词库文件名:");
    scanf("%s", fname);

    if ((fp1 = fopen(fname, "r")) == NULL)
    {
        printf("不能打开单词库文件%s，请检查! ", fname);
        exit(0);
    }

    if ((fp2 = fopen("temp.dat", "w")) == NULL)
    {
        printf("不能创建单词库文件%s，请检查! ", fname);
        exit(0);
    }

    while ((ch = fgetc(fp1)) != EOF)
    {
        if (ch != '\n')
        {
            ch = ch ^ CODE;
        }
        fputc(ch, fp2);
```

```
    }
    fclose(fp1);
    fclose(fp2);

    remove(fname);                              //调用库函数删除原来的文件
    rename("temp.dat", fname);                  //调用库函数将 temp.dat 重命名为原来的文件名
}

int main(void)
{
    encryption();

    getchar();

    return 0;
}
```

进行单词测试的程序文件 **wordtest.c** 的内容如下：

```
/**
 * 项目名称：英语单词标准化测试系统
 * 作    者：BBC
 * 开发日期：2019 年 5 月 10 日
 */
#include <string.h>
#include <stdio.h>
#include <time.h>
#include <stdlib.h>

#define CODE 0x3b
#define MAXLEN 100                              //单词库文件中一行的最大长度，也是单词库文件中最大单词数

typedef struct
{
    char *english;                             //保存单词的英文含义
    char *chinese;                             //保存单词的中文含义
} Word;

Word word[MAXLEN];
int testType = 0;

int init()                                     //从单词库文件中读入信息到内存数组中，返回单词个数
{
    FILE *fp;
    char fname[50];
    char line[MAXLEN];
    char *p;
    char *word1;
    char *word2;
    int i = 0;
    int j;
    int len;
```

```
        printf("\t 欢迎使用英语单词标准化测试系统！\n");
        printf("=======================================\n");
        printf("请输入测试用的单词库文件名:");
        scanf("%s", fname);

        if ((fp = fopen(fname, "r")) == NULL)
        {
            printf("不能打开单词库文件%s，请检查！", fname);
            exit(0);
        }
        fflush(stdin);

        while (fgets(line, MAXLEN, fp))
        {
            for (j = 0; j < strlen(line); j++)
            {
                if (line[j] != '\n')
                {
                    line[j] = line[j] ^ CODE;
                }
            }

            p = strchr(line, '\n');
            if (p != NULL)
            {
                *p = '\0';
            }
            p = strchr(line, '=');
            word1 = line;
            word2 = p;
            *p = '\0';
            ++word2;
            len = strlen(word1);
            word[i].english = (char *)malloc(len+1);
            strcpy(word[i].english, word1);
            len = strlen(word2);
            word[i].chinese = (char *)malloc(len+1);
            strcpy(word[i].chinese, word2);
            i++;
        }
        fclose(fp);

        return i;
    }

    void endtest(int size)
    {
        int i;

        for (i = 0; i < size; i++)
        {
```

```c
        free(word[i].english);
        word[i].english = NULL;
        free(word[i].chinese);
        word[i].chinese = NULL;
    }
}

void test(int size)                     //size 为文件中单词总个数
{
    int i, j, t;
    int flag;                           //判断是否有重复的干扰选项：0-无，1-有
    char choice;                        //用户测试某题时输入的答案（A、B、C、D）
    int xm[4];                          //每个选项对应的单词在数组中的下标
    int count = 0;                      //产生 4 个不同的题目选项
    int score = 0;                      //测试得分，每答对一题加 1 分

    printf("请选择测试类型（1-中文找英文 0-英文找中文）：");
    scanf("%d", &testType);
    fflush(stdin);

    for (i = 0; i < size; i++)
    {
        system("cls");
        //清屏后输出一道试题的题干
        if (!testType)
        {
            printf("%d. 英文%s 的中文含义为：\n", i + 1,
                word[i].english);
        }
        else
        {
            printf("%d. 中文\"%s\"对应的英文为：\n", i + 1,
                word[i].chinese);
        }

        //随机产生 4 个选项
        srand(time(NULL));
        count = 0;
        while (count <= 4)
        {
            t = rand() % size;
            if (t == i)
            {
                continue;               //如果和正确答案一致则跳过继续
            }
            flag = 0;
            for (j = 0; j < count; j++)
            {
                if (xm[j] == t)
                {
                    flag = 1;
```

```
            }
        }
        if (!flag)
        {
            xm[count] = t;
            count++;
        }
    }

    t = rand() % 4;
    xm[t] = i;                              //让正确选项随机放置

    //输出该试题的 4 个选项
    if (!testType)
    {
        printf("\tA. %s\n", word[xm[0]].chinese);
        printf("\tB. %s\n", word[xm[1]].chinese);
        printf("\tC. %s\n", word[xm[2]].chinese);
        printf("\tD. %s\n", word[xm[3]].chinese);
    }
    else
    {
        printf("\tA. %s\n", word[xm[0]].english);
        printf("\tB. %s\n", word[xm[1]].english);
        printf("\tC. %s\n", word[xm[2]].english);
        printf("\tD. %s\n", word[xm[3]].english);
    }
    printf("请输入你的选择：");

    choice = getchar();
    fflush(stdin);

    if (choice >= 'a' && choice <= 'z')
    {
        choice = choice - 'a' + 'A';
    }
    if (choice - 'A' == t)
    {
        printf("恭喜你做对了！\n");
        score++;
    }
    else
    {
        printf("抱歉你做错了！");
        printf("正确答案为%c。\n", 'A' + t);
    }
    getchar();
}
printf("本次测试结束，您共测试了%d 道题，答对了%d 道!\n\n 欢迎下次继续使用!
    \n", size, score);
endtest(size); //释放动态申请的资源
```

```
    }

    int main(int argc, char *argv[])
    {
        //从单词库文件中读入信息到内存数组
        //返回 size，即单词总个数
        int size = init();

        //进行一次全部题目的测试
        test(size);

        getchar();

        return 0;
    }
```

读者可以进一步完善本系统，添加测试结果保存、计时限制等更为实用的功能。

24.2　软件产权保护系统

本节将模拟实现具有某种软件产权保护性质的应用系统。

软件产权保护系统：当用户没有注册该软件时，只能试用 3 次；当超过试用次数后，则禁止使用；当用户完成注册后，则可以不受限制地正常使用。

显然，要完成类似的保护系统，则必须区分哪些是注册过的合法用户，哪些是没有注册的试用用户以及剩下的试用次数。这些信息都永久性地保存在某个文件中，并且显而易见的是，不能让用户轻易更改该文件，否则就达不到保护的目的。为了达到这个目的，我们将保存相关注册及试用信息的文件内容进行了加密。加密算法可简单，也可复杂。由于本系统只是针对 C 语言初学者实现的模拟系统，所以并没有采用过于复杂的加密机制来进行软件产权保护。目的很简单，只是让大家对如何实现软件的产权保护有个入门性的认识和体验，所以此时的加密算法很简单，就是将文件的内容按字节和某个密钥进行异或操作，解密时再次进行和加密时相同的操作就可以还原。当然，真正实用的系统的加密算法非常复杂，必须保证很难被破解，这样的软件保护才有价值。另外一种防止用户能够轻易修改文件的方法是将文件隐藏在很深的文件目录结构中，例如注册数据库中，让用户不容易发现它。

本模拟系统为简化起见，注册信息和试用次数的文件都保存在和系统同一个目录下，并且只采用简单的异或加密/密算法来实现某种程度的保护。如果想加强保护，则可以采用强度更大的加密算法。

整个系统由 3 个文件组成，具体如下。

（1）init.c：用于清除重置注册和试用信息，完成以后用户可以试用 3 次。

（2）register.c：用于注册合法用户。由于是模拟，所以随便输入用户名和密码都可以注册成功。

（3）login.c：用于模拟受保护的软件系统。如果没有注册或运行 init 程序，则只能试用 3 次，超过后则不能运行。如果运行注册程序 register，则可以不受限制地合法使用。

系统运行效果如下：

首先运行 init.exe 完成重置系统（系统初始化），如图 24-7 所示。

然后可以最多试用 3 次 login.exe。

第 1 次试用，如图 24-8 所示。

图 24-7　系统初始化界面

图 24-8　第 1 次试用界面

第 2 次试用，如图 24-9 所示。

第 3 次试用，如图 24-10 所示。

图 24-9　第 2 次试用界面

图 24-10　第 3 次试用界面

第 4 次及以上的试用，如图 24-11 所示。

此时可以选择注册，运行 register.exe 注册程序，随便输入用户名和密码即可合法注册，然后就可以不受限制地使用 login.exe，如图 24-12、图 24-13 所示。

图 24-11　第 4 次及多次试用界面

图 24-12　用户注册界面

图 24-13　用户登录界面

保存注册信息和试用次数的文件 user.dat 与系统处于同一目录下，如果非注册用户将该文件删除，将会出现什么情况？当把 login.exe 所在目录下的 user.dat 文件删除后再运行 login.exe，结果是根本进入不了 login.exe 程序，从而完成了某种程度的保护。

删除 user.dat 后，重新运行 init.exe 或 register.exe，又可重新生成 user.dat 文件。

user.dat 文件中保存了用户注册信息或未注册试用次数信息。合法的用户信息包含如下几方面：注册用户名、注册密码、未注册时的已试用次数以及是否注册的状态。采用如下的结构体来保存这些信息：

```c
struct User                          //用户注册信息
{
    char username[21];               //用户注册名
    char password[21];               //用户注册密码
    int  count;                      //已经试用次数
    int  status;                     //是否已经注册
};
```

函数 getUserInfo 用于从文件中读取用户信息，函数 decryption 用于解密加密后的用户信息；函数 encryption 用于加密用户信息；函数 writeUserInfo 用于将加密后的用户信息保存到文件中；函数 verify 用于验证软件是否已经注册，若已注册则返回 1，否则返回剩下的试用次数。

完整的系统代码如下：

【例 24-2】软件产权保护系统。

```c
文件 init.c:
/**
 * 本程序用于清除注册信息，将系统还原为未注册状态。
 */
#include <stdio.h>
#include <stdlib.h>
#include <string.h>

#define CODE 0xb2                     //加密密钥

struct User                          //用户注册信息
{
    char username[21];               //用户注册名
    char password[21];               //用户注册密码
    int  count;                      //已经试用次数
```

```
    int   status;                              //是否已经注册
} user, *p = &user;

//用于对注册信息进行加密
void encryption(struct User *p)
{
    int i, len;

    len = strlen(p->username);
    for (i = 0; i < len; i++)
    {
        p->username[i] = p->username[i] ^ CODE;
    }

    len = strlen(p->password);
    for (i = 0; i < len; i++)
    {
        p->password[i] = p->password[i] ^ CODE;
    }

    p->count = p->count ^ CODE;
    p->status = p->status ^ CODE;
}

int main(int argc, char *argv[])
{
    FILE *fp;

    p->count = 3;                              //未注册则试用次数为 3 次
    p->status = 0;                             //status 为 0 则为未注册状态

    encryption(p);
    if ((fp = fopen("user.dat", "wb")) == NULL)
    {
        printf("请合法使用本软件! \n");
        exit(1);
    }

    fwrite(p, sizeof(user), 1, fp);
    printf("初始化成功! ");

    fclose(fp);

    return 0;
}
```

文件 register.c：

```
/**
 * 本程序用于模拟注册程序。
 */
#include <stdio.h>
```

```
#include <stdlib.h>
#include <string.h>

#define CODE 0xb2                              //加密密钥

struct User                                    //用户注册信息
{
    char username[21];                         //用户注册名
    char password[21];                         //用户注册密码
    int  count;                                //已经试用次数
    int  status;                               //是否已经注册
} user, *p = &user;

//用于对注册信息进行加密
void encryption(struct User *p)
{
    int i, len;

    len = strlen(p->username);
    for (i = 0; i < len; i++)
    {
        p->username[i] = p->username[i] ^ CODE;
    }

    len = strlen(p->password);
    for (i = 0; i < len; i++)
    {
        p->password[i] = p->password[i] ^ CODE;
    }

    p->count = p->count ^ CODE;
    p->status = p->status ^ CODE;
}

int main(int argc, char *argv[])
{
    FILE *fp;

    printf("请输入注册名：\n");
    gets(p->username);
    printf("请输入密码：\n");
    gets(p->password);
    p->status = 1;                             //status 为 1 则为注册状态

    encryption(p);
    if ((fp = fopen("user.dat", "wb")) == NULL)
    {
        printf("不能打开配置文件！\n");
        exit(1);
    }
```

```
        fwrite(p, sizeof(user), 1, fp);
        printf("软件注册成功! ");

        fclose(fp);

        return 0;
    }
```

文件 login.c:

```
/**
 *   程序功能: 简单的注册验证程序。如果已经注册本软件, 则不限制使用次数,
 *              否则限制使用 3 次。相关的注册信息均加密后存放在配置文件 user.dat 中。
 */
#include <stdio.h>
#include <string.h>
#include <stdlib.h>

#define CODE  0xb2                          //加密密钥

struct User                                 //用户注册信息
{
    char username[21];                      //用户注册名
    char password[21];                      //用户注册密码
    int  count;                             //已经试用次数
    int  status;                            //是否已经注册
} user, *p = &user;

struct User *getUserInfo();
void encryption(struct User *p);
void decryption(struct User *p);
void writeUserInfo(struct User *p);
int verify(struct User *p);
void doWork();

int main(int argc, char *argv[])
{
    int count;

    p = getUserInfo();
    decryption(p);
    count = verify(p);

    if (count > 0)
    {
        p->count = p->count - 1;
        encryption(p);
        writeUserInfo(p);
        doWork();
    }
    else
    {
```

```
        system("pause");
        exit(1);
    }

    return 0;
}

//用于模拟软件正常的功能
void doWork()
{
    printf("\n\n 本软件正在正常工作中......\n\n");
}

//用于验证软件是否已经注册，注册则返回 1，否则返回剩下的试用次数
int verify(struct User *p)
{
    if (p->status == 1)
    {
        //status 为 1 即已经注册，为 0 则为未注册
        printf("欢迎您：%s!\n", p->username);
        return 1;
    }
    else
    {
        if (p->count <= 0)
            printf("抱歉，您的试用期已过！\n");
        else
            printf("本次之后您还能进行%d 次试用！\n", p->count - 1);
        printf("版权所有，请支持和使用国产正版软件！\n");
        printf("潇泷项目组  2019 年 05 月 10 日 \n");
        return p->count;
    }
}

//用于对注册信息进行加密
void encryption(struct User *p)
{
    int i, len;

    len = strlen(p->username);
    for (i = 0; i < len; i++)
    {
        p->username[i] = p->username[i] ^ CODE;
    }

    len = strlen(p->password);
    for (i = 0; i < len; i++)
    {
        p->password[i] = p->password[i] ^ CODE;
    }
```

```c
        p->count = p->count ^ CODE;
        p->status = p->status ^ CODE;
}

//用于对注册信息进行解密
void decryption(struct User *p)
{
    int i, len;

    len = strlen(p->username);
    for (i = 0; i < len; i++)
    {
        p->username[i] = p->username[i] ^ CODE;
    }

    len = strlen(p->password);
    for (i = 0; i < len; i++)
    {
        p->password[i] = p->password[i] ^ CODE;
    }

    p->count = p->count ^ CODE;
    p->status = p->status ^ CODE;
}

//用于获取用户注册信息
struct User *getUserInfo()
{
    FILE *fp;

    if ((fp = fopen("user.dat", "rb")) == NULL)
    {
        printf("请合法使用本软件! \n");
        exit(1);
    }

    fread(p, sizeof(user), 1, fp);

    fclose(fp);

    return p;
}

//用于保存用户注册信息
void writeUserInfo(struct User *p)
{
    FILE *fp;

    if ((fp = fopen("user.dat", "wb")) == NULL)
    {
        printf("请合法使用本软件! \n");
```

```
        exit(1);
    }

    fwrite(p, sizeof(user), 1, fp);

    fclose(fp);
}
```

24.3 计算用户的月通信费用

本例将计算用户的月通信总费用，待处理的数据文件见 201904.txt，处理后的结果数据写入到文件 201904out.txt。

（1）待处理的数据文件 201904.txt，其内容如下。

13304526231 张三：市话费：176.83 元，长途费：107.33 元，网络费：328.33 元
13664526211 李四：市话费： 26.25 元，长途费： 17.45 元，网络费：928.79 元
13804523122 王五：市话费：106.12 元，长途费： 87.26 元，网络费：828.62 元
13664526328 刘六：市话费：116.80 元，长途费： 82.91 元，网络费：528.61 元
13304521688 周七：市话费：146.39 元，长途费：167.28 元，网络费： 0.00 元

（2）处理后的结果数据文件 201904out.txt，其内容如下。

13304526231 张三：市话费：176.83 元，长途费：107.33 元，网络费：328.33 元 总费用：612.49 元！
13664526211 李四：市话费： 26.25 元，长途费： 17.45 元，网络费：928.79 元 总费用：972.49 元！
13804523122 王五：市话费：106.12 元，长途费： 87.26 元，网络费：828.62 元 总费用：1022.00 元！
13664526328 刘六：市话费：116.80 元，长途费： 82.91 元，网络费：528.61 元 总费用：728.32 元！
13304521688 周七：市话费：146.39 元，长途费：167.28 元，网络费： 0.00 元 总费用：313.67 元！

项目的技术难点在于：

（1）如何读写文本文件？

（2）如何解析每个用户的 3 种费用。

请读者先自行思考如何实现，然后再阅读源码。

【例 24-3】 计算用户的月通信费用（版本 1，利用操作系统的输入输出重定向实现）。

任何程序在执行时，总会从默认的标准输入 stdin（默认是键盘）中读取数据，然后将处理后的结果输出默认送到标准输出 stdout（默认是显示器）中；如果出错，则默认将出错信息送到标准出错 stderr（默认是显示器）中。操作系统一般都提供了输入输出重定向功能，可以将一个数据文件作为一个程序的输入（输入重定向），也可以将程序的输出重定向到另外一个文件中保存（输出重定向）。本例将利用控制台输入输出重定向实现。先将程序保存为 ComputeFee1.c，接着编译链接成可执行文件 ComputeFee1.exe，然后在命令行下输入"ComputeFees1 < 201904.txt > 201904out.txt"。该命令将 201904.txt 文件作为程序 ComputeFee1 的输入，然后将处理后的结果数据送到 201904out.txt 文件中保存。符号"<"为输入重定向，符号">"为输出重定向。如果当前目录下已经有了文件 201904out.txt，则将覆盖原来的文件。另外，还有输出重定向符号">>"，不是覆盖源文件，而是在原来的文件尾部添加新的内容。

```
/**
 * 利用操作系统提供的输入输出重定向计算（源文件名 ComputeFees1.c）
```

```
* 命令行命令: ComputeFees1 < 201904.txt > 201904out.txt
*/
#include <stdio.h>
#include <stdlib.h>
#include <string.h>

int main(void)
{
    char line[200];                          //行缓冲区
    char fee[20];                            //费用缓冲区
    double total;                            //总费用

    while (gets(line) != NULL)
    {
        total = 0.0;
        printf("%s", line);
        char *end = strstr(line, "元");
        char *start = strstr(line, "市话费: ") + 8;
        strncpy(fee, start, end - start);


        int n = end - start;
        fee[n] = '\0';
        total = total + atof(fee);

        end = strstr(end + 1, "元");
        start = strstr(line, "长途费: ") + 8;

        strncpy(fee, start, end - start);

        n = end - start;
        fee[n] = '\0';
        total = total + atof(fee);

        end = strstr(end + 1, "元");
        start = strstr(line, "网络费: ") + 8;

        strncpy(fee, start, end - start);

        n = end - start;
        fee[n] = '\0';
        total = total + atof(fee);

        printf(" 总费用: %.2f 元! \r\n", total);
    }

    freopen("CON", "w", stdout);//CON 为 Windows 操作系统的命令行窗口的输入

    printf("月通信费用计算完成! ");

    return 0;
```

```
    }
```

【例 24-4】计算用户的月通信费用（版本 2，利用编程实现输入输出重定向）。

```c
#include <stdio.h>
#include <stdlib.h>
#include <string.h>

int main(void)
{
    char line[200];                                  //行缓冲区
    char fee[20];                                    //费用缓冲区
    double total;                                    //总费用

    freopen("201904.txt", "r", stdin);               //将标准输入重定向到源文件 201904.txt
    freopen("201904out.txt", "w", stdout);           //将标准输出重定向到目标文件 201904out.txt

    while (gets(line) != NULL)
    {
        total = 0.0;
        printf("%s", line);
        char *end = strstr(line, "元");
        char *start = strstr(line, "市话费：") + 8;
        strncpy(fee, start, end - start);

        int n = end - start;
        fee[n] = '\0';
        total = total + atof(fee);

        end = strstr(end + 1, "元");
        start = strstr(line, "长途费：") + 8;

        strncpy(fee, start, end - start);

        n = end - start;
        fee[n] = '\0';
        total = total + atof(fee);

        end = strstr(end + 1, "元");
        start = strstr(line, "网络费：") + 8;

        strncpy(fee, start, end - start);

        n = end - start;
        fee[n] = '\0';
        total = total + atof(fee);

        printf(" 总费用：%.2f 元！\r\n", total);
    }

    freopen("CON", "w", stdout);//CON 为 Windows 操作系统的命令行窗口的输入
```

```
    printf("月通信费用计算完成！");

    return 0;
}
```

程序运行效果如图 24-14 所示。

图 24-14　计算用户的月通信费用

24.4　实现 Linux 下的 wc 命令

Linux 操作系统下拥有各种功能丰富的命令行工具程序，例如，wc 命令（全称为 word count）用于统计文本文件中单词、行和字符的个数。它采用了命令行参数，支持-l 统计行数，-w 统计单词数和-c 统计字符数。命令行参数可以合在一起写，如-lwc；也可以分开写，可以写在文件名前，也可写在文件名后。典型的用法如下。

用法 1：

```
wc -lwc test.txt                        //统计文件 test.txt 中行、单词和字符的个数
```

用法 2：

```
wc -l -w -c test.txt                    //功能同上
```

用法 3：

```
wc -l -wc test.txt                      //功能同上
```

用法 4：

```
wc test.txt -w -l -c                    //功能同上
```

用法 5：

```
wc -l test1.txt test2.txt               //统计文件 test1.txt 和 test2.txt 各自的行数
```

本例将在 Windows 环境下编程实现类似的工具程序 wc。它同样支持上面的-l、-w、-c 3 个参数，可以统计多个文件。如果不指定文件名，则还可以统计标准输入（键盘输入）的单词、行、字符的个数。注意，统计标准输入时，应按 Ctrl+Z 组合键作为输入的结束。

请读者先自行思考如何实现命令行参数的解析，这是本例的技术要点。

【例24-5】实现 Linux 下的 wc 命令（源文件名 wc.c）。

```c
/**
 * 统计文件中字符、单词和行的个数
 * 演示如何处理命令行参数及多个文件
 */
#include <stdio.h>
#include <stdlib.h>
#include <string.h>

#define IN   1                              //在单词内部
#define OUT  0                              //在单词外部

void processOneFile(char *p, int character, int word, int line)
{
    FILE *fp;
    int c, nl, nw, nc, state;
    int isstdin = 0;                        //文件是否为标准输入

    isstdin = !strcmp(p, "stdin");

    if (!isstdin && ((fp = fopen(p, "r")) == NULL))
    {
        printf("不能打开文件%s! \n", p);

        exit(1);
    }

    if (isstdin)
    {
        fp = stdin;
    }

    state = OUT;
    nl = nw = nc = 0;

    while ((c = fgetc(fp)) != EOF)           //将用 fgetc()读入的字符逐个显示
    {
        ++nc;
        if (c == '\n')
            ++nl;
        if (c == ' ' || c == '\n' || c == '\t')
            state = OUT;
        else if (state == OUT) {
            state = IN;
            ++nw;
        }
    }

    if (!isstdin)
```

```
    {
        printf("%s: ", p);
    }

    if (character == 1)
    {
        printf("字符数: %d\t", nc);
    }
    if (word == 1)
    {
        printf("单词数: %d\t", nw);
    }
    if (line == 1)
    {
        printf("行  数: %d", nl);
    }

    printf("\n");

    if (!isstdin)
    {
        fclose(fp);
    }
}

int main(int argc, char *argv[])
{
    int line = 0;
    int character = 0;
    int word = 0;
    int c = 0;
    int argcb = argc;
    char **argvb;
    int i = 0;
    int hasFile = 0;                    //是否输入有文件名, 无时则处理标准输入

    argvb = argv;

    while (--argc > 0)
    {
        if ((*++argv)[0] == '-')
        {
            while (c = *++argv[0])
            {
                switch (c)
                {
                    case 'l':
                        line = 1;
                        break;
                    case 'w':
                        word = 1;
```

```
                break;
            case 'c':
                character = 1;
                break;
            default:
                printf("错误的命令行参数：%c! \n", c);
                exit(1);
            }
        }
    }

}

i = 0;

while (--argcb > 0)
{
    i++;
    if ((argvb[i] == NULL) || !strcmp(argvb[i], ""))
    {
        continue;
    }
    hasFile = 1;
    processOneFile(argvb[i], character, word, line);
}

if (!hasFile)
{
    processOneFile("stdin", character, word, line);
}
}
```

程序运行效果如图 24-15 所示。

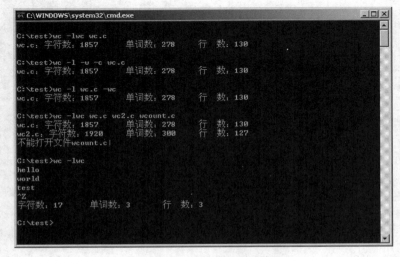

图 24-15　wc 程序的运行效果

思考一下，Linux 下各种命令的命令行参数众多，例如 gcc.exe（即 C 语言编译程序）有几百个命令行参数选项，要编写类似的工具程序，除了自己编程解析外，有没有可用于命令行参数解析的相关库函数呢？请百度搜索学习一下。

24.5 24 位 BMP 位图图像变换

本节将编程读取 24 位 BMP 位图图像，在 EGE 图形方式下进行各种简单的图像处理：显示图像、上下镜像变换、左右镜像变换、黑白照片化、水粉画效果、黑底白色轮廓效果、暗房效果、旋转 90 度等。

本项目的技术要点：24 位 BMP 位图图像文件的存储格式、C 语言随机读写文件、各种基本的图像变换方法。

BMP 文件基本结构（请读者百度搜索）：

14 字节文件头 + 40 字节信息头 + 位图像素数据（1 像素 3 字节：蓝色分量（1 字节）、绿色分量（1 字节）、红色分量（1 字节））。

注意

存储位图像素数据时是从左下角像素开始，从左到右，从下到上，直至最右上的那个像素。

- ❧ 14 字节文件头：位图标志（BM：2 字节）、文件大小（4 字节）、保留字节（保留 4 字节，值为 0）、第一个图像像素信息距离文件头的偏移值（4 字节）。

- ❧ 40 字节信息头：信息头长度（4 字节，一般值是 40，即信息头长 40 字节）、图像的宽度（4 字节，单位像素）、图像的高度（4 字节，单位像素）、目标设备颜色平面数（2 字节，固定设置值为 1）、每像素所占的比特位数（2 字节）、图像数据压缩的类型（4 字节，24 位颜色值的位图一般该值为 0，表示不压缩）、图像所有像素占有的字节数（4 字节，一般为宽度*高度*每个像素所占的颜色字节数）、水平分辨率（4 字节，用像素/米表示。一般为 0，默认）、垂直分辨率（4 字节，用像素/米表示。一般为 0，默认）、颜色表中的颜色索引数（4 字节，如果没用一般为 0）、对图像显示有重要影响的颜色索引数（4 字节，如果没用一般为 0）。

- ❧ 位图像素数据（24 位位图）：由左下角像素开始，由左向右，由下向上，到最右上角的像素。
左下角最后一行第一个像素（3 字节：蓝色分量 1 字节、绿色分量 1 字节、红色分量 1 字节）、左下角最后一行第二个像素（3 字节：蓝色分量 1 字节、绿色分量 1 字节、红色分量 1 字节）……
左下角最后一行最后一个像素（3 字节：蓝色分量 1 字节、绿色分量 1 字节、红色分量 1 字节）……
左上角第一行第一个像素（3 字节：蓝色分量 1 字节、绿色分量 1 字节、红色分量 1 字节）……
右上角第一行最后一个像素（3 字节：蓝色分量 1 字节、绿色分量 1 字节、红色分量 1 字节）。

注意

位图数据中每个扫描行的字节数必须是 4 的倍数，如果不足要用 0 补齐。

上述 24 位的 BMP 位图图像格式对于读者来说非常抽象，建议利用 UltraEdit、winhex 之类的十六进制编辑软件，打开一个 24 位的 BMP 位图文件，对照着学习，就没有什么难度了。例如，将图 24-16 所示 test.bmp 图像文件使用 UltraEdit 打开，如图 24-17 所示。

在该文件的图标上单击鼠标右键，在弹出的快捷菜单中选择"属性"命令，在弹出的"test 属性"

对话框中选择"摘要"选项卡，就可以查看图像的分辨率（宽和高），如图 24-18 所示。

图 24-16 24 位 BMP 位图示例图片 test.bmp

图 24-17 利用 UltraEdit 打开 test.bmp

图 24-18 查看 test.bmp 的属性

【例 24-6】读取 24 位位图图像文件以图形方式显示（showbmp1.c）。

```
/**
 * 项目名称：查看 24 位 BMP 位图图片。
 * 开发日期：2019 年 5 月 3 日。
 * 作    者：BBC
 * 项目说明：将 24 位 BMP 图片拖到程序 showbmp1.exe 的图标上即可查看。
 * 命令行编译：g++ showbmp1.c -lgraphics -lgdi32 -limm32 -lmsimg32 -lole32 -loleaut32
 *             -lwinmm -luuid -mwindows -o showbmp1.exe
 */
#include <stdio.h>
#include <stdlib.h>
#include <graphics.h>

int main(int argc, char *argv[])
{
    FILE *fp;
    int startx = 20;
    int starty = 20;
    int width;
    int height;

    if ((fp = fopen(argv[1], "rb")) == NULL)
    {
        printf("打开图片文件%s 失败！", argv[1]);
        exit(1);
    }

    fseek(fp, 0x0012, SEEK_SET);            //偏移 0x0012 个字节
    fread(&width, 4, 1, fp);                //读取图像宽度
    fread(&height, 4, 1, fp);               //读取图像高度

    startx = (1280 - width) / 2;
    starty = (800 - height) / 2;

    int pack = (4 - width * 3 % 4) % 4;     //计算每行的填充字节数

    int size = (width * 3 + pack) * height; //计算所有的图像像素占有的字节数

    char *bmp = (char *)malloc(size);       //为图像分配内存空间

    fseek(fp, 0x36, SEEK_SET);              //跳至像素开始处
    fread(bmp, size, 1, fp);                //将所有像素数据读到内存中

    printf("宽：%d，高：%d\n", width, height);

    initgraph(1280, 800);                   //假设要显示的图像宽度和高度不超过 1280 * 800

    cleardevice();
    setcaption("查看 24 位 BMP 位图图片");

    //显示图片
    for (int i = 0; i < height; i++)
    {
        for (int j = 0; j < width; j++)
```

```
        {
            int start = (height - 1 - i) * (width * 3 + pack) + j * 3;
            int b = *(bmp + start) & 0xff;
            int g = *(bmp + start + 1) & 0xff;
            int r = *(bmp + start + 2) & 0xff;

            putpixel(startx + j, starty + i, EGERGB(r, g, b));
        }
    }


    getch();

    closegraph();

    return 0;
}
```

运行效果如图 24-19 所示。

图 24-19　正常显示 test.bmp

【例 24-7】读取 24 位位图图像文件以上下镜像方式显示（showbmp2.c）。

```
/**
 * 项目名称：查看 24 位 BMP 位图图片。上下镜像。
 * 开发日期：2019 年 5 月 3 日。
 * 作　　者：BBC
 * 项目说明：将 24 位 BMP 图片拖到程序 showbmp2.exe 的图标上即可查看。
 * 命令行编译：g++ showbmp2.c -lgraphics -lgdi32 -limm32 -lmsimg32 -lole32 -loleaut32
 *            -lwinmm -luuid -mwindows -o showbmp2.exe
 */
#include <stdio.h>
#include <stdlib.h>
#include <graphics.h>

int main(int argc, char *argv[])
{
    FILE *fp;
```

```
    int startx = 20;
    int starty = 20;
    int width;
    int height;

    if ((fp = fopen(argv[1], "rb")) == NULL)
    {
        printf("打开图片文件%s 失败！", argv[1]);
        exit(1);
    }

    fseek(fp, 0x0012, SEEK_SET);                    //偏移 0x0012 个字节
    fread(&width, 4, 1, fp);
    fread(&height, 4, 1, fp);

    startx = (1280 - width) / 2;
    starty = (800 - height) / 2;

    int pack = (4 - width * 3 % 4) % 4;

    int size = (width * 3 + pack) * height;

    char *bmp = (char *)malloc(size);

    fseek(fp, 0x36, SEEK_SET);                      //跳至像素开始处
    fread(bmp, size, 1, fp);

    printf("宽：%d，高：%d\n", width, height);

    initgraph(1280, 800);

    cleardevice();
    setcaption("查看 24 位 BMP 位图图片");

    //显示图片
    for (int i = height - 1; i >= 0; i--)
    {
        for (int j = 0; j < width; j++)
        {
            int start = (i) * (width * 3 + pack) + j * 3;
            int b = *(bmp + start) & 0xff;
            int g = *(bmp + start + 1) & 0xff;
            int r = *(bmp + start + 2) & 0xff;

            putpixel(startx + j, starty + i, EGERGB(r, g, b));
        }
    }

    getch();

    closegraph();

    return 0;
}
```

运行效果如图 24-20 所示。

图 24-20　上下镜像显示 test.bmp

【例 24-8】读取 24 位位图图像文件以左右镜像方式显示（showbmp3.c）。

```
/**
 * 项目名称：查看 24 位 BMP 位图图片。左右镜像。
 * 开发日期：2019 年 5 月 3 日。
 * 作    者：BBC
 * 项目说明：将 24 位 BMP 图片拖到程序 showbmp3.exe 的图标上即可查看。
 * 命令行编译：g++ showbmp3.c -lgraphics -lgdi32 -limm32 -lmsimg32 -lole32 -loleaut32
 *            -lwinmm -luuid -mwindows -o showbmp3.exe
 */
#include <stdio.h>
#include <stdlib.h>
#include <graphics.h>

int main(int argc, char *argv[])
{
    FILE *fp;
    int startx = 20;
    int starty = 20;
    int width;
    int height;

    if ((fp = fopen(argv[1], "rb")) == NULL)
    {
        printf("打开图片文件%s 失败！", argv[1]);
        exit(1);
    }

    fseek(fp, 0x0012, SEEK_SET);                //偏移 0x0012 个字节
    fread(&width, 4, 1, fp);
    fread(&height, 4, 1, fp);

    startx = (1280 - width) / 2;
    starty = (800 - height) / 2;
```

```
    int pack = (4 - width * 3 % 4) % 4;

    int size = (width * 3 + pack) * height;

    char *bmp = (char *)malloc(size);

    fseek(fp, 0x36, SEEK_SET);                      //跳至像素开始处
    fread(bmp, size, 1, fp);
    printf("宽：%d，高：%d\n", width, height);
    initgraph(1280, 800);

    cleardevice();
    setcaption("查看 24 位 BMP 位图图片");

    //显示图片
    for (int i = 0; i < height; i++)
    {
        for (int j = width - 1; j >= 0; j--)
        {
            int start = (height - 1 - i) * (width * 3 + pack) + j * 3;
            int b = *(bmp + start) & 0xff;
            int g = *(bmp + start + 1) & 0xff;
            int r = *(bmp + start + 2) & 0xff;

            putpixel(startx + width - 1 - j, starty + i, EGERGB(r, g, b));
        }
    }

    getch();

    closegraph();

    return 0;
}
```

运行效果如图 24-21 所示。

图 24-21　左右镜像显示 test.bmp

【例 24-9】 读取 24 位位图图像文件以黑白照片方式显示（showbmp4.c）。

```c
/**
 * 项目名称：查看 24 位 BMP 位图图片。黑白照片。
 * 开发日期：2019 年 5 月 3 日。
 * 作    者：BBC
 * 项目说明：将 24 位 BMP 图片拖到程序 showbmp4.exe 的图标上即可查看。
 * 命令行编译：g++ showbmp4.c -lgraphics -lgdi32 -limm32 -lmsimg32 -lole32 -loleaut32
 *            -lwinmm -luuid -mwindows -o showbmp4.exe
 */
#include <stdio.h>
#include <stdlib.h>
#include <graphics.h>

int main(int argc, char *argv[])
{
    FILE *fp;
    int startx = 20;
    int starty = 20;
    int width;
    int height;

    if ((fp = fopen(argv[1], "rb")) == NULL)
    {
        printf("打开图片文件%s 失败！", argv[1]);
        exit(1);
    }

    fseek(fp, 0x0012, SEEK_SET);            //偏移 0x0012 个字节
    fread(&width, 4, 1, fp);
    fread(&height, 4, 1, fp);

    startx = (1280 - width) / 2;
    starty = (800 - height) / 2;

    int pack = (4 - width * 3 % 4) % 4;

    int size = (width * 3 + pack) * height;

    char *bmp = (char *)malloc(size);

    fseek(fp, 0x36, SEEK_SET);              //跳至像素开始处
    fread(bmp, size, 1, fp);

    printf("宽：%d，高：%d\n", width, height);

    initgraph(1280, 800);

    cleardevice();
    setcaption("查看 24 位 BMP 位图图片");

    //显示图片
```

```
    for (int i = 0; i < height; i++)
    {
        for (int j = 0; j < width; j++)
        {
            int start = (height - 1 - i) * (width * 3 + pack) + j * 3;
            int b = *(bmp + start) & 0xff;
            int g = *(bmp + start + 1) & 0xff;
            int r = *(bmp + start + 2) & 0xff;

            putpixel(startx + j, starty + i, EGERGB(r, r, r));      //黑白照片化要点
        }
    }

    getch();

    closegraph();

    return 0;
}
```

运行效果如图 24-22 所示。

图 24-22　黑白照片方式显示 test.bmp

【例 24-10】读取 24 位位图图像文件以水粉画方式显示（showbmp5.c）。

```
/**
 * 项目名称：查看 24 位 BMP 位图图片。水粉画效果。
 * 开发日期：2019 年 5 月 3 日。
 * 作    者：BBC
 * 项目说明：将 24 位 BMP 图片拖到程序 showbmp5.exe 的图标上即可查看。
 * 命令行编译：g++ showbmp5.c -lgraphics -lgdi32 -limm32 -lmsimg32 -lole32 -loleaut32
 *           -lwinmm -luuid -mwindows -o showbmp5.exe
 */
#include <stdio.h>
#include <stdlib.h>
```

```
#include <graphics.h>

int main(int argc, char *argv[])
{
    FILE *fp;
    int startx = 20;
    int starty = 20;
    int width;
    int height;

    if ((fp = fopen(argv[1], "rb")) == NULL)
    {
        printf("打开图片文件%s 失败！", argv[1]);
        exit(1);
    }

    fseek(fp, 0x0012, SEEK_SET);              //偏移 0x0012 个字节
    fread(&width, 4, 1, fp);
    fread(&height, 4, 1, fp);

    startx = (1280 - width) / 2;
    starty = (800 - height) / 2;

    int pack = (4 - width * 3 % 4) % 4;

    int size = (width * 3 + pack) * height;

    char *bmp = (char *)malloc(size);

    fseek(fp, 0x36, SEEK_SET);                //跳至像素开始处
    fread(bmp, size, 1, fp);

    printf("宽：%d，高：%d\n", width, height);

    initgraph(1280, 800);

    cleardevice();
    setcaption("查看 24 位 BMP 位图图片");

    //显示图片
    for (int i = 0; i < height; i++)
    {
        for (int j = 0; j < width; j++)
        {
            int start = (height - 1 - i) * (width * 3 + pack) + j * 3;
            int b = *(bmp + start) & 0x7f;            //水粉画效果要点
            int g = *(bmp + start + 1) & 0x7f;
            int r = *(bmp + start + 2) & 0x7f;

            putpixel(startx + j, starty + i, EGERGB(r, g, b));
```

```
        }
    }

    getch();

    closegraph();

    return 0;
}
```

运行效果如图 24-23 所示。

图 24-23　水粉画方式显示 test.bmp

【例 24-11】读取 24 位位图图像文件以白底黑色轮廓方式显示（showbmp6.c）。

```
/**
 * 项目名称：查看 24 位 BMP 位图图片。白底黑色轮廓效果。
 * 开发日期：2019 年 5 月 3 日。
 * 作   者：BBC
 * 项目说明：将 24 位 BMP 图片拖到程序 showbmp6.exe 的图标上即可查看。
 * 命令行编译：g++ showbmp6.c -lgraphics -lgdi32 -limm32 -lmsimg32 -lole32 -loleaut32
 *            -lwinmm -luuid -mwindows -o showbmp6.exe
 */
#include <stdio.h>
#include <stdlib.h>
#include <graphics.h>

int main(int argc, char *argv[])
{
    FILE *fp;
    int startx = 20;
    int starty = 20;
    int width;
    int height;
```

```
    if ((fp = fopen(argv[1], "rb")) == NULL)
    {
        printf("打开图片文件%s 失败！", argv[1]);
        exit(1);
    }

    fseek(fp, 0x0012, SEEK_SET);                //偏移 0x0012 个字节
    fread(&width, 4, 1, fp);
    fread(&height, 4, 1, fp);

    startx = (1280 - width) / 2;
    starty = (800 - height) / 2;

    int pack = (4 - width * 3 % 4) % 4;

    int size = (width * 3 + pack) * height;

    char *bmp = (char *)malloc(size);

    fseek(fp, 0x36, SEEK_SET);                  //跳至像素开始处
    fread(bmp, size, 1, fp);

    printf("宽：%d，高：%d\n", width, height);

    initgraph(1280, 800);

    cleardevice();
    setcaption("查看 24 位 BMP 位图图片");

    //显示图片
    for (int i = 0; i < height; i++)
    {
        for (int j = 0; j < width; j++)
        {
            int start = (height - 1 - i) * (width * 3 + pack) + j * 3;
            int b = *(bmp + start) & 0x80;          //白底黑色轮廓效果要点
            int g = *(bmp + start + 1) & 0x80;
            int r = *(bmp + start + 2) & 0x80;

            putpixel(startx + j, starty + i, EGERGB(g, g, g));
        }
    }

    getch();

    closegraph();

    return 0;
}
```

运行效果如图 24-24 所示。

图 24-24　白底黑色轮廓方式显示 test.bmp

【例 24-12】读取 24 位位图图像文件以照片冲洗底片方式显示（showbmp7.c）。

```
/**
 * 项目名称：查看 24 位 BMP 位图图片。照片冲洗底片效果。
 * 开发日期：2019 年 5 月 3 日。
 * 作    者：BBC
 * 项目说明：将 24 位 BMP 图片拖到程序 showbmp7.exe 的图标上即可查看。
 * 命令行编译：g++ showbmp7.c -lgraphics -lgdi32 -limm32 -lmsimg32 -lole32 -loleaut32
 *             -lwinmm -luuid -mwindows -o showbmp7.exe
 */
#include <stdio.h>
#include <stdlib.h>
#include <graphics.h>

int main(int argc, char *argv[])
{
    FILE *fp;
    int startx = 20;
    int starty = 20;
    int width;
    int height;

    if ((fp = fopen(argv[1], "rb")) == NULL)
    {
        printf("打开图片文件%s 失败！", argv[1]);
        exit(1);
    }

    fseek(fp, 0x0012, SEEK_SET);            //偏移 0x0012 个字节
    fread(&width, 4, 1, fp);
    fread(&height, 4, 1, fp);

    startx = (1280 - width) / 2;
    starty = (800 - height) / 2;

    int pack = (4 - width * 3 % 4) % 4;
```

```
    int size = (width * 3 + pack) * height;

    char *bmp = (char *)malloc(size);

    fseek(fp, 0x36, SEEK_SET);                    //跳至像素开始处
    fread(bmp, size, 1, fp);

    printf("宽：%d，高：%d\n", width, height);

    initgraph(1280, 800);

    cleardevice();
    setcaption("查看 24 位 BMP 位图图片");

    //显示图片
    for (int i = 0; i < height; i++)
    {
        for (int j = 0; j < width; j++)
        {
            int start = (height - 1 - i) * (width * 3 + pack) + j * 3;
            int b = *(bmp + start) & 0xff;
            int g = *(bmp + start + 1) & 0xff;
            int r = *(bmp + start + 2) & 0xff;

            putpixel(startx + j, starty + i, EGERGB(r, 0, 0));    //照片冲洗底片效果要点
        }
    }

    getch();

    closegraph();

    return 0;
}
```

运行效果如图 24-25 所示。

图 24-25 照片冲洗底片方式显示 test.bmp

【例 24-13】读取 24 位位图图像文件以顺时针旋转 90 度方式显示（showbmp8.c）。

```
/**
 * 项目名称：查看 24 位 BMP 位图图片。顺时针旋转 90 度。
 * 开发日期：2019 年 5 月 3 日。
 * 作    者：BBC
 * 项目说明：将 24 位 BMP 图片拖到程序 showbmp8.exe 的图标上即可查看。
 * 命令行编译：g++ showbmp8.c -lgraphics -lgdi32 -limm32 -lmsimg32 -lole32 -loleaut32
 *            -lwinmm -luuid -mwindows -o showbmp8.exe
 */
#include <stdio.h>
#include <stdlib.h>
#include <graphics.h>

int main(int argc, char *argv[])
{
    FILE *fp;
    int startx = 20;
    int starty = 20;
    int width;
    int height;

    if ((fp = fopen(argv[1], "rb")) == NULL)
    {
        printf("打开图片文件%s 失败！", argv[1]);
        exit(1);
    }

    fseek(fp, 0x0012, SEEK_SET);          //偏移 0x0012 个字节
    fread(&width, 4, 1, fp);
    fread(&height, 4, 1, fp);

    startx = (1280 - height) / 2;
    starty = (800 - width) / 2;

    int pack = (4 - width * 3 % 4) % 4;

    int size = (width * 3 + pack) * height;

    char *bmp = (char *)malloc(size);

    fseek(fp, 0x36, SEEK_SET);            //跳至像素开始处
    fread(bmp, size, 1, fp);

    printf("宽：%d，高：%d\n", width, height);

    initgraph(1280, 800);

    cleardevice();
    setcaption("查看 24 位 BMP 位图图片");

    //显示图片
```

```
    for (int i = 0; i < height; i++)
    {
        for (int j = 0; j < width; j++)
        {
            int start = (height - 1 - i) * (width * 3 + pack) + j * 3;
            int b = *(bmp + start) & 0xff;
            int g = *(bmp + start + 1) & 0xff;
            int r = *(bmp + start + 2) & 0xff;

            putpixel(startx + height - i, starty + j, EGERGB(r, g, b));
        }
    }

    getch();

    closegraph();

    return 0;
}
```

运行效果如图 24-26 所示。

图 24-26　顺时针旋转 90 度方式显示 test.bmp

【例 24-14】读取 24 位位图图像文件以逆时针旋转 90 度方式显示（showbmp9.c）。

```
/**
 * 项目名称：查看 24 位 BMP 位图图片。逆时针旋转 90 度。
 * 开发日期：2019 年 5 月 3 日。
 * 作    者：BBC
 * 项目说明：将 24 位 BMP 图片拖到程序 showbmp9.exe 的图标上即可查看。
 * 命令行编译：g++ showbmp9.c -lgraphics -lgdi32 -limm32 -lmsimg32 -lole32 -loleaut32
 *            -lwinmm -luuid -mwindows -o showbmp9.exe
 */
#include <stdio.h>
#include <stdlib.h>
#include <graphics.h>
```

```
int main(int argc, char *argv[])
{
    FILE *fp;
    int startx = 20;
    int starty = 20;
    int width;
    int height;

    if ((fp = fopen(argv[1], "rb")) == NULL)
    {
        printf("打开图片文件%s 失败！", argv[1]);
        exit(1);
    }

    fseek(fp, 0x0012, SEEK_SET);              //偏移 0x0012 个字节
    fread(&width, 4, 1, fp);
    fread(&height, 4, 1, fp);

    startx = (1280 - height) / 2;
    starty = (800 - width) / 2;

    int pack = (4 - width * 3 % 4) % 4;

    int size = (width * 3 + pack) * height;

    char *bmp = (char *)malloc(size);

    fseek(fp, 0x36, SEEK_SET);                //跳至像素开始处
    fread(bmp, size, 1, fp);

    printf("宽：%d，高：%d\n", width, height);

    initgraph(1280, 800);

    cleardevice();
    setcaption("查看 24 位 BMP 位图图片");

    //显示图片
    for (int i = 0; i < height; i++)
    {
        for (int j = 0; j < width; j++)
        {
            int start = (height - 1 - i) * (width * 3 + pack) + j * 3;
            int b = *(bmp + start) & 0xff;
            int g = *(bmp + start + 1) & 0xff;
            int r = *(bmp + start + 2) & 0xff;

            putpixel(startx + i, starty + width - j, EGERGB(r, g, b));
        }
    }
```

```
    getch();

    closegraph();

    return 0;
}
```

运行效果如图 24-27 所示。

图 24-27　逆时针旋转 90 度方式显示 test.bmp

　　更多的图像处理，请读者思考：如何将图片放大/缩小？如何将图片任意旋转一个角度？如何将一些机密的信息隐藏在图片像素中而又让人肉眼发现不了（有专门的方向：隐息学）？如何进行图像的识别与理解（比如怎么识别这幅图是一朵花，那幅图是一道瀑布）？如何用计算机程序生成图像仿真客观世界（比如在游戏中通过算法生成树皮、生成火焰、生成云朵、生成各种人脸等）？图形图像的各种变换与生成，涉及到高深的各种算法，也直达学科的最前沿，有兴趣的读者可以深入学习这方面的知识，为以后的科学研究奠定基础。

　　本节以随机访问格式文件的方式读取了 24 位的 BMP 位图图像，并进行了各种简单的图像变换。请读者深入思考：C 语言编程如何处理 Excel、Word、PDF、JPG、PNG 等其他格式的文件以及各种视频文件？要点是什么？

24.6　"贪吃蛇"游戏外挂基本原理

　　本节将以前面实现的"贪吃蛇"游戏为例介绍游戏外挂的基本原理。我们的主要目的就是通过编程的方式，实现动态修改游戏中玩家的生命值（原游戏中正常生命值为 3），玩家想要几条命就几条命。

　　首先修改"贪吃蛇"游戏的配置数据文件，让玩家的生命条数为 333 条，具体如下。

`4 333 100 3 10 14 15 5 3（snake.txt 配置文件的第一行）`

　　启动 Cheat Engine 软件，然后启动"贪吃蛇"游戏，如图 24-28、图 24-29 所示。

图 24-28　启动 Cheat Engine 软件

图 24-29　启动 "贪吃蛇" 游戏

在图 24-28 所示 Cheat Engine 界面中单击 按钮，打开进程，选择 "贪吃蛇" 游戏对应的进程，然后单击 "打开" 按钮，如图 24-30 所示。

根据当前 "贪吃蛇" 游戏的生命值 333，在 Hex 右边的文本框中输入 "333"，然后勾选 Hex 复选框，自动将十进制的 333 转换为十六进制；接着单击 "新的扫描"，得到生命值 333 对应的可能的内存地址，如图 24-31 所示。

图 24-30　在 Cheat Engine 中打开 "贪吃蛇" 游戏进程

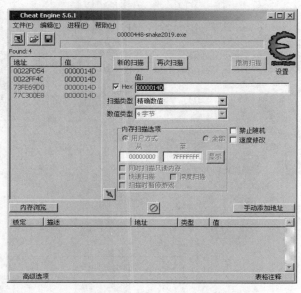

图 24-31　在 Cheat Engine 中扫描生命值对应的内存地址

内存中当前值为 333 的可能有多个地方，有的存放的是生命值，有的不是，所以要确定生命值的存放地址，还需在生命值变化后再次扫描。等 "贪吃蛇" 死掉几次后，再根据当前的生命值输入新的生命值进行 "再次扫描"，从而确定生命值在内存中存储的唯一地址 0022ff34，如图 24-32 所示。

图 24-32　在 Cheat Engine 中再次扫描生命值对应的内存地址

可以直接用 Cheat Engine 修改该内存地址，从而修改游戏中玩家的生命值。本例将用编程的方式来修改该内存地址的生命值，从而实现简单的游戏外挂效果。

【例 24-15】 "贪吃蛇"游戏外挂基本原理演示（snakecheat.c）。

```c
/**
 * 简单的"贪吃蛇"游戏外挂演示
 * 本例利用了 Windows 的 API 接口函数
 */
#include <stdio.h>
#include <windows.h>

int main(void)
{
    char choice;
    HWND hWnd;                          //句柄，Windows 系统内部一个用于标识内核对象的整数
    DWORD pid;                          //pid，用于存储进程 ID，也是一个类型为 DWORD 的整数
    HANDLE hProcess = 0;                //进程句柄

    while (1)
    {
        printf("————————————贪吃蛇游戏外挂演示————————————\n");
        printf(" 打开外挂 O 修改生命 M 退出外挂 E \n");
        printf("————————————————————————————\n");
        printf(" 请输入你的选择： ");

        scanf("%c", &choice);
        fflush(stdin);
        if (choice =='E' || choice == 'e')
        {
            break;
        }
        else
```

```
    {
        if (choice == 'O' || choice == 'o')
        {
            //根据窗口标题寻找窗口对象的句柄
            hWnd = FindWindow(NULL, "贪吃蛇游戏！");
            if (hWnd != 0)
            {
                //根据窗口对象的句柄获取对应的进程 ID
                GetWindowThreadProcessId(hWnd, &pid);

                //根据进程 ID 打开对应的进程，返回进程句柄
                hProcess = OpenProcess(PROCESS_ALL_ACCESS, FALSE, pid);
                if (hProcess == 0)
                {
                    printf("\n 打开游戏进程失败\n");
                }
                else
                {
                    printf("\n 成功打开游戏进程\n");
                }
            }

        }
        if (choice == 'M' || choice == 'm')
        {
            if (hProcess == 0)
            {
                printf("\n 请先打开外挂\n");
            }
            else
            {
                DWORD nlife;

                //"贪吃蛇"游戏中存放生命值的内存地址
                DWORD Addr = 0x0022ff34;

                printf("\n 您想多少生命？：");
                scanf("%ld", &nlife);

                //将玩家生命值写入对应的进程内存地址中
                DWORD res = WriteProcessMemory(hProcess, (LPVOID)Addr, \
                                                &nlife, 4, 0);
                if (res == 0)
                {
                    printf("\n 修改失败\n");
                }
                else
                {
                    printf("\n 修改成功\n");
                }
            }
        }
    }
}
```

```
    return 0;
}
```

启动"贪吃蛇"游戏，然后启动外挂程序，选择 o 打开游戏进程，接着选择 m，修改玩家生命条数为 1000，效果如图 24-33～图 24-35 所示。

图 24-33　正常的"贪吃蛇"游戏初启时玩家具有 3 条生命

图 24-34　利用外挂程序修改生命值为 1000

图 24-35　修改生命值后的"贪吃蛇"游戏玩家具有 1000 条生命

请读者百度学习并深入思考：各种破解软件是如何编写出来的？需要学习和补充哪些方面的知识？

小　结

本章利用前面所学的知识，编写了一些较为实用的程序：英语单词标准化测试系统、软件产权保护系统、计算用户的月通信费用、实现 Linux 下的 wc 命令、24 位 BMP 位图图像变换以及"贪吃蛇"游戏外挂基本原理演示。其中涉及到文件的加密解密、产权保护机制、文本文件的读写、字符串的解析、命令行参数的解析、位图图像的存储格式及变换算法、游戏外挂的基本原理。其目的是向读者展示一些 C 语言编程可以完成的较为实用的功能，抛砖引玉，拓展学习视野，为后面进一步深入学习引路（如有的读者可能对加密解密、软件破解与防护感兴趣，有的读者可能对图形图像处理与识别算法感兴趣）。

习题与实践

1．对数据进行加密解密，要点是各种算法。请百度深入学习相应的知识，说不定你还能创造出新的流传于世的加密算法呢，努力吧！

2．请百度深入学习各种图形图像的处理与识别算法相关的知识。

3．请百度深入学习各种软件破解与防护相关的知识。

4．请百度搜索什么是隐息学。

5．如果要破解加密的 Word 文档，你能想到的技术路线是什么？

6．请读者思考诸如 Cheat Engine 之类的软件是如何编写出来的。

7．要在 Windows 系统下深入编写系统级的程序，请深入学习 Windows 系统提供的各种 API 函数，这些 API 函数有数千个。

8．要在 Linux 系统下深入编写系统级的程序，请深入学习 Linux 系统提供的各种 API。

参考文献

[1] 王一萍，梁伟，金梅. C 程序设计与项目实践[M]. 北京：清华大学出版社，2011.

[2] 刘琰，罗军勇，常斌. Windows 网络编程课程设计[M]. 北京：机械工业出版社，2014.

[3] 刘琰，王清贤等. Windows 网络编程[M]. 北京：机械工业出版社，2014.

[4] 许真珍，蒋光远，田琳琳. C 语言课程设计指导教程[M]. 北京：清华大学出版社，2016.

[5] 叶安胜，鄢涛. C 语言综合项目实战[M]. 北京：科学出版社，2015.

[6] 吴文虎. 程序设计基础（第 4 版）[M]. 北京：清华大学出版社，2017.

[7] Peter Prinz, Tony Crawford 著. 袁野译. C 语言核心技术[M]. 北京：机械工业出版社，2018.

[8] Stephen Prata 著. 姜佑译. C Primer Plus（第 6 版）中文版[M]. 北京：人民邮电出版社，2016.

[9] 李春葆，李筱驰. 直击招聘：程序员面试 C 语言深度解析[M]. 北京：清华大学出版社，2018.

[10] 王晓东. 计算机算法设计与分析（第 4 版）[M]. 北京：电子工业出版社，2012.